高等职业学校餐饮类专业教材

西餐烹调教程

唐　进　主　编
钱　峰　米宇清　副主编

中国轻工业出版社

图书在版编目（CIP）数据

西餐烹调教程/唐进主编. —北京：中国轻工业出版社，2019. 11

高等职业学校餐饮类专业教材

ISBN 978-7-5184-0146-8

Ⅰ. ①西… Ⅱ. ①唐… Ⅲ. ①西式菜肴－烹饪－高等职业教育－教材 Ⅳ. ①TS972. 118

中国版本图书馆 CIP 数据核字（2014）第 289859 号

责任编辑：史祖福

策划编辑：史祖福　　责任终审：孟寿萱　　封面设计：锋尚设计

版式设计：王超男　　责任校对：吴大鹏　　责任监印：张　可

出版发行：中国轻工业出版社（北京东长安街 6 号，邮编：100740）

印　　刷：三河市万龙印装有限公司

经　　销：各地新华书店

版　　次：2019 年 11 月第 1 版第 3 次印刷

开　　本：787 × 1092　1/16　印张：18. 5

字　　数：424 千字

书　　号：ISBN 978-7-5184-0146-8　　定价：38. 00 元

邮购电话：010-65241695

发行电话：010-85119835　传真：85113293

网　　址：http://www. chlip. com. cn

Email：club@ chlip. com. cn

如发现图书残缺请与我社邮购联系调换

191229J2C103ZBW

前　言

随着国际交往的日趋频繁，西餐在我国发展迅猛，社会对西餐人才需求量也逐渐加大，许多职业院校开始开设西餐课程或者西餐专业。

《西餐烹调教程》是西餐专业的主干课程，是理论与实践紧密结合的一门课程，对学生完善知识体系和提高实践技能非常重要。本书在编写时做到理论与实践并重，在理论方面除了系统地展现西餐基础知识之外，还在西餐烹调新工艺方面着重进行了阐述。西餐菜单的编写原则是传统与创新并存，对于传统经典西餐菜肴做到保留与发扬，通过大量查阅资料、社会实践和实验操作收录大量流行菜肴、创新菜肴，力求做到与行业发展接轨。

本教材由徐州技师学院唐进担任主编，徐州技师学院钱峰、米宇清担任副主编，徐州技师学院黄懿、李海英和长垣烹饪职业技术学院董平平参编。全书共分为三个模块，其中，模块一为西餐基础，主要介绍西餐概述、西餐原料、西餐厨房及西餐烹调原理，由黄懿、唐进、李海英编写。模块二为西餐菜肴制作，主要介绍西餐原料的初加工及烹调方法、西餐菜肴制作、西餐菜肴制作技巧等，由唐进、米宇清、黄懿、董平平编写。模块三为西餐烹调表演与菜单设计，主要介绍西餐烹调表演及菜单设计的基本内容，由唐进编写。全书由唐进统稿。

本教材在编写过程中得到“江苏省徐州技师学院国家示范校建设基金”资助，学院领导对本教材出版给予了大力支持，在此表示感谢。

因作者的水平有限，书中难免存在错误和缺点，热忱希望读者提出宝贵意见，以便再版时修订。

目　　录

模块一　西 餐 基 础

模块二　西餐菜肴制作

模块一　西 餐 基 础

【模块导读】

本模块主要包括西餐概述、西餐厨房组织与设备、西餐原料和西餐烹调基本原理四方面内容。通过学习，掌握西餐的概念、西餐的起源、西餐发展概况，掌握西餐厨房设备及工具的使用，了解西餐厨房工具及设备的养护知识，掌握西餐原料的相关知识，掌握西餐烹调基本原理及西餐配餐。

【模块目标】

1. 了解和掌握西餐的概念、西餐的起源和西方各国餐饮概况。
2. 掌握西餐厨房设备及工具的使用并了解其养护知识。
3. 掌握西餐原料的相关知识。
4. 掌握西餐烹调基本原理及西餐配餐。
5. 了解西餐主要的烹调方法和技术特点。

项目一 西 餐 概 述

【学习目标】

1. 了解相关概念。
2. 了解西餐的起源和在我国的发展状况。
3. 了解西方各国餐饮基本情况和特点。

任务1 西餐的概念及发展概况

【任务驱动】

1. 掌握西餐的相关概念。
2. 掌握西餐烹调技术的主要特点。
3. 理解学习西餐烹调技术的意义。
4. 了解西方国家餐饮的发展概况。

【知识链接】

一、西餐的概念

西餐是东方国家和地区的人们对西方各国菜点及其餐饮文化的统称。“西方”原意是指在地球上阳光出现较晚的地区，习惯上我们把欧洲及欧洲移民为主的北美洲、南美洲和大洋洲的广大地域泛指为西方，并把这些地区的菜点及餐饮文化称为西餐。其实西方人自己并无明确的“西餐”概念，法国人认为他们做的是法国菜，英国人则认为他们做的是英国菜。

就西方各国而言，由于地理位置距离较近，在历史上又曾多次出现过民族大迁徙，文化早已相互渗透、相互融合，尤其是餐饮文化彼此间有很多共同之处。中世纪罗马时代形成的饮食习惯、饮食品种、饮食禁忌、餐饮形式、进餐习俗等也表现出了相当多的共性。由于东方人在刚开始接触西方各国餐饮文化时还分不清什么是法国菜、意大利菜和英国菜，故而就把这些看起来大体相同，而又与东方餐饮文化迥异的西方各国餐饮统称为西餐。近代，随着东西方文化的不断撞击、渗透与交融，“西餐”作为一个笼统的概念逐渐趋于淡化，但西方餐饮文化作为一个整体概念还会继续存在的。

二、西餐的发展概况

西方餐饮的发展是与整个西方文明史的发展密不可分的。西方文明最早是由地中海沿岸发展起来的。公元前3100年，地中海南岸的埃及形成了统一的国家，创造了灿烂的古埃及文明。据史料记载，当时埃及宫廷的饮食已十分丰富。

约公元前2000年，古希腊的克里特岛出现了奴隶制国家，随后爱琴海诸岛及爱奥尼亚群岛的古希腊人逐渐吸取了埃及和西亚的先进文化，创造了欧洲最古老的爱琴文化。

到公元前5世纪，古希腊的属地西西里岛上，已出现了高度发展的烹饪文化。煎、炸、烤、焖、蒸、煮、炙、熏等多种烹调方法均已出现并被广泛应用，技术高超的厨师得到社会的尊敬。

古罗马的烹饪较为落后，后来受到希腊文化的影响，逐渐重视起来，并得到迅速发展。当时，古罗马宫廷膳房分工很细，由面包、菜肴、果品、葡萄酒四个专业部分组成，厨师总管的身份与贵族大臣相同。古罗马时期，复合调味品的研发运用较为广泛，多达数十种，古罗马人还制作了最早的奶酪蛋糕。古罗马时期的餐饮文化后来影响了大半个欧洲，被誉为“欧洲大陆烹饪之始祖”。

罗马帝国灭亡后，整个欧洲进入“黑暗的中世纪”阶段，在此阶段前后约1000年的时间内，欧洲大部分地区的餐饮文明和其他文明一样发展得比较缓慢，直到15世纪中叶欧洲文艺复兴时期，餐饮文化才得以进一步发展，各种名菜、甜点不断涌现，驰名世界的意大利空心粉就是此时出现的。到公元17世纪左右，餐桌上出现了切割食物的刀、叉等餐具，结束了用手抓食的进餐方法。18～19世纪，随着西方工业革命和自然科学的进步和发展，西方餐饮文化也发展到一个崭新阶段，瓷器餐具被普遍应用，先进的炊具和餐具不断涌现，各种精美的餐具令人目不暇接，社会上也涌现出大量的饭店和餐厅，形成了高度的餐饮文明。

20世纪是西方餐饮文化发展的鼎盛时期。一方面，上层社会豪华奢侈的生活反映到西餐的制作上；另一方面，西餐也朝着个性化、多样化的方向发展，品种更加丰富多彩。同时，西餐开始从作坊式的生产步入到现代化的工业生产，并逐渐形成了一个完整的体系。西餐的发展与社会生产力的发展密不可分，西餐经历了一个从简单到复杂的过程，更经历了一个从自然发展到相对科学、标准化发展的历程。

三、西餐在中国的传播和发展

西餐在我国有着悠久的历史，它是伴随着我国和世界各民族人民的交往而传入的。西餐在中国的传播和发展，大致经历以下几个阶段。

（一）17世纪中叶至辛亥革命前

西餐在我国开始萌芽可以追溯到17世纪中叶。当时西欧一些国家的部分商人，为了寻找市场，陆续来到我国广州等沿海地区通商，一些西方传教士和外交官也不断到我国内地传播西方文化。由于生活习惯的差异，他们同时也将西餐技艺带到了中国。到了清朝，尤其是鸦片战争以后，进入我国的西方人越来越多，西餐烹调技术逐渐传入中国。到清朝光绪年间，在外国人较多的上海、北京、广州、天津等地，开始出现由中国人自己开设的西餐馆（当时称为“番菜馆”）以及咖啡厅、面包房等。据清末史料记载，最早的番菜馆是上海福州路的“一品香”，随后“海天香”“一家春”“江南春”等多家番菜馆也在上海开业。北京的西餐行业始于光绪年间，以“醉琼林”“裕珍园”为代表。

（二）辛亥革命后至新中国成立以前

辛亥革命以后，我国处于军阀混战的半殖民地半封建社会。各饭店、酒楼、西餐馆等成为军政头目、洋人、买办、豪门贵族交际享乐的场所，每日宾客如云，西餐业在这种形势刺激下，便很快发展起来。从20世纪20年代起，上海又出现了几家大型的西式饭店，如礼查饭店（现浦江饭店）、汇中饭店（现和平饭店南楼）、大华饭店等。进入20世纪30年代，又有国际饭店、华懋饭店、上海大厦、成都饭店等大饭店相继开业，天津、广州等地也陆续新开了许多西式饭店。这些大型饭店所经营的西餐大都自成体系，但不外乎英、法、意、俄、德、美式菜肴，有的社会餐馆也经营带有中国味的“番菜”及家庭式西餐。随着这些西餐饭店的开业，在中国上层官僚、商人以及知识分子中，掀起了一股吃西餐的热潮。享用西餐，似乎成为上层社会追求西方文化和物质文明的一种标志，此时是西餐在中国传播和发展最快的时期。

（三）新中国成立以后至十一届三中全会前

在我国，西餐几经盛衰，至新中国成立前夕，由于连年战乱，西餐业已濒临绝境，从业人员所剩无几。新中国成立以后，随着我国与世界各国的友好往来日益增多，又陆续建起了一些经营西餐的餐厅、饭店，如北京的北京饭店、和平宾馆、友谊宾馆、新侨饭店、莫斯科餐厅等都设有西餐厅。由于当时我国与苏联为首的东欧国家交往密切，所以 20 世纪五六十年代我国的西餐以俄式菜发展较快。到 20 世纪 70 年代，西餐在我国城市餐饮市场已占有一定地位，几乎所有中等以上的城市，甚至在沿海地区的县城都有数量不等的西餐馆。

（四）十一届三中全会以后

十一届三中全会以后，随着我国改革开放政策的实施，经济的发展，旅游业的崛起，西餐在我国进入了一个新的发展时期。20 世纪 80 年代开始，在北京、上海、广州等地相继兴建了一批设备齐全的现代化的饭店，世界上著名的希尔顿、喜来登、假日饭店等国际饭店集团也相继在中国设立了连锁店。这些饭店的兴起，引进了新设备，带来了新技术、新工艺，使西餐在我国得到了迅速发展和传播，菜系也出现了以法式菜为主，英、美、俄等菜式全面发展的格局。此外，随着麦当劳、肯德基等著名西式快餐相继在中国落户，也加快了西餐在我国的普及。如今，西餐越来越为人们所了解，它以其丰富的营养，绚丽奇特的风味，浓烈的异国情调，越来越受到人们的喜爱。

四、西餐烹调技术的主要特点

（一）西餐原料使用特点

1. 注重选材的严谨性

西餐菜肴对食材的选择十分严谨，对原料品质和质地要求较高。以动物性原料为例，西餐通常只选择牛、羊、猪、鸡、鸭、鱼、虾等原料的净肉部分。如牛的背部和腰柳肉，鸡、鸭的胸脯和腿部，鱼身两侧的肉等，基本不使用头、蹄、爪、内脏、尾等部位。只有法国等少数国家使用动物原料的其他部位，如鸡冠、鹅肝、牛肾、牛尾等。

2. 讲究食材的新鲜度

西餐菜肴对原料新鲜度的要求非常高，例如，在制作蔬菜水果沙拉时要求蔬菜、水果必须新鲜；制作沙拉酱时也要求鸡蛋等原料要绝对新鲜；在选择牡蛎、牛肉、羊肉等原料时对品质的要求也非常严格。新鲜的原料，可以保证菜点营养、质地与口感的最佳。

3. 注重菜肴制作口感

西餐工艺对肉类菜肴，特别是牛肉、羊肉的老嫩程度很讲究。如一般肉类分为五种成熟度，全熟（well done）、七成熟（medium well）、五成熟（medium）、三成熟（medium rare）和一成熟（rare）。

4. 乳制品的使用量大

西餐菜肴在制作过程中大量使用乳制品，这是西餐的一个重要特点。西餐使用的乳制品非常多，如鲜奶、奶油、黄油、奶酪等。每一种奶制品也可以分为许多不同的品种，其中，奶酪就有上百种。

乳制品在西餐中的应用不仅广泛，而且作用各不相同。鲜乳除直接饮用外，还常用来制作各种沙司，以及用于煮鱼、虾或谷物，或拌入肉馅、土豆泥中，以增加鲜美的滋味。淡奶油，在西餐烹调中常用来增香、增色、增稠或搅打后装饰菜点。黄油不仅是西餐常用的油脂，还可以制作成各种沙司，并常用于菜肴的增香、保持水分以及增加滑润口感。奶酪常常直接食用，或者作为开胃菜、沙拉的原料；在热菜的制作中常常加入奶酪，以起到增香、增稠、上色的作用。

5. 注重营养组配及卫生

西餐工艺对原料的组配科学严格，统一配方，统一规格，营养均衡合理，同一产品的风味品质不受制作数量和制作速度的影响。一般什么样的肉要配什么样的沙司和蔬菜，都有严格的规定。此外，西餐在原料制作过程中对卫生的要求也非常严格。

（二）西餐刀工技术特点

1. 刀具种类繁多，根据原料特点进行选择

西餐加工过程中常根据不同烹饪原料的特点和性质进行刀具的选择。西餐有专门切肉的刀、专门去骨的刀、专门切蔬菜和水果的刀、专门切熟食的刀、专门切面包的刀等。例如，在加工韧性较强的动物性原料时，一般选择比较厚重的厨刀，而加工质地细嫩的蔬菜和水果原料，则选择规格小、轻巧灵便的沙拉刀。根据原料的特点选择不同的刀具，便于操作者的操作，也使原料成形更简单、规格更整齐。

2. 刀工刀法简洁，成形大方整齐

西餐的刀工，具有简洁、大方的特点。由于西方人习惯使用刀叉作为食用餐具，原料在烹调后，食用者还要进行第二次刀工分割，因此，许多原料，尤其是动物原料，在刀工处理上，通常呈大块、片等形状，如牛扒、菲力鱼、鸡腿、鸭胸等。一般每块（片）的重量通常在150～250g。

与中餐刀工相比，西餐的刀工处理比较简单，刀法和原料成形的规格相对较少。西餐的刀工成形，以条、块、片、丁为主，虽然成形规格较少，但要求刀工处理后原料整齐一致、干净利落。

3. 刀工工艺先进，设备现代化

西餐刀工的另一个特点是大量使用现代化的设备，完成原料的成形过程。自动化、规格化是西餐刀工技术的重要特点之一。西餐厨房的原料加工大都使用精密的食品机械，如切肉机、切菜机、绞肉机等，切出的原料均匀整齐，科学化、规范化程度很高，成形规格更容易统一，不仅降低了厨师的劳动强度，也大大提高了菜品的出菜速度。

（三）西餐调味工艺特点

1. 制作过程善于用酒

西餐常根据不同原料、菜式以及成菜要求，选用不同的烹调用酒。例如，制作鱼虾等浅色肉菜肴，常使用浅色或无色的干白葡萄酒、白兰地酒；制作畜肉等深色肉类，常使用香味浓郁的干红、雪利酒等；制作野味菜肴则使用波特酒除异增香；而制作餐后甜点，常用甘甜、香醇的朗姆酒、利口酒等。通过酒类的运用，起到增香除异的作用，形成不同风味的菜肴。

2. 讲究烹调后调味

菜肴的调味，一般分烹调前调味、烹调中调味、烹调后调味三个阶段。西餐的制作，更加注重烹调后调味的环节。如制作种类繁多的西餐沙司，是西餐烹调中的重要调味技术

之一。这些各式各样的沙司，主要用于烹调后的调味。

（四）西餐烹调技术特点

1. 烹调工具多样化，便于操作

西餐烹调的工具多为专用，而且数量、品种以及规格都比较多。例如，有专门用于煎制原料的各种规格的煎盘，有专门用于制作沙司的各种沙司锅，有专门用于制作基础汤的汤锅，以及搅板、汤勺、蛋抽、切片机、粉碎机、搅拌机等。西餐的加热设备也非常多，如用于扒制的平扒炉和条扒炉，用于炸制的炸炉，以及烤箱、蒸箱等。西餐的大多数工具和设备，由于有尺寸刻度，或者有可以操纵温度和时间的旋钮，比较容易操作，也便于对成品的质量进行控制。

2. 主料、配料和沙司分别烹制

西餐的制作工艺较中餐略复杂，在西餐菜肴制作中，主料、配料（配菜）、沙司（调味汁）在许多情况下是分别烹制的，并不是一锅成菜。西餐的主料、配料（配菜）、沙司分别烹制成熟后，再组合到一起。

西餐中的配菜是热菜制作不可缺少的组成部分。在菜肴的主要部分（主料）做好后，在盘子的边上或在另一个盘内配上少量加工成熟的蔬菜、米饭或面食等菜品，从而组成一道完整的菜肴，这种与主料相搭配的菜品就叫配菜。配菜在西餐中的作用主要体现在以下几个方面：

（1）使菜肴形态美观　西餐的各种配菜，多数是用不同颜色的蔬菜或者米面制成的，一般要有一定的形状，如条状、块状、橄榄状、球状等，与主料相配，起到色美与形美的作用。

（2）使营养搭配合理　西餐菜肴主料大多数是用动物性原料制作的，而配菜一般由植物性原料制作，这样搭配，就使一份菜肴既有丰富的蛋白质、脂肪，又含有维生素和无机盐，使菜肴的营养搭配更为合理，达到平衡膳食的要求。

（3）使菜肴内容丰富　西餐配菜的品种很多，什么菜肴用什么配菜，并不完全固定。虽然有一定的随意性，但也有规律可循。比如，汤汁较多的菜肴配米饭，水产类菜肴配土豆或土豆泥，意式菜肴多配面食，煎炸类菜肴要配时令蔬菜。这样的搭配既丰富了菜肴的内涵，又在风格上协调统一。

（五）西餐菜肴装盘特点

1. 主次分明，和谐统一

西餐的摆盘强调菜肴中原料的主次关系，主料与配料层次分明、和谐统一。在一道菜肴中不建议有太多的表现手法，尽量突出主料，避免出现主次不分的情况，破坏菜肴本身的美感。

2. 几何造型，简洁明快

几何造型是西餐最常用的装盘技法，它主要是利用点、线、面进行造型的方法。几何造型的目的是挖掘几何图形中的美，追求简洁明快的装盘效果。

3. 立体表现，空间发展

西餐的摆盘除了在平面上表现外，也在立体上进行造型。立体造型方法是西餐摆盘常用的方法，也是西餐摆盘的一大特色。从平面到立体，菜肴美感的展示空间扩大了，赋予菜肴更大的艺术价值。

4. 讲究破规

整齐划一、对称有序的装盘，会给人以秩序之感，是创造美的一种手法。但在西餐摆盘过程中，还可以适当加以变化，采取破规的表现手法，体现静中求动。例如，在排列整齐的菜肴上，斜放两三根长长的细葱，这种长线形的出现，会改变盘中已有的平衡，使盘面活跃起来，配合立体表现手法，更能体现菜肴的动态美。

5. 讲究变异

变异，从美学角度来说，是指具象的变形。常用的手法是对具体事物进行抽象的概括，即通过高度整理和概括，以神似而并非形似来表现。变异的手法，也是西餐中摆盘的技法之一，通过对菜肴原料的组合，形成一种既像又不像的造型，引起食客的无限遐想。中国菜常用写实装盘手法来表现，例如，将原料摆成花、鸟、虫等逼真的形状，与写实装盘不同，西餐的变异装盘技法，会留下更加广阔的想象空间。

6. 盘饰点缀，回归自然

西方菜肴的盘饰喜欢使用天然的花草树木，追求自然的美感，遵从点到为止的装饰理念。现代西餐一般不主张缤纷复杂的点缀，认为这样会掩盖菜肴的实质，给人一种华而不实的感觉。西餐装饰料在盘中仅仅是点缀而已，在使用上具有少而精的特点。

五、学习西餐烹调技术的意义

西餐作为一种异域的烹饪技艺已经历了数千年的演变和发展。西餐既是西方各国的，也是全世界人民的。在资讯日益发达的今天，世界变得越来越小，西餐进入中国，使中国消费者领略异国情趣，增进了解，促进友谊。特别是西餐工艺在用料选择、营养意识、卫生标准、工艺要求等方面，以及现代西式快餐在标准化、工厂化和连锁经营方面，给中国餐饮业带来了许多新观念、新做法，值得中餐借鉴和采用。

我们学习西餐烹调技术，一方面可以满足中国人追求文化多样性的内在需求，另一方面可以满足旅游事业和外交事业发展的需要，同时也可以吸取西餐工艺之长，洋为中用，丰富、完善、发展、提高我国的烹饪技艺。我们要想学好《西餐烹调教程》这门课程，必须要学好外语，以理论为基础，实践为手段，弄清西餐工艺所涉及的基本概念、基本原理，在学好专业理论的基础上，深入进行实践训练。只有通过实践，才能发现问题，丰富理论，才能真正掌握西餐的烹调技术，成为一名合格的烹饪工作者。

任务2　西方各国餐饮概况

【任务驱动】

1. 了解各国菜肴概况、特点。
2. 了解餐饮发展概况、选料特点、风味特点。
3. 熟悉各国代表性菜肴。

【知识链接】

一、法国

（一）法国菜概况

法国位于欧洲西部，人口主要以法兰西人为主，绝大部分信奉天主教，地理条件优越，农牧业发达，葡萄酒产量居世界第一，是世界第二大农产品出口国。法国的葡萄酒、香槟酒、白兰地、奶酪在世界知名度很高。

法国的烹饪技术一向著称于世，是世界三大美食之一，被誉为“西菜之首”。法国菜的文化源远流长，相传16世纪时，法国国王亨利二世迎娶了一位意大利公主为妻，随着这位爱好美食的公主嫁到法国，技艺高超的意大利厨师也一同来到了巴黎。这些意大利御厨，将意大利文艺复兴时期盛行的烹调方式和技巧、食谱及华丽餐桌装饰艺术带到了法国，使法国烹饪获得了发展的良机。到了路易十四时代，法国烹饪进一步得到发展。路易十四在凡尔赛建起庞大宫殿，让皇胄贵族到宫廷享受荣华富贵，开启了法国奢靡饮食的食风。路易十四还开创了全国性的厨艺大赛，获胜者被招入凡尔赛宫，授予“蓝带奖”(Corden Bleu)。此后，全法国厨师们以获得“蓝带奖”为追求和奋斗的目标。之后的路易十五时代，法国菜被进一步发扬光大，厨师的社会地位也逐渐提高，厨师成为了一种既高尚又富于艺术性的职业，法国烹饪进入了黄金时期。宫廷豪华饮食在法国大革命以后，逐渐走向民间。巴黎成为西方美食的中心，法国菜以其精致、浪漫的品位征服了世界。

法国菜不仅美味可口，而且菜肴的种类繁多，烹调方法也有独到之处。它的口感之细腻、酱料之美味、餐具摆设之华美，简直可以称为一种艺术，无时无刻不在挑战着食客的味蕾。法国料理中的每一道菜都是艺术佳作，除了味蕾上的美味与满足外，还有很多想象与创意的元素，带给食客无限的惊喜。

（二）法式菜的主要特点

1. 选料广泛、用料讲究

一般说西餐在选料上局限性较大，而法式菜的选料却很广泛，如蜗牛、黑菌、洋百合、椰树心、马兰等皆可入菜。另外，在选料上也很精细，由于法国人追求适度烹饪，所以用料要求绝对新鲜，配菜也非常讲究。

2. 烹调精细、讲究原汁原味

法式菜制作精细，有时一道菜要经过多道工序。如沙司一般要由专门厨师制作，而且制什么菜用什么沙司都有一定规范，如做牛肉菜肴用牛骨汤汁，做鱼类菜肴用鱼骨汤汁，有些汤汁要煮8h以上，使菜肴具有原汁原味的特点。

3. 追求菜肴的鲜嫩

法式菜讲究口味的自然和鲜美，要求菜肴水分充足，质地鲜嫩。如牛排一般只要求三四成熟，烤牛肉、烤羊腿只需七八成熟，海鲜烹调不可过熟，而牡蛎则大多生吃，力求将原料最自然、最美好的味道呈现给食客。

4. 烹调喜欢用酒调味

由于法国盛产酒类，烹调中也喜欢用酒调味，烹调用酒与主菜需合理搭配，如海鲜用白兰地、白葡萄酒，肉类和家禽用雪利酒和玛德拉酒，野味用红酒，制火腿用香槟酒，制烩水果和点心用朗姆酒、甜酒等。而且，烹调中酒的用量也很大，法式菜大都带有酒香味。

5. 乳制品使用量大

乳制品使用量大也是法式菜的主要特点。法国奶酪闻名于世界，也是法国烹饪的骄傲，种类将近400种。不同的奶酪特色不同，用法也各异，有些直接食用，有些制作成沙司，还有一些作为菜肴的原料。奶酪在法式菜中的广泛使用，使得法国菜肴丰富多彩，香味浓郁。

6. 注重沙司和香料的使用

法式菜特别注重沙司的制作和香料的使用，据说收录法式菜谱的沙司有700种之多。

法式菜常用的香料有大蒜头、欧芹、迷迭香、塔立刚、百里香、茴香等，从而形成法式菜独特的风味。

7. 注重菜肴的命名

法式菜比较喜欢以人名、地名、物名来命名菜肴，佳肴典故相映成趣。如拿破仑红烩鸡、里昂的带血鸭子、南特的奶油梭鱼、马赛的普罗旺斯鱼汤等都是著名菜肴。典型的法式菜菜肴很多，如洋葱汤、牡蛎杯、蜗牛、鹅肝冻、烤牛外脊等。除此之外，法国还有许多著名的地方菜，如阿尔萨斯的干酪培根蛋挞、卜艮第的红酒烩牛肉、诺曼底的诺曼底烩海鲜等。

二、意大利

（一）意大利菜概况

意大利地处南欧的亚平宁半岛上，人口主要以意大利人为主，约占总人口的94%，绝大部分人信奉天主教。优越的地理条件使得意大利的农牧业和食品加工业都很发达。

意大利历史悠久，是古罗马帝国和欧洲文艺复兴的中心，其餐饮文化非常发达，影响了欧洲大部分国家和地区，被誉为“欧洲大陆烹饪之始祖”。意大利北部邻近法国，受法式菜的影响较大，多用奶油、奶酪等乳制品入菜，口味较浓郁而调味则较简单。南部三面临海，物产丰富，擅长用番茄酱、番茄、橄榄油等制菜，口味丰富。

意大利菜有“妈妈的味道”，而“妈妈的味道是世界最棒的佳肴”。意大利大多数的母亲，会在周日做手擀的意大利面及调味酱。意大利菜之所以有“妈妈的味道”，是因为他们以自己庭院栽种的青菜、养的鸡、捕获的猎物为原料，再加上母亲的爱，所烹煮出的人间美食。意大利菜最看重原料本质和保持原汁原味，一般汁浓味厚，调味料擅用番茄酱、酒类、柠檬、奶酪等。

（二）意大利菜的主要特点

1. 讲究火候，注重传统菜肴制作

意式菜对菜肴火候的要求很讲究，很多菜肴要求烹制成六七成熟，牛排要鲜嫩带血。意大利饭（risotto）、意大利面条一般习惯食用七八成熟有硬心，这是意式饮食的一个特点。意式菜中传统的红烩、红焖的菜肴较多，而现今流行的烧烤、铁扒的菜肴相对较少，意大利厨师也比较喜欢炫耀自己的传统菜点。

2. 注重原料本味，讲究原汁原味

意式菜多采用煎、煮、蒸等保持原料原味的烹调方法，讲究直接利用原料自身的鲜美味道。在调味上直接简单，除盐、胡椒粉外，主要以番茄、番茄酱、橄榄油、香草、红花、奶酪等调味。在沙司的制作上讲究汁浓味厚，原汁原味。

3. 以米、面做菜，品种丰富

意式菜以米、面入菜是其不同于其他菜式的最明显的特色。意大利面食的代表之一就是意大利面条，其品种有数百种之多，一般分成两大类：一是面条或面片；二是带馅的面食，如饺子、夹馅面片、夹馅粗通心粉等。意大利面食可谓千变万化，既可做汤，又可做菜、做沙拉等。除面食外，意大利饭也是第一道菜的热门之选。意大利的比萨饼种类也有数十种之多，根据加入的馅料不同，风味也有差异。

典型的意式菜肴有：佛罗伦萨烤牛排、意大利菜汤、米兰式猪排、罗马式魔鬼烤鸡、撒丁岛烤乳猪、比萨饼、意式馄饨等。

三、英国

（一）英国菜概况

英国地处欧洲大陆西侧的大不列颠岛上，绝大部分人为英格兰人，此外还有苏格兰人、威尔士人及爱尔兰人，大部分信奉基督教（新教）。气候属温带海洋性气候，畜牧业和乳制品业较发达。

罗马帝国曾经占领并控制过英国，因此影响了英国的早期文化。公元1066年，法国的诺曼底公爵威廉继承了英国王位，带来了灿烂的法国和意大利的饮食文化，为传统的英国菜打下了基础。

受地理及自然条件所限，英国的农业不是很发达，而且英国人也不像法国人那样崇尚美食，英国菜相对比较简单。英国人常自嘲自己不精于烹调，英国菜可以用一个词“Simple”来形容。简而言之，其制作方式只有两种：放入烤箱烤或者放锅里煮。做菜基本不放调味品，吃的时候再依个人爱好放些盐、胡椒或芥末、辣酱油等调味。虽然英式菜相对来说比较简单，但英式菜早餐却很丰盛，主要品种有燕麦片牛奶粥、面包片、煎鸡蛋、水煮蛋、煎培根、黄油、果酱、威夫饼、火腿片、香肠、红茶等。此外，下午茶也是英式菜的一个特色。

英国人正餐时常吃的烤鸡、烤羊肉火腿、牛排和煎鱼块，一般都配料简单，味道清淡，油少。他们只是在餐桌上准备足够的调味品：盐、胡椒粉、芥末酱、色拉油、辣酱油和各种沙司，由进餐的人自己选用。英国人非常喜欢在正餐结束前吃水蒸的布丁。在很隆重的家宴上，主妇常以自己亲手做的布丁为荣。

（二）英式菜的主要特点

1. 选料单调，烹调简单

英式菜选料的局限性比较大，有许多禁忌。英国虽是岛国，但英国人不讲究吃海鲜，反而比较偏爱牛肉、羊肉、禽类、蔬菜等。在烹调上喜用煮、烤、铁扒、煎等方法，菜肴制作大都比较简单，肉类、禽类、野味等也大都整只或大块烹制。

2. 调味简单，口味清淡

英式菜调味比较简单，主要以黄油、奶油、盐、胡椒粉等为主，较少使用香草和酒调味，菜肴口味清淡，油少不腻，尽可能地保持原料原有的味道。

英式菜的典型代表菜肴主要有：英格兰式煎牛扒、英格兰烤皇冠羊排、煎羊排配薄荷汁、土豆烩羊肉、烤鹅填栗子馅、牛尾浓汤等。

四、美国

（一）美国菜概况

美国位于北美洲大陆中部，东濒大西洋，西临太平洋，属温带和亚热带气候。美国人大都是来自世界各地的移民，其中主要以欧洲移民为主，是典型的移民国家。辽阔的土地、充沛的雨量、肥沃的土壤、众多的河流湖泊，是美国饮食形成与发展的物质基础。

自哥伦布发现美洲大陆后，欧洲人就不断向北美移民，到1733年，英国在北美建立了十三个移民地。美式菜是以英式菜为基础，融合了众多国家的烹饪精华，并结合当地丰富的物产而发展起来的，形成了自己特有的餐饮文化。

美国菜式糅合了印第安人及法、意、德等国家的烹饪精华，口味讲究清淡，特点是咸中带甜，常用水果作为菜肴的配料。代表性菜肴有：烤鸭配烤苹果、菠萝火腿扒、水果沙拉等。同时喜食铁扒、炙烤、烘烤类等菜肴。美国人酷爱甜食，因此对点心很有考究。美国人不论男女老少，对冷饮颇感兴趣，就餐时先喝开胃的果汁，餐中佐以啤酒或可乐等饮料，一般不喝烈性酒，即便喝烈性酒也要加些苏打水及相当数量的冰块。近些年来，美国人越来越重视食品营养，吃肉食的人渐渐少了，或者食肉量减少了，海鲜类、蔬菜类及菌类消费增多。

（二）美式菜的主要特点

1. 口味自然、清淡，制作工艺简单

美式菜的基本特色是用料朴实、简单，口味清淡，突出自然，制作过程也不复杂。由于美国盛产水果，所以，水果经常是菜肴中不可缺少的原料。在调味上，美国沙司的种类比法国要少得多。而在烹调方法上，美国菜偏重拌、烤、扒等简单快捷的制作方式。

2. 风格多样，融会贯通

由于美国是一个多民族国家，不同地区移民带来不同文化背景的菜式，美式菜各流派并存、丰富多彩、相互融合。如普罗旺斯式鸡沙拉，吸收了法国普罗旺斯地区善于使用香料的特点，以美国人最喜爱的生拌形式（即沙拉）表现出来；美国著名汤菜秋葵浓汤是由移居于美国路易斯安那州的法国移民所创造；脆皮奶酪通心粉的奶酪是产于美国的切达奶酪，主要原料和做法却来源于意大利；西班牙人擅长的米饭做法，在美国烹饪中被用于制作葡萄干米饭、蘑菇烩饭、什锦炒米饭等；还有受到南美影响而创造出的各种辣味菜式，如辣味烤肉饼、辣椒牛肉酱、炖辣味蚕豆等。

3. 快餐食品发展迅速

由于美国经济比较发达，人民生活节奏加快，所以，快餐业在美国得到了迅速发展，并很快影响到世界各地的餐饮业。如以销售汉堡、薯条、肉饼、炸鸡块、蛋挞、可乐等快餐食品的肯德基、麦当劳等快餐企业发展迅速，在世界各地开设几万家分店，推动了全世界快餐产业的发展。

五、俄罗斯

（一）俄罗斯菜概况

俄罗斯横跨欧亚大陆，地域广阔，人口大都集中在欧洲部分，绝大多数人信奉俄罗斯东正教，俄罗斯的畜牧业较发达，乳制品的生产量较大，伏特加酒、鱼子酱也闻名于世。

俄罗斯菜，主要指俄罗斯、乌克兰和高加索等地区的烹饪饮食。在西方饮食流派中，是独具特色的一类。从历史的发展来看，俄罗斯的烹饪受其他国家影响很大，许多菜肴从法国、意大利、奥地利和匈牙利等国传入。这些传入俄罗斯的外国菜肴与本国菜肴融合后，形成了独特的菜肴体系。据资料记载，16 世纪，意大利人将香肠、通心粉和各种面食带入俄罗斯；17 世纪，德国人将德式香肠和水果带入俄罗斯；18 世纪初期，法国人将沙司、奶油汤和法国面食带入俄罗斯。

（二）俄式菜的主要特点

1. 传统菜肴油性较大

由于俄罗斯大部分地区气候比较寒冷，人们需要较多的热能。所以，传统的俄式菜油性较大，较油腻。黄油、奶油是必不可少的，许多菜肴做完后还要浇上少量黄油，部分汤菜也是如此。随着社会的进步，人们的生活方式也在改变，俄式菜已逐渐趋于清淡。

2．菜肴口味浓重

俄式菜喜欢用番茄、番茄酱、酸奶油调味，菜肴具有多种口味，如酸、甜、咸和微辣等，并喜欢生食大蒜、洋葱。

3．擅长制作蔬菜汤

汤是俄罗斯人每餐必不可缺少的食品。由于俄罗斯气候寒冷，汤可以驱走寒冷带来温暖，还可以帮助进食，增进营养。俄国人擅长用蔬菜调制蔬菜汤，常见的蔬菜汤就有六十多种，汤是俄式菜的重要组成部分，其中莫斯科的红菜汤颇负盛名。

4．冷菜注重生鲜

俄罗斯冷菜的特点是新鲜和生食，如生腌鱼、新鲜蔬菜、酸黄瓜等。俄式菜讲究冷小吃的制作，且品种繁多，口味酸咸爽口，其中黑鱼子酱最负盛名。

俄式菜的典型代表菜肴主要有：鱼子酱、红菜汤、基辅鸡卷、罐焖牛肉、莫斯科烤鱼等。

六、德国

（一）德国菜概况

德国位于欧洲的中部，是连接西欧和东欧内陆的桥梁，主要以德意志人为主，大部分人信奉基督教新教和天主教。农牧业发达，机械化程度高。德国的啤酒和品种繁多的肉制品闻名于世。

德国是在西罗马帝国灭亡后，由日耳曼诸部落建立起来的国家，中世纪时期一直处于分裂状态，直至1870年才真正统一。德国的饮食习惯与欧洲其他国家有许多的不同，德国人注重饮食的热量、维生素等营养成分，喜食肉类食品和土豆制品。德式菜肴以丰盛实惠、朴实无华著称。

（二）德式菜的主要特点

1．肉制品丰富

由于德国人喜食肉类食品，所以德国的肉制品非常丰富，种类繁多，仅香肠一类就有上百种，著名的法兰克福肠早已驰名世界。德式菜中有不少菜肴是用肉制品制作的。

2．口味以酸咸为主，清淡不腻

德式菜中经常使用酸菜，特别是制作肉类菜肴时，加入酸菜，使菜肴口味酸咸，浓而不腻。

3．生鲜菜肴较多

德国人有吃生牛肉的习惯，如著名的鞑靼牛扒，就是将嫩牛肉剁碎，拌以生葱头末、酸黄瓜末和生蛋黄食用。德式菜中生鲜菜肴较多。

4．喜用啤酒制作菜肴

德国盛产啤酒，啤酒的消费量居世界之首。德式菜中一些菜肴也常用啤酒调味，口味清淡，风味独特。

德式菜典型的代表菜肴主要有：柏林酸菜煮猪肉、酸菜焖法兰克福肠、汉堡肉扒、鞑靼牛扒等。

七、西班牙

（一）西班牙菜概况

处于地中海地区的西班牙，具有独特的地理环境。西班牙四面环海，内陆山峦起伏，气候多样，因此西班牙的物产丰富、菜式多样，具有比较明显的地域特色。

由于西班牙屡受外族入侵，又受不同宗教影响，因此菜肴融合了外族的特色，丰富多彩。西班牙的食风具有明显的地中海特色，善于使用海鲜、橄榄油以及地中海特色香料，烹调简洁，在口味上强调清新自然。

西班牙的食风之浓，在世界享有盛名。在上规模的餐厅吃饭，通常会是头盘、沙律、汤、主菜、甜品、咖啡依次上桌，侍者们风度翩翩，动作优美。一些休闲餐厅，食客在吧台前或坐或站，前面放满火腿、面包、烩蘑菇、烩鱼等食物，随便取食。西班牙盛产海鲜，海鲜多用于主菜和头盘中，做法多样。西班牙菜包含了贵族与民间、传统与现代的烹饪艺术，加上特产的优质食材，使得西班牙菜在西餐中占有重要的位置。

（二）不同区域西班牙菜的主要特点

1. 安达卢西亚和埃斯特雷马杜拉

安达卢西亚和埃斯特雷马杜拉地区的菜肴以清新和色彩丰富为主，多采用橄榄油、蒜头。秉承了阿拉伯人的烹饪技巧，以油炸形式烹西班牙海鲜饭，特点是清鲜食味、口感香脆酥松。特产有风干火腿、沙丁鱼、三角豆等，代表菜为西班牙冻汤。

2. 加泰罗尼亚

加泰罗尼亚位于比利牛斯山地区，接邻法国，烹饪方法与地中海地区接近。多以炖、烩菜肴出名。盛产香肠、奶酪、蒜油和著名的卡瓦气泡酒。代表菜为墨鱼汁饭、蒜蓉蛋黄酱、海鲜烩。

3. 加利西亚和莱昂

加利西亚和莱昂位于西班牙西北部，盛产海鲜和三文鱼、藤壶。有别于其他地方菜的是，此地菜肴很少用蒜和橄榄油，多用猪油。代表菜为醋酿沙丁鱼。

4. 拉曼查

拉曼查位于西班牙中部，畜牧业发达。以烤肉为主菜，盛产奶酪、高维苏猪肉肠和被称为“红金”的西班牙藏红花。代表菜有红粉汤、西班牙红肠、藏红花饭等。

5. 巴伦西亚

巴伦西亚比邻地中海，为稻米之乡。盛产蔬菜和水果、海鲜。著名的西班牙海鲜饭（Paella）出自这里，被称为“西班牙国菜”。

6. 里奥哈和阿拉贡

里奥哈和阿拉贡位于比利牛斯山东部，烹饪简单，但特色酱汁和红酒世界驰名。

八、荷兰

（一）荷兰菜概况

荷兰位于欧洲西部，东面与德国为邻，南接比利时，西、北濒临北海，地处莱茵河、马斯河和斯凯尔特河三角洲。“荷兰”在日耳曼语中称为尼德兰，意为“低地之国”，因其国土有一半以上低于或几乎水平于海平面而得名。荷兰的民族以日耳曼民族为主，全国地势极为低平，奶牛多，乳制品多，是荷兰饮食的一大特色。

荷兰人的一日三餐，只有一餐吃热食，这餐热食为正餐。农村把正餐放在工作之中，即午餐，而城市则放在工作之余，即晚餐。不论是午餐还是晚餐，人们都非常重视，菜肴都力求丰富多彩，畜、禽、海味及蔬菜样样俱全，当然也离不开乳制品，同时，荷兰人还喜欢吃有点像东南亚风味的辛辣品，这在欧洲人中是很少见的。

（二）荷兰菜的主要特点

1．制作手法比较粗犷

荷兰传统菜就是红烧肉圆加菜泥，再加一根红肠，适合冬天吃。据说荷兰人以前很贫穷，每家每户只能用一个锅煮饭，所以他们就把肉和菜放在一起煮，形成了今天的特色。

2．乳制品使用量大

奶酪是荷兰的特产，荷兰人喜欢把奶酪切片加入面包中，或是把奶酪研成粉末，放入汤内。最常见的是一种淡黄色的半硬奶酪。在各种酒吧和聚会上，被切成小方块的奶酪随处可见。除了奶酪，荷兰的其他乳制品种类也非常多。荷兰人不喜欢喝茶，平时常以牛奶解渴。

3．汤的应用较为广泛

如果说三明治是荷兰人最普遍的快餐食品，那么豌豆浓汤就是荷兰非常传统和常见的一道家庭必备菜了，适合在家时慢慢熬制。豌豆浓汤是将包括豌豆在内的各种新鲜蔬菜、咸肉和腊肠放在一起，用肉汤做底熬制成的。按照荷兰的传统做法，光肉汤就要熬几小时。

典型的荷兰菜肴有大杂烩、生鲱鱼、炖生菊苣、卡勒炖、豌豆浓汤、香肠布甸等。

任务3　西餐从业人员应具备的条件

【任务驱动】

1．掌握西餐从业人员应具备的素质。

2．餐饮从业人员应掌握的卫生法规。

3．熟悉西餐厨房卫生与安全维护。

【知识链接】

一、西餐从业人员应有的素质

作为一个西餐从业人员，除了具有高超的厨艺技能、专业的学识积累和高尚的厨德修养之外，还应该妥善处理厨房的人、事、物及客人的投诉等事宜，及时把握西餐行业的脉动和潮流，方能有所成就。因此，一个西餐从业人员应具备以下素质：

（一）爱岗敬业，遵纪守法

遵纪守法是每个公民所必须具有的素质。在这样的前提下，本着诚实待人，公平守信，合理盈利的原则，守法经营，注意厨房本身的经济效益和社会效益。同时，每个西餐厨师要做到爱岗敬业，认真做好每一件事，每一个环节和每一道菜点。

（二）技术扎实，毅力坚忍

西餐工艺操作是一项较繁重的体力劳动，同时又是复杂细致的技术工作。由于西餐菜点的品种多样，操作中又要掌握火候、调味等因素的各种变化，因此，从事西餐的工作人员必须掌握扎实的基本功，如西餐工具与设备的保养与正确使用，原料的鉴别与保存，原料的加工工艺，基础汤的制作，基本沙司的调制以及基本的烹调方法等。基础扎实了，才能有提高与发展。同时，从事西餐的工作人员由于工作时间长，工作量大，因此，需要有健康的体魄、良好的心理素质与坚忍不拔的毅力。

（三）语言熟练，团结协作

西餐是外来的饮食文化，在平常的工作过程中，对外语有着较高的要求。不懂外语，就看不懂原版专业书籍、文献、菜单等，就不能与外厨直接交流，因而也就无法理解和掌握西餐的技术精髓和文化内涵。

团队合作是一种为达到既定目标所显现出来的自愿合作和协同努力的精神。它可以调动团队成员的所有资源和才智，并且会自动驱除工作中的不和谐，厨房的每项工作都是需要多人的合作才能成功。

二、餐饮从业人员应掌握的卫生法规

“民以食为天”，饮食是我们赖以生存的根本。因此，提供营养美味，卫生安全的菜点是每个餐饮从业人员的基本任务。下面从餐饮从业人员的健康管理、卫生习惯及卫生教育三个方面进行讲解。

（一）健康管理

餐饮从业人员的健康是食品卫生的最基本要求。《中华人民共和国食品安全法》第二十六条规定如下：

“食品生产经营人员每年必须进行健康检查，新参加工作和临时参加工作的食品工作经营人员必须进行健康检查，取得健康证明后方可参加工作。

凡患有痢疾、伤寒、病毒性肝炎等消化道传染病，活动性肺结核，化脓性或者渗出性皮肤病以及其他有碍食品卫生的疾病的，不得参加接触直接入口食物的工作。”

（二）卫生习惯

良好的卫生习惯关系到很多细节。从服装的整洁，手部的卫生到个人良好习惯的养成等有很多细微的方面，看上去似乎很小，但实际上非常重要，一点都不能马虎。为此，我国《餐饮业食品卫生管理办法》（国食药监食［2011］395号）第十五条对食品加工人员的卫生要求规定如下：

（1）工作前，处理食品原料后或接触直接入口食物之前都应当用流动清水洗手。

（2）不得留长指甲，涂指甲油，戴戒指。

（3）不得有面对食物打喷嚏，咳嗽及其他有碍食品卫生的行为。

（4）不得在食品加工和销售场所内吸烟。

（5）服务人员应当穿着整洁的工作服，厨房操作人员应当穿戴整洁的工作衣帽，头发应梳理整齐并置于帽内。

餐饮从业人员，多以手活动，手也是与食品接触最多的部位，所以保持手部清洁显得尤为重要，而保持手部清洁最有效的方法就是养成正确的洗手方法。但对于藏匿于皮肤内的细菌，却无法清洗掉，因此当必须以手接触食物时，最好能戴上手套，以确保食物的卫生安全。一般手部的清洁主要分为五个步骤：一洗，打开水龙头将手淋湿；二搓，抹上肥皂，和水搓揉起泡20s；三冲，将双手冲洗干净；四捧，双手捧水将水龙头冲洗干净，然后关闭水龙头；五擦，用纸巾把手擦干。

（三）卫生教育

我国《餐饮业食品卫生管理办法》第七条规定，餐饮业经营者应当依据《食品安全法》有关规定，做好从业人员健康检查和培训工作。如对新进人员，应告知正确的食品卫生知识，而对于在职人员，可针对平时出现的情况给予改进的意见，包括以下几种情况：

（1）炒菜时，不得用口对炒菜工具直接试吃，应使用另一餐具，如盘、小碗等。

（2）在厨房内或正在工作时，禁止吸烟、吃东西，非必要时切勿交谈。

（3）不可直接用手抓取熟食或直接生吃食物，应戴手套或利用夹子来取用食物。

（4）煮好的食物必须加上盖子，以防止苍蝇，蟑螂及灰尘的污染。

（5）妥善处理洗菜、洗米的污水或残渣。

（6）端送食物和餐具时要使用托盘。

（7）保持餐具的干净，手指不可触摸杯子或碗、盘的内部，以及污染餐具。

（8）餐具使用前必须洗净、消毒，使其符合国家有关卫生标准。未经消毒的餐具不得使用，禁止重复使用一次性的餐具。

（9）外卖食品的包装，运输应当符合有关卫生要求，并注明制作时间和保质期限。

（10）冷藏，冷冻及保温设施应当定期清洗、除臭，温度指示装置应当定期校验，确保正常运转和使用。

三、厨房卫生与安全维护

厨房是加工食物的场所，其卫生和安全问题一直是人们关注的焦点。下面就其中的一些重要方面加以探讨。

（一）厨房环境的清洁与保养

我国《餐饮业食品卫生管理办法》第十四条规定，食品加工场所应当符合下列要求。

1．厨房

（1）厨房的最小使用面积不得小于 $8m^2$。

（2）墙壁应有 1.5m 以上的瓷砖或其他防水、防潮、可清洗的材料制成的墙裙。

（3）地面应由防水、不吸潮、可洗刷的材料建造，具有一定坡度，易于清洗。

（4）配备有足够的照明、通风、排烟装置和有效的防蝇、防尘、防鼠以及污水排泄和符合卫生要求的存放废弃物设施。

2．凉菜间

凉菜间配有专用冷藏设施，洗涤消毒和符合要求的更衣设施，室内温度不得高于25℃。

3．蛋糕间

蛋糕间是制作裱花蛋糕的操作间，应当设置空气消毒装置和符合要求的更衣室及洗手、消毒水池。

（二）厨房的安全维护

在厨房中，最常见的意外伤害有刀伤、烫伤、碰伤、跌伤等，因此要尽量建立良好的安全措施，做到“防患于未然”。

1．防止刀伤

（1）持刀工作时，应全神贯注。严禁持刀具嬉闹、玩笑。

（2）持刀行走时应将刀尖朝下，刀刃向后或装入刀套中。

（3）勿将刀子置于水槽内或闲放于工作台上，刀子掉落时请勿用手去接。

（4）刀子不用时，应放置于安全的地方，并用刀套、刀具箱妥善保管。

2．防止烫伤

（1）锅具的握把应摆放在偏离走道的位置，应用干燥的垫布握把取锅，切勿空手握把。

（2）掀开锅盖时，应由较远离自己的方向掀起，并等蒸汽散尽后，再完全拿开锅盖。

（3）穿着长袖的正规工作服，防止水、油溅烫。围裙上的绑绳应绕过腰脊，绑在左前或右前侧，并将绳结处塞于衣内。

（4）点燃燃气前，先确认燃气的流量是否正常，而后再点。

（5）灭火器等消防设备应置于明显易取之处。

3. 防止碰伤和跌伤

（1）厨房走道应有足够的照明设备。

（2）对于人员进出的通道，禁止堆放物品。

（3）紧急出口应标示明确，急救箱等急救设备应置于明显易取之处。

思 考 题

1. 简述西餐的概念。
2. 简述西餐烹调技术的主要特点。
3. 简述西餐菜肴装盘特点。
4. 简述法国菜的主要特点。
5. 简述英式菜的主要特点。
6. 请列举三种经典意式菜肴。
7. 简述西餐从业人员应具备的素质。
8. 简述在厨房如何防止刀伤。
9. 简述在厨房如何防止烫伤。
10. 试述西餐厨师如何养成良好卫生习惯。

项目二　西餐厨房组织与设备

【学习目标】

1. 了解厨房分类、组织结构及主要岗位职责。
2. 了解常用的西餐设备，熟悉西餐常用的刀具。

任务1　现代西餐厨房组织结构

【任务驱动】

1. 西餐厨房的分类。
2. 西餐厨房的组织结构及人员构成。
3. 西餐厨房主要岗位的岗位职责。

【知识链接】

一、西餐厨房的分类

西餐厨房的类型主要是根据餐厅的营业方式，即餐厅菜单上确定的供应范围和提供的服务形式与方法决定的。餐厅根据其供应特点和营业方式一般分为零点式餐厅和公司式或团体式餐厅两种。

零点式餐厅即客人根据餐厅菜单，临时零星点菜，又有常规式零点餐厅和快餐式零点餐厅，如特色餐厅、咖啡厅、酒吧等。

公司式或团体式餐厅又分为预订式餐厅和混合式餐厅，即餐厅定时、定菜、定价供应套餐，如宴会餐厅、自助餐厅等。

在一些大饭店中，往往有多个不同类型的餐厅，为了适应不同类型餐厅的需要，饭店中一般都设有一个主厨房或宴会厅厨房及数个小型厨房。它们之间既有明确的分工，又彼此相互联系，构成饭店的厨房体系。在饭店中一般西餐厨房主要由以下几个部门构成，如图1－1所示。

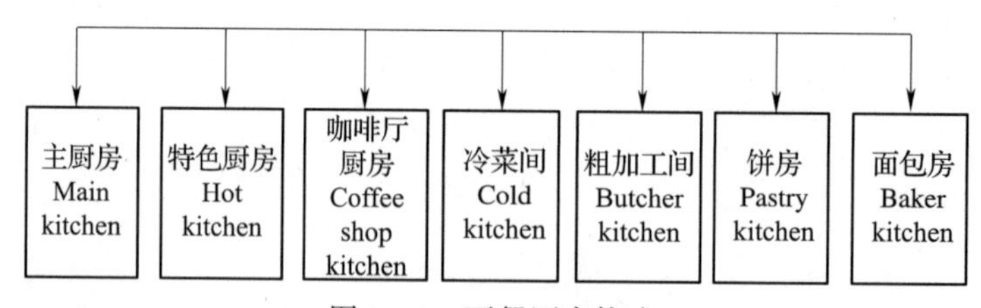

图1－1　西餐厨房构成

1. 主厨房（Main kitchen）

主厨房主要负责宴会厅、自助餐厅等菜肴的制作及向各个分厨房供应基础汤汁和半成品等。

2. 特色厨房（Hot kitchen）

特色厨房负责常规式零点餐厅菜肴的制作，主要以制作各式特色菜肴为主，如意式菜、法式菜、德式菜等。

3．咖啡厅厨房（Coffee shop kitchen）

咖啡厅厨房负责咖啡厅菜肴的制作，厨房规模一般较小，以制作一些快捷、简便的菜肴为主。

4．冷菜间（Cold kitchen）

冷菜间主要负责向各个餐厅提供各式冷菜食品，如各种沙拉、冷沙司及冷调味汁、各色开胃菜、冷肉及三明治等。冷菜间又包括蔬菜加工间和水果加工间等。

5．饼房和面包房（Pastry and baker kitchen）

饼房和面包房一般统称面点房，负责向各个餐厅提供面包、饼干、蛋糕、布丁及巧克力食品等面点制品。

6．粗加工间（Butcher kitchen）

粗加工间又称肉房，主要负责猪、牛、羊、禽、鱼类等的分档取料。

二、厨房人员的组织结构

厨房人员主要是由厨师长和厨师等组成，其组织结构和人员结构根据厨房规模的大小而不尽相同。一般中小型厨房由于生产规模小，人员也较少，分工较粗，厨师长和厨师都可能身兼数职，从事厨房的各种生产加工。大型厨房，生产规模大，部门齐全，人员多，分工细，其组织结构复杂，如图 1－2 所示。

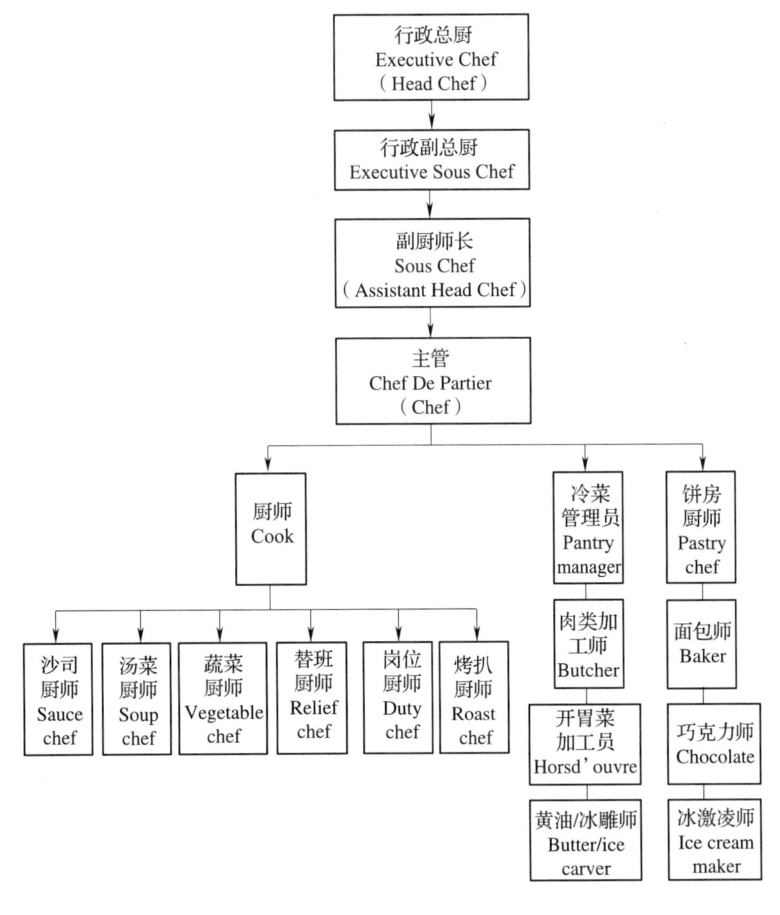

图 1－2　厨房人员结构

1. 行政总厨（Head chef/Executive chef）

行政总厨也称厨师长，全面负责整个厨房的日常工作。制定菜单及菜谱，检查菜点质量，负责厨房的烹饪和餐厅的食品供应等生产活动，包括各种宴会和各种饮食活动。

2. 行政副总厨（Executive sous chef）

行政副总厨协助厨师长负责主持厨房的日常工作，参与菜单和菜谱的制定，负责对菜点质量进行检查等。

3. 副厨师长（Assistant head chef/Sous chef）

副厨师长协助厨师长负责厨房的菜点制作和供应等工作。

4. 厨师领班/主管（Chef/Chef de partier）

厨师领班/主管主要负责厨房的某一部门管理，负责本部门人员的工作安排和菜点烹调，控制菜点的质量等。

5. 沙司厨师（Sauce chef）

沙司厨师主要负责制作厨房所需的各种基础汤、基础沙司、热沙司等。

6. 汤菜厨师（Soup chef）

汤菜厨师主要负责各种奶油汤、清汤、肉羹、蔬菜汤等汤菜菜肴的制作。

7. 蔬菜厨师（Vegetable chef）

蔬菜厨师主要负责厨房所需的各种蔬菜的清洗、整理及蔬菜菜肴的制作。

8. 替班厨师（Relief chef）

替班厨师的责任是接替因厨师休息等原因出现的空缺岗位。替班厨师应是技术全面、擅长各个烹饪岗位职责的厨师。

9. 岗位厨师（Duty chef）

岗位厨师负责厨房的某一个具体烹饪操作岗位，如煎炸烹饪岗位，烤扒烹饪岗位等。

10. 烤扒厨师（Roast chef）

烤扒厨师主要负责烤、铁扒、串烧等菜肴的制作。烤扒厨师一般是经过全面专业技术培训、技术高超、经验丰富的厨师。

11. 冷菜管理员（Pantry manager）

冷菜管理员主要是负责冷菜部的管理，监督并制作冷调味汁、沙拉、部分开胃菜和水果、冷盘的切配及冷菜菜肴的装饰等。

12. 饼房厨师（Pastry chef）

饼房厨师主要负责各种面包及冷、热、甜、咸点心等的制作。

13. 面包师（Baker）

面包师主要负责各色面包、餐包、热面包、煎包等的制作。

14. 肉类加工师（Butcher）

肉类加工师主要负责肉类、禽类、鱼类及海鲜原料的初加工，各种猪排、牛排、羊排等原料的分档。

15. 黄油/冰雕师（Butter/Ice carver）

黄油/冰雕师主要负责利用黄油胶、冰块等材料，制作用于各种宴会装饰或烘托氛围的黄油雕、冰雕等。

任务2　西餐厨房设备与工具

【任务驱动】

1. 了解常用的西餐设备。
2. 了解西餐常用的炊具。
3. 熟悉西餐常用的刀具。
4. 了解中餐与西餐设备的区别。

【知识链接】

西餐烹调的厨房设备和工具很多，主要可以分为炉灶设备、机械设备、制冷设备和厨房常用工具和刀具等。

一、炉灶设备

1. 西餐灶（Stove）

西餐灶是西餐厨房最基本的烹调设备。目前常用的西餐灶多是一种组合型烹调设备，由灶眼、扒炉、平板炉、炸炉、烤炉、多士炉、烤箱等组合而成。

西餐灶有煤气灶和电灶多种常用的类型，用途广泛，适于煎、焗、煮、炸、扒、烤等多种烹调方法。根据用户的需求或厂方的设计，它的组合方式多种多样。通常西餐灶还多指灶眼或炉眼部分。所谓灶眼，类似中餐灶的灶眼，西餐灶就是由数个灶眼或炉眼组成的。根据厨房实际需要，西餐灶的灶眼可以有两个、四个、六个等。灶眼有开放式和覆盖式两种，开放式灶眼中的燃烧器可以直接看到，而覆盖式灶眼的燃烧器被圆形全霭盘覆盖。

西餐灶也有单独成体的，如常用的燃气西餐灶又称四眼平炉。特点是操作简便、火焰稳定、噪声小、便于调节火力的大小，如图1－3所示。

2. 烤炉（Baking oven）

烤炉又称烤箱、炉。从热能来源上分主要有燃气烤箱和远红外电烤箱等。从烘烤原理上分又有对流式烤箱和辐射式烤箱两种。现在主要流行的是辐射式电烤箱，其工作原理主要是通过电能的红外线辐射产生热能，烘烤食品。主要由烤箱外壳、电热管、控制开关、温度仪、定时器等构成，如图1－4所示。

图1－3　西餐灶

图1－4　烤箱

3. 铁扒炉（Grill）

铁扒炉是直接用于煎扒的加热设备，操作时将食品平放在铁板上，通过铁板和食用油传热的方法将食物加热烹制成熟，是西餐最常用的设备之一，具有使用简便、省时、省工、卫生、实用等特点。许多西餐菜肴如牛排、肉饼都适用扒炉进行烹制，如图1-5所示。

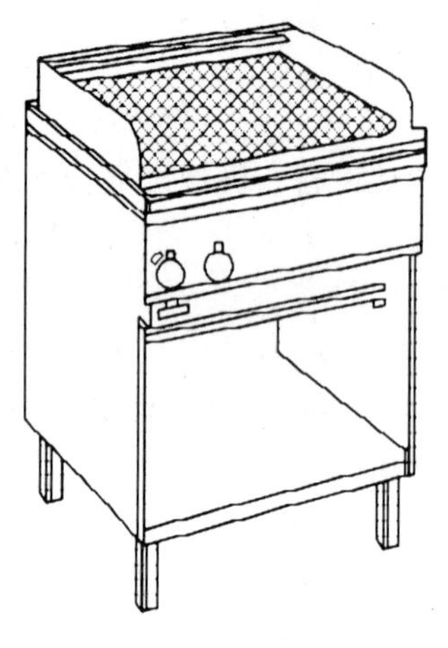

图1-5　铁扒炉

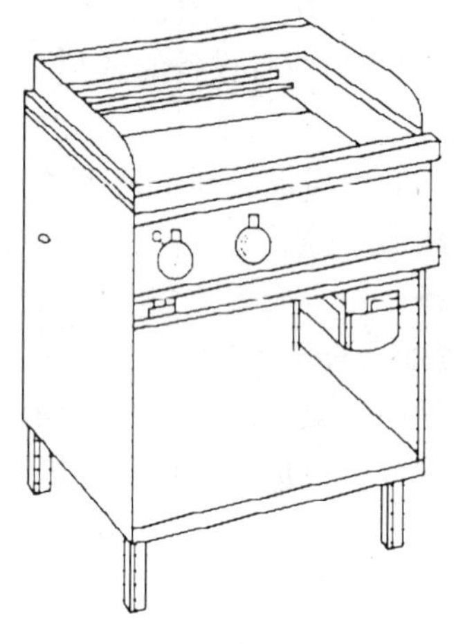

图1-6　平面煎板

4. 平面煎板（Plane frying plate）

平面煎板又称平面扒板。其表面是一块1.5～2cm厚的平整的铁板，四周是滤油槽，铁板下面有一个能抽拉的铁盒。热能来源主要有电和燃气两种，靠铁板传热使被加热物体均匀受热，使用前应提前预热，如图1-6所示。

5. 面火焗炉（Salamander）

面火焗炉，是一种立式的扒炉，中间炉膛内有铁架，一般可升降。热源在顶端，一般适用于原料的上色和表面加热。

面火焗炉有燃气焗炉和电焗炉两种，其工作程序都是将食品直接放入炉内受热、烘烤的一种西餐厨房常用设备。该炉具自动化控制程度较高，操作简便。烤制时食品表面易于上色，可用于烤制多种菜肴，且还适用于各种面包、点心的烘烤制作，如图1-7所示。

6. 微波炉（Microwave）

微波炉的工作原理是利用电磁管将电能转换成微波，通过高频电磁场使被加热体分子剧烈振动而产生高热，加热效率高。微波电磁场由磁控管产生，微波穿透原料，使加热体内外同时受热。微波炉加热均匀，食物营养损失少，成品率高，并具有解冻功能。但微波加热的菜肴缺乏烘烤产生的金黄色外壳，风味较差，如图1-8所示。

7. 蒸汽夹层汤锅（Tilting boiler）

蒸汽夹层汤锅的构造主要由机架、蒸汽管路、锅体、倾锅装置组成。主要材料为优质不锈钢，符合食品卫生要求，外观造型美观大方，使用方便省力。倾锅装置通过手轮带动蜗轮蜗杆及齿轮传动，使锅体倾斜出料。翻转动作也有电动控制的，使整个操作过程安全且省力，如图1-9所示。

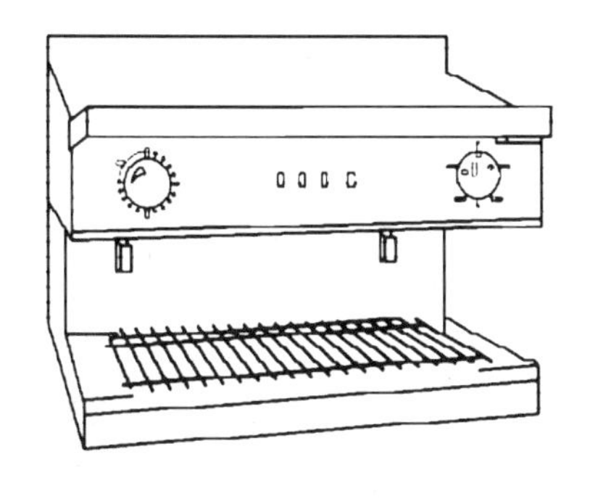

图 1－7　面火焗炉

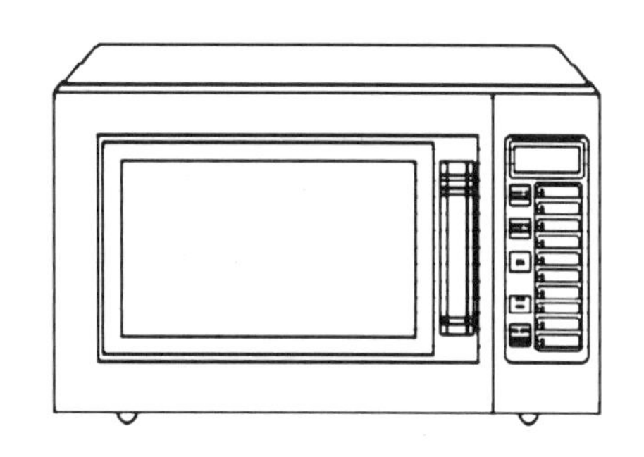

图 1－8　微波炉

采用蒸汽为热源，其锅身可倾覆，以方便进卸物料。此设备为间隙式熬煮设备，适用于酒店、宾馆、食堂及快餐行业，常用于布朗基础汤的熬制，肉类的热烫、预煮，配制调味液和熬煮一些粥和水饺类食品。此锅对于处理粉末及液态物料尤为方便。

8．蒸汽炉（Steamer）

蒸汽炉有高压蒸汽炉和普通蒸汽炉两种。主要是利用封闭在炉内的水蒸气对被加热体进行加热。高压蒸汽炉最高温度可达 182℃，食品营养成分损失少、松软、易消化，如图 1－10 所示。

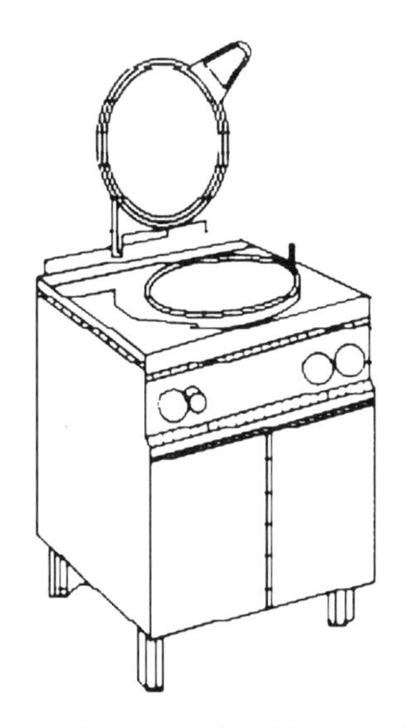

图 1－9　蒸汽汤炉

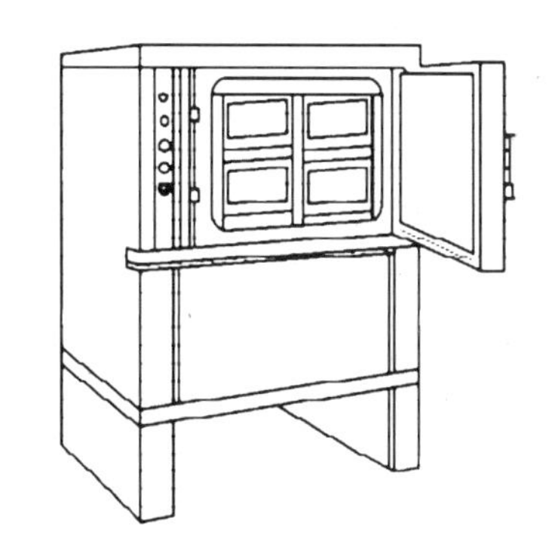

图 1－10　蒸汽炉

9．油炸炉（Deep－fryer）

油炸炉由不锈钢结构架、不锈钢油锅、温度控制器，加热装置。油滤装置等组成，一般为长方形，以电加热为主，也有气加热，能自动控制油温，如图 1－11 所示。

10．倾斜式多功能加热炉（Bratt pan）

多功能加热炉主要由两部分组成，上半部为长方形的容器锅，有盖且容积大，下半部是加热装置，主要由加热容器锅、电热元件、热能控制装置、摇动装置等组成，加热容器锅能倾斜。多功能加热炉用途广泛，适用于煎、炸、煮、蒸、烩等多种烹调方法，如图 1－12 所示。

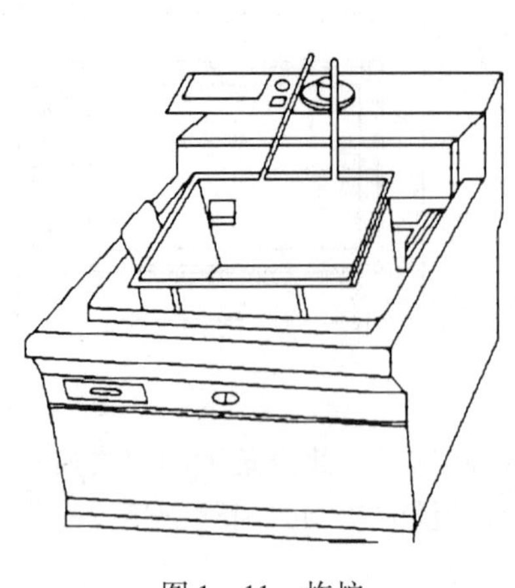

图1－11　炸炉

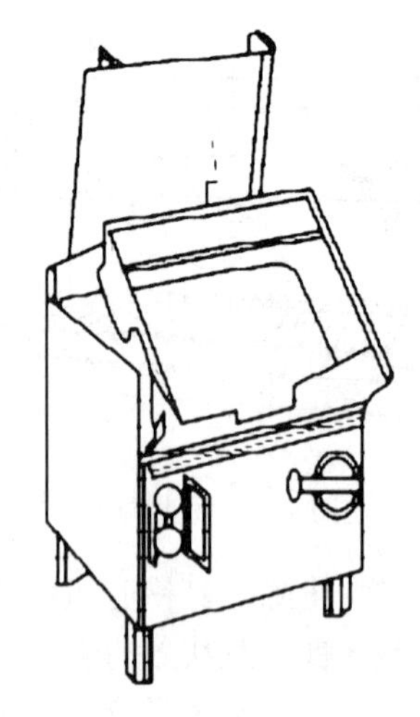

图1－12　多功能加热炉

二、机械设备

1. 立式万能机（Egg mixer）

立式万能机又称多功能搅拌机，由电机、升降装置、控制开关、速度选择手柄、容器和各种搅拌龙头组成，适宜搅打蛋液、黄油、奶油及揉制、搅打各种面团等。

2. 打蛋机（Egg beater）

打蛋机由电机、钢制容器和搅拌龙头组成，主要用于打蛋液、奶油等。

3. 压面机（Paste facile）

压面机又称滚压机，由电机、传送带、滚轮等主要构件组成，主要用于制作各种面团卷、面皮等。

4. 多功能粉碎机（Cutter mixer）

多功能粉碎机由电机、原料容器和不锈钢叶片刀组成，适用于打碎水果、蔬菜、肉馅、鱼泥等，也可以用于混合搅打浓汤、鸡尾酒、调味汁、乳化状的沙司等。

5. 切片机（Slicer）

切片机主要用来切面包片，也可加工其他食品，并可根据要求切出规格不同的片。

三、制冷设备

1. 冷藏设备（Freezer）

厨房中常用的冷藏设备主要有小型冷藏库、冷藏箱和小型电冰箱。这些设备的共同特点是都具有隔热保温的外壳和制冷系统。冷藏设备按冷却方式分类可分为冷气自然对流式（直冷式）和冷气强制循环式（风扇式）两种，冷藏的温度范围在－40℃～10℃，并具有自动恒温控制、自动除霜等功能，使用方便。

2. 制冰机（Ice maker）

制冰机主要由蒸发器的冰模、喷水头、循环水泵、脱模电热丝、冰块滑道、贮水冰槽等组成。整个制冰过程是自动进行的，先由制冷系统制冷，水泵将水喷在冰模上，逐渐冻成冰块，然后停止制冷，用电热丝加热使冰块脱模，沿滑道进入贮冰槽，再由人工取出冷藏。制冰机主要用于制备冰块、碎冰和冰花。

3. 冰激凌机（Ice cream machine）

冰激凌机由制冷系统和搅拌系统组成，制作时把配好的液状原料装入搅拌系统的容器内，一边冷冻一边搅拌使其成糊状。由于冰激凌的卫生要求很高，因此，冰激凌机一般用不锈钢制造，不易沾污物，且易消毒。

四、厨房常用炊具

1. 煎盘（Frying pan）

煎盘又称法兰盘，圆形、平底，直径有20cm、30cm、40cm等规格，用途广泛。

2. 炒盘（Saute pan）

炒盘又称炒锅，圆形、平底，形较小，较深，锅底中央略隆起，一般用于少量油脂快炒。

3. 奄列盘（Omelet pan）

奄列盘圆形、平底、形较小，较浅，四周立边呈弧形，用于制作奄列蛋。

4. 沙司锅（ Sauce pan）

沙司锅圆形、平底，有长柄和盖，深度一般为7～15cm，容量不等，锅底较厚，一般用于沙司的制作。

5. 汤桶（Stock pot）

汤桶桶身较大、较深，有盖，两侧有耳环，容积从10L到180L不等，一般用于制汤或烩煮肉类。

6. 双层蒸锅（Double boiler）

双层蒸锅底层盛水，上层放食品，容积不等，有盖，一般用于蒸制食品。

7. 帽形滤器（Cap strainer）

帽形滤器有一长柄，圆形，形似帽子，用较细的铁纱网制成，一般用于过滤沙司。

8. 锥形滤器（Stabber）

锥形滤器由不锈钢制成，锥形，有长柄，锥形体上有许多小孔眼，一般用于过滤汤汁。

9. 蔬菜滤器（Colander）

蔬菜滤器一般用不锈钢制成，用于沥干洗净后的水果和蔬菜等。

10. 漏勺（Strainer）

漏勺用不锈钢制成，浅底连柄、圆形广口，中有许多小孔，用于食品油炸后沥去余油。

11. 蛋铲（Egg shovel）

蛋铲一般用不锈钢制成，长方形，铲面上有孔，以沥掉油或水分，主要用于煎蛋等。

12. 盅（Casserole）

盅又称罐，多以耐火的陶瓷或搪瓷材料制作，深底、椭圆形，用于制作罐焖、烩、肉批等菜肴，一般可连罐上桌。

13. 汤勺（Ladle）

汤勺一般用不锈钢制成，有长柄，供舀汤汁、沙司等。

14. 擦床（Grater）

擦床一般呈梯形，四周铁片上有不同孔径的密集小孔，主要用于擦碎奶酪、水果、蔬菜。

15. 蛋抽（Whip）

蛋抽是由钢丝捆扎而成，头部由多根钢丝交织编在一起，呈半圆形，后部用钢丝捆扎成柄，主要用于搅打蛋液等。

16. 食品夹子（Tongs）

食品夹子一般是用金属制成的有弹性的V形夹子，形式多样，用于夹取食品。

17. 烤盘（Roast pan）

烤盘呈长方形，立边较高，薄钢制成，主要用于烧烤原料。

18. 烘盘（Bake pan）

烘盘呈长方形，较浅，薄钢制成，主要用于烘烤面点食品。

五、厨房常用刀具

1. 法式分刀（French knife）

法式分刀刀刃锋利呈弧形，背厚，颈尖，型号多样，从20cm到30cm不等，用途广泛，切、剁皆可，如图1-13所示。

2. 厨刀（Kitchen knife）

厨刀刀锋锐利平直，刀头尖或圆，主要用于切割各种肉类，如图1-14所示。

图1-13　法式分刀　　图1-14　厨刀

3. 剔骨刀（Boning knife）

剔骨刀刀身又薄又尖，较短，用于肉类原料的出骨，如图1-15所示。

4. 剁肉刀（Chopping knife）

剁肉刀一般呈长方形，形似中餐刀，刀身宽，背厚，用于带骨肉类原料的分割，如图1-16所示。

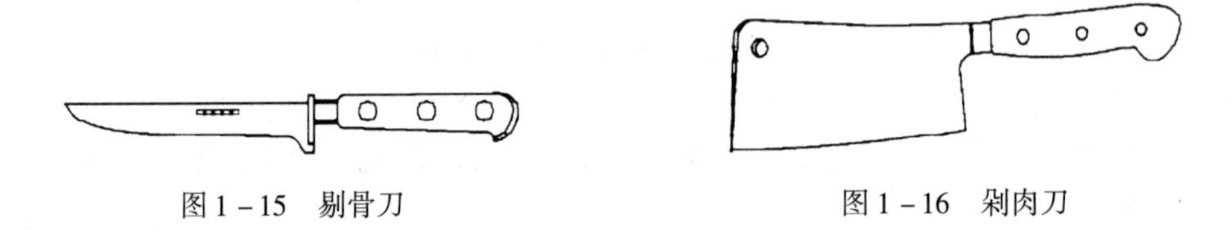

图1-15　剔骨刀　　图1-16　剁肉刀

5. 牡蛎刀（Oyster knife）

牡蛎刀刀身短而厚，刀头尖而薄，用以挑开牡蛎外壳，如图1-17所示。

6. 蛤蜊刀（Clam knife）

蛤蜊刀刀身扁平、尖细，刀口锋利，用于剖开蛤蜊外壳，如图1-18所示。

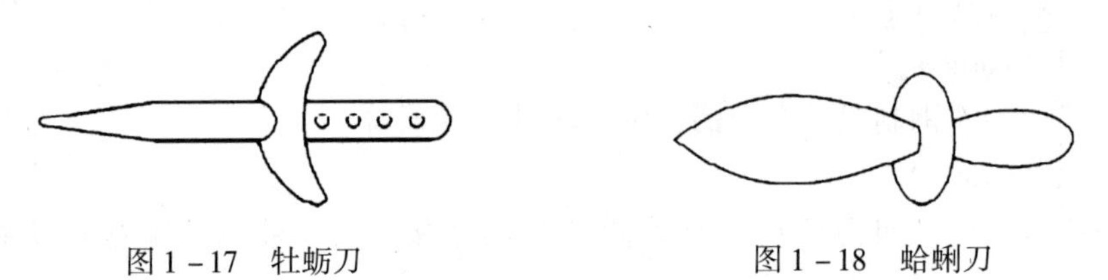

图1-17　牡蛎刀　　图1-18　蛤蜊刀

7. 肉叉（Fork）

肉叉形式多样，用于辅助切片、翻动原料等，如图1－19所示。

8. 拍刀（Meat pounder）

拍刀又称拍铁，带柄、无刃，下面平滑，背面有脊棱，中间厚，四边薄，主要用于拍砸各种肉类，如图1－20所示。

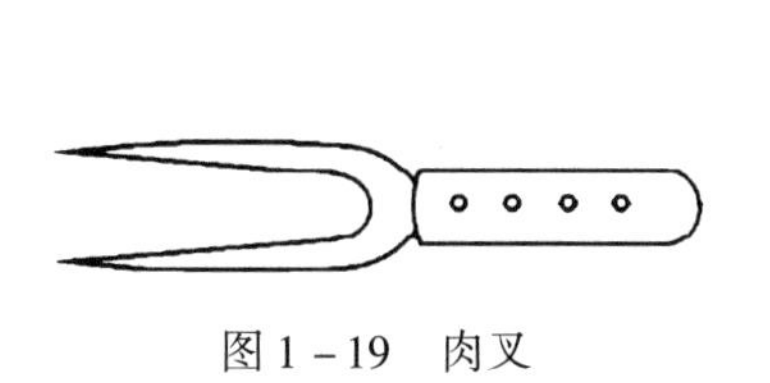

图1－19 肉叉

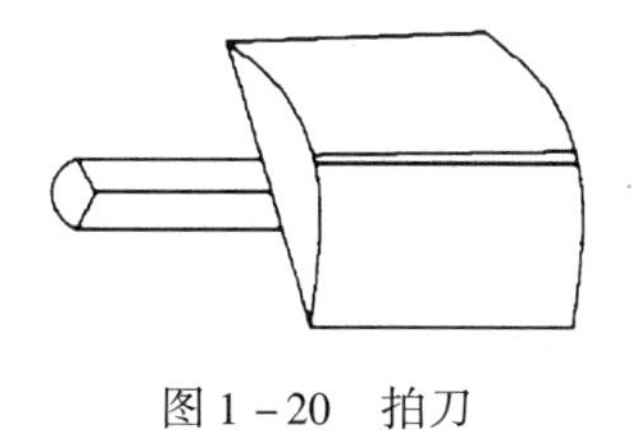

图1－20 拍刀

思考题

1. 餐厅根据其供应特点可分为哪几种类型？
2. 饭店中的西餐厨房主要由哪几个部门构成？
3. 西餐厨房的组织结构是怎样设置的？
4. 试述西餐厨房主要岗位的岗位职责。
5. 简述西餐炉灶的结构。
6. 辐射式烤箱的工作原理是什么？
7. 微波炉的工作原理是什么？
8. 简述明火炉的结构。
9. 简述炸炉的结构。
10. 西餐常用的炊具有哪些？
11. 西餐常用的刀具有哪些？
12. 试述中餐与西餐设备有哪些不同？

项目三　西 餐 原 料

【学习目标】

1. 了解相关原料的种类。
2. 掌握西餐原料的特点。

【知识链接】

烹调原料知识是烹饪专业的一门基础学科，西餐的原料知识对于西餐烹调来讲也同样如此。本项目通过对烹调原料知识的介绍和学习，使学生了解和认识西餐烹饪原料的外观、结构及其产地、供应季节等方面知识，掌握对西餐烹调原料的选择、鉴定和保管。

任务1　畜肉及畜肉制品

【任务驱动】

1. 了解畜肉及畜肉制品的种类。
2. 熟悉西餐牛肉、羊肉、猪肉常用的品种。
3. 了解畜肉制品及范围特点。

【知识链接】

一、牛肉（Beef）

牛肉是西餐烹调中最常用的原料。西餐对牛肉原料的选用也非常讲究，西餐中主要以肉用牛的牛肉作为烹调原料。目前已培养出了很多品质优良的肉用牛品种，如法国的夏洛来牛（Charoais）、利木赞牛（Limousine）、瑞士的西门答尔牛（Simmental）、英国的安格斯牛（An－gas）等，这些肉用牛出肉率高、肉质鲜嫩、品质优良，现已被引入世界各地，广泛饲养。美国、澳大利亚、德国、新西兰、阿根廷等国均为牛肉生产大国。

由于各地区饲养的肉用牛品种、饲养方法及饲料的不同，各地区牛肉的质量、口味等也不尽相同。品质上乘的牛肉主要有日本神户牛肉和美国安格斯牛肉，其次阿根廷牛肉、澳大利亚牛肉和新西兰牛肉等。其中日本神户牛肉是以其超特柔嫩和丰富的味道闻名于世，它肉质细腻，纹理清晰，红白分明，肥瘦相间。日本神户牛肉是目前世界上品质最好的牛肉。

肉用牛一般生长期在2～3年时肉质最好，其肌体饱满、肌肉紧实、细嫩，皮下脂肪和肌间脂肪较多，此时最适宜宰杀。宰杀时应根据其部位的划分进行分档取料，以使其物尽其用。

二、小牛肉（Veal）

小牛肉又称牛仔肉、牛犊肉，是指生长期在3～10个月宰杀获得的牛肉，其中饲养3～5月龄的又称为乳牛肉或白牛肉，英文称为White veal。饲养5～10月龄的称为小牛肉或牛仔肉。

小牛生长期不足3个月，其肉质中水分太多，不宜食用。3个月以后，小牛肉质则渐纤细，味道鲜美，特别是3～5月龄的乳牛，由于此时尚未断奶，其肉质更是细嫩、柔软，富含乳香味。小牛一般生长期过了 12 个月，则肉色变红，纤维逐渐变粗，此时就不能再叫作小牛肉。

小牛肉肉质细嫩、柔软，脂肪少，味道清淡，是一种高蛋白、低脂肪的优质原料，在西餐烹调中应用广泛，尤其是意式菜、法式菜更为突出。小牛除了部分内脏外，其余大部分部位都可以作为烹调原料，特别是小牛喉管两边的膵脏，又称牛核，更被视为西餐烹调中的名贵原料。

三、羊肉（Lamb/Mutton）

在西餐烹调中，羊肉的应用仅次于牛肉。羊在西餐烹调上又有羔羊（Lamb）和成羊（Mutton）之分。羔羊是指生长期在三个月至一年的羊，其中没有食过草的羔羊又被称为乳羊（Milk fed lamb）。成羊是指生长期在一年以上的羊。西餐烹调中主要以使用羔羊肉为主。

羊的种类很多，其品种类型主要有绵羊、山羊和肉用羊等，其中肉用羊的羊肉品质最佳，肉用羊大都是用绵羊培育而成，其体型大、生长发育快、产肉性能高、肉质细嫩，肌间脂肪多，切面呈大理石花纹，其肉用价值高于其他品种。其中较著名的品种有无角多赛特、萨福克、德克塞尔及德国美利奴、夏洛来等肉用绵羊。

澳大利亚、新西兰等国是世界主要的肉用羊生产国，目前我国的市场供应主要以绵羊肉为主，山羊肉因其膻味较大，故相对较少。

四、猪肉（Pork）

猪肉也是西餐烹调中最常用的原料，尤其是德式菜对猪肉更是偏爱，其他欧美国家也有不少菜肴是用猪肉制的。

猪在西餐烹调上又有成年猪（Pig）和乳猪（Sucking Pig）之分。乳猪是指尚未断奶的小猪。乳猪肉嫩色浅，水分充足，是西餐烹调中的高档原料。成年猪一般以饲养 1～2 年为最佳，其肉色淡红，肉质鲜嫩，味美。

五、培根（Bacon）

培根又称咸肉、板肉，是西餐烹调中使用较为广泛的肉制品。根据其制作原料和加工方法的不同主要有以下几种：

1．五花培根（Streaky bacon）

五花培根也称美式培根（American bacon），是将猪五花肉切成薄片，用盐、亚硝酸钠或硝酸钠、香料等腌渍，风干，熏制而成，如图 1－21 所示。

2．外脊培根（Back bacon）

外脊培根也称加拿大式培根（Canadian bacon），是用纯瘦的猪外脊肉经腌渍、风干、熏制而成，口味近似于火腿，如图 1－22 所示。

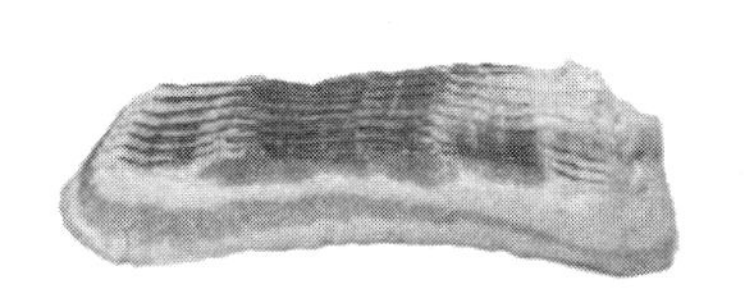

图 1－21 五花培根

图 1－22 外脊培根

3. 爱尔兰式培根（Irish bacon）

爱尔兰式培根是用带肥膘的猪外脊肉经腌渍、风干加工制成的，这种培根不用烟熏处理，肉质鲜嫩。如图 1－23 所示。

4. 意大利培根（Italian bacon）

意大利培根意大利文为“Pancetta”，是将猪腹部肥瘦相间的肉，用盐和特殊的调味汁等腌渍后，卷成圆桶状，再经风干处理后，切成圆片制成的。意大利培根也不用烟熏处理，如图 1－24 所示。

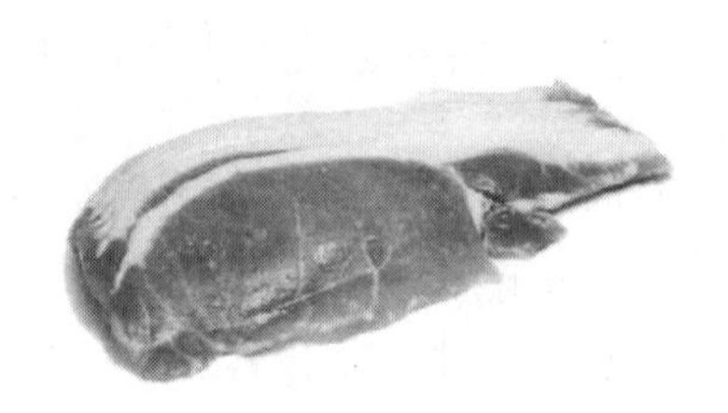

图 1－23　爱尔兰式培根

图 1－24　意大利培根

5. 咸猪肥膘（Salt pork）

咸猪肥膘是用干腌法腌制而成，其加工方法是在规整的肥膘肉上均匀地切上刀口，再搓上食盐，腌制而成。咸猪肉可直接煎食，还可切成细条，嵌入用于焖、烤等肉质较瘦的大块肉中，以补充其油脂。如图 1－25 所示。

图 1－25　咸猪肥膘

六、火腿（Ham）

火腿是一种在世界范围内流行很广的肉制品。目前除少数伊斯兰教国家外几乎各国都有生产或销售。西式火腿可分为两种类型：无骨火腿和整只带骨猪后腿火腿。

1. 无骨火腿（Boneless hams）

无骨火腿一般是选用去骨的猪后腿肉，也可用净瘦肉为原料，用加有香料的盐水浸泡、腌渍入味，然后加水煮制。有的还需要经过烟熏处理后再煮制。这种火腿有圆形和方形的，使用比较广泛。

2. 带骨火腿（Boned hams）

带骨火腿一般是用整只的带骨猪后腿加工制成的，其加工方法比较复杂，加工时间长。一般是先把整只后腿肉用盐、胡椒粉、硝酸盐等干擦表面，然后浸入加有香料的盐水卤中腌渍数日，取出风干、烟熏，再悬挂一段时间，使其自熟，就可形成良好的风味。

世界上著名的火腿品种有法国烟熏火腿（Bayonne ham）、苏格兰整只火腿（Braden ham）、德国陈制火腿（Westphalian ham）、黑森林火腿（Black Forest ham）和意大利火腿（Prama）等。火腿在烹调中既可作主料又可作辅料，也可制作冷盘。

七、香肠（sausage）

香肠的种类很多，仅西方国家就有上千种，主要有冷切肠系列，早餐香肠系列、色拉米肠系列、小泥肠系列，风干肠、烟熏香肠及火腿肠系列等。其中生产香肠较多的国家有德国和意大利等。

制作香肠的原料主要有猪肉、牛肉、羊肉、火鸡、鸡肉和兔肉等，其中以猪肉最普遍。一般的加工过程是将肉绞碎，加上各种不同的辅料和调味料，然后灌入肠衣，再经过腌渍或烟熏、风干等方法制成。

世界上比较著名的香肠品种有：德式小泥肠（Bratwurst）、米兰色拉米香肠（Milan salami）、维也纳牛肉香肠（Viennese sausage）和法国香草色拉米香肠（French herb salami）等。香肠在西餐烹调中可做沙拉、三明治、开胃小吃、煮制菜肴，也可作热菜的辅料。

任务2　家　禽　类

【任务驱动】

1. 了解家禽类原料的品种。
2. 掌握家禽类原料的特点及使用价值。

【知识链接】

一、鸡（Chicken）

（一）雏鸡/小母鸡（Cornish game hen）

雏鸡是指生长期在一个月左右，体重250~500g的小鸡。雏鸡肉虽少，但肉质鲜嫩，适宜整只的烧烤、铁扒等。

（二）春鸡（Spring chicken/Poussin）

春鸡又名童子鸡，是指生长期两个半月左右，体重500~1250g的鸡。春鸡肉质鲜嫩，口味鲜美，适宜烧烤、铁扒、煎、炸等。

（三）阉鸡（Capon）

阉鸡又称肉鸡，是指生长期在3~5个月，用专门饲料喂养的，体重在1500~2500g的公鸡。阉鸡肉质鲜嫩，油脂丰满，水分充足，但由于生长期较短，香味不足，适宜煎、炸、烩、焖等。

二、鸭（Duck）

家鸭是由野生鸭驯化而来，历史悠久。鸭从其主要用途看，可将其分为羽绒型、蛋用型、肉用型鸭等品种，西餐烹调中主要使用肉用型鸭作为烹调原料。

肉用型鸭饲养期一般在40~50天，体重可达2.5~3.5kg。肉用型鸭胸部肥厚，肉质鲜嫩。比较著名的肉用型鸭品种主要有美国的美宝鸭、丹麦的海格鸭、力加鸭、澳大利亚的史迪高鸭等。鸭在西餐中的使用很普遍，常用的烹调方法主要有烤、烩、焖等。鸭肝可以制作各种“肝批”。

三、鹅（Goose）

鹅在世界范围内饲养很普遍，从其主要用途看，鹅的品种可分为羽绒型、蛋用型、肉用型、肥肝用型等，与西餐烹调有关的主要是肉用型和肥肝用型鹅。

（1）肉用鹅　生长期不超过一年，又有仔鹅和成鹅之分。仔鹅是指饲养期在2~3个月，体重在2~3kg。成鹅是指饲养期在5个月以上，体重5~6kg的鹅。鹅在西餐烹调中主要用于烧烤、烩、焖等菜肴的制作。

（2）肥肝用型鹅　主要是利用其肥大的鹅肝。这类鹅经“填饲”后的肥肝重达600g以上，优质的则可达1000g，其著名的品种主要有法国的朗德鹅、图卢兹鹅等，当然这类鹅也可用作产肉，但习惯上把它们作为肥肝专用型品种。肥鹅肝是西餐烹调中的上等原料，在法式菜中的应用最为突出，鹅肝酱、鹅肝冻等都是法式菜中的名菜。

四、火鸡（Turkey）

火鸡又名吐绶鸡、七面鸡，原产于北美，最初为墨西哥的印第安人所驯养，是一种体形较大的家禽。因其发情时头部及颈部的褶皱皮变得火红，故称火鸡。

火鸡的种类较多，如青铜火鸡、荷兰白火鸡、波朋火鸡、那拉根塞火鸡、黑火鸡、石板青火鸡、贝兹维尔火鸡等。一般作为西餐烹调原料的主要是肉用型火鸡，如美国的尼古拉火鸡、加拿大的海布里德白钻石火鸡和法国的贝蒂纳火鸡等。这些肉用火鸡，胸部肌肉发达，腿部肉质丰厚，生长快，出肉率高，低脂肪，低胆固醇，高蛋白，味道鲜美，是西餐烹调中的高档原料，也是欧美许多国家“圣诞节”“感恩节”餐桌上不可缺少的食品。

火鸡在体形上一般有小型火鸡、中型火鸡和重型火鸡之分。小型火鸡一般体重3～5kg，中型火鸡一般体重6～9kg，重型火鸡一般体重10～15kg，最重可高达35kg以上。一般体形较小、肉质细嫩的火鸡，适宜整只的烧烤或瓤馅等。体形较大、肉质较老的火鸡，适宜烩、焖或去骨制作火鸡肉卷等。

五、鸽子（Pigeon）

鸽子又称“家鸽”，由岩鸽驯化而来，经长期选育，目前全球鸽子的品种已达1500多种，按其用途可分为信鸽、观赏鸽和肉鸽。西餐烹调中主要以肉鸽作为烹调原料。

肉用鸽体型较大，一般雄鸽可重达500～1000g，雌鸽也可达400～600g。其中较为著名的品种主要有美国的白羽王鸽、法国的普列斯肉鸽及蒙丹鸽、贺姆鸽、卡奴鸽等。肉鸽肉色深红，肉质细嫩，味道鲜美。经专家测定，肉鸽一般在28天左右就能达到500g左右，这时的鸽子是最有营养的，含有17种以上氨基酸，氨基酸总量高达53．9%，且含十多种微量元素及多种维生素。因此鸽肉是高蛋白、低脂肪的理想原料。鸽子在西餐烹调中常被用于烧烤、煎、炸、红烩或红焖等，乳鸽一般适宜铁扒等。

六、珍珠鸡（Guinea fowl）

珍珠鸡又名珠鸡，原产非洲。其羽毛非常漂亮，全身灰黑色，羽毛上有规则地散布着点点白色圆斑，形状似珍珠，故名珍珠鸡。

珍珠鸡肉色深红，脂肪少，肉质柔软细嫩，味道鲜美。在西餐烹调中使用较多，适宜铁扒、烩、焖或整只烧烤等。

七、山鸡（Pheasant）

山鸡学名雉，又名野鸡。原产于黑海沿岸和亚洲地区，世界上很多地区均有生长。山鸡的体形丰满，嘴短，尾长，较家鸡略小。雄鸡颈部的羽毛呈光亮的深绿色，尾很长。雏鸡腹部饱满，身上有褐色斑点，尾部稍短。山鸡体重一般为500～1000g，胸部丰满，出肉率高，肉质较好，适用于烤、焖、烩等烹调方法。

八、鹌鹑（Quail）

鹌鹑又名赤喉鹑，鹌鹑体形与小鸡相似，体重110～450g，头小，嘴细小，与小鸡相比无冠，无耳叶，无距，尾羽不上翘，尾短于翅长一半。

鹌鹑可分为蛋用型与肉用型。蛋用型有日本鹌鹑、朝鲜鹌鹑、中国白羽鹌鹑、黄羽鹌鹑；肉用型有法国巨型肉鹑、莎维麦脱肉用鹌鹑。

任务3　水　产　品

【任务驱动】

1. 了解水产品类原料的品种。

2. 掌握水产品原料的特点及使用价值。

【知识链接】

水产品分布广，品种多，营养丰富，口味鲜美，是人类所需动物蛋白质的重要来源。水产品包括的范围广泛，可食用的品种也很多，根据其不同特性大致可分为鱼类、贝壳类、软体类等。

（一）海水鱼（Salt water fish）

海水鱼是指生活在海水中的各种鱼类。海水鱼品种极其丰富，有1700多种，分布在世界各大洋中。西餐烹调中常用的海水鱼主要有比目鱼、鲑鱼、金枪鱼、鳀鱼、鳕鱼、沙丁鱼、鲱鱼、海鲈鱼、海鳗等。

1. 比目鱼（Flatfish）

比目鱼是世界重要的经济海产鱼类之一，主要生活在大部分海洋的底层。比目鱼体侧扁，头小，两眼长在同一侧，有眼的一侧大都呈褐色，无眼的一侧呈灰白色，鳞细小。比目鱼的品种很多，西餐烹调中常用的比目鱼主要有以下几种：

（1）牙鲆鱼（Flounder）　牙鲆鱼又称扁口鱼、偏口鱼、比目鱼等，是名贵的海洋经济鱼类之一，主要分布于北太平洋西部海域。我国沿海均产，渤海、黄海的产量最多。

牙鲆鱼体侧扁，呈长椭圆形，一般体长25～50cm，体重在1500～3000g，大者可达5000g。口大、斜裂，两颌等长，上下颌各具一行尖锐牙齿，尾柄短而高。两眼均在头的左侧，鳞细小，有眼一侧呈深褐色并具暗色斑点，无眼一侧呈白色。背鳍、臀鳍和尾鳍均有暗色斑纹，胸鳍有暗色点列成横条纹。

牙鲆鱼肉色洁白，肉质细嫩，无小刺，每100g肉中含蛋白质19.1g，脂肪1.7g，营养价值高，味道鲜美。

（2）鲽鱼（Plaice）　鲽鱼属于冷水性经济鱼类，主要分布于太平洋西部海域。鲽鱼鱼体侧扁，呈长椭圆形，一般体长10～20cm，体重100～200g，两眼在右侧，有眼一侧呈褐色，无眼一侧为白色，鳞细小，体表有黏液。

鲽鱼肉质细嫩，味道鲜美，刺少，尤其适宜老年人和儿童食用。但因含水分多，肌肉组织比较脆弱，容易变质，一般需冷冻保鲜。

（3）舌鳎（Sole）　舌鳎又称箬鳎鱼、鳎目鱼、胧鸡鱼等，是名贵的海洋经济鱼类之一，主要分布于北太平洋西部海域。我国沿海均有出产，但产量较小。

舌鳎体侧扁，呈舌状，一般体长25～40cm，体重500～1500g。头部很短，眼小，两眼均在头的左侧，鳞较大，有眼一侧呈淡褐色，有两条侧线；无眼一侧呈白色，无侧线。背鳍、臀鳍完全与尾鳍相连，无胸鳍，尾鳍呈尖形。

舌鳎营养丰富，肉质细腻味美，尤以夏季的鱼最为肥美，食之鲜肥而不腻。舌鳎的品种较多，较为名贵的有柠檬舌鳎（Lemon sole）、英国舌鳎（English sole）、都花舌鳎（Dover sole）、宽体舌鳎（Rex sole）等。

除以上三种主要品种外，还有其他一些比目鱼品种也常在西餐烹调中应用，如大菱鲆鱼（Turbot）、大比目鱼（Halibut）、沙滩比目鱼（Sand dab）等。

2. 鲑鱼（Salmon）

鲑鱼属鲑科，也称“三文鱼”，是世界著名的冷水性经济鱼类之一，主要分布在大西洋北部、太平洋北部的冷水水域。我国主要产于松花江和乌苏里江。

鲑鱼平时生活在冷水海洋中，生殖季节长距离洄游，进入淡水河流中产卵。鲑鱼在产卵期之前，一般肉质都比较好，味道浓厚。鲑鱼在产卵期内，则肉质会变得较粗，味道也淡，此时的品质较差。

鲑鱼种类很多，有30多个品种，常见的有银鲑（Silver salmon）、太平洋鲑（Pacific salmon）、大西洋鲑（Atlantic salmon）等。我国境内的鲑鱼品种主要有大马哈鱼（Hump-back salmon）、细鳞鲑鱼（Pink salmon）等。其中以大西洋鲑鱼和银鲑的品质为最佳。

大西洋鲑鱼的特点是体形大，鱼体扁长，体侧发黄，两边花纹斑点较大，肉色淡红，质地鲜嫩，刺少味美。

银鲑的特点是鱼体呈纺锤状，鳞细小，整个侧面从背鳍到腹部都是银白色，有花纹似的斑点，比较漂亮，肉色鲜红，质地细嫩，味道鲜美。

加拿大、挪威、美国是鲑鱼的主要产地，也是世界最主要的鲑鱼出口国。

3. 金枪鱼（Tuna）

金枪鱼又称鲔、青干、吞拿鱼，是海洋暖水中上层结群洄游性鱼类，主要分布于印度洋和太平洋西部海域。我国南海和东海南部均有出产，是名贵的海洋鱼类之一，在国际市场很畅销。

金枪鱼体呈纺锤形，一般体长40～70cm，体重2000～5000g，背部呈青褐色，有淡色椭圆形斑纹。头大而尖，尾柄细小，除头部外全身均有细鳞，胸部由延长的鳞片形成胸甲。金枪鱼肉质坚实、细嫩，富含脂肪，口味鲜美，是名贵的烹饪原料。金枪鱼大多切成鱼片生食，要求鲜度好，所以捕获的活鱼要立即在船上宰杀，并要除去鳃和内脏，清洗血污后冰冻保鲜冷藏。

4. 鳀鱼（Anchovy）

鳀鱼又称黑背醍、银鱼、小凤尾鱼，是世界重要的小型经济鱼类之一，主要分布于太平洋西部海域，我国东海、黄海和渤海均产。

鱼体细长，稍侧扁，一般体长在8～12cm，体重5～15g，体侧有一银灰色纵带，腹部银白色。鳀鱼肉色暗红，肉质细腻，味道鲜美。但因其肌肉组织脆弱，离水后极易受损腐烂，故在西餐中常将其加工成罐头制品，俗称“银鱼柳”。鳀鱼是西餐的上等原料，一般用作配料或少司调料，风味独特。

5. 鳕鱼（Cod）

鳕鱼又称繁鱼、大头鱼，属冷水性底层鱼类，主要分布在大西洋北部的冷水区域。我国只分布于黄海和东海北部。

鳕鱼体型长，稍侧扁，一般体长在25～40cm，体重可达300～750g，头大、尾小，灰褐色，有不规则的褐色斑点或斑纹。下颌较短，前端有一朝后的弯钩状触须，两侧有一条光亮的白带贯穿前后，腹面为灰白色。胸鳍为浅黄色，其他各鳍均为灰色。

鳕鱼肉色洁白，肉质细嫩，刺少，味美，清口不腻，是西餐中使用较广泛的鱼类之一。此外，鳕鱼肝大而肥，含油量高，富含维生素A和维生素D，是提取鱼肝油的原料。

常见的鳕鱼品种有黑线鳕、无须鳕、银线鳕等。

6. 沙丁鱼（Sardine）

沙丁鱼又称沙鰮。沙丁鱼是世界上重要的经济鱼类之一，广泛分布在南北半球的温带海洋中。我国主要产于黄海、东海海域。

沙丁鱼体侧扁，一般体长 14 ~ 20cm，体重 20 ~ 100g。沙丁鱼有很多品种，常见的有银白色和金黄色两种。沙丁鱼生长快，繁殖力强，肉质鲜嫩，富含脂肪，味道鲜美，其主要用途是制罐头。

7. 鲱鱼（Herring）

鲱鱼又名青条鱼、青鱼。是世界上重要的经济鱼类之一，属冷水性海洋上层鱼类，食浮游生物，主要分布于西北太平洋海域。我国只产于黄海和渤海。

鲱鱼体延长而侧扁，一般体长 25 ~ 35cm，眼有脂膜，口小而斜，背为青褐色，背侧为蓝黑色，腹部为银白色，鳞片较大，排列稀疏，容易脱落。

鲱鱼肉质肥嫩，脂肪含量高，口味鲜美，营养丰富，是西餐中使用较广泛的鱼类之一。

8. 海鲈鱼（Sea perch）

海鲈鱼又名花鲈，有黑、白两种。海鲈鱼属海洋中下层鱼类，主要栖息于近海，早春在咸淡水交界的河口产卵，冬季在较深海域越冬，幼鱼有溯河入淡水的习性。全世界温带沿海均有出产，我国主要产于渤海、黄海海域。

鲈鱼体延长，侧扁，吻尖，口大而斜裂，下颌稍突出，上颌骨后端扩大，伸达眼后缘下方。鳞片细小，体背侧及背鳍散布若干不规则的小黑点，腹部为银灰色。鲈鱼体长一般在 30 ~ 60cm，重 1.5 ~ 2.5kg，最大可达 25kg 以上。

鲈鱼肉色洁白，刺少，肉质鲜美，适宜于炸、煎、煮等烹调方法。

9. 真鲷（Genuine porgy）

真鲷又名加吉鱼、红加吉、铜盆鱼等，是暖水性近海洄游鱼类，主要分布于印度洋和太平洋西部海域。我国近海均有出产，也是我国出产的比较名贵的鱼类之一。

真鲷体侧扁，呈长椭圆形，一般体长 15 ~ 30cm，体重 300 ~ 1000g。自头部至背鳍前隆起，头部和胸鳍前鳞细小而紧密，腹面和背部鳞较大，头大，口小。全身呈现淡红色，体侧背部散布着鲜艳的蓝色斑点，尾鳍后缘为墨绿色，背鳍基部有白色斑点。

真鲷肉肥而鲜美，无腥味，特别是鱼头颅腔内含有丰富的脂肪，营养价值很高。真鲷除鲜食外，还可制成罐头和熏制品。

（二）淡水鱼（Fresh water fish）

淡水鱼是指主要生活在江河湖泊等淡水环境中的鱼类。西餐中淡水鱼的使用相对比较少，常用的品种主要有鳟鱼、鳜鱼、河鲈鱼、鲤鱼等。

1. 鳟鱼（Trout）

鳟鱼属鲑科，原产于美国加利福尼亚的落基塔山麓的溪流中，是一种冷水性鲑科鱼类，是当今世界上养殖地域分布最广泛的淡水鱼类，世界上的温带国家大都有出产。鳟鱼品种很多，常见的有虹鳟、金鳟、湖鳟等。

虹鳟体侧扁，底色淡蓝，有黑斑。体侧有一条橘红色的彩带。其肉色发红，无小刺，肉质鲜嫩，味美、无腥味，高蛋白、低胆固醇，含有丰富的氨基酸、不饱和脂肪酸，营养价值极高。

2．鳜鱼（Mandarin）

鳜鱼也称桂鱼、花鲫鱼，是一种名贵的淡水鱼。鳜鱼体侧扁，背部隆起，腹部圆。眼较小，口大头尖，背鳍较长，体色黄绿，腹部黄白。体侧有大小不规则的褐色条纹和斑块。鳜鱼肉质紧实、细嫩，呈蒜瓣状，味鲜美。

3．鲤鱼（Carp）

鲤鱼俗称鲤拐子，原产于我国，后传至欧洲，现已在世界上普遍养殖。鲤鱼体侧扁，上颌两侧和嘴各有触须一对。按生长地域分为河鲤鱼、江鲤鱼、池鲤鱼。河鲤鱼体发黄，带有金属光泽，鳞白色，柔嫩味鲜。江鲤鱼鳞片为白色，肉质仅次于河鲤鱼。池鲤鱼鳞青黑，刺硬，有泥土味，但肉质鲜嫩。

（三）其他水产品

水产品中除了鱼类以外，还有虾、蟹、贝壳类、软体类等其他水产品。在西餐烹调中常见的其他水产品主要有扇贝、贻贝、牡蛎、蛤蜊、龙虾、明虾、蜗牛、鱼子酱等。

1．龙虾（Lobster）

龙虾属于节肢动物甲壳纲龙虾科，一般栖息于温暖海洋的近海海底或岸边，分布于世界各大洲的温带、亚热带、热带海洋中。我国主要产于东海、南海海域。

龙虾头胸部较粗大，外壳坚硬，色彩斑斓，腹部短小，一般体长在 20 ~ 40cm，重 500g 左右，是虾类中最大的一种。

龙虾品种繁多，常见的主要有锦绣龙虾（Ornate spiny lobster），因有美丽五彩花纹，俗称“花龙”；波纹龙虾（Scalloped spiny lobster），俗称“青龙”；中国龙虾（Chinese spiny lobster），呈橄榄色，也俗称“青龙”；日本龙虾（Japanese spiny lobster），俗称“红龙”；赤色龙虾（Painted spiny lobster），俗称“火龙”；澳洲龙虾（Australia spiny lobster）和波士顿龙虾（Boston spiny lobster）等。其中锦绣龙虾的体形最大，一般体长可达 80 厘米，最重可达 5kg 以上。我国龙虾品种较多，但产量都很少，主要依靠进口。欧洲、美国、澳大利亚等地的龙虾产量较大，也是目前世界的主要龙虾出口国。

龙虾体大肉多，肉质鲜美，富含蛋白质、维生素和多种微量元素，营养价值丰富，是一种高档的烹调原料。

2．对虾（Prawn）

对虾又称明虾、大虾，属甲壳纲对虾科，是一种暖水性经济虾类，主要分布于世界各大洲的近海海域，我国主要产于渤海海域。

对虾体较长，侧扁，整个身体分头胸部和腹部，头胸部有坚硬的头胸盔，腹部披有甲壳，有 5 对腹足，尾部有扇状尾肢。

对虾的品种较多，常见的有日本明虾（Kurume prawn），又称斑竹大虾；深海明虾（Deep sea prawn）；斑节对虾（Giant tiger prawn），俗称“草虾”；都柏林明虾（Dublin prawn）等。

对虾体大肉多，肉质细嫩，味道鲜美。

3．牡蛎（Oyster）

牡蛎又称蠔、海蛎子，是重要的经济贝类，主要生长在温热带海洋中，我国沿海均产。

牡蛎壳大而厚重，壳形不规则，下壳大、较凹并附着他物，上壳小而平滑。壳面有灰青、浅褐、紫棕等颜色。

牡蛎的品种很多，常见的有法国牡蛎、东方牡蛎、葡萄牙牡蛎等，其中法国牡蛎最为著名。我国出产的牡蛎主要有近海牡蛎、长牡蛎、褶牡蛎等。牡蛎肉柔软鼓胀，滑嫩多汁，味道鲜美，有较高的营养价值。牡蛎应以外观整齐、壳大而深、相对较重者为最佳。牡蛎在法式菜中常配柠檬汁带壳鲜食，也可煎炸或煮制，还可干制或加工成罐头。

4. 扇贝（Scallops）

扇贝又称“带子”，属扇贝科，因壳形似扇故名扇贝。世界沿海各地均有出产，我国主要产于渤海、黄海和东海海域。

扇贝贝壳呈扇圆形，薄而轻。上下两壳大小几乎相等，壳表面有10～20条的放射肋，并有小肋夹杂其间。两壳肋均有不规则的生长棘。贝壳表面一般为紫褐色、淡褐色、黄褐色、红褐色、杏黄色、灰白色等。贝壳内面白色，有与壳面相当的放射肋纹和肋间沟。后闭壳肌巨大，内韧带发达。壳内的闭壳肌为主要可食部位。

扇贝的品种很多，品质较好的主要有海湾扇贝（Bay scallop）、地中海扇贝（The Mediterranean Scallop in Shell）、皇后扇贝（Queen scallop）等。我国品质比较好的扇贝主要是栉孔扇贝、虾夷扇贝等。

扇贝肉色洁白，肉质细嫩，口味鲜美，是一种高档原料，既可用于煎、扒等，也可干制。

5. 贻贝（Mussel）

贻贝又称青口贝、海红，是最为常见的一种贝类，主要产于近海海域。贻贝贝壳呈椭圆形，体形较小。壳顶细尖，位于壳的最前端。贝壳后缘圆，壳面由壳顶沿腹缘形成一条隆起，将壳面分为上下两部分，上部宽大斜向背缘，下部小而弯向腹缘，故两壳闭合时在腹面构成一菱形平面。生长线明显，但不规则。壳面有紫黑色、青黑色、棕褐色等。壳内面呈紫褐色或灰白色，具珍珠光泽。其可食部分主要是橙红色的贝尖。

贻贝肉质柔软，鲜嫩多汁，口味清淡。烹调大多使用的是鲜活原料。

6. 蜗牛（Snail）

蜗牛也叫田螺，主要生活在湿地及潮湿的河、湖岸边。品种很多，目前普遍食用的有三种。

法国蜗牛，又称苹果蜗牛、葡萄蜗牛，因其多生活在果园中而得名。欧洲中部地区均产此种，壳厚呈茶褐色，中有一白带，肉白色，质量好。

意大利庭院蜗牛，多生活在庭院或灌木丛中。此种蜗牛壳薄，呈黄褐色，有斑点，肉有褐色、白色之分，质量也很好。

玛瑙蜗牛，原产非洲，又名非洲大蜗牛。此种蜗牛壳大，呈黄褐色，有花纹，肉浅褐色，肉质一般。

蜗牛肉口感鲜嫩，营养丰富，是法国和意大利的传统名菜。

7. 鱼子和鱼子酱（Caviar）

鱼子是用新鲜的鱼子腌制而成，浆汁较少，呈颗粒状。鱼子酱是在鱼子的基础上经加工而成，浆汁较多，呈半流质胶状。

鱼子酱主要有红鱼子酱和黑鱼子酱两种。红鱼子酱用鲑鱼或马哈鱼的鱼卵制成，价格一般较便宜。黑鱼子酱用的是鲟鱼或鳇鱼的鱼卵，主要产于地中海、黑海、里海等寒冷的深水水域。黑鱼子酱比红鱼子酱更名贵，以俄国、伊朗出产的最为著名，价格昂贵。

鱼子和鱼子酱，味咸鲜，有特殊鲜腥味，一般应配以柠檬汁和面包一同食用。鱼子酱一般作为开胃菜或冷菜的装饰品使用。

任务4　蔬　　菜

【任务驱动】

1. 了解蔬菜类原料的品种。

2. 掌握蔬菜类原料的特点及使用价值。

【知识链接】

蔬菜是人们平衡膳食，获取人体所需的营养物质的重要来源。蔬菜的品种多，按照蔬菜的可食部位可分为叶菜类、茎菜类、根菜类、果菜类、花菜类和食用菌类。蔬菜在西餐烹调中的应用非常广泛，下面介绍西餐烹调中有代表性、比较特殊的蔬菜品种。

（一）叶菜类

1. 生菜（Lettuce）

生菜又名叶用莴苣，原产于地中海沿岸，是莴苣的变种。生菜的品种很多，按其叶子形状可分为长叶生菜、皱叶生菜、结球生菜三种。

长叶生菜又称散叶生菜，叶片狭长，一般不结球，有的心叶卷成筒形。常见的品种有波士顿生菜、登峰生菜等。

皱叶生菜又称玻璃生菜，叶面皱缩，叶片深裂。皱叶生菜按其叶色又可分为绿叶皱叶生菜和紫叶皱叶生菜。常见的品种有奶油生菜、红叶生菜、广东的软尾生菜等。

结球生菜俗称西生菜、团生菜，顶生叶形成叶球，叶球呈球形或扁圆形等。常见的品种有皇帝生菜、凯撒生菜、萨林纳斯生菜等。

生菜在西餐烹调中主要用于制作沙拉，并可用作各种菜肴的装饰。

2. 菊苣（Chicory）

菊苣法文为“Endive”，又称欧洲菊苣、苦白菜、苦白苣等，原产于地中海、亚洲中部和北非。为菊科菊苣属，多年生草本植物，是野生菊苣的一个变种，以其嫩叶、叶球、叶芽为可食部位。菊苣又有平叶菊苣和皱叶菊苣两个类型。

平叶类型的菊苣形似白菜心，叶片呈长卵形，叶缘缺刻少而浅，叶片以裥褶方式向内抱合成松散的花形，苦味稍重。常见的品种如白菊苣（Blanching chicory）、法国菊苣（French endive）、比利时菊苣（Belgium chicory）等。

皱叶类型的菊苣形似皱叶生菜，叶片为绿色披针形，叶缘有锯齿，深裂或全裂，苦味较淡。常见的品种如卷曲菊苣（Curly chicory）等。

菊苣在西餐烹调中主要用于制作沙拉或生食，也可作为各种菜肴的装饰。

（二）根菜类

1. 萝卜

（1）心里美萝卜　（Beauty Heart Radish）心里美萝卜属根菜类，十字花科，1～2年生草本植物，原产地中国。心里美萝卜的类别，通常是按食用部分的内部颜色来区分的，肉色有血红瓤和草白瓤两种。若按叶型来分，可分为板叶型和裂叶型两种。心里美萝卜适于生食，既能当蔬菜，又可以当水果食用。

（2）芜菁　（Turnip）芜菁又称蔓菁、圆根、盘菜等。是能形成肉质根的二年生草本植物。

芜菁起源中心在地中海沿岸及阿富汗、巴基斯坦、外高加索等地，欧洲、亚洲和美洲均有栽培，中国南北方都有栽培。欧、美洲国家栽培的芜菁，分食用芜菁和饲用芜菁。中国、日本等亚洲国家主要栽培食用芜菁，有圆形和圆锥形两种类型。

(3) 白萝卜 (White radish) 白萝卜又名萝卜、莱菔、土酥，为十字花科草本植物，原产于中国，有白皮、红皮、青皮红心以及长形、圆形等不同品种。

白萝卜长形、果肉清白色，水分多，质地脆嫩，外皮分白皮、青皮两个品种。

(4) 胡萝卜 (Carrot) 胡萝卜原产于欧洲，大约在元代传到西亚地区，明代传入中国。因当时我国称西亚地区各国为“胡”，故称这种萝卜为胡萝卜。胡萝卜有朱红、红、橘黄、姜黄等几个品种，是当今普遍栽培的蔬菜之一。

胡萝卜营养价值很高，它含有丰富的糖类和丰富的胡萝卜素，远远超过其他蔬菜。红胡萝卜的颜色越浓，所含胡萝卜素越多。胡萝卜还含有维生素 C、蛋白质、脂肪和钙、磷、铁、铜等矿物质，还含有九种氨基酸和十多种酶。

(5) 樱桃萝卜 (Radish) 樱桃萝卜是一年生十字花科植物，其营养成分和味道都和白萝卜差不多，但小巧玲珑的形状和鲜艳的色泽极受人喜爱，常用于菜肴的装饰或沙拉制作。

2. 牛蒡 (Burdock)

牛蒡别名大力子、蝙蝠刺、东洋萝卜等。原产于西伯利亚、北欧与我国东北，能形成肉质直根的 2 ~ 3 年生草本植物，以肉质根供食用。

牛蒡含有丰富的钙、磷、铁、蛋白质、脂肪、水分等，可预防感冒、神经痛和低血压等。它原产于寒带，因此具有抗寒性。同时，牛蒡中含有高量的纤维素，对于刺激肠胃、促进消化、帮助排泄，有很大的功效，近年来常被作为“排除体内毒素”的主要材料。

牛蒡含有一种特殊的菊醣成分，是可消化的糖类，很适合作为糖尿病患者的热量来源。

3. 美洲防风 (Parsnip)

美洲防风，别名芹菜萝卜、蒲芹萝卜，为伞形花科欧防风属二年生草本。原产于欧洲和西亚，古希腊时代已有栽培，以欧、美国家种植较多。我国从欧、美引进，已有近百年的栽培历史，但种植面积很少。

美洲防风直根肉质，长圆锥形，近似胡萝卜，皮浅黄色，肉白色，食用部分是其肥大的肉质根，嫩叶也可食。防风的叶内含维生素 C 及 B 族维生素，胡萝卜素比根部高。

4. 婆罗门参 (Salsify)

婆罗门参别名西洋牛蒡，原产于欧洲南部的希腊、意大利等，为菊科婆罗门参属，二年生草本植物。它能形成肥大的肉质根，肉质根为长圆锥形，长 20 ~ 30cm，直径 3.5cm 左右，表皮黄白色，由于有牡蛎鲜味，故又称为“蔬菜牡蛎”。

5. 黑皮婆罗门参 (Black salsify)

黑皮婆罗门参别名菊牛蒡，原产于欧洲南部的希腊、意大利等地，为菊科婆罗门参属，二年生草本植物。它能形成肥大的肉质根，根似婆罗门参，但外皮暗褐色，肉白色。

6. 辣根 (Horseradish)

辣根，别名西洋山箭菜，山葵萝卜、马萝卜，属十字花科。辣根属以肉质根供食的多年生宿根植物，原产于欧洲东部。肉质根具有强烈的辛辣味，含有烯丙 (基) 硫氰酸，磨碎后干藏，备作煮牛肉和奶油食品的调料或切片作为罐藏食品的香辛味料，也有剥皮醋渍的，在我国自古药用，有利尿、兴奋神经的功效。在东欧和土耳其已有2000多年栽培历史，我国青岛、上海郊区栽培较早，近年随着罐藏食品出口的增长，许多城郊和蔬菜加工基地都在发展。

7. 紫菜头（Beetroots）

紫菜头别名红菜头、根甜菜，是藜科甜菜属甜菜种的一个变种，以其肥大的肉质根供食用，可生食、熟食或加工成罐头，肉质脆嫩、略带甜味，是西餐中的重要配菜之一。

8. 根芹菜（Celeriac）

根芹菜别名根洋芹、球根塘蒿等，伞形花科芹属中的一个变形种，原产于地中海沿岸，由叶用芹菜演变形种，能形成肥大肉根的两年生草本植物，以脆嫩的肉质根和叶柄供食用，主要分布在欧洲地区。中国近年来引进，仅有少量栽培。

（三）茎菜类

1. 洋葱（Onion）

洋葱俗称洋葱或葱头，为百合科葱属植物，以肥大的肉质鳞茎为产品，洋葱原产于中亚，约在20世纪初传入我国，现在南北各地均有栽培。洋葱主要有三种：一是红皮洋葱，种植面积最大，辛辣味最强；二是黄皮洋葱，味甜，辛辣味轻，国际市场很欢迎这种洋葱；三是白皮洋葱，皮白绿色，品质佳，吃口淡性。

2. 马铃薯（Potato）

马铃薯又称作土豆、山药蛋、洋芋、地蛋、荷兰薯，茄科茄属，一年生蔓性草本植物，原产于南美秘鲁和玻利维亚的安第斯山区，有8000年的栽培历史。1650年传入我国，现在我国各地普遍种植。

马铃薯按皮色分为白皮、黄皮、红皮和紫皮等品种；按薯块颜色分为黄肉种和白肉种；按形状分为圆形、椭圆、长筒和卵形等品种。

3. 芦笋（Asparagus）

芦笋俗称石刁柏、龙须菜，为百合科天门冬属多年生宿根草本植物，以抽生的嫩茎为蔬菜食用。原产于亚洲西部、地中海沿岸，因其枝叶如松柏状，故名石刁柏。

芦笋的可食部位是其地下和地上的嫩茎。芦笋的品种很多，按颜色分有白芦笋、绿芦笋、紫芦笋三种。芦笋自春季从地下抽苔，如不断培土并使其不见阳光，长成后即为白芦笋。如使其见光生长，刚抽薹时顶部为紫色，此时收割的为紫芦笋；等它长大后即为绿芦笋。绿芦笋的蛋白质和维生素C的含量都较白芦笋丰富。

白芦笋多用来制罐头，紫芦笋、绿芦笋可鲜食或制成速冻品。芦笋在西餐烹调中可用于制作配菜，或作为菜肴的辅料。

4. 韭葱（Leek）

韭葱是能产生肥嫩假茎（葱白）的二年生草本植物，又叫扁葱、扁叶葱、洋蒜苗。嫩苗、鳞茎、假茎和花薹，可炒食、作汤或作调料。

韭葱原产于欧洲中南部，在古希腊、古罗马时已有栽培，20世纪30年代传入中国，部分省区有零星栽培，广西栽培时间较长，多代替蒜苗食用。

5. 大葱（Green onion）

大葱原产于亚洲西部，中国自古以来栽培极为普遍。大葱是二年生耐寒性强、适应性广的蔬菜，葱白（假茎）、嫩叶皆可食用，又是不可缺少的调味品，全国各地都有栽培。

6. 球茎茴香（Fennel/Florence Fennel）

球茎茴香，别名意大利茴香、甜茴香，为伞形花科茴香属茴香种的一个变种，原产于意大利南部，现主要分布在地中海沿岸地区。球茎茴香膨大肥厚的叶鞘部鲜嫩质脆，味清甜，具有比小茴香略淡的清香。球茎茴香在欧美是一种很受欢迎的蔬菜。

（四）花菜类

1. 朝鲜蓟（Artichoke）

朝鲜蓟，别名法国百合，菊蓟、洋百合、荷花百荷等。为菊科，菜蓟属，多年生草本植物。原产地中海沿岸，是由菜蓟演变而成，以法国栽培最多。

朝鲜蓟外面包着厚实的花萼，只有菜心和花萼的根部比较柔软，可以食用，朝鲜蓟富含维生素、铁、菜蓟素，黄酮类化合物等多种对人体有益的成分。

洋百合品种较多，每个类型又可依苞片颜色分为紫色、绿色和紫绿相间；按花蕾形状又分为鸡心形、球形和平顶圆形三类。洋百合味道清淡、生脆，是西餐烹调中的高档蔬菜。

2. 花椰菜（Cauliflower）

花椰菜是十字花科芸薹属甘蓝种，由甘蓝演化而来，又称白花菜，原产于欧洲。

花椰菜风味鲜美，粗纤维少，营养价值高，花椰菜能提高人体免疫功能，促进肝脏解毒，增强人的体质和抗病能力，含有的硒能够抑制癌细胞。

3. 西蓝花（Broccoli）

西蓝花又名绿菜花、青花菜，属十字花科芸薹属甘蓝种，一二年生草本植物，原产于地中海东部。

西蓝花以绿色肥嫩的花球为食用部分，其质地柔嫩，营养丰富，风味佳美。

4. 紫西蓝花（Purple Broccoli）

紫西蓝花与西蓝花非常相似，属十字花科芸薹属甘蓝种，一二年生草本植物。但紫西蓝花花球为紫色、花朵较西蓝花小，它的味道近似于嫩的西蓝花。

5. 球花甘蓝（Broccoli）

球花甘蓝属十字花科芸薹属甘蓝种，一二年生草本植物。介于西蓝花和花椰菜之间，其外形与花椰菜相同但色泽明亮黄绿。球花甘蓝生食口味微甜，口感比一般的花椰菜好，烹调后的味道与又与西蓝花类似。

6. 罗马花椰菜（Rome cauliflower）

罗马花椰菜俗称“青宝塔”，属十字花科芸薹属甘蓝种，一二年生草本植物。罗马花椰菜与西蓝花类似，但色泽明亮、黄绿，花球表面由许多小的，螺旋形的小花所组成，像宝塔一样，故称青宝塔。罗马花椰菜口味独特，细嫩优雅，生食的滋味更佳。

（五）瓜果菜类

1. 茄子（Eggplant）

茄子别名落苏，原产于东南亚一带，西汉时从印度通过丝绸之路传入我国。茄子的类型、品种繁多，从果实的颜色上分，有白茄、青茄、紫茄等各种，从果形上分，品种有圆茄、长茄等。

2. 番茄（Tomatoes）

番茄，又名西红柿，属茄科，为一年生草本植物，在热带为多年生。主要以成熟果实作蔬菜或水果食用。原产于南美洲的秘鲁、厄瓜多尔等地，在安第斯山脉至今还有原始野生种，后传至墨西哥，驯化为栽培种。

16世纪中叶，由西班牙、葡萄牙商人从中、南美洲带到欧洲，再由欧洲传至北美洲和亚洲各地。最初以其鲜红的果实作为庭园观赏用，后才逐渐被食用。

番茄有5个变种：普通番茄（果大、叶多，茎带蔓性）；大叶番茄（叶似马铃薯叶，裂片少而较大，果实也大）；樱桃番茄（果小而圆，形似樱桃）；直立番茄（茎粗节间短，带直立性）；梨形番茄（果小，形如洋梨，叶小）。

3. 甜椒（Sweet Pepper/bell pepper）

甜椒又名灯笼椒、菜椒，是由原产中南美洲热带地区的辣椒演化而来，为茄科辣椒属的一个亚种，一年生或多年生草本植物。甜椒又可分为普通甜椒和彩色甜椒两类。

普通甜椒的果实未成熟时为浅绿色或深绿色，成熟后为红色。而彩色甜椒的果实，由于所含色素成分的不同，呈现青、黄、橘黄、红、紫等颜色。

（六）食用菌类

1. 黑菌（Truffles）

黑菌又名块菰或松露菌、块菌。黑菌浑体呈黑色，带有清晰的白色纹路，其气味芬芳，是一种珍贵的菌类。全世界有30多种类别不同的黑菌，主要产于法国、英国、意大利等地，而最好的种类主要产自法国西南部。这种生长于橡树林内的黑菌口味鲜美又极富营养，有“黑钻石”之美称，与肥鹅肝、鱼子酱并称为世界三大美食。

黑菌在西餐烹调中主要用于高档菜肴的调味和装饰。

2. 羊肚菌（Morels）

羊肚菌又称蜂窝蘑，表面形成许多凹坑，淡黄褐色，柄白色，似羊肚状，故称羊肚菌。羊肚菌的营养成分高，味道鲜美，是一种优良食用菌，蛋白质含量可与牛奶、肉和鱼粉相当。羊肚菌就含有18种氨基酸，至少含有8种维生素。因此，国际上常称它为“健康食品”之一。

3. 金针菇（Golden needle mushroom）

金针菇又名朴菇，属真菌门，担子菌亚门、层菌纲、伞菌目，口蘑科，小火焰菌属或金钱菌属。

金针菇的营养极其丰富，含有18种氨基酸，每百克干菇中所含氨基酸的总量可达20.9g，其中人体所必需的八种氨基酸为氨基酸总量的44.5%，高于一般菇类，而赖氨酸和精氨酸含量特别丰富，为1.024g和1.231g，能促进儿童的健康生长和智力发育，国外称之为“增智菇”。

4. 松茸（Matsu take）

松茸，学名松口蘑，是名贵食用菌，长在寒温带海拔3500m以上的松林地和针阔叶混交林地，夏秋季出蘑，7、8、9月为出菇高潮。新鲜松茸，形若伞，色泽鲜明，菌盖成褐色，菌柄为白色，均有纤维状茸毛鳞片，菌肉白嫩肥厚，质地细密，有浓郁特殊香气。松茸营养丰富，含有蛋白质、氨基酸、多种维生素和糖类等有效成分。

5. 猴头菇（Monkey head mushroom）

猴头菇，又称刺猬菌、花菜菌、山伏菌，属担子菌亚门、层菌目，猴头菌科、猴头菌属。

猴头子实体肉质，圆而厚，倒卵形，状如猴首，故得名。新鲜时呈白色，干燥后呈乳白色至淡黄色或浅褐色，是名贵食用菌，肉质洁白、柔软细嫩、清香可口，营养丰富，是我国著名的八大“山珍”之一。

6. 香菇（Shiitake mushroom）

香菇又称香蕈、香菌、椎菇，属担子菌纲，伞菌目，侧耳科，香菇属，是一种生长在木材上的真菌类。

根据香菇的品质不同，将其分为花菇、厚菇（冬菇）、香信（春菇、水菇、平庄菇、薄菇）和菇丁。其中，花菇品质最好。

香菇不但具有清香味鲜的独特风味，而且含有大量的对人体有益的营养物质。据分析，每百克鲜香菇中，含有蛋白质12～14g，远远超过一般植物性食物的蛋白质含量；含糖类59. 3g，钙124mg，磷415mg，铁25. 3mg；还含有多糖类、维生素B_1、维生素B_2、维生素C等。干香菇的水浸物中有组氨酸、丙氨酸、苯丙氨酸、亮氨酸、缬氨酸、天门冬氨酸及天门冬素、乙酰胺、胆碱、腺嘌呤等成分。

任务5 果　　品

【任务驱动】

1. 了解果品类原料的品种。

2. 掌握果品类原料的特点及使用价值。

【知识链接】

果品在西餐中使用非常广泛，既可直接食用，也可制成各种菜点。

1. 柠檬（Lemon）

柠檬属芸香科，常绿小乔木，原产于地中海沿岸及马来西亚等国。柠檬果呈长圆形或卵圆形，色淡黄，表面粗糙，前端呈乳头状，皮厚，有芳香味，果汁充足而酸，在西餐烹调中广泛用于调味。

2. 香蕉（Banana）

香蕉属芭蕉科，多年生草本植物，广泛产于亚洲热带地区。香蕉生长很快，一年四季均有生产。香蕉为长圆条形，果皮易剥落，果肉呈黄白色，无种子，质地柔软，口味芳香甘甜。

3. 菠萝（Pineapple）

菠萝又称凤梨，属凤梨科，多年生草本植物。菠萝原产于巴西、阿根廷等地，现已广泛栽培。菠萝品种很多，可分为皇后类、卡因类、西班牙类三种。鉴别其质地的方法是看其成熟度，成熟度适中者品质较好。

4. 荔枝（Litchi）

荔枝又名丹荔，属无患子科，常绿乔木，植株可高达20m，原产于我国南方。近百年来印度、美国、古巴等国从我国引进了荔枝，但质量均不如我国。荔枝的品种很多，常见的有三江月、圆枝、黑叶、元红、桂绿等。荔枝贵在新鲜，优质的荔枝要求色泽鲜艳，个大、核小、肉厚，质嫩、汁多、味甜，富有香气。

5. 猕猴桃（Chinese gooseberry）

猕猴桃又名藤梨、羊桃，属猕猴桃笠藤本植物，原产于我国中南部，现已有很多国家引种，是世界上的一种新兴水果。猕猴桃为卵形，果肉呈绿色或黄色，中间有放射状小黑子。其品质独特，甜酸适口，所含维生素C为水果之冠。猕猴桃以果实大、无毛、果细、水分充足者为上品。

6. 橄榄（Olive）

橄榄又名青果，一般又有黑橄榄和绿橄榄之分，市场上出售的橄榄大都是盐渍品。黑橄榄是盐渍的成熟橄榄果实，绿橄榄是盐渍的未成熟果实。盐渍的目的是为了消除橄榄的苦味和涩味。橄榄在西餐烹调中常用作开胃菜，做餐前小吃。

7. 鳄梨（Avocados）

鳄梨又名油梨、酪梨，是一种适宜于热带及南亚热带地区栽培的果树。它原产于中南美洲热带及亚热带地区的墨西哥、厄瓜多尔、哥伦比亚等国，而我国的海南，以及台湾、广东、广西、云南、福建、四川、浙江等省（区）的南亚热带地区都有栽培与分布。

鳄梨营养丰富，含有丰富的维生素 E 及胡萝卜素，其 80% 的脂肪为不饱和脂肪酸，极易被人体吸收；鳄梨肉含糖量极低，是糖尿病患者的高脂低糖食品。

8. 杧果（Mango）

杧果属于漆树科杧果属。杧果属品种、品系很多，根据品种的种子特征将杧果品种分为单胚和多胚两个类群。单胚类群杧果的特点是种子为单胚，果形变化大，且多为短圆、肥厚，少有长而扁平的。果皮黄色带红或全红，果肉多具有特殊香气或松香气味。多胚类群杧果的特点是种子为多胚，果实多为长椭圆形且较扁平，宽度大、厚度小，果肉芳香无异味，品质特好。著名的吕宋杧果即属此类。

9. 洋桃（Carambola）

洋桃又称杨桃、五敛子、五棱子，原产于印度尼西亚摩洛加群岛，属于茜草科的多年生常绿灌木植物。洋桃表面有 5 ~ 6 个棱，其断面像星星的形状，果肉淡黄，半透明。洋桃品种较多，有蜜丝种、白丝种、南洋种等。

10. 番木瓜（Papaya）

番木瓜又名万寿果、木瓜，属番木瓜科热带小乔木或灌木，原产热带美洲。果实含有的木瓜酶，对人体有促进消化和抗衰老作用，既可作水果，又可作菜。

11. 开心果（Pistachio）

开心果又称阿月浑子仁，原产地为美国加州，味道鲜美、营养价值较高，后移植于世界各地，产地分布广泛。由于开心果对生长环境——气候、温度、湿度、光照度要求较高，因此，世界上现在开心果产地一般主要分布于美国加州、伊朗、土耳其、巴西四个地方，这就是所谓的美国加州果、伊朗果、土耳其果、巴西果。其中，以美国所产的开心果最为有名，质量也最好。

开心果口味香甜松脆，未加工时有一种清香，加工后因添加材料不同而有不同口味，可制作沙拉等美食。

12. 巴旦杏仁（Jordanalmond）

巴旦杏仁又名美国大杏仁、甜杏仁，属蔷薇科扁桃属，是扁桃的果仁。巴旦杏仁营养丰富，含有多种维生素及矿物质元素，脂肪含量达 20% ~ 70%，蛋白质含量高达 25% ~ 35%，超过核桃等干果，是营养价值极高的果品。

13. 腰果（Cashew）

腰果又名树花生，热带常绿乔木，原产巴西东北部。果仁营养丰富，富含蛋白质及各种维生素，与甜杏仁、核桃仁和榛子仁并称为世界四大干果。

14. 锥栗（Hazelnut）

锥栗又名榛子、毛榛、栗子、珍珠果。果实底圆顶尖，形如锥，因而得名。果形美观，色泽鲜艳，果仁肥厚，甜美适口，营养丰富。除含有人体所需的维生素、抗坏血酸和胡萝卜素外，还含有31%的蛋白质、72.5%的淀粉和4.31%的脂肪，是营养价值极高的果品。

任务6 谷物类原料

【任务驱动】

1. 了解谷物类原料的品种。

2. 掌握谷物类原料的特点及使用价值。

【知识链接】

谷物类原料也是西餐烹调的重要原料之一，在西餐烹调中常作为制作主菜或配菜的原料。西餐烹调中常用的谷物类原料的品种主要有面粉、大米、大麦、燕麦、荞麦和意大利面条等。

1. 面粉（Flour）

面粉是小麦经磨制而制成的，是制作西式面点制品的主要原料。西餐中常用的面粉主要有低筋面粉、高筋面粉、中筋面粉和特殊面粉等。

低筋面粉（Soft flour）：低筋面粉是由软质小麦磨制而成的，其蛋白质含量低，约为8%，湿面筋含量在25%以下。此种面粉最适合制作蛋糕类、油酥类的点心、饼干等。

高筋面粉（Strong flour）：高筋面粉又称强筋面粉，通常用硬质小麦磨制而成，蛋白质含量高，约为13%，湿面筋含量在35%以上。此种面粉适合制作面包类制品及起酥类点心等。

中筋面粉（Medium flour）：中筋面粉是介于高筋与低筋之间的一种具有中等韧性的面粉，蛋白质含量约为10%，湿面筋含量在25%～35%。这种面粉既可制作点心，也可以用于面包的制作，是一般饼房常用的面粉。

全麦面粉（Whole wheat flour）：全麦面粉是一种特制的面粉，是由整颗麦粒磨成的，它含有胚芽、麸皮和胚乳，在西点中通常用于发酵类制品。

2. 大米（Rice）

大米是稻谷经脱壳而制成的。大米的种类有很多，其色泽主要有白色、棕色、黑色等。按大米的性质可分为粳米、籼米、糯米。按米粒的大小可分为长粒大米和短粒大米，常作为肉类、海鲜和禽类菜肴的配菜，也可以制汤，还可用来制作甜点等。在西餐烹调中，常用的大米主要有长粒大米、短粒大米、营养大米、半成品大米和即食米。

长粒米（Long－grained rice）：长粒米的外形细长，含水量较少。成熟后，蓬松，米粒容易分，在西餐烹调中主要用于制作配菜。其代表品种有泰国香米（Thai fragrant rice）美国长粒大米（American long－grain rice）、印度长米（Indian rice）等。

中粒米（Medium－grain rice）：中粒米外形较长粒大米短，体形饱满，在西餐烹调中主要用于制作西班牙式煮饭（Paella）和意大利式煮饭（Risotto）。其代表品种有西班牙米

(Spanish rice)、意大利米(Italy rice)等。

短粒米(Short - grained rice):短粒米又称圆粒米,外形椭圆,含水分较多。成熟后黏性大,米粒不易分开,在西餐中主要用于制作大米布丁。

营养米(Enriched rice):营养米是经过特殊加工的大米——在米粒的外层附以各种维生素和矿物质等营养成分,用于弥补大米在加工过程中损失的营养成分。

即食米(Instant rice):即食米是将大米煮熟,脱水而成的米。即食米烹调时间短,食用方便,但价格较高,常用的烹调方法有煮、蒸和烩。

3. 大麦(Barley)

大麦形似小麦,主要有皮麦和元麦两种类型。大麦富含约70%的糖类,且含粗纤维较多,是一种保健食品。西餐烹调中常使用的是大麦仁和大麦片,主要用于制作早餐食品、汤菜、烩制菜肴,也可用于制作配菜和制作沙拉。

4. 燕麦(Oat)

燕麦在西餐中被称为营养食品,它含有大量的可溶性纤维素,可控制血糖,降低血中胆固醇含量。燕麦由于缺少麦胶,一般可加工成燕麦片、碎燕麦。在西餐烹调中燕麦主要用于制作早餐食品和饼干制品等。

5. 意大利面条(Pasta)

关于意大利面条的起源,据说是源于古罗马人,但也有人说是马可·波罗(Marco Polo)从中国带到意大利的。意大利面食早在17世纪初就有记载,早期的意大利粉是由铜造的模子压制而成,由于外形较粗厚而且凹凸不平,表面较容易粘上调味酱料,吃起来的味道口感更佳。南部的意大利人喜爱食用干意粉,而北部则较为流行新鲜意粉。

意大利面条一般是用优质的专用硬粒小麦面粉和鸡蛋等为原料加工制成的面条。其形状各异,色彩丰富、品种繁多。

从意大利面条的质感上,可以将之分为干制意大利面条(Dry pasta)、新鲜意大利面条(Fresh pasta)两类。

从意大利面条制作的主要原料上,可以将其分为普通面粉、标准小麦粉、全麦面粉、玉米粉、绿豆粉、荞麦粉、燕麦面粉、米粉等。

从意大利面条的颜色和添加的材料上,可以将其分为红色或粉红色(番茄汁、甜菜汁、胡萝卜汁、红甜椒汁)、黄色或淡黄色(番红花汁、胡萝卜汁)、绿色或浅绿色的(菠菜汁、西蓝花汁)、灰色或黑色(鱿鱼或墨鱼墨汁)以及咖喱色、巧克力色等;

从意大利面条的外观和形状上,可将其分为棍状意大利面条(Strand Pasta Noodles)、片状意大利面条(Ribbon Pasta Noodles)、管状意大利面条(Tubular Pasta)、花饰意大利面条(Shaped Pasta)、填馅意大利面条(Stuffed Pasta)和意大利汤面(Soup Pasta)。

国内常见的意大利面条品种主要有意式实心粉(Spaghetti)、细意式实心粉(Fine solid powder)、贝壳面(Shell surface)、弯型空心粉(Elbow Macaroni)、葱管面(Penne)、大管面(Manicotti)、宽面条(Lasagna)、猫耳面(Cat face)、米粒面(Rice noodles)等。

任务7 西餐香料和调味品

【任务驱动】

1. 了解西餐香料及调味品类原料的品种。

2. 掌握西餐香料及调味品类原料的特点及使用价值。

【知识链接】

香料是由植物的根、茎、叶、种子、花及树皮等，经干制、加工制成，香料香味浓郁、味道鲜美，广泛应用于西餐烹调中，一般分为香草类及香料类两个部分。

西餐调味品是指增加菜肴口味的原料，西餐调味品在西餐烹调中有着重要的作用，其常用的调味品主要有盐、辣酱油、醋、番茄酱、胡椒粉、咖喱粉、芥末等。

（一）常用香草

1. 牛膝草（Mar joram）

牛膝草又名“马佐林”，原产于地中海地区，现已在世界各地普遍栽培。

牛膝草的叶可用于调味，整片或搓碎使用均可，法式、意大利式及希腊式菜肴使用普遍，常用于味浓的菜肴。

2. 百里香（Thyme）

百里香又名麝香草，主产于地中海沿岸，它属唇形科多年生灌木状草本植物，全株高18～30cm，茎四菱形，叶无柄且上有绿点。茎叶富含芳香油，主要成分有百里香酚，含量约为0.5%。百里香的叶及嫩茎可用于调味，干制品和鲜叶均可，法式、美式、英式菜使用较普遍和广泛，主要用于制汤和肉类、海鲜、家禽等菜肴的调味。

3. 迷迭香（Rosemary）

迷迭香原产于南欧，我国南方也有栽培。迷迭香属唇形科，长绿小乔木，高1～2m。叶对生，线形，革质。夏季开花，花唇形，紫红色，轮生于叶腋内。其茎、叶、花都可提取芳香油，主要成分有桉树脑、乙酸冰片酯等。迷迭香的茎、叶无论是新鲜的还是干制品都可用于调味。常用于肉馅、烤肉、焖肉等，使用时量不宜过大，否则味过浓，甚至有苦味。

4. 鼠尾草（Sage）

鼠尾草又称艾草、洋苏叶，香港、广州一带习惯按其译音称为“茜子”。鼠尾草世界各地均产，其中以南斯拉夫产的为最佳。鼠尾草是多年生灌木，生长很慢，其叶白、绿相间，香味浓郁，可用于调味。鼠尾草主要用于鸡、鸭、猪类菜肴及肉馅类菜肴。

5. 罗勒（Basil）

罗勒俗称“紫苏”“洋紫苏”，产于亚洲和非洲的热带地区，种类繁多，主要品种有7～8种，罗勒属唇形科，一年生芳香草本植物，茎方形，多分枝、常带紫色，花白色略带紫红，茎叶含有挥发油，可作为调味品用于番茄类菜肴，肉类菜肴及汤类。

6. 阿里根奴（Oregano）

阿里根奴又称牛至，原产于地中海地区，第二次世界大战后美国及其他美洲国家普遍种植，它是薄荷科芳香植物，叶子细长圆，种微小，花有一种刺鼻的芳香。与牛膝草相似，常用于烟草业，烹调中以意大利菜使用最普遍，是制作馅饼不可缺少的调味品。

7. 藏红花（Saffron）

藏红花又称“番红花”，原产于地中海及小亚细亚地区，现在南欧普遍培植，我国早年常经西藏走私入境，故称藏红花，它是鸢尾科多年生草本植物，花期为 11 月上旬或中旬，其花蕊干燥后即是调味用的藏红花，是西餐中名贵的调味品，也是名贵药材。

目前以西班牙、意大利产的为佳。藏红花常用于中东地区、地中海地区、法国、意大利、西班牙等国的汤类、海鲜类、禽类、味饭等菜肴。它既可调味又可调色，是地中海式海鲜汤、意大利“味饭”等菜肴不可缺少的调味品。

8. 莳萝（Dill）

莳萝又称土茴香，香港、广州一带习惯按其译音称“刁草”。莳萝原产于南欧，现北美及亚洲南部均产。

莳萝属伞形科多年生草本植物，叶羽状分裂，最终裂片成狭长线形。果实椭圆形，叶和果实都可作为香料。在烹调中主要用其叶调味，用途广泛，常用于海鲜、汤类及冷菜。

9. 细叶芹（Chervil/French parsley）

细叶芹又称法国番芫荽、法香、山萝卜等。细叶芹外形与番芫荽相似，色青翠，但叶片如羽毛状，味似大茴香和番芫荽的混合味。细叶芹即可用于菜肴的装饰，又可用于菜肴的调味，是西餐烹调中常用的原料。

10. 他拉根香草（Tarragon）

他拉根又名茵陈蒿、龙蒿、蛇蒿，主要产于南欧。与我国药用的茵陈不同，其叶长扁状，干后仍为绿色，有浓烈的香味，并有薄荷似的味感。

他拉根香草用途广泛，常用于禽类、汤类、鱼类菜肴，也可泡在醋内制成他拉根醋。

11. 香葱（Chives）

香葱别名细香葱，为百合科葱属两年生或多年生草水植物原产于欧洲冷凉地区，在北美、北欧等地均有野生种分布，一般株高 30～40cm，叶片圆形中空，青绿色，有蜡粉，叶鞘白色，抱合成圆柱状的葱白，称为假茎。主要食用部分为嫩叶和假茎，质地柔嫩，具浓烈的特殊香味，可鲜食、干制，西餐中常用于用于汤类、少司、沙拉的调味或作为点缀装饰。其营养丰富，各种维生素及大多数无机盐微量元素含量均高于大葱，尤其胡萝卜素含量是大葱的 14 倍，常食健身益寿。

12. 番芫荽（Parsley）

番芫荽又名洋香菜、欧芹等，原产于希腊，属伞形科草本植物。

番芫荽的品种主要有卷叶番芫荽（Curly parsley）、意大利番芫荽（Italian parsley）两种。卷叶番芫荽叶卷缩，色青翠、味较淡，外形美观，主要用于菜肴的装饰。意大利番芫荽叶大而平，色深绿，味较卷叶番芫荽浓重，主要用于菜肴的调味。

（二）常用香料

1. 香叶（Bay Leaf）

香叶又称桂叶，是桂树的叶子。桂树原产于地中海沿岸，属樟科植物，为热带常青乔木。香叶一般两年采集一次，采集后经日光晒干即成。

香叶可分为两种，一种是月桂叶，形椭圆，较薄，干燥后色淡绿。另一种是细桂叶，其叶较长且厚，叶脉突出，干燥后颜色淡黄。

香叶是西餐特有的调味品，其香味十分清爽又略含微苦，干制品、鲜叶都可使用，用途广泛。在实际使用上需要较长的烹煮时间才能有效释放其独特的香味；普遍适用于制汤和海鲜、畜肉、家禽及肝酱类和烩、焖肉类菜肴的调味。

2. 肉豆蔻（Nutmeg）

肉豆蔻原产于印度尼西亚、马鲁古群岛、马来西亚等地，现我国南方已有栽培。肉豆蔻又称“肉果”，为豆蔻科的长绿乔木。肉豆蔻近似球形，淡红色或黄色，成熟后剥去外皮取其果仁经碳水浸泡，烘干后即可作为调料。干制后的肉豆蔻表面呈褐色，质地坚硬，切面有花纹。肉豆蔻气味芳香而强烈，味辛而微苦。优质的肉豆蔻个大、沉重、香味明显，在烹调中主要用于做肉馅以及西点和土豆菜肴。

3. 胡椒（Pepper）

胡椒原产于马来西亚、印度、印度尼西亚等地。胡椒为被子植物，多年生藤本植物。胡椒按品质及加工方法的不同又分为黑胡椒、白胡椒、红胡椒、绿胡椒等品种。优质的胡椒颗粒均匀硬实，香味强烈。白胡椒白净，含水量低于12%。黑胡椒外皮不脱落，含水量在15%以下。

（1）黑胡椒（Black Pepper）　黑胡椒是用成熟的果实，经发酵、暴晒后，使其表皮皱缩变黑而成。

（2）绿胡椒（Green Pepper）　绿胡椒是果实未成熟，外皮呈青绿色的胡椒，一般浸入油脂中保存。

（3）白胡椒（White Pepper）　白胡椒是用成熟的果实，经水浸泡后，剥去外皮，洗净晒干而成。

（4）红胡椒（Red Pepper）　红胡椒是用绿胡椒经特殊工艺发酵后，使其外皮变红的胡椒，一般也放入油脂中保存。

4. 丁香（Clove）

丁香又名雄丁香、丁香料，原产于马来西亚群岛、马鲁古群岛、印度尼西亚等地，现在我国南方有栽培。

丁香属金娘科长绿乔木，丁香树的花蕾在每年9月至来年3月间由青逐渐转为红色，这时将其采集后，除掉花柄，晒干后即成调味用的丁香。干燥后的丁香为棕红色，优质的丁香坚实而重入水即沉，刀切有油性，气味芳香微辛。丁香是西餐中常见的调味品之一，可作为腌渍香料和烤焖香料。

5. 桂皮（Cinnamon）

桂皮是菌桂树之皮，菌桂树属樟科长绿乔木，主产于东南亚及地中海沿岸，我国南方也有出产。菌桂树多为山林野生，7年以上则可剥去皮，晒干后可作为调味用的桂皮。桂皮含有1%～2%挥发性油，桂皮油具有芳香和刺激性甜味，并有凉感。优质的桂皮为淡棕色，并有细纹和光泽，用手折时松脆、带响，用指甲在腹面刮时有油渗出。在西餐中常用于腌渍水果、蔬菜，也常用于甜点。

6. 多香果（Allspice）

多香果又称牙买加甜辣椒，其形状类似胡椒，但较胡椒大，表面光滑，略带辣味，具有肉桂、豆蔻、丁香三种原料的味道，故称多香果，常用于肉类、家禽等菜肴的调味。

7. 香兰草（Vanilla）

香兰草又称香荚兰、香子兰、上树蜈蚣，多年生攀缘藤木，其果实富含香兰素，香味充足，香兰草豆荚及其衍生物在食品业中应用十分广泛，尤其是在糖果、冰激凌及烘烤食品中。

8. 红椒粉（Paprika）

红椒粉又称甜椒粉，属茄科一年生草本植物，形如柿子椒，果实较大，色红，略甜，味不辣，干后制成粉，主要产于匈牙利。红椒粉在西餐烹调中常用于烩制菜肴。

（三）常用调料

1. 辣酱油（Worcestershire）

辣酱油是西餐中广泛使用的调味品，19 世纪初传入我国，因其色泽风味与酱油接近，所以，习惯上称为“辣酱油”。辣酱油的主要成分有：海带、番茄、辣椒、洋葱、砂糖、盐、胡椒、大蒜、陈皮、豆蔻、丁香、糖色、冰糖等，优质的辣酱油为深棕色，流体，无杂质，无沉淀物，口味浓香，酸辣咸甜各味协调，其中英国产的李派林辣酱油较为著名，使用很普遍。

2. 咖喱粉（Curry）

咖喱粉是由多种香辛料混合调制成的复合调味品。制作方法最早源于印度，以后逐渐传入欧洲，目前已在世界范围内普及，但仍以印度及东南亚国家的为佳。

制作咖喱粉的主要原料是黄姜粉伴以胡椒、肉桂、豆蔻、丁香、莳萝、孜然、茴香等原料。目前我国制作的咖喱粉调味料较少，主要有姜黄、白胡椒、茴香粉、辣椒粉、桂皮粉、茴香油等。优质的咖喱粉香辛味浓烈，用热油加热后色不变黑，色味俱佳。

3. 醋（Vinegar）

醋也是西餐烹调主要的调味品之一，其品种繁多，如意大利香脂醋（Balsamic vinegar）、香槟酒醋（Champagne vinegar）、香草醋（Herb vinegar）、他里根香醋（Tarragon vinegar）麦芽醋（Malt vinegar）、葡萄酒醋（Wine vinegar）、雪利酒醋（Sherry vinegar）、苹果醋（Apple Cider Vinegar）等，因其制作的方法不同，大致可分为发酵醋和蒸馏醋两大类。

（1）意大利香脂醋（Balsamic vinegar）　意大利香脂醋的主要材料是加热煮沸变浓稠的葡萄汁，经长期发酵制成，意大利香脂醋颜色深褐，汁液黏稠，口感酸甜而圆润。

意大利香脂醋有“传统”型和“普通”型两类，“传统”型一般为手工制造，窖藏时间一般在 12 年，窖藏期间要分别存放在栗木、桑木、橡木、樱桃木、杜松等木桶中，每年更换一次木桶。“普通”型是一种大批量生产的香脂醋，一般窖藏时间在 4～6 年，也不必更换木桶。

（2）葡萄酒醋（Wine Vinegar）　葡萄酒醋是用葡萄或酿葡萄酒的糟渣发酵而成，有红葡萄酒和白葡萄酒两种。口味除酸外还有芳香气味。

（3）苹果醋（Apple Cider Vinegar）　苹果醋是用酸性苹果、沙果、海棠等原料经发酵制成，色泽淡黄，口味醇鲜而酸。

（4）醋精和白醋（Aromatic Vinegar/White Vinegar）　醋精是用冰醋酸加水稀释而成，醋酸含量高达 30%，口味纯酸，无香味，使用时应控制用量或加水稀释。白醋是醋精加水稀释而成，醋酸含量不超过 6%，其风格特点与醋精相似。

4. 番茄酱和番茄沙司（Tomato Paste/Tomato Sauce/Ketchup）

（1）番茄沙司（Tomato Sauce/Ketchup）　番茄沙司是将红色小番茄经榨汁粉碎后，

调入白糖、精盐、胡椒粉、丁香粉、姜粉等，经煮制、浓缩，调入微量色素、冰醋酸制成的。

（2）番茄酱（Tomato Paste）　番茄酱是西餐中广泛使用的调味品，是用红色小番茄经粉碎、熬煮再加适量的食用色素制成。优质的番茄酱色泽鲜艳，浓度适中，质地细腻，无颗粒，无杂质。

5. 芥末（Mustard）

芥末是将成熟的芥末子（种子），经烘干研磨碾细制成的，色黄、味辣。含有芥子、芥子酶、芥子碱等，芥辣味浓烈，食之刺鼻，可促进唾液分泌，淀粉酶和胃膜液的增加，有增强食欲的作用。我国和欧洲一些国家均有生产，其中以法国的第戎芥末酱（Dijon Mustard）和英国制造的牛头芥末粉（Colman's Mustard Powder）较为著名。

6. 水瓜柳（Caper）

水瓜柳又称水瓜钮、酸豆，原产于地中海沿岸及西班牙等地，为蔷薇科长绿灌木，其果实酸而涩，可用于调味。目前市场上供应的多为瓶装腌渍制品。水瓜柳常用于鞑靼牛排，海鲜类菜肴，冷少司、沙拉等开胃小菜。

任务8　乳及乳制品

【任务驱动】

1. 了解乳及乳制品类原料的品种。

2. 掌握乳及乳制品类原料的特点及使用价值。

【知识链接】

牛奶和乳制品是西餐饮食中食用最普遍的食品之一。牛奶和乳制品在西餐烹调中常常被用于许多风味食品的制作上。

1. 牛奶（Milk）

牛奶也称牛奶营养价值高，含有丰富的蛋白质、脂肪及多种维生素和矿物质，牛奶根据奶牛的产乳期可分为初乳、常乳和末乳。市场上大多供应的常乳，主要是鲜奶和消菌牛奶。在西餐烹调中一般又可分为以下几种：

（1）鲜奶（Homogenized milk）　即牛奶中含有极微小的透明的小球或油滴悬浮于乳液中。

（2）脱脂牛奶（Butter milk）　即脱去乳脂的牛奶。

（3）无脂干牛奶（Nonfat milk）　即在脱脂后的牛奶中加水。

（4）炼乳（Evaporated milk）　即脱去牛奶中50% ~60% 的水分。

（5）甜炼乳（Condensed milk）　又称凝脂牛奶，即脱去牛奶中的大部分水分，再加入蔗糖，使其糖含量占40% 左右，呈奶油状浓度。

（6）酸奶（Sour Milk）　即将乳酸菌加入脱脂牛奶中，经过发酵制成的带有酸味的牛奶。

（7）酸奶酪（Yogurt）　即将乳酸菌加入全脂牛奶中，经过发酵制成的带有酸味的半流体状的制品。

优质的牛奶应为乳白色或略带浅黄，无凝块，无杂质，有乳香味，气味平和自然，品尝起来略带甜味，无酸味。牛奶一般应采取冷藏法保管。如需长期保存，应放在 -10 ~ -18℃

的冷库中；如短期储存，可放在 -1 ~2℃的冰箱中。

2. 新鲜乳酪/凝脂乳酪

(1) 白奶酪（Cottage Cheese） 白奶酪是一种以牛奶为原料，不需要成熟制造，可直接食用的软质奶酪，乳脂肪含量5% ~15%，是一种低脂的奶酪。

白奶酪外观纯白、湿润的凝乳状，味道爽口、新鲜，具有柔和的酸味及香味，没有强烈的气味，可搭配沙拉或是蔬果，加入乳酪蛋糕也很适合，适合于做午餐、快餐及甜食用，主要产地是美国、英国、澳大利亚等国家。

(2) 意大利瑞可塔乳酪（Ricotta Cheese） Ricotta Cheese 原产意大利南部，是以乳清（制作乳酪时产生的水分）做成的，也叫白蛋白干酪，其品种有新鲜型与干酪型两种，新鲜的制造时加入全脂乳，后者加入脱脂乳。新鲜的干酪一般装纸盒内出售。若生产干酪，则需将凝乳装入直径的带孔模子里，经长时间的压榨，压榨后的凝乳置于37.3℃或温度更高的成熟室进行自然干燥，然后可制造奶酪屑。

新鲜的 Ricotta Cheese 乳脂肪含量一般在15% ~30%，色泽白色、质地细致柔软、稍具甜味，可加入砂糖、果酱与水果一起食用，也可用于糕点制作。

3. 奶油奶酪/凝脂奶酪（Cream Cheese） 奶油奶酪是一种凝脂奶酪，是新鲜的牛奶经凝结后，去除多余的水分而形成的奶酪，然后加入鲜奶油或是鲜奶油和牛奶的混合物而制成的。

奶油奶酪乳脂肪含量一般在35% ~45%，质地柔软、成膏状，具有浓厚的奶油香味，味道清淡，适用于制作开胃菜、少司、奶酪蛋糕等。

(1) 玛斯卡彭奶酪（Mascarpone） Mascarpone 名字源于西班牙“细致”的一词，原产于意大利北部的伦巴底地区，是一种鲜的凝脂奶酪。目前意大利各地区均有制造，是以牛奶制成的未发酵全脂软质奶酪，乳脂肪的成分为80%，口感如同品尝高纯浓度的鲜奶油，细腻滑顺。

由于未经过任何酝酿或熟成过程，遂而仍保留了洁白湿润的色泽与清新的奶香，带有微微的甜味与浓郁滑腻的口感，尤其越是新鲜的 Mascarpone，味道越好。

Mascarpone 是制作意大利著名甜点提米拉苏（Tiramisu）的重要原材料，在调制酱汁时也是不可或缺的好材料。

(2) 意大利马祖拉水牛奶奶酪（Mozzarella Cheese） Mozzarella Cheese 是一种软质未发酵德奶酪，原产于意大利南部的美食之都—那波利，它口感滑腻、香气温和，Mozzarella 传统上是以水牛奶制成的，但是现在大多用牛奶或羊乳取代，使用乳牛奶制作的 Mozzarella 在口感、风味上没有使用水牛奶制作的好，在结构上也没有水牛奶的柔软，Mozzarella 的制作方法较为特殊，在乳汁凝结后，将其放入热水中加以搓揉、拉捏，以致形成了色泽洁白、质地柔软且富有弹性。

Mozzarella 常用来做沙拉，切片后与番茄、罗勒放在一起淋上橄榄油即是一道经典的意式美味开胃菜。

(3) 贝尔佩斯奶酪（BeL Paese） BeL Paese 其名为“美丽之国”的意思，英文译作“Beautiful country”，原产于意大利北部的伦巴底省，由世代相传的贝尔佩斯家族制作，其乳脂肪含量为50%，以半硬质的奶酪为主要原料，制作成的奶酪。

BeL Paese 是一种质地柔软、富含奶油的奶酪，外表包有一层坚韧的奶酪皮，为了食用方便，一般将重达数千克的大块奶酪分装成精美小包装出售，可以切成小片直接送到口中或与面包、饼干一起食用。

（4）菲达奶酪（Feta Cheese） Feta Cheese原产于希腊，是希腊有名的乳酪之一，原是以羊乳作为原料制作的奶酪，但目前市面上的大多是丹麦出产的牛奶制品。因为在乳清和盐水中发酵，又称为“盐水乳酪”，且必须浸泡于盐水中保存；食用时，为了减低咸味，应先浸泡于冷水或牛奶中几分钟。特征：柔软的白色乳酪

Feta Cheese的乳脂肪含量一般在40%～50%，色泽乳白，质地柔软，有咸味，常用于开胃菜的制作，也可用于沙拉或是用于橄榄油调制成调味汁。

4. 白霉奶酪

（1）卡蒙贝尔奶酪（Camembert Cheese） Camembert奶酪源于18世纪末法国的Camembert地区，相传是一位名叫玛丽·哈热尔（Marie Hazel）的妇女发明的，据说1790年10月法国大革命时期，一位来自法国Bire地区名叫查里·让·邦浮斯（Charlie let bond foresee）的教士借宿在玛丽·哈热尔家的勃蒙塞尔农场，作为答谢，这位教士就把制作奶酪的方法传授于她。1855年，玛丽·哈热尔的女儿将这种干酪献给拿破仑，并告诉他这种奶酪来自Camembert，因而得名。

Camembert是以牛奶为原料，乳脂肪含量在45%左右，是一种口味清淡的奶酪，表面有一层白霉，内部呈金黄色，手感较软，好似新鲜蛋糕，因其在高温下易于融化，故适合烹饪菜肴，并可以佐酒直接食用。法国诺曼底所生产的Camembert奶酪最为著名。

（2）法国布瑞奶酪（French Brie） Brie奶酪是法国最著名的奶酪之一，拥有“奶酪之王”的美称，因原产于法国中央省的Brie地区而得名。Brie奶酪有许多品种，一般色泽由淡白到淡黄，质软味咸，奶香浓郁。呈圆碟状，直径18～35cm，重量1.5～2kg，含乳脂45%。

Brie奶酪最早制于17世纪，1918年被称为“奶酪之王”，享誉全世界。口味随着发酵时间的长短，从清淡转为浓稠滑腻。

Brie奶酪最好的保存方法是在切开的那易面放上一块干净的硬纸板，以阻止奶酪流动，再将其储存在阴凉的地方或放在冰箱里冷藏。

5. 半硬质奶酪

（1）荷兰高达奶酪（Gouda cheese） Gouda cheese为荷兰最有名的乳酪之一，原产于荷兰鹿特丹的Gouda村，据说最早在13世纪时便开始生产。

Gouda cheese是以牛奶为原料制作的奶酪，脂肪含量在48%左右，呈圆盘状，直径约30cm，内部有许多小孔，表面包有腊皮，表面的蜡皮的颜色会依据奶酪熟成时间的长短和添加的香料的不同而不同，一般时间熟成较短的Gouda Cheese表层为红色的蜡皮，熟成较长的为黄色腊皮，如果是黑色或褐色腊皮，则是熟成时间超过一年或是经过烟熏过的。

Gouda cheese质地细致，气味温和，奶油味浓郁，储存时间越久，味道越强烈。可直接食用或搭配三明治、吐司面包等，也常用于各种菜肴的调味。

（2）荷兰艾达姆乳酪（Edam Cheese） Edam Cheese原产于荷兰阿姆斯特丹北部的Edam地区的一个小港，是以牛奶为原料制作的奶酪，脂肪含量在40%左右，为荷兰最有名的乳酪之一。

Edam Cheese形状大多为圆形或半圆形，呈淡黄色，外表包有一层蜡皮，因口味的不

同蜡皮的颜色也各有不同，一般出口的 Edam 外层都有一层红色的蜡皮。

Edam Cheese 质地细致、富有弹性，气味温和，有时略带酸味，可磨成粉末撒在面类、汤类料理或三明治中，也可切成薄片加入沙拉或搭配美酒一起食用。

(3) 荷兰玛士达乳酪（Holland maasdam） Holland maasdam 是以牛奶为原料制作的奶酪，乳脂肪含量在 45% 左右，原产于荷兰。

Holland maasdam 是一种拥有大小不同气孔的奶酪，其气孔的产生是由于在制作过程中，加入了戊酮酸菌，使其成熟中产生气体而形成的。

(4) 丹麦哈瓦提奶酪（Danish havarti cheese） Havarti 奶酪是原产于丹麦的一种半硬质奶酪，是以牛奶为原料制作的，乳脂肪含量 50% 左右。

Havarti 奶酪一般多为长方形，淡黄色、内部布满不均匀的小气孔。香味浓郁，口感顺滑、熟成时间越长久，其气味越直接、越强烈。

6. 洗浸乳酪

(1) 意大利塔雷吉欧乳酪（Taleggio Cheese） Taleggio Cheese 原产于意大利伦巴底地区（Lombardi），是以牛奶为原料制作的奶酪，脂肪含量在 48% 左右。

Taleggio Cheese 通常为正方形，表皮为浅橘色，而内部为白色，柔软有弹性，气味温和，略带酸味，具有特殊的口感和香味。适合作为甜点，并可搭配香醇的酒，意大利葡萄酒是最适合的搭配，也可与甜点、开胃菜一起食用。

(2) 彭雷维克乳酪（Pont Leveque Cheese） Pont Leveque Cheese 原产于法国诺曼底地区，是洗浸乳酪的代表，是以牛奶为原料制作的奶酪，脂肪含量在 45% 左右。

Pont Leveque Cheese 外形是四角形，黄褐色的表皮上有些发霉，内部柔软，呈糊状，充满浓郁的芳香气味，略带点甜味，适合作为甜点，并可搭配香醇的酒也可与甜点、开胃菜一起食用。

7. 蓝脉奶酪

它的外形很诱人，带有鲜明的特征，统称为蓝纹奶酪或青纹奶酪。松软洁白的酪体上，美丽的蓝绿色的斑点点缀其中。口感细腻清新，香气清淡，很容易食用，但口味较咸。吃的时候可直接涂抹在面包上，也可以碾碎，拌在沙拉里。欧洲人还常把蓝纹奶酪和奶油混在一起，做成酱汁，浇在牛排上，咸香入味。

8. 山羊乳奶酪

山羊奶酪是用山羊奶制作的奶酪，春秋季节品味最佳。在山羊奶酪成熟的早期阶段就能品尝到它的芳香美味，这也是它的一大特征。

9. 硬质乳酪

质地坚硬、体积硕大沉重的硬质乳酪，是经过至少半年到两年以上长期熟成的乳酪，不仅可耐长时间的运送与保存，且经久酝酿浓缩出浓醇甘美的香气，十分耐人寻味。

任务 9　西餐烹调用酒

【任务驱动】

1. 了解西餐烹调用酒的种类。

2. 熟悉各种西餐烹调用酒在烹饪中的应用。

【知识链接】

酒也是西餐烹调中经常使用的调味品，由于各种酒本身具有独特的香气和味道，故在西餐烹调中也常常被用于菜肴的调味。一般雪利酒、玛德拉酒用于制汤及畜肉、禽类菜肴的调味，干白葡萄酒、白兰地酒主要用于鱼、虾等海鲜类菜肴的调味，波尔多红葡萄酒主要用于畜肉、野味菜肴的调味。香槟酒主要用于烤鸡、焗火腿等菜肴的调味，朗姆酒、利口酒主要用于各种甜点的调味。

（一）常用的蒸馏酒类

1. 白兰地（Brandy）

白兰地是英文的译音，原意是蒸馏酒，现习惯指用葡萄蒸馏酿制的酒类。用其他原料制作的酒类一般注明是苹果白兰地或是杏子白兰地。

白兰地的种类很多，以法国格涅克地区产的格涅克酒（也称干邑）最著名，有“白兰地之王”的美誉。格涅克酒酒体呈琥珀色，清亮有光泽，口味独特，酒精含量在43%左右，其中著名的牌有人头马（Remy martin）、轩尼诗（Hennessey）、伊尼（Hine）、奥吉特（Augier）等。

除格涅克酒外，法国其他地区也生产一些白兰地。此外，德国、意大利、希腊、西班牙、俄罗斯、美国、中国等也都生产白兰地。白兰地在西餐烹调中使用非常广泛。

2. 威士忌（Whisky）

威士忌是一种谷物蒸馏酒，主要生产国大多是英语国家，其中以英国的苏格兰威士忌最为著名。

苏格兰威士忌是用大麦、谷物等为原料，经发酵蒸馏而制成的。按原料的不同和酿制方法的区别又分为纯麦威士忌、谷物威士忌、兑和威士忌三类。苏格兰威士忌讲究把酒贮存在盛过西班牙雪利酒的橡木桶里，以吸收一些雪利酒的余香。陈酿5年以上的纯麦威士忌即可饮用，陈酿7～8年为成品酒，陈酿15～20年为优质成品酒，储存20年以上的威士忌质量下降。苏格兰威士忌具有独特的风格，酒色棕黄带红，清澈透亮，气味焦香，略有烟熏味，口感甘洌、醇厚，绵柔并有明显的酒香气味。其中著名的品牌有红方威士忌、黑方威士忌（Johnny walker）、海格（Haig）、白马（White horse）等。

除苏格兰威士忌外，较有名气的还有爱尔兰威士忌、加拿大威士忌、美国波本威士忌等。

3. 金酒（Gin）

金酒又译为毡酒或杜松子酒，始创于荷兰。现在世界上流行的金酒有荷兰式金酒、英式金酒。

荷兰式金酒是用大麦、黑麦、玉米、杜松子及香料为原料，经过三次蒸馏，再加入杜松子进行第四次蒸馏而制成。荷兰式金酒色泽透明清亮，酒香突出，风味独特，口味微甜，酒精含量为52%左右，适于单饮，其中著名的品牌有波尔斯（Bols）、波克马（Bokma）、亨克斯（Henkes）等。

英式金酒又称伦敦干金酒，是用食用酒精和杜松子及其他香料共同蒸馏（也有将香料直接调入酒精内）制成的。英式金酒色泽透明，酒香和调料香浓郁，口感纯美甘洌。其中著名的品牌有戈登斯（Gordon's）、波尔斯（Bols）等。

除荷兰金酒、英式金酒外，欧洲其他一些国家也产金酒，但没有以上两种有名。

4．朗姆酒（Rum）

朗姆酒又译成兰姆酒、老姆酒，是世界上消费量较大的酒品之一。主要生产地有牙买加、古巴、马提尼克岛、瓜德罗普岛、特里尼达、海地等国家和地区。朗姆酒是以甘蔗为原料经酒精发酵、蒸馏取酒后，放入橡木桶内陈酿一段时间制成的。由于采用的原料和制作方法的不同，朗姆酒可分为五类，即朗姆白酒、朗姆老酒、淡朗姆酒、朗姆常酒和强香朗姆酒，酒精含量不等，一般为45%～50%。其中著名的有哈瓦那俱乐部（Havana club）等。

（二）常用的酿制酒类

1．葡萄酒（Wine）

葡萄酒在世界酒类中占有重要地位。据不完全统计，世界各国用于酿酒的葡萄园种植面积达几十万平方千米。生产葡萄酒著名的国家有法国、美国、意大利、西班牙、葡萄牙、澳大利亚、德国、瑞士、前南斯拉夫、匈牙利等，其中最负盛名的是法国波尔多、勃艮第酒系。葡萄酒中最常见的有红葡萄酒和白葡萄酒，酒精含量一般在10%～20%。

红葡萄酒（Red wine）是用颜色较深的红葡萄或紫葡萄酿造的，酿造时用果汁、果皮一起发酵，所以颜色较深，分为干型、半干型、甜型。目前西方国家比较流行干型酒。其品种有玫瑰红、赤霞珠等，适于吃肉类菜肴时饮用。

白葡萄酒（White wine）是用颜色青黄的葡萄为原料酿造的，在酿造的过程中去除果皮，所以，颜色较浅。白葡萄酒以干型最为常见，品种较多，如沙当妮、意斯林、莎布利等，清洌爽口，适宜吃海鲜类菜肴时饮用，烹调中也广泛使用。

2．香槟酒（Champagne）

香槟酒是用葡萄酿造的汽酒，是一种非常名贵的酒，有“酒皇”之美称。香槟酒原产法国北部的香槟地区，是300年前由一个叫唐佩里尼翁的教士发明的，讲究采用不同的葡萄为原料，经发酵、勾兑、陈酿转瓶，换塞填充等工序制成，一般需要3年时间才能饮用，以6～8年的陈酿香槟为佳。香槟酒色泽金黄透明，味微甜酸，果香大于酒香且缭绕不绝，口感清爽、纯正，酒精含量在11%左右，有干型、半干型、糖型三种，其糖分别为1%～2%、4%～6%、8%～10%。其中著名的品牌有宝林偕香槟酒（Bollinger）、库格（Krug）等。

（三）常用的配制酒类

1．苦艾酒（Vermouth）

苦艾酒也称味美思，首创于意大利的吐莲，主要生产国有意大利和法国。苦艾酒是以葡萄酒为酒基，加入多种芳香植物，根据不同的品种再加入冰糖、食用酒精、色素等，经搅匀、浸泡、冷澄、过滤、装瓶等工序制成，常用做餐前开胃酒。苦艾酒的品种有干苦艾酒、白苦艾酒、红苦艾酒、意大利苦艾酒、都灵苦艾酒、法兰西苦艾酒等，其色泽、香味特点均有不同。除干苦艾酒外，另外几种均为甜型酒，含糖量为10%～15%，酒精含量在15%～18%。

2．雪利酒（Sherry）

雪利酒又译为谢里酒，主要产于西班牙的加的斯。雪利酒以加的斯所产的葡萄酒为酒基，勾兑当地的葡萄蒸馏酒，采用逐年换桶的方式，陈酿15～20年，其品质可达到顶点，雪利酒常用来佐餐甜食。雪利酒可分为两大类，即菲奴（Fino）和奥罗露索（Oloroso）。

菲奴雪利酒色泽淡黄明亮，是雪利酒中最淡者，香味优雅、清新，口味干冽、清淡，新鲜爽快。酒精含量在15.5% ~17%。

奥罗露索雪利酒是强香型酒品，色泽金黄棕红，透明度好，香气浓郁，有核桃仁似的香味，口味浓烈柔绵，酒体丰富圆润，酒精含量在18% ~20%。

雪利酒中比较著名的品牌有克罗伏特（Croft）、哈维斯（Harveys）、多麦克（Domecq）等。

3. 玛德拉酒（Madeira）

玛德拉酒主要产于大西洋上的玛德拉岛（葡属）。玛德拉酒是用当地产的葡萄酒和葡萄蒸馏酒为基本原料经勾兑陈酿制成。玛德拉酒既是上好的开胃酒，又是世界上屈指可数的优质甜食酒。玛德拉酒酒精含量多在16% ~18%，其中比较著名的品牌有鲍尔日（Borges）、法兰加（franca）、利高克（Leacock）等。玛德拉酒在烹调中常用于调味。

4. 波尔图酒（Port wine）

波尔图酒常被译成钵酒，产于葡萄牙的杜罗河一带，因在波尔图储存销售，故名波尔图酒。波尔图酒是用葡萄原汁酒与葡萄蒸馏酒勾兑而成的，生产工艺上吸取了不少威士忌酒的酿造验。波尔图酒又分为波尔图白酒和波尔图红酒两大类。波尔图红酒的知名度更高，分为黑红、深红、宝石红、茶红四种类型。波尔图红酒的香气十分富有特色，浓郁芬芳，果香与酒香相得益彰，在西餐烹调中常用于野味类、肝类及汤类菜肴的调味。

5. 利口酒（Liqueur）

利口酒又称利乔酒、立口酒，是一种以食用酒精和蒸馏酒为酒基，配制各种调香物质并经过甜化处理的酒精饮料，是一种特殊的甜酒。利口酒按酒精含量可划分为三大类：特精制利口酒酒精含量在35% ~45%，精制利口酒酒精含量在25% ~35%，普通利口酒酒精含量在20% ~30%。

（四）啤酒（Beer）

啤酒主要以大麦为原料，经麦芽配制、原料处理、加酒花、糖化、发酵、储存、灭菌、澄清过滤等工序制成。啤酒酒精体积分数为3.5% ~5%。啤酒按其酒色可分为淡色啤酒、浓色啤酒、黑色啤酒。按风味可分为拉戈啤酒、爱尔啤酒、司都特啤酒、跑特啤酒、慕尼黑啤酒等。啤酒在烹调中常用于调味，尤以德式菜使用较多。

任务10 西点原料

【任务驱动】

1. 了解西餐面点原料的种类。

2. 熟悉各种西点原料在烹饪中的应用。

【知识链接】

西点常见原料主要有面粉、油脂、糖、鸡蛋、乳品、食品添加剂及其他辅料、调味料等。

一、面粉

面粉（Four）的种类较多，按性能和具体用途可分为：专用面粉，如面包粉、饺子粉、饼干粉等；通用面粉如富强粉；营养强化面粉如增钙面粉、富铁面粉等。按精度可分为精制级、特制一等、特制二等和标准等不同等级。按筋力的强弱可分为强筋粉、中筋粉和弱筋粉。在西点中常见的面粉有强筋粉、中筋粉、弱筋粉和一些特殊面粉（如全麦粉、蛋糕粉等）。

1. 强筋粉

强筋粉（Strong flour）又被称为高筋面粉，通常用硬质小麦磨制而成，蛋白质含量在13%以上，湿面筋粉含量在34%以上。由于面筋含量高，是制作高档面包一些高档发酵食品的优质原料。

2. 中筋粉

中筋粉（Medium flour）又被称为中筋面粉。由软质或中间质小麦磨制而成，蛋白质含量为9%～11%，湿面筋含量为24%～30%。中筋粉适用面广，具体有多种用处，其制品多为中级食品，比较大众化，为一般饼房常用面粉。

3. 弱筋粉

弱筋粉（Soft flour）又被称为中筋面粉。由软质或中间质小麦磨制而成，蛋白质含量9%以下，面筋含量在24%以下。由于面筋含量低，是制作饼干、糕点的良好原料。

4. 全麦面粉

全麦面粉（Whole wheat flour）由整颗麦粒磨制而成。它含有丰富的维生素 B_1、维生素 B_2、维生素 B_6及烟碱酸，营养价值很高。因为麸皮的含量多，全麦面粉做出面包体积较小、组织也会较粗，面粉的筋度不高，因此使用全麦面粉可加入一些高筋面粉来改善面包口感。

5. 特制蛋糕粉

特制蛋糕粉（Special cake flour）由低筋面粉经过氯气处理，使原来低筋面粉之酸价降低制成。该面粉色白、颗粒小、吸水量大，利于蛋糕形成疏松的组织和结构。

二、油脂

油脂（Fat）是油的总称，在西点主要有黄油、人造黄油（麦淇淋）、起酥油、植物油等。油脂在西点中的作用，主要体现在以下几点：第一，增加营养，补充人体热能，增进食品风味；第二，增强面胚的可塑性，有利于点心的成型；第三，调节面筋的胀润度，降低面团的筋力和黏性；第四，保持产品内部组织的柔软，延缓淀粉老化的时间，延长点心的保存期。

（一）起酥油

起酥油是以英文 Shorten 一词转化而来的，意思是这种油脂适合加工饼干或起酥类点心，可使制品酥脆易碎。它是指动、植物油脂的食用氢化油、高级精制油或上述油脂的混合物，经过速冷捏和制造的固状油脂，或不经速冷捏和制造的固状、半固体状或流动状的具有良好起酥性能的油脂制品。具有这种功能的油脂称为起酥油，起酥油的这种性质叫起酥性。起酥油一般不直接食用。

（二）色拉油

色拉油俗称凉拌油，因特别适用于西餐凉拌菜而得名。色拉油呈淡黄色，澄清、透明、无气味、口感好，用于烹调时不起沫、烟少，在0℃条件下冷藏5.5h仍能保持澄清、透明，除作烹调、煎炸用油外主要用于冷餐凉拌油，还可以作为人造奶油、起酥油、蛋黄酱及各种调味油的原料油。色拉油一般选用优质油料先加工成毛油，再经脱胶、脱酸、脱色、脱臭、脱蜡、脱脂等工序成为成品。色拉油的包装容器应专用、清洁、干燥和密封，符合食品卫生和安全要求，不得掺有其他食用油和非食用油、矿物油等。保质期一般为6个月。目前市场上供应的色拉油有大豆色拉油、菜籽色拉油、葵花子色拉油和米糠色拉油等。

三、糖类

糖在西点中用量很大，常用的糖及其制品有蔗糖、糖浆、蜂蜜、饴糖、糖粉等。在西点中的作用主要体现在增加点心甜度，改善点心的色泽，调节面团的筋性，有一定的防腐作用。

（一）蔗糖

蔗糖是自然界分布最广的非还原性二糖，存在于许多植物中，以甘蔗和甜菜中含量最高，因此得名。纯净的蔗糖是无色晶体易溶于水，比葡萄糖、麦芽糖甜，但不如果糖甜。

西点常用的蔗糖类原料有红糖、白砂糖、绵白糖等。

（二）糖浆

西点中常见的葡萄糖糖浆，是以玉米淀粉为原料，经酶制剂液化、糖化、浓缩后制得。葡萄糖糖浆是一种由葡萄糖、麦芽糖、三糖、低聚糖及麦芽糊精等构成的混合糖液，清凉透明，口味柔和，甜度适中，能被人体消化吸收，是一种通用的可大量替代蔗糖的营养性甜味原料。糖浆的甜度可根据需求调整，黏度大，具有优良的抗结晶性。广泛用于生产饮料、糖果、软糖、饼干、面包、蛋糕、布丁、冷饮、果酱、焦糖色素等产品。

（三）蜂蜜

蜂蜜又称蜜糖、白蜜、石饴、白沙蜜。根据其采集季节不同有冬蜜、夏蜜、春蜜之分，以冬蜜最好。若根据其采花不同，又可分为枣花蜜、荆条花蜜、槐花蜜、梨花蜜、葵花蜜、荞麦花蜜、紫云英花蜜、荔枝花蜜等，其中以枣花蜜、紫云英花蜜、荔枝花蜜质量较好，为上等蜜。蜂蜜是一种营养丰富的副食品，具有“百花之精”的美名，在西点中主要用于一些特殊制品。

（四）麦芽糖

麦芽糖又称为饴糖，是以大米为原材料经麦芽或麦芽酶作用，再精制而成的一种糖浆，其主要成分为麦芽糖。外观呈黏稠状微透明液体，无肉眼可见杂质。色泽为淡黄色至棕黄色，具有麦芽糖的正常气味。滋味舒润醇正，无异味。

麦芽糖是一种低甜度淀粉糖，不易被细菌分解而产生酸，可防止龋齿的发生；由于其黏度大、赋形性强、易上色和保香性强，常用于制作高级糖果、饼干、月饼、面包等。

（五）糖粉

糖粉是蔗糖的再制品，为纯白色粉末状物，成分与蔗糖相同，在西点中可代替白砂糖和绵白糖使用，还可用于西点的装饰或制作大型点心的模型等。

四、食品添加剂

食品添加剂是指为改善食品品质和色、香、味以及为防腐和加工工艺的需要而加入食品中的化学合成或天然物质。食品添加剂可以不是食物，也不一定有营养价值，但必须符合上述定义的概念，即不影响食品的营养价值，且具有防止食品腐坏变质、增强食品感官性状或提高食品质量的作用。

一般来说，食品添加剂按其来源可分为天然的和化学合成的两大类。在西点中常用的添加剂有膨松剂、面团改良剂、乳化剂、食用色素、香精、香料、增稠剂等。

（一）膨松剂

膨松剂是西点中的主要添加剂，能使制品内部形成均匀、致密的多孔组织。根据其性质可分为生物膨松剂和化学膨松剂两类。前者主要为酵母，用于西点中面包等的制作；后者常见的有碳酸氢钠、泡打粉等，主要用于蛋糕、饼干等点心的膨松。

（二）面团改良剂

面团改良剂能增加面团的面筋壁，使面团获得更佳的质地、保水性，加快面团成熟，改善制品的组织结构。

（三）乳化剂

乳化剂又称抗老化剂、发泡剂。乳化剂是最重要的一类食品添加剂，除具有典型的表面活性作用外，还能与面包中的糖类、蛋白质、脂类发生特殊的相互作用而起到多种功效。在面包中使用食品乳化剂，不仅能改善面包的感官性状，提高产品质量，延长面包贮存期，而且还可以防止面包变质，便于面包加工。在蛋糕制作中使用乳化剂可使蛋糕组织膨松绵软，改善蛋糕口感。

（四）食用色素

食用色素分为天然色素和人工合成色素两种。天然色素主要从植物组织中提取，也包括来自动物体内微生物的一些色素。人工合成色素是指用化学方法人工合成的有机色素。在添加色素的食品中，使用天然色素的只占不足20%，其余均为合成色素。天然色素能促进人的食欲，增加消化液的分泌，因而有利于消化和吸收，是食品的重要感官指标。但天然色素在加工保存过程中容易褪色或变色，在食品加工中人工添加天然色素成本又太高，而且染出的颜色不够明快，其化学性质不稳定，容易褪色，相比之下，合成色素色彩鲜艳、着色力好，而且价格便宜，所以人工合成色素在食品中被广泛应用，但要严格遵守《食品安全国家标准食品添加剂使用标准》（GB 2760—2011）中的规定。

（五）食用香精

食用香精是指由各种食用香料和许可使用的附加物调和而成，可使食品增香的一大类食品添加剂。随着食品工业的发展，食用香精的应用范围已扩展到饮料、糖果、乳肉制品、焙烤食品、膨化食品等各类食品的生产中。

食用香精按剂型可分为液体香精和固体香精。液体香精又可分为水溶性香精、油溶性香精和乳化香精；固体香精分为吸附型香精和包埋型香精。在西点中多选择橘子、柠檬等果香型香精，以及奶油、巧克力等香精等。

（六）增稠剂

食品增稠剂是能溶解于水中，并在一定条件下充分水化形成黏稠、滑腻或胶冻液的大分子物质，又称食品胶。它是食品工业中有着广泛用途的一类重要的食品添加剂。在西点中常用的增稠剂有明胶片、鱼胶粉、琼脂、果胶等，在冷冻甜点、馅料、装饰料等制作过程中，起到增稠胶凝、稳定和装饰作用。

五、其他常用原料

西点中常用的其他辅助原料有可可粉、巧克力、杏仁膏、封登糖及各种干鲜果品、罐头制品等。

（一）可可粉

可可粉是可可豆的粉状制品，含脂率较低，一般为20%。有无味可可粉和甜味可可粉两种。前者可用于制作蛋糕、面包、饼干，还能与黄油一起调制巧克力黄油酱。后者一般多用于夹心巧克力的辅料或筛在点心表面作为装饰等。

（二）巧克力

根据风味的不同，不同的巧克力所用到的原料和比例是不相同的。

1. 无味巧克力板

无味巧克力板和可可脂含量较高，一般为 50% 左右，质地很硬，作为半成品制作巧克力时，需要加入较多的稀释剂。如制作巧克力馅、榛子酱等西点馅料时，一般用较软的油脂或淡奶油稀释。

2. 可可脂板

可可脂板是从可可豆里榨出的油料，是巧克力中的凝固剂，它的含量值决定了巧克力品质的高低。可可脂常温下呈固态，主要用于制作巧克力和稀释较浓或较干燥的巧克力制品，如榛子酱和巧克力馅等，它能起到稀释和光亮的作用。此外，由于可可脂是巧克力中的凝固剂，因此，对于可可脂含量较低的巧克力可以加入适量的可可脂，增加巧克力的黏稠度，提高其脱模后的光亮效果和质感。

3. 牛奶巧克力

牛奶巧克力的原料包括可可制品、乳制品、糖粉、香料和表面活性剂等，含至少 10% 的可可浆和至少 12% 的乳质。牛奶巧克力用途很广泛，可以用在蛋糕夹心、淋面、挤字或脱模造型等。

4. 白巧克力

白巧克力所含成分与牛奶巧克力基本相同，它包括糖、可可脂、固体牛奶和香料，不含可可粉，所呈现白色。这种巧克力仅有可可的香味，口感和一般巧克力不同，而且乳制品和糖粉的含量相对较大，甜度较高。白巧克力大多作成糖衣，也可用于挤字、做馅及蛋糕装饰。

5. 黑巧克力

黑巧克力板硬度较大，可可脂含量较高。根据可可脂含量的不同，黑巧克力又有不同的级别，如软质黑巧克力，可可脂含量 32% ~34%；淋面用的硬质巧克力可可脂含量 38% ~40%；超硬质巧克力可可脂含量 38% ~55%，不仅营养价值高，也便于脱模和操作。黑巧克力在点心加工中用途最广，如巧克力夹心、淋面、挤字、各种装饰、各种脱模造型、蛋糕坯子、巧克力面包和巧克力饼干等。

（三）杏仁膏

杏仁膏，又称马司板、杏仁面、杏仁泥，是用杏仁、砂糖加适量的朗姆酒或白兰地制成的。它柔软细腻、气味香醇，是制作西点的高级原料，它可制馅、制皮，捏制花鸟鱼虫及植物、动物等装饰品。

（四）封登糖

封登糖又称翻砂糖，是以砂糖为主要原料，用适量水加少许醋精或柠檬酸熬制，经反复搓叠而成。它是糖皮点心的基础配料。

（五）调味酒

西点中为了增加面点制品的风味，常常用调味酒赋味。常见的调味酒有白兰地、黑樱桃酒、葡萄酒、朗姆酒等。西点用酒的原则是根据制品所用的原料、口味选择酒的品种，使之口味相协调一致。

（六）水果和果仁

西点使用的水果有多种形式，包括果干、糖渍水果、罐头水果和新鲜水果。果干和蜜饯主要用于制作水果蛋糕；新鲜水果和罐头水果则用于较高档的西点装饰和馅料，如水果塔等。西点常用水果有苹果、草莓、柠檬、橘子、樱桃、葡萄、桃、梨、菠萝、杏、香蕉等。

果仁是指坚果的果实，含有较多的蛋白质与不饱和脂肪，营养丰富，风味独特，因而被广泛应用于制作西点的配料、馅料和装饰料。西点常用的果仁有杏仁、核桃仁、榛子、栗子、花生、椰蓉等。

思 考 题

1. 什么是小牛肉？小牛肉的特点是什么？
2. 鸡在西餐烹调中被分为哪几类？各自的特点是什么？
3. 肉用火鸡的特点是什么？有哪些主要品种？
4. 常用的海水鱼主要有哪些？
5. 三文鱼主要有哪些品种？各有什么特点？
6. 龙虾的主要品种有哪些？各有什么特点？
7. 西餐中常用的乳制品主要有哪些？
8. 培根主要有哪些品种？各有什么特点？
9. 什么是清黄油？
10. 发酵奶酪的制作工艺是什么？
11. 西餐烹调中常用的蒸馏酒主要有哪些品种？
12. 西餐烹调中常用的酿造酒主要有哪些品种？

项目四　西餐烹调的基本原理

【学习目标】

1. 了解西餐各种烹调方法，掌握西餐烹调方法的特性、适用范围及注意事项。
2. 熟悉各类烹调方法典型菜肴的制作，掌握西餐烹调的常见案例。
3. 了解西餐配菜的概念及作用，掌握配菜与主菜的搭配及配菜的制备和排盘装饰。

任务 1　西餐主要烹调方法

【任务驱动】

1. 了解以水、油、空气为传热介质的各种烹调方法。
2. 掌握以水、油、空气为传热介质烹调方法的特性、适用范围及注意事项。
3. 熟悉各类烹调方法典型菜肴的制作。
4. 掌握西餐烹调的常见案例。

【知识链接】

烹调方法，是指根据原料、刀工、调味、成菜等要求的不同，将原料加热成熟的方法。西餐的烹调方法有很多，使用不同的烹调方法，菜肴的色泽、质地、风味和特色就不同。

根据成菜特点的不同，西餐的烹调方法，一般分为以水为传热介质的烹调方法，以油为传热介质的烹调方法，以空气为传热介质的烹调方法，以铁板或铁条为传热介质的烹调方法，以及其他烹调方法，如拌、腌渍等。

一、以水为传热介质的烹调方法

（一）煮（Boil）

1. 煮的概念

煮是指原料在水或其他液体中加热成熟的方法。

2. 煮的种类

根据水温的不同，分为冷水煮、沸水煮和热水煮。在烹调时，应按照加热的目的和原料的特点，选择不同的方法。

（1）冷水煮　将原料直接放在冷水中煮熟原料的方法，适合制汤、形状较大的肉类等。

（2）沸水煮　将原料直接放在沸水中煮熟原料的方法，适合形状较小或容易成熟的肉类以及蔬菜、意大利面等。

（3）热水煮　将原料真空包装后，放入 60℃左右热水中长时间加热，适合鱼贝类、肝类及质地嫩的肉类加热。

3. 煮的特点

（1）煮是以水为媒介加热，一般情况下最高温度为 100℃。

（2）根据原料的特性和加工要求选择适当的煮制方法。

（3）煮制火候的大小会影响成菜的品质。

4. 友情提示

（1）煮鸡蛋、制汤一般用冷水煮。

（2）煮畜肉、鱼、蔬菜和通心面常用沸水煮。

（3）煮鱼时先将水煮沸，加入鱼后，待水再沸时，煮锅应离开热源，主料在开水中浸泡3～4min可出锅、装盘。

（4）煮制时原料应完全浸泡在水里，保证其整体受热。

（5）煮肉类菜肴时，为了保证原料的鲜味，经过煮沸几分钟后，应改为小火，而且需不断除去汤中浮沫。

5. 菜品举例

案例一、按考那风味鳕鱼（Flavor of cod by Kaunas）

原料配方：鳕鱼1块（约100g），牛奶120mL，土豆50g，洋葱50g，蒜5g，白葡萄酒5mL，色拉油7mL，迷迭香0.5g，盐和胡椒粉、番芫荽末适量。

制作步骤：

① 将洋葱切成丝，土豆洗净去皮，先纵向切成四瓣，再分别切成厚3～4mm的片，蒜切碎。

② 锅置于中火之上，加蒜炒香后倒入洋葱，待洋葱炒软后，加入土豆片，进一步翻炒，然后倒入白葡萄酒煮干。

③ 锅中倒入牛奶和迷迭香，用小火煮7～8min。

④ 鳕鱼表面撒上盐和胡椒粉，放置片刻，将鱼肉置于锅中用中小火煮7～8min，起锅前，用盐和胡椒粉调味。

⑤ 装盘，撒上番芫荽末点缀。

注意事项：

① 洋葱要充分炒软，才能将其特有的甜味炒出。

② 土豆要炒好后再煮，要注意掌握放入鳕鱼的时机。

③ 煮鱼时，要选择小火，以免将鱼肉煮烂。

案例二、奶酪火锅（Cheese fondue）

原料配方：奶酪150g，法式面包300g，蒜半头个，白葡萄酒45mL，樱桃白兰地15mL，玉米粉适量，胡椒、肉豆蔻少许。

制作步骤：

① 将奶酪切成小块；蒜去皮，在锅内壁抹一遍，使之沾上蒜香。

② 将奶酪和白葡萄酒放入锅中，用中小火溶化；玉米粉加入等量的水，和匀，加入奶酪中增稠，用胡椒和肉豆蔻调味，最后倒入樱桃白兰地，使之散发香味。

③ 将法式面包连皮切成小块，用长叉串起，蘸上奶酪食用。

注意事项：应注意火候，在奶酪锅煮沸后需改为小火煮制。

（二）氽（Poach）

1. 氽的概念

氽是指在一个大气压下，原料在75～95℃的水或其他液体中加热成熟的方法。

2. 氽的特点

（1）使用的液体数量相对比较少。

（2）水温比煮低。

（3）主要适合质地细嫩以及需要保形态的原料。

3. 友情提示

（1）氽的最大特点是保持原料本身的鲜味和色泽，同时保证了菜肴质地的脆嫩。

（2）氽适用于比较鲜嫩、精巧的原料，如鱼片、海鲜、鸡蛋和绿色蔬菜，也适用于某些水果的烹调，如杏子、桃子、苹果等。

4. 菜品举例

案例、红葡萄酒煮水波蛋（Red wine boil water wave eggs）

原料配方：鸡蛋4个，红葡萄酒600mL，波尔多红葡萄酒100mL，冬葱2个，黄油50g，豌豆100g，西蓝花1朵，菜花1朵，土豆1个，甜菜1块，盐适量。

制作步骤：

① 豌豆、西蓝花、菜花分别煮熟后，将西蓝花、菜花切成小朵；土豆、甜菜挖球，分别煮熟；冬葱切碎。

② 煮锅中放红葡萄酒、波尔多红葡萄酒、冬葱碎和盐，煮沸后，转为小火。

③ 将预先打在碗中的鸡蛋轻轻放在酒液中，用叉子将蛋清推向蛋身，煮约3min，使蛋清成凝结状，蛋黄半熟。

④ 取出鸡蛋，将锅中的煮汁煮浓稠，过滤，把黄油混入酒液中，制作成调味汁；荷包蛋放在锅中略煮。

⑤ 将荷包蛋放在盘子中央，周围摆上煮好的蔬菜，淋上调味汁即可。

注意事项：

① 注意火候的控制，在放入鸡蛋后，应改为小火，汁液保持微沸。

② 鸡蛋煮制时间不能过长，控制在蛋白全熟，蛋黄半熟为好。

（三）炖（Simmer）

炖与煮、氽非常相似，也是在一个大气压下，将原料放入水或其他液体中加热成熟的方法。

炖的水温比氽高些，比煮略低，通常在90~100℃。

在现在的西餐菜中，通常用炖代替煮。

（四）烧或焖（Braise）

1. 烧或焖的概念

烧或焖是将原料用煎（或其他方法）至定形或上色后，在少量汤汁中加热成熟的方法。

2. 烧或焖的特点

（1）多用于形状比较大的原料，特别是肉类原料，时间比较长。

（2）原料在刀工处理后，一般要先煎上色。

（3）汤汁不多，一般只覆盖原料的1/2或1/3。

（4）可以加盖子，原料可同时依靠锅中的蒸汽制熟。

（5）为了方便制作，使原料受热面积增大，受热更加均匀，烧或焖有时在烤箱中进行。

3. 菜品举例

案例一、乡村烧肉（Country pork）

原料配方：猪五花肉 500g，胡萝卜 400g，洋葱 150g，番茄酱 150g，西芹 100g，蒜 25g，红葡萄酒少许，色拉油 50g，盐、胡椒粉适量，鲜汤 700mL。

制作步骤：

① 猪五花肉、胡萝卜和洋葱分别切成 3cm 左右的块；猪五花肉码盐和胡椒粉略腌；蒜切成厚片。

② 锅置旺火上，加色拉油，烧热，加五花肉炒至褐色。

③ 锅中加番茄酱和蒜片炒香，倒入红葡萄酒和鲜汤，西芹用细绳捆好，放入锅中，加盐和胡椒粉调味。

④ 用大火煮开后，用微小火煮 2 ~ 3h；在煮至 1h 左右时，加入胡萝卜和洋葱。

⑤ 起锅前，去掉西芹不用，用中火适当收汁即可。

注意事项：

① 炒五花肉时要用大火将其表面炒褐、炒硬，这样可以保持原味，并且防止煮烂。

② 红葡萄酒主要用于增香除异，不能加得过多。

③ 注意掌握炖煮的火候。

案例二、蔬菜焖烩小羊肉（Braised lamb stew vegetables）

原料配方：小羊肩背肉或小羊腹肉 1000g，色拉油 60g，小洋葱 400g，胡萝卜 400g，白萝卜 300g，四季豆 80g，土豆 500g，面粉 30g，番茄酱 40g，香料束 1 束，大蒜 30g，盐、胡椒粉适量。

制作步骤：

① 去除羊肉上过多的脂肪及筋络，切成 50g 大的块，冷藏备用。

② 胡萝卜和洋葱分别切碎备用，大蒜拍碎。

③ 其余胡萝卜、白萝卜、土豆削成橄榄形，四季豆去筋切成 3cm 的段；以上蔬菜焯水，备用。

④ 锅中加油烧热，放入羊肉块速煎定形至上色后，加入胡萝卜、洋葱，炒香，加入面粉搅匀，送入烤炉中烤至面粉变色；取出加入番茄酱炒匀，加入冷水煮沸，去浮沫，再加大蒜，香料束，盐、胡椒粉调味；将锅加盖，送入 200℃ 烤炉中焖 20min 左右。

⑤ 待羊肉软熟入味后，将羊肉块取出，放于另一焖锅中；将羊肉汁过滤，倒于羊肉块上，放入煮熟的土豆，调节口味后，重新加盖送入 200℃ 烤炉中焖 10 ~ 20min；待土豆入味后，加入焯水的胡萝卜、白萝卜、四季豆和小洋葱，焖入味即可。

（五）烩（Stew）

1. 烩的概念

烩是指将加工成形的原料放入用本身原汁调成的浓沙司内，加热至成熟的烹调方法。烩的传热介质是水，传热方式是对流与传导。

2. 烩的种类

由于烩制过程中使用的沙司不同，烩又分为白烩、红烩、黄烩和混合烩等类型。

（1）白烩以白沙司或奶油沙司为基础，如白汁烩鸡、莳萝烩海鲜等。

（2）红烩以布朗沙司为基础，如法式红烩牛肉、古拉士牛肉等。

（3）黄烩以白沙司为基础，调入奶油、蛋黄，如黄汁烩鸡等。

（4）混合烩是利用菜肴自身的颜色，如咖喱鸡等。

3. 友情提示

（1）沙司量不宜多，以刚覆盖原料为宜。

（2）烩制菜肴可在灶台上进行，容器内沙司的温度应保持在微沸状态。这种方法便于掌握火候，但较费人力。

（3）烩制菜肴还可在烤箱内进行，烤箱的温度一般为120℃左右，容器内沙司的温度基本保持在90℃左右。

（4）烩制的过程中容器要加盖密封，以防止水分蒸发过多。

（5）烩制的菜肴，原料大部分要经过初步热加工。

4. 适用范围

由于烩制菜肴加热时间较长，并且经初步热加工，所以适宜制作的原料很广泛。各种植物性原料及质地较老、较为廉价的肉类、禽类等动物性原料，均可烩制。

5. 菜品举例

案例、橙汁鲜贝（Orange Scallops）

原料配方：鲜贝（大个）3只（肉重约100g），大橙子半个（重约150g），新鲜罗勒0.5g，盐1g，胡椒2g，洋葱10g，味美思酒10mL，白葡萄酒40mL，鱼汤70mL，黄油25g。

制作步骤：

① 鲜贝横向切成7～8mm的圆片；橙子切掉上下两端的果皮，顺着果肉，纵向将果皮切掉；用刀将各个月牙形的果肉切下。

② 将切好的鲜贝、月牙形橙子肉以及切成丝的罗勒放入煮锅中，待用。

③ 洋葱切碎，与味美思酒、白葡萄酒一同倒入锅中，用中火煮沸，将酒精成分煮去后，倒入鱼汤，再煮至汤汁减少到原来的1/3左右；将锅离开火炉，加入黄油，摇动锅身，用余热将黄油熔化并混入调味汁中（可用蛋抽搅拌）。

④ 过滤后，将调味汁倒入有鲜贝、橙子肉等的锅中，用中火煮沸后，用盐和胡椒调味。

⑤ 装盘：将鲜贝和橙子肉间隔码放在盘中成为圆形，淋上调味汁，中间点缀新鲜的罗勒叶。

（六）蒸（Steam）

1. 蒸的概念

蒸是指将加工成形的原料，经调味后，放入有一定压力的容器内，用蒸汽加热，通过蒸汽使原料成熟的烹调方法。

蒸汽是达到沸点而汽化的水，是以水为介质传热形式的发展，其传热形式是对流换热。由于蒸在加热过程中要有一定压力，所以蒸的温度最低是100℃，如在高压下完成蒸制过程，则温度最高可达130℃。

2. 蒸的分类

根据加工方法的不同，蒸又可分为直接蒸法和间接蒸法两种。

（1）直接蒸法　即将加工好的原料直接放入蒸箱或蒸锅中蒸制，如蒸带皮土豆等。

（2）间接蒸法　即将加工好的原料先放入有盖或密封的容器内，再将容器放入蒸箱或蒸锅中蒸制，如蒸甜布丁等。

3．友情提示

（1）原料在蒸制前要先进行调味。

（2）蒸制过程中要将容器密封，不要跑气。

（3）蒸制时，要根据不同的原料，掌握火候，不要过火。

4．适用范围

蒸的方法适宜制作质地鲜嫩、水分充足的鱼类、禽类等原料，如鱼虾、嫩鸡及布丁、蔬菜、鸡蛋等。

5．菜品举例

案例一、鱼肉蒸蛋（Custard of fish）

原料配方：鱼肉300g，鸡蛋5个，水橄榄50g，洋葱半头，香叶1片，胡椒粒5粒，白胡椒粉1g，盐5g，辣酱油10g，奶油沙司150g。

制作步骤：

① 将洋葱切碎；把胡椒粒、香叶、洋葱、盐和适量的水放入汤锅内烧开，放入净鱼肉，转中火烧5min取出。

② 鱼肉放入粗筛，用汤匙背压成鱼糜，加上盐、胡椒粉和鸡蛋液，搅拌均匀后放入蒸碗。

③ 将蒸碗放入蒸锅内，用旺火蒸10min。

④ 装盘时，浇上奶油沙司，再加上适量辣酱油和切碎的橄榄。

案例二、蒸鲳鱼卷（Steamed Pomfret Roll）

原料配方：鲳鱼1条（500g以上），熟火腿100g，芫荽15g，生姜5g，洋葱4头，白胡椒粉2g，盐3g，白葡萄酒15g。

制作步骤：

① 取出鱼肉，批成5cm长的片，用刀背轻轻拍松，撒上盐、胡椒粉、白葡萄酒腌制片刻。

② 火腿切丝，姜切丝，洋葱切丝，芫荽切末。

③ 鱼片上放上火腿丝、姜丝、洋葱丝然后卷起，两头都露出一些丝，然后排在盘中，上蒸锅蒸7min，四周围上洋葱末和芫荽末上席。

二、以油为传热介质的烹调方法

主要是通过油为传热介质将原料加热成熟的方法。这类烹调方法，大多适合含结缔组织比较少、肉质细嫩的畜禽类食品。

（一）煎（Pan－fry）

1．煎的概念

煎是把加成形的原料，经腌渍入味后，再用少量的油加热至规定火候的烹调方法。

2．煎的种类

常用的煎法有三种：

（1）原料煎制前什么保护层也不沾，直接放入油中加热。

（2）把原料蘸上一层面粉，再放入油中煎制。

（3）把原料蘸上一层面粉，再裹鸡蛋液，然后放入油中煎制。

3．煎的特点

煎的传热介质是油和金属，传热形式主要是传导。

适用范围：直接煎制或沾面粉煎制的方法，可使原料表层结壳，而内部失水少，因此具有外焦里嫩的特点。

裹鸡蛋液煎制的方法能使原料保留充分的水分，具有鲜香软嫩的特点。

由于煎的方法是使用较高的油温，使原料在短时间内成熟，所以适宜制作质地鲜嫩的原料，如里脊、外脊、鱼、虾等。

4. 友情提示

(1) 煎的温度范围为120~170℃，最高不应超过195℃。

(2) 煎制形状薄、易成熟的原料应用较高的油温。

(3) 煎制形状厚、不易成熟的原料应用较低的油温。

(4) 煎制裹鸡蛋液的原料，要用较低的油温。

(5) 煎制菜肴的开始阶段，应用较高的油温，然后再用较低的油温使热能逐渐向原料内部渗透。

(6) 使用的油量不宜多，最多只能浸没原料的1/2。

(7) 在煎制过程中要适当翻转原料，以使其均匀受热。

(8) 在翻转过程中，不要碰损原料表皮，以防原料水分流失。

(9) 煎制体积较厚，不易成熟的原料，可在煎制后再放入烤箱稍烤，使之成熟。

5. 菜品举例

案例一、橙香石斑鱼柳（Orange spotted grouper fillet）

原料配方：石斑鱼柳1条（约共110g），鲜橙子1个，鲜柠檬1个，鲜奶油10mL，鸡蛋黄半个（约10g），白葡萄酒25mL，黄油20g，面粉10g，黑胡椒粉、辣椒粉、番芫荽各少许，盐适量。

制作步骤：

① 半个橙子切成片，备用；另半个橙子、1个柠檬榨汁；取1/2汁与少许盐和部分胡椒一起，将鱼柳腌制10min左右。

② 在面粉中加入少许盐和胡椒粉和匀，拍在鱼柳表面，在黄油中煎至浅金黄色。

③ 鲜奶油、鸡蛋黄、白葡萄酒、剩余的柠檬汁、橙子汁放入碗中和匀；将碗放在沸水上，用力打发成稠状，用盐、胡椒、辣椒粉调味，最后将已软的黄油打在汁中，制成香橙沙司。

④ 将切片的橙子在盘中围成一圈，鱼柳放在橙片中间，上面淋上香橙沙司，用番芫荽装饰。

案例二、奶酪蛋包（Cheese omelet）

原料配方：鸡蛋2个（重约80g），鲜奶油15mL，色拉油3g，白色奶酪30g，白葡萄酒15mL，盐和胡椒粉适量。

制作：

① 鸡蛋打成蛋液，加入鲜奶油、盐和胡椒粉，拌和均匀。

② 锅中放入1/4色拉油，加热，推煎成一个橄榄形蛋包。

③ 制作奶酪汁：锅置火上，加入白葡萄酒，煮至散发香味，奶酪切成小块，放入锅中，待奶酪溶化后，加盐和胡椒粉。

④ 将制作好的奶酪汁淋在蛋包上，用艾蒿叶装饰即可。

（二）炸（Deep－fry）

1. 炸的概念

炸是指把加工成形的原料，经调味，并裹上保护层后，放入油锅中，浸没原料，加热至成熟并上色的烹调方法。

炸的传热介质是油，传热形式是对流与传导。

2. 炸的类型

（1）清炸　原料加工成形、调味后，蘸上一层面粉或直接放入油锅中炸制。

（2）面包粉炸　原料加工成形、调味后，蘸上面粉，裹上蛋液，蘸面包粉，再炸制。

（3）挂糊炸　原料加工成形、调味后，表面裹上面糊，再炸制。

面糊主要有以下几种类型：

① 英式面糊

面粉 100g，面包粉 100g，鸡蛋 6 个。

制作步骤：将上述原料混合，搅打成糊。

② 法式面糊

面粉 200g，牛奶 220g。

制作步骤：将上述原料混合，搅打成糊。

③ 酵母面糊

原料配方：面粉 200g，牛奶或水 200g，酵母 5g，盐适量。

制作步骤：用少量水将酵母溶化，加入面粉、牛奶或水，搅拌均匀至有光泽，使用前应放置 1h 以上。

④ 蛋清面糊

原料配方：面粉 200g，牛奶或水 160g，2 个打起的蛋白，盐。

制作步骤：将面粉与水或牛奶混合搅打成糊，使用之前将打好的蛋白混合到糊中，搅拌均匀。

⑤ 啤酒椰奶面糊

原料配方：面粉 200g，啤酒 150g，椰奶 50g，盐适量。

制作步骤：将上述原料混合，搅打成糊。

⑥ 泡打粉面糊

原料配方：面粉 200g，牛奶或水 200g，泡打粉 3g，盐适量。

制作步骤：将上述原料混合，搅打成糊。

3. 友情提示

（1）炸制温度一般为 120～270℃，最高不超过 270℃，最低一般不低于 100℃。

（2）炸制时，要注意根据原料的不同，掌握油温的高低。

（3）炸制体积小，易成熟原料，油温要高。

（4）炸制体积大，不易成熟的原料，油温要低些。

（5）制带糊原料，也应选用较低油温以使面糊膨胀，并使热量能逐渐向内部渗透，使原料成熟。

（6）每次下油锅炸的食物原料不宜太多，要适量。

（7）每炸完一次原料后，应使油温达到一定温度后，再放下一批原料。

（8）炸制蔬菜原料时，应尽量控干水分，以防止溅油。

（9）炸制时，油不能冒烟，油用过后要过滤，去除杂质，以防变质。

4. 适用范围

由于炸制的菜肴要求原料在短时间内成熟，所以适宜制作粗纤维少、水分充足、质地脆嫩、易成熟的原料，如嫩的肉类、家禽、鱼虾、水果、蔬菜等。

5. 菜品举例

案例一、炸香蕉（Fried bananas）

原料配方：香蕉1只（约100g），砂糖8g，朗姆酒5mL，水20mL，面粉15g，鸡蛋白10g，黄油5g，啤酒12mL，白兰地3mL，糖5g，盐少许，色拉油250g。

制作步骤：

① 香蕉去皮，纵向切成两片，再横向切半，放入容器中，撒上糖，拌匀后，淋上朗姆酒，腌制约30min。

② 制脆浆料：黄油小火熔化，面粉与盐和匀，筛入容器中，在面粉中开洞，加入已经熔化的黄油、啤酒、水，搅拌成粉浆，加入白兰地，放置约15min。

③ 锅置大火上，加热；将鸡蛋白充分打发，轻轻拌入脆浆内，待油烧热后，将香蕉放入脆浆中均匀裹上一层，放入油锅中，炸制成金黄色，取出，吸取多余油脂，装盘，趁热进食。

案例二、炸橄榄鸡卷（Fried chicken rolls）

原料配方：鸡胸脯肉1块（约150g），鸡蛋1个，黄油、面包屑、色拉油适量，盐、胡椒粉少许。

制作步骤：

① 黄油用手捏成小橄榄形待用。

② 鸡胸用刀拍平，撒少许盐和胡椒粉，黄油放在鸡胸脯中，卷紧，制作成橄榄形的鸡卷。

③ 油烧至150℃左右，将鸡卷蘸上面粉、蛋液、面包屑，放在油中炸至成熟，表面呈金黄色即可。

④ 食用时，可以配炸土豆丝、煮胡萝卜、煮豌豆等。

（三）炒（Fry）

1. 炒的概念

炒是指把加工成形的原料，用少量的油，较高的温度，在短时间内将原料加工成熟的烹调方法。炒的传热介质是油与金属，传热形式是传导。

2. 炒的类型

（1）用炒的烹调方法直接加工原料，使之成熟，如炒土豆片、炒荷兰豆等蔬菜类原料及炒面条、炒米饭等。

（2）用炒的烹调方法将原料加工成熟，然后取出原料和部分油脂，加入汤与调味汁等制成沙司，再将原料与沙司混合制成菜肴。这种方法只限于肉质一流的肉类、家禽，如牛里脊、猪外脊、鸡脯、小牛腰、肉鸡等。

3. 操作要点及注意事项

（1）炒的油温一般应控制在150～240℃。

（2）炒制的原料形状要小，刀口要均匀。

（3）炒制原料的油量应为原料的 5% 为标准。

（4）炒制原料时，油温要高，时间要短，翻炒频率要快。

4. 适用范围

炒的烹调方法适宜制作蔬菜和质地鲜嫩、质量一流的肉类、家禽及部分熟料，如里脊、外脊、鸡脯、肉鸡、蔬菜、米饭、面条等。

三、以空气为传热介质的烹调方法

以空气为传热介质的烹调方法，主要是通过热空气为传热介质，将原料加热成熟的方法。这类烹调方法，适合含结缔组织比较少、肉质细嫩的原料。

（一）烤（roast）

1. 烤的概念

烤是将原料放在烤箱中，利用四周的热辐射和热空气对流，将原料烹调成熟的方法。烤的传热介质是热空气、烤油，传热形式是辐射、传导和对流。

2. 温度范围

烤的温度范围一般在 80～280℃。烤制原料时，一般应先用 220℃以上高温，烤制 3～5min，使原料表面快速结成硬壳，以防止原料内部水分流失过多，然后再根据原料的不同，酌情降温至 180℃左右，直至达到所需的火候标准。

烤制质地鲜嫩、水分充足、易成熟的原料，如肉质一流的牛里脊、牛外脊等应一直采用高温，使其快速达到所需的火候，以防止水分流失过多。

3. 友情提示

（1）烤制的原料，应选用肉质鲜嫩、质量一流的肉类、禽类等原料。

（2）烤前和烤制过程中可往原料上刷油，或淋烤油原汁。

（3）肉类原料在烤制之前，可放入冰箱内冷藏或吊挂于通风处，或加入嫩肉粉等，以破坏肉中的血红细胞，使肉嫩味鲜，否则会有血腥味。

（4）烤制肉类原料时，应将其放于烤架或骨头上，以防止肉与烤盘直接接触，影响菜肴的质量。

（5）肉类原料烤好，从烤箱中取出后，应将其放置片刻，稍凉后，再切配。

4. 肉类原料成熟度的检验

烤制的肉类原料可以通过以下几种方法判断其成熟度：

（1）通过感官凭经验检验，观察肉类原料外观的收缩率。

（2）用肉针扎原料检验，流出的肉汁如无血色即证明成熟，但此方法只适用于一流的牛肉、羊肉等，不适用于猪肉、家禽。

（3）用手按压原料检验，未成熟的肉松软、没有弹性或弹性小，成熟的肉弹性大，肉质硬。

（4）用温度计测量原料内部温度检验，肉类原料内部温度达到 75℃左右即成熟。

在西餐烹调中，一般烤制的牛肉类、羊肉类菜肴不要求必须全熟，达到所要求的火候标准即可，而烤制的猪肉类、家禽等菜肴则不能食用未成熟的，必须要全熟。

三四成熟的牛肉、羊肉，肉汁较多，呈红色，用手按压肉质较软，无弹性，内部温度在 50℃左右；五六成熟的牛肉、羊肉，肉汁为粉红色，用手按压弹性较小，肉质较硬，内部温度在60℃左右；七八成熟的牛肉、羊肉，肉汁无血色，用手按压弹性较大，肉质硬，内部温度在70℃左右；全熟的猪肉、家禽，用肉针扎无肉汁流出，用手按压，流出的肉汁为透明色，肉质硬实，弹性强，内部温度在75℃以上。

5. 适用范围

烤的烹调方法适用范围较广，适宜加工制作各种形状较大的肉类原料（牛排、整条的里脊、外脊肉、羊腿等）、禽类原料（嫩鸡、鸭、鸽子、火鸡等）、野味及一些蔬菜（土豆、胡萝卜等）和部分面点制品（清酥、混酥等）。

6. 菜品举例

案例：烤西冷牛肉（Roast sirloin of beef）

原料配方：西冷牛脊肉2000g（整条），胡萝卜50g，洋葱50g，黄油80g，百里香、香叶适量，褐色牛肉基础汤400mL，色拉油、盐、胡椒粉适量。

制作步骤：

① 剔除牛肉上多余的脂肪和油筋，并用食用线将牛肉捆扎成型，放在冷藏柜中冷藏备用。

② 取出西冷牛肉，撒上盐和胡椒粉，备用。

③ 烤盘置旺火上，加黄油和色拉油烧热后放入牛肉速煎定形，待牛肉表面起一层均匀的硬膜后，再将烤盘及牛肉送入200℃的烤炉中烤20～25min。待牛肉烤制至七八成熟时，将牛肉取出保温备用。

④ 胡萝卜、洋葱切碎，放入烤牛肉的原汁中炒制，待水汽炒干、出香味后加入褐色牛肉基础汤煮沸，加少许香叶和百里香增香，待汁香浓时，加盐、胡椒粉。将烤汁过滤，保温备用。

⑤ 去除牛肉上的食用线，切成厚的大片，放于盘中，淋上少许的烤汁，盘边配以时令鲜蔬即成。

（二）焗（Broil）

1. 焗的概念

焗与烤类似，也是利用热辐射等，将原料烹调成熟的方法。

2. 焗的特点

（1）使用焗烹调时，原料只受到上方热辐射，而没有下方的热辐射，因此焗也称为“面火烤”。

（2）焗的温度高、速度快，特别适合质地细嫩的鱼类、海鲜、禽类等原料以及需要快速成熟或上色的菜肴。

3. 菜品举例

案例一、香草蒜蓉焗蜗牛（Herb broiled garlic snails）

原料配方：蜗牛（罐装）24只，干白葡萄酒300mL，香叶1片，百里香少许，蒜10粒，小干葱2个，黄油230g，番芫荽碎10g，盐、黑胡椒粉少许，马佐莲香草少许，面包糠适量。

制作步骤：

① 蜗牛焯水备用，蒜头、干葱头去衣，切碎。

② 黄油放软，混入部分蒜和干葱碎、番芫荽碎、黑胡椒粉、马佐莲香草及盐，充分

搅匀成香草黄油馅。

③ 将少许黄油放入煎锅中烧热，放入蒜、干葱碎炒香，加干白、蜗牛、香叶及百里香，调味后，慢火煮至剩余少许汁液，晾凉备用。

④ 将少许香草黄油放入蜗牛壳内，放入蜗牛一只，再以香草黄油馅密封壳口，在表面撒上少许面包糠。

⑤ 放入炉中，调至约230℃，壳口向上焗8min，即可。应立即进食。

案例二、芝士焗海鲜（Broiled Seafood with cheese）

原料配方：鱼肉230g，蟹肉110g，带子110g，虾仁110g，墨鱼110g，干白葡萄酒125mL，奶酪沙司350mL，芝士粉30g，蒜4粒，菠菜450g，盐、胡椒粉少许。

制作步骤：

① 鱼肉洗净切成方块，蟹肉略为清洗，带子解冻，墨鱼洗净切成墨鱼圈，虾洗净去壳、去肠，蒜头去衣，切碎。

② 菠菜洗净，放入滚水中氽2～3min，捞起以清水冲片刻，备用。

③ 海鲜原料用少许盐、胡椒粉腌味。

④ 黄油放在煎锅中加热熔化，加入一半蒜碎，再加入海鲜，以大火炒至刚熟，倒干白，加入部分奶酪沙司，熄火，放一旁备用。

⑤ 菠菜与黄油、蒜碎一同炒3～4min，放在盅底。

⑥ 将海鲜倾入盅内，淋上少许奶酪沙司，撒上芝士粉，放焗炉中焗至表面金黄色即可。

（三）其他烹调方法

1．铁扒（Grill）

（1）铁扒是指将加工成形并经调味、抹油的原料，放在扒炉上，利用高度的辐射热和空间热量对原料进行快速加热并达到规定火候的烹调方法。铁扒的传热介质是热空气和金属，传热形式是热辐射与传导。

（2）铁扒类型

① 明火炉：明火炉又称高温扒炉、顶火扒炉，热量或火力由上而下加热。具体方法是将明火炉预热，将原料调味抹油，放入明火炉下，将原料加热至所需的火候。用这种方法制作的菜肴也可称“扒”。明火炉不但可以制作扒制菜肴，还可用于菜肴的上色、上光等。

② 铁板扒炉：铁板扒炉又称坑面扒炉、铁板扒条。热量或火力由下而上加热，制作的菜肴一般都带有网状焦纹。具体方法是将铁板扒炉提前预热，刷油。将原料调味、抹油，放入铁板扒炉上，快速将原料加热至所需的火候。

③ 夹层扒板：夹层扒板通常用电加热，中央放原料，上下铁板夹住原料，上下同时加热，使其快速成熟。这种铁扒的方法应用较少，主要用于汉堡肉排的加工。

（3）铁扒牛排的成熟度　西餐中牛排的制作主要用铁扒和煎的烹调方法，其中肉质一流的牛排又大多采用铁扒的烹调方法加工制作。牛排成熟度的标准，则是厨师根据客人所要求的标准而加工制作的，一般分为五种成熟度。

① 带血牛排，牛排表面稍有焦黄色泽，当中完全是鲜红的生肉，内部温度在30℃。

② 三分熟，牛排表面焦黄，中心一层为鲜红的生肉，内部温度在50℃，汁水较多。

③ 五分熟，牛排表面焦黄，中心为粉红色。内部温度在60℃。

④ 七分熟，牛排表面焦黄，中心肉色为浅红色，基本成熟，内部温度在70℃左右。

⑤ 全熟，牛排表面为咖啡色，汁少肉干柴。内部温度在75℃以上。全熟的牛排，由于汁少肉干柴，鲜香不足，故食用者较少。

（4）友情提示

① 制作铁扒菜肴，应选用鲜嫩、优质的原料。

② 铁扒的烹调方法适用于片状的或小型的原料。

③ 扒制原料时，应先用高温，再根据需要酌情降温。

④ 用铁板扒炉制作铁扒菜肴时，铁板扒炉要提前预热、刷油。

（5）适用范围　由于铁扒是一种温度高、时间短的烹调方法，所以适宜制作鲜嫩、优质的肉类原料（如丁骨牛排、西冷牛排、猪排等）、小型的鱼类（如比目鱼鱼柳、鳟鱼鱼柳等）、小型的家禽（如雏鸡、鸽子等）、蔬菜（番茄、茄子等）。

（6）菜品举例

案例一、铁扒牛肉（Grilled beef）

原料配方：西冷牛里脊肉500g，干白葡萄酒40mL，洋葱30g，他拉根草20g，蛋黄2个，黄油150g，番芫荽10g，粗胡椒碎、盐和胡椒粉少许，色拉油少许。

制作步骤：

① 牛肉去筋，切成250g左右的块，用刀轻轻排成圆形，冷藏备用；他拉根草、洋葱、番芫荽分别切碎。

② 黄油放在小盆中，隔热水加热至黄油分层，取上层的清黄油保温备用。

③ 取1/2他拉根草、番芫荽碎和洋葱、胡椒碎放在沙司锅中加热，加白葡萄酒浓缩至酒近干，香味浓郁时，离火晾凉，加入蛋黄，放在45～50℃的温度下搅打至蛋黄发泡，加入热的清黄油汁，搅匀后将汁过滤，最后加入剩余的他拉根草、番芫荽碎，加盐，制作成斑尼士沙司，保温待用。

④ 铁扒炉烧热，在牛肉上抹适量的盐、胡椒粉和色拉油，放在铁扒炉上，扒成网状花纹，根据顾客的要求制作成生牛扒、半成熟、七八成熟或全熟。

⑤ 将牛扒放在盘子中，配上斑尼士沙司和油炸土豆条即可。

案例二、美式扒春鸡（American grilled spring chicken）

原料配方：仔鸡1000g，芥末酱20g，面包粉100g，洋葱100g，粗胡椒碎5g，干白葡萄酒50mL，白酒醋30mL，褐色鸡肉沙司300mL，盐、胡椒粉少许，色拉油适量。

制作步骤：

① 仔鸡去头、内脏及脚，洗净后，将腹腔打开整理成型。

② 仔鸡撒上盐和胡椒粉、少许色拉油，将皮面向下放于扒炉上迅速扒制上色，放在烤盘中，烤至全熟后待用。

③ 洋葱切碎，胡椒粒压碎；锅中加洋葱碎、胡椒碎、白葡萄酒和白酒醋，加热浓缩至汁干见底时，加布朗鸡肉沙司浓缩，将沙司过滤。

④ 仔鸡烤后剔去鸡骨，将芥末酱抹于鸡身上，再撒上少许面包粉，淋上烤鸡原汁，送入烤炉中再烤8～10min，至色泽金黄时，取出。

⑤ 仔鸡装盘，淋上沙司配炸土豆丝烤蘑菇、番茄等即成。

2. 串烧（Skewer）

（1）串烧的方法也是铁扒的一种，是指将加工成小块、片状的原料经腌渍后，用金属钎穿成串，放在铁板扒炉上，利用高温的辐射热或空间热量，使之达到所需火候的烹调方法。

串烧的传热介质是热空气和金属，传热形式是热辐射与传导。

（2）友情提示

① 串烧菜肴要求刀口均匀整齐，大小要尽量一致。

② 串烧的原料烧炙前要腌渍入味。

③ 串烧的原料不要穿得过紧，以便于加热。

④ 穿成串的原料应尽量平整，以便于均匀受热。

（3）适用范围　串烧是用较高温、短时间加热的烹调方法，所以适宜制作质地鲜嫩的原料，如鸡肉、羊肉、牛里脊肉、鸡肝及一些新鲜、鲜嫩的蔬菜等。

任务2　西 餐 配 菜

【任务驱动】

1. 了解西餐配菜的概念、作用及使用。

2. 掌握配菜与主菜的搭配及配菜的制备和排盘装饰。

【知识链接】

一、配菜的概述

（一）配菜的概念

配菜，英文称为 Garnishes，是热菜菜肴不可缺少的组成部分，一般西餐热菜是在菜肴的主要部分做好后，还要在盘子的边上或在另一个盘内配上少量加工成熟的蔬菜或米饭、面食等菜品，从而组成一份完整的菜肴，这种与主料相搭配的菜品就叫配菜。

（二）配菜的作用

1. 增加菜肴的美观

各种配菜多数是用不同颜色的蔬菜制作的，而且要求加工精细，一般要加工成一定的形状，如条状、橄榄状、球状等，从而增加菜肴的美形与美色。

2. 使营养搭配合理

热菜菜肴主要部分大多数是用动物性原料制作的，而配菜一般由植物性原料制作，这样就使一份菜肴既有丰富的蛋白质、脂肪，又含有丰富的维生素、无机盐，从而使营养搭配得更为合理达到完全营养的要求。

3. 使菜肴富有风格特点

配菜的品种很多，什么菜肴用什么配菜，虽有较大的随意性，但也有一定规律可循。比如汤汁较多的菜肴习惯上要配米饭；煎炸类菜肴要配应时蔬菜，既能在风格上统一，又富于风味特点。

（三）配菜的使用

（1）配菜在使用上有很大的随意性，但一份完整的菜肴在风格上和色调上要统一、协调。常用普通的配菜有以下形式：以土豆和两种不同颜色的蔬菜为一组的配菜，如炸土豆条、煮豌豆可为一组配菜。烤土豆、炒菠菜、黄油菜花也可以为一组配菜。这样的组成形式是最常见的一种，大部分煎、炸、烤的肉类菜肴都采用这种配菜。

（2）以一种土豆制品单独使用的配菜。此种形式的配菜大都与菜肴的风味特点搭配使用，如煮鱼配土豆，法式羊肉串配里昂土豆。

（3）以少量米饭或面食单独使用的配菜、各种米饭大都用于带汁的菜肴，如咖喱鸡配黄油米饭。各种面食大都用于配意大利式菜肴，如意式烩牛肉配炒通心粉。

根据西餐烹饪的传统习惯，不同类型的菜肴要配以不同形式的蔬菜。一般是水产类配土豆泥或煮土豆，其他可随意；禽畜类菜肴中，烹调手法用煎、铁扒或平板炉的菜肴一般配土豆条、炸方块土豆、炒土豆片、煎土豆饼等，其他可随意；禽畜类中白烩菜或红烩菜一般配煮土豆、唐白令土豆、土豆泥、雪花土豆或跟面条和米饭；炸的菜肴一般可配德式炒土豆、维也纳炒土豆；黄油鸡卷可配炸土豆丝；烤的菜肴一般是配烤土豆，其他可随意；有些特色菜肴的配菜是固定的，如马令古鸡（Chicken Marengo）就必须配炸洋葱圈，麦西尼鸡（Chicken Mancini）必须配面条。

二、配菜与主菜的搭配

西餐菜肴与中餐菜肴一样，大多数都是由主料和配料组成。中餐菜肴的配料多与主料混合制作，而西餐的配料与主料大多数是分开制作的。单独的主料构不成完整意义上的菜肴，需要通过配菜补充，使主料和配菜在色、香、味、形、质、养等方面相互配合、相互映衬，达到完美的目的。因此，在配菜与主菜的搭配上应注意以下原则。

（1）选择配菜时，要注意食品原料之间颜色的搭配，使菜肴整齐、和谐。鲜明的颜色可以给人以美的感观和享受，每盘菜肴应有2～3种颜色，颜色单调会使菜肴呆板，颜色过多，则显得杂乱无章，不雅观。

（2）注意配料与主料数量之间的协调搭配，突出主料数量，主料占据餐盘的中心，不要让主料有过多装饰，也不要装入大量土豆、蔬菜及谷物类食物，且配料数量永远少于主料。

（3）突出主料的本味，用不同风味的配菜不仅可以弥补主料味道的不足，而且可以起到解腻、帮助消化的作用，但不可盖过主料的风味。如炸鱼配以柠檬片，煎鱼可配些开胃的配菜等。

（4）配菜与主料的质地要恰当搭配。如土豆沙拉中放一些嫩黄瓜丁或嫩西芹丁，蔬菜汤中放烤面包片，肉饼等质地软的主料应以土豆泥为配菜。

（5）配菜的烹调方法要与主料相互搭配，如土豆烩羊肉配米饭等。

（6）配菜与主菜之间应保持适度空间，不要将每种食物都混杂地堆在一起，每种食物都应该有单独空间，使其整体比例协调、匀称，方能达到最佳的视觉效果。

三、配菜的制备和排盘装饰

（一）配菜的分类

1．土豆类（Potatoes）

以土豆为主要原料制作而成的各种制品。

2．蔬菜类（Vegetables）

品种主要有胡萝卜、芹菜、番茄、芦笋、菠菜、青椒、卷心菜、生菜、西蓝花、蘑菇、朝鲜蓟、茄子、荷兰芹、黄瓜等。

3．谷物类（Grain）

品种主要有各种米饭、通心粉、玉米、蛋黄面、贝壳面、中东小米等。

（二）配菜的烹调方法

1．沸煮

沸煮（Boiling）是西餐中使用较广泛的以水传热的烹调形式。这种烹调方法不仅能保持蔬菜原料的颜色，还能充分保留原料自身的鲜味及营养成分，使其具有清淡爽口的特点，如煮土豆、煮菜花、煮胡萝卜等。

2．油煎

油煎（Pan－frying）应选用色泽鲜艳、汁多脆嫩的蔬菜，使用少量的油，在煎板上或煎锅里制成，如煎土豆、煎芦笋、煎蘑菇等。但某些蔬菜如番茄、茄子有时需要调味拍粉后再进行煎制。

3．焖煮

焖煮（Braising）应先将原料与油拌炒，再加入适量的基础汤，用小火熬煮制成，如焖紫包菜、焖煮圆白菜、焖酸菜、焖红菜头等。

4．烘烤

烘烤（Baking）即把原料放入烤箱内，烤焙至熟。烘烤的蔬菜有自然的香甜味，且能保持其营养价值，但要求以不影响其色泽为佳。如烤土豆、烤龙须菜用锡纸包裹烤。

5．焗

焗（Gratinating）即把经过加工处理好的原料，直接放入烤箱或在原料上撒些干酪末或面包屑放焗炉内，将菜肴表面烤成金黄色，如焗西蓝花、焗意大利面条等。

6．油炸

油炸（Deep－frying）是将原料直接放入油中进行炸制或在原料表面裹上一层面糊炸制。油炸菜肴成熟速度快，有明显的脂香味，具有良好的风味，如炸薯条等。

（三）配菜的制作案例

1．土豆类配菜

（1）土豆泥

原料配方：净土豆500g，牛奶150g，黄油25g，盐3g，胡椒粉1g。

制作步骤：

① 将土豆切成块，放入盐水中煮熟，牛奶加热备用。

② 把土豆控去水分，趁热捣碎成泥。

③ 逐渐加入热牛奶，黄油，搅拌均匀直至成糊状，调以盐，胡椒粉即可。

质量标准：色泽洁白，口感细腻。

（2）法式炸薯条

原料配方：净土豆500g，盐3g。

制作步骤：

① 将土豆切成8cm，粗0.8cm的条。

② 放入130℃的炸炉中，炸至浅黄色取出。

③ 上菜前再放入150℃的炸炉中，炸至金黄色后取出，沥干油后撒上盐即可。

质量标准：色泽金黄，口感酥脆。

（3）黄油煎薯片

原料配方：土豆500g，黄油50g，盐3g，胡椒粉1g，番芫荽适量。

制作步骤：

① 将土豆去皮，切平两端，旋削成直径5cm的圆筒形，再切成0.3cm厚的圆片。

② 将切好的圆片经泡水洗净后，放入140℃的炸炉中，炸成浅黄色备用。

③ 上菜前用黄油炒香至金黄色，加盐，胡椒粉调味，撒上芫荽即可。

质量标准：色泽金黄，口感酥脆。

（4）里昂土豆

原料配方：土豆500g，洋葱丝120g，黄油50g，盐3g，胡椒粉1g。

制作步骤：

① 将土豆煮至半熟，去皮后切成0.5cm厚的片，洋葱丝用黄油炒软。

② 煎锅内放黄油，加热，倒入土豆片，煎至两面金黄，再加入洋葱丝，继续煎制，加盐，胡椒粉调味即可。

质量标准：色泽金黄，口感酥脆。

（5）法式奶油焗土豆

原料配方：土豆500g，奶油250g，蒜泥2g，盐3g，豆蔻粉1g，胡椒粉1g，奶酪20g。

制作步骤：

① 将土豆去皮，洗净切成薄片。

② 将土豆片与奶油、蒜泥、豆蔻粉、胡椒粉拌匀，放入油锅中加少许清水煮约5min。

③ 将煮过的土豆片倒入烤盘中，放入200℃烤箱烤30min，表面撒上奶酪即可。

质量标准：色泽金黄，口感酥软。

（6）橄榄土豆

原料配方：土豆500g，黄油30g，盐3g，胡椒粉2g，番芫荽适量。

制作步骤：

① 将土豆洗净后去皮，先切平两端，在纵向切成2瓣或4瓣，取其中一块，用小刀从上端成弧线削至底端，成均匀的弧面，削成3cm的橄榄形。

② 用盐水将橄榄形土豆煮熟，捞出沥干水分待用。

③ 用黄油炒香土豆，加盐，胡椒粉调味，撒上番芫荽即可。

质量标准：色泽淡黄，口感酥软。

（7）德式土豆

原料配方：土豆500g，洋葱150g，培根100g，黄油50g，香叶2片，盐，胡椒粉适量。

制作步骤：

① 将土豆去皮洗净后，切成0.5cm的厚片放入水锅中加热至成熟，沥干水分。

② 黄油炒香后放入洋葱块，放入培根小方片炒熟。

③ 放入土豆片、盐、胡椒粉，一起炒到土豆熟透变黄即可。

质量标准：色泽金黄，口感酥软。

（8）原汁烤土豆

原料配方：土豆500g，烤肉类原汁100g，盐10g，胡椒粉2g。

制作步骤：

① 将土豆去皮洗净，切成0.5cm的厚片，炸至金黄色。

② 将烤肉类原汁过滤，用盐，胡椒粉调味。

③ 将土豆片铺入盘中，倒入原汁，放入200℃烤箱内烤10min即可。

质量标准：色泽金黄，口感酥软。

(9) 焗奶酪土豆泥

原料配方：土豆500g。奶油50g，鸡肉基础汤100g，鸡蛋黄4个，盐5g，胡椒粉2g，黄油20g，奶酪粉50g。

制作步骤：

① 选用外形整齐、新鲜的大土豆，洗净煮熟。

② 把土豆一切为二，用勺子挖去中间的土豆肉，边上留0.5cm厚，制成土豆碗。

③ 把取出的土豆牛肉磨细过筛，与奶油，鸡肉基础汤，鸡蛋黄，盐，胡椒粉，制成土豆泥。

④ 把土豆泥装入裱花袋，呈螺旋状挤在土豆碗上撒上奶酪粉。

⑤ 放入200℃的烤箱中烤至金黄色即可。

质量标准：色泽金黄，口感酥软。

(10) 水手式土豆

原料配方：土豆800g，芥末30g，肉汤1000g，灌肠200g，洋葱80g，盐5g，胡椒粉1g。

制作步骤：

① 土豆洗净入冷水锅后去皮，切成小块，灌肠切片待用。

② 洋葱块与芥末拌匀后，放入肉汤中煮制，加盐，胡椒粉调好味后，放入土豆块，用小火炖15min左右，放入灌肠片稍煮即可。

质量标准：色泽金黄，口感酥软。

(11) 土豆球

原料配方：德国土豆粉500g，牛奶200g，盐、胡椒粉、豆蔻粉、芫荽末各适量。

制作步骤：

① 将牛奶加热至60℃左右，慢慢加入土豆粉，边加边不停搅拌成后糊状，以盐、胡椒粉、豆蔻粉调味。

② 将厚糊制成直径5cm大小的圆球。

③ 放入开水锅中，小火慢慢熬至土豆球浮起，用芫荽装饰即可。

质量标准：色泽淡黄，口感软糯。

(12) 炸气鼓土豆

原料配方：土豆500g，盐5g。

制作步骤：

① 将土豆加工成直角六面体，在切成约0.3cm厚的长方形体片。

② 用水将土豆片洗净，控干水分。

③ 将土豆片放入110~130℃的油锅中，炸至土豆片表面略微涨时捞出。

④ 将土豆片立即放入150~160℃的油锅中使其迅速膨胀，上色，捞出，控油，撒盐调味。

质量标准：色泽淡黄，口感酥脆。

(13) 忌廉土豆泥

原料配方：大土豆1个，淡奶油100g，鸡肉基础汤100g，盐3g，白胡椒粉2g。

制作步骤：

① 将土豆放入盐水锅中煮熟煮透，捞出凉透。

② 将土豆去表皮，切成片，用刀压制成泥，放入锅中，慢慢加淡奶油搅匀，倒入鸡肉基础汤然后用细筛过滤后煮香，加盐、白胡椒粉调味。

质量标准：色泽淡黄，口感细腻。

2. 蔬菜类配菜

(1) 煎番茄

原料配方：番茄500g，盐4g，白胡椒粉2g，面粉30g，色拉油适量。

制作步骤：

① 将番茄去蒂洗净后，切成1cm厚的片，撒盐和白胡椒粉调为后，均匀地裹上面粉待用。

② 煎锅内放适量色拉油，烧至六成热左右，将番茄两面煎上色即可。

质量标准：色泽鲜艳，口感软糯。

(2) 黄油菜花

原料配方：菜花500g，黄油50g，盐5g，鸡基础汤300g，干面包渣50g。

制作步骤：

① 将菜花掰成小块，洗净，入沸水锅中焯至七成熟，捞出过凉。

② 平底锅置火上烧热后，将面包渣倒入锅中焙成浅棕色待用。

③ 锅中倒入鸡汤加热，倒入菜花，加盐调味，让鸡汤充分渗入到菜花中。

④ 将黄油加热后待用，将菜花捞出摆入盘中，浇上黄油立即上桌。

质量标准：色泽鲜艳，口感鲜嫩。

(3) 奶油烤鲜蘑

原料配方：灌装鲜蘑500g，黄油60g，奶汁沙司80g，奶油50g，奶酪粉25g，盐3g，辣椒油15g。

制作步骤：

① 鲜蘑切成0.2cm厚的片。

② 平底锅中放入黄油烧热，放鲜蘑片炒熟，加奶油汁，奶汁沙司、盐、辣酱油炒匀。

③ 装入烤盘，上面撒奶酪粉，淋黄油，入200℃的烤箱中烤至上色即可。

质量标准：色泽微黄，奶香浓郁。

(4) 烩茄子

原料配方：茄子500g，培根50g，洋葱50g，香叶2片，鲜番茄100g，番茄沙司50g，黄油20g，鸡基础汤100g，盐3g，辣酱油15g，胡椒粉1g。

制作步骤：

① 将茄子洗净去皮切成2.5cm的方丁，入170℃的油炉炸上色，番茄去皮，去子，切丁。

② 锅中加黄油烧热，放培根、洋葱、香叶炒香后，再倒入番茄丁、番茄沙司炒至上色。加鸡基础汤、茄子用小火烧入味。

③ 待茄子变软，用盐、胡椒粉、辣酱油调味即可。

质量标准：色泽鲜艳，口感软嫩。

（5）焖紫卷心菜

原料配方：紫卷心菜300g，洋葱丝50g，鸡基础汤200g，红酒醋30g，糖10g，盐、胡椒粉、黄油各适量。

制作步骤：

① 将紫卷心菜洗净剥成片状，切成丝。

② 锅内放黄油，将洋葱丝煸炒出香味，放入切好的紫卷心菜丝炒软，放入汤炒至溶化。

③ 倒入鸡基础汤转小火焖煮15min，再倒入醋焖煮10min，待汤汁收干时，加盐和胡椒粉调味即可。

质量标准：色泽鲜艳，口感软嫩。

（6）酸黄瓜

原料配方：嫩黄瓜500g，洋葱丝、芹菜段、胡萝卜片、蒜泥共80g，香叶1片，盐、胡椒粉各适量。

制作步骤：

① 将黄瓜洗净，切成3cm长的段状。

② 把洋葱丝、芹菜段、胡萝卜片、蒜泥、香叶、盐、胡椒粉和黄瓜段搅拌均匀，加开水浸没黄瓜。

③ 加盖密封后，放入冰箱里，利用黄瓜本身的特性自然发酵，一周后便可食用。

质量标准：色泽鲜艳，口感酸甜。

（7）波兰式芦笋

原料配方：芦笋200g，鸡蛋1个，黄油20g，面包糠60g。

制作步骤：

① 芦笋去掉老根及尾部老韧的纤维，放入盐水锅中煮熟，捞出过凉备用。鸡蛋连壳煮熟，不要太老，用冷水浸一下，去壳切碎备用；将锅烧热，放面包糠炒香。

② 将芦笋摆放盘中，淋上融化的黄油，撒上鸡蛋碎和炒好的面包糠即可。

质量标准：色泽鲜艳，口感鲜嫩。

（8）普罗旺斯式焗番茄

原料配方：大番茄250g，蘑菇350g，大蒜头50g，番芫荽25g，面包粉50g，盐3g，胡椒粉1g。

制作步骤：

① 蘑菇切片，大蒜头，芫荽切碎。

② 煎锅内加油，烧热后放大蒜头炒香，再放蘑菇片，加盐、胡椒粉炒熟。

③ 番茄洗净对半切开去子，平放在烤盘内，上面放炒熟的蘑菇片，撒上面包粉和番芫荽，淋上橄榄油，入200℃的烤箱中烤熟即可。

质量标准：色泽鲜艳，口味鲜嫩。

（9）面糊菜花

原料配方：菜花500g，面粉100g，鸡蛋2个，牛奶50g，盐、色拉油适量。

制作步骤：

① 将菜花洗净，掰成小朵，用盐水煮熟，控干水分。

② 将面粉，蛋黄，牛奶放入碗中搅成糊，调入色拉油。

③ 将蛋清打成泡沫状，轻轻调入面糊中混合均匀。

④ 用竹竿插住煮熟的菜花，蘸面粉，再蘸面糊。

⑤ 放入160℃的油炸炉中炸至淡黄色捞出。

质量标准：色泽鲜艳，外酥里嫩。

3. 谷物类配菜

(1) 黄油米饭

原料配方：香米100g，黄油25g，鸡基础汤200g，盐3g，胡椒粉1g，百里香1g，香叶1g。

制作步骤：

① 将洋葱碎放入黄油中炒香，加入洗净的香米炒匀。

② 锅中倒入鸡基础汤煮沸，加盐，胡椒粉，百里香，香叶调味，加盖焖煮25min。

③ 饭熟后取出香叶，百里香，加少量黄油拌匀即可。

质量标准：色泽洁白，口感软糯。

(2) 番茄饭

原料配方：番茄2个，番茄酱25g，大米250g，棕色基础汤500g，黄油200g，盐3g，和胡椒粉1g。

制作步骤：

① 将番茄洗净后切粗粒，放入沙司锅内，加黄油、黑胡椒粉、盐、番茄酱拌炒，用中火煮约5min，至液汁稍稠而滑时，过滤备用。

② 将番茄汁倒入汤锅，加适量棕色基础汤煮沸。大米淘净后倒入汤锅，用小火煮焖约20min至饭软熟。

③ 把番茄饭装盘，淋上融化的黄油即可。

质量标准：色泽鲜艳，口味鲜香。

(3) 意大利鸡肝味饭

原料配方：鸡肝500g，大米500g，洋葱100g，黄油100g，奶酪粉50g，鸡肉基础汤1000g，盐3g。

制作步骤：

① 大米淘洗后放入锅中，加鸡肉基础汤煮至八成熟。

② 将洋葱切碎，鸡肝切块。平底锅内加黄油烧热后，将洋葱煸香，放鸡肝炒熟，加盐调味。

③ 煎锅中的洋葱、鸡肝全部放入煮锅中，与米饭拌和，再加适量鸡肉基础汤和黄油，用小火焖至米饭软熟，上桌前撒上奶酪粉即可。

质量标准：色泽鲜艳、口味鲜香。

(4) 奶酪烩饭

原料配方：大米500g，黄油50g，洋葱50g，鸡肉基础汤1000g，奶酪粉100g，盐3g，胡椒粉1g。

制作步骤：

① 将黄油熔化后，洋葱切碎放入锅中炒软，再倒入大米稍炒。

② 倒入鸡肉基础汤，加盖后焖20min。

③ 加盐、胡椒粉调味，撒上奶酪粉拌匀，加盖再加热两分钟左右即可。

质量标准：色泽洁白，口味鲜香。

（5）海鲜锅巴饭

原料配方：意大利米饭500g，蒜片40g，洋葱片50g，红甜椒片30g，红萝卜片50g，白菜片200g，四季豆100g，虾150g，带子100g，蟹肉、鱼肉、鱿鱼各100g，盐3g，胡椒粉1g。

制作步骤：

① 将煮熟的意大利米饭捏成扁圆形，下油锅炸成锅巴饭。

② 将蒜片、洋葱片、红椒片下锅炒香，放入加工处理好的海鲜，再放入红萝卜片与白菜煮熟。

③ 加盐、胡椒粉调味，最后下四季豆煮熟，铺放在锅巴饭上即可。

质量标准：色泽鲜艳、口感酥香。

（6）西班牙海鲜面

原料配方：意大利面150g，各种海鲜100g，藏红花0.1g，各色橄榄25g，鱼基础汤200g，白葡萄酒25g，香叶1片，蒜蓉、洋葱末、盐、胡椒粉各适量，橄榄油适量。

制作步骤：

① 用开水将意大利面煮至柔软。

② 煎锅中放橄榄油，将蒜蓉、洋葱末炒香，再放入各种海鲜炒至变色。

③ 加白酒稍煮一下，再加入鱼基础汤、意大利面、橄榄、藏红花、香叶，以盐、胡椒粉调味，烧至汁水浓缩一半即可。

质量标准：色泽鲜艳、口味鲜浓。

（7）茄汁意大利面

原料配方：意大利面500g，番茄沙司50g，茴香碎0.5g，红辣椒碎50g，洋葱碎10g，西芹碎10g，盐、胡椒粉、橄榄油各适量。

制作步骤：

① 将意大利面放入开水中煮熟。

② 锅中放入橄榄油，下洋葱碎、西芹碎、红椒碎炒香，加入番茄沙司和煮好的面，最后加盐、胡椒粉、茴香碎调味即可。

质量标准：色泽鲜艳、口味咸鲜。

（8）蔬菜千层面

原料配方：牛肉酱220g，面皮3张，奶油汁水、番茄汁水、奶酪粉、罗勒叶各适量。

制作步骤：

① 取大盘一个，在盘底倒上番茄汁，铺上一张面皮后放一层牛肉酱，再盖上一张面皮再放一层牛肉酱，最后盖第三张面皮并淋上番茄汁。

② 放入220℃的烤箱烤至里面熟透取出。

③ 在上面浇上奶油汁，撒一层奶酪粉，再入焗炉焗至金黄色，用罗勒叶装饰。

质量标准：色泽金黄、口味咸鲜。

思 考 题

1. 简述铁扒牛排的成熟度的判断。
2. 简述炸的类型及操作注意事项。
3. 简述烩的种类及运用。
4. 简述煎的特点及适用范围。
5. 简述面粉糊的种类及制作方法。
6. 简述烤的特点及适用范围。
7. 简述烤牛排成熟度的判断。
8. 试述烤的温度控制对菜肴品质的影响。
9. 试述油温控制对原料的影响。
10. 简述西餐配菜的概念及作用。
11. 简述配菜与主菜的搭配。

模块二　西餐菜肴制作

【模块导读】

西餐菜肴制作模块主要涉及各种西餐原料的初加工、烹调方法、菜肴制作。通过学习，要掌握西餐沙司和基础汤的制作，西餐汤类菜肴制作，西餐畜肉类菜肴制作，西餐禽肉类菜肴制作，西餐鱼类和贝类菜肴制作，西餐蔬菜菜肴制作，西餐淀粉类食物制作，西式早餐和快餐，各国食谱及西式面点。

【模块目标】

1. 掌握西餐原料的初加工及烹调方法。
2. 熟悉西餐动物性原料的分档取料，掌握不同部位的烹饪价值。
3. 掌握西餐原料的烹调技巧，能根据标准菜谱制作西餐菜肴。
4. 能根据标准菜谱进行创新，开发新菜肴。

项目一　基础汤和沙司制作

【学习目标】

1. 了解西餐基础汤相关概念，掌握西餐基础汤的制作和烹调原理。
2. 熟悉各类基础汤的制作方法和高汤的制作方法。
3. 了解西餐沙司相关概念，掌握沙司的分类方法和生产工艺。
4. 熟悉各类西餐沙司的特点，掌握常用的西餐沙司制作方法。

任务1　西餐基础汤制作

【任务驱动】

1. 了解西餐基础汤相关概念。
2. 掌握西餐基础汤的制作和烹调原理。
3. 熟悉各类基础汤的制作方法。
4. 熟悉高汤的制作方法。

【知识链接】

一、基础汤的概述

西餐中的各种汤菜、沙司、热菜制作一般都离不开用牛肉、鸡肉、鱼肉等调制的汤，这种汤被称之为基础汤，又称为原汤（stock）。法国烹饪大师埃斯科菲曾说过：“烹调中，基础汤意味着一切，没有它将一事无成。”

基础汤（stock）是用微火通过长时间提取的一种或多种原料的原汁（除了鱼、蔬菜基础汤）。它含有丰富的营养成分和香味物质，是制作汤菜（soup）、沙司（sauce）、肉汁（gravy）的基础，因此掌握各种基础汤的制作是制作其他菜品的关键。

二、基础汤的种类

（一）制作基础汤的原料

制作基础汤的原料，主要有肉或骨、调味蔬菜、调味品和水。

1. 动物原料的肉或骨头

制作基础汤常用的肉类和骨头，包括牛肉、鸡肉、鸡骨和鱼骨等。与中餐不同，西餐基础汤种类很多，而且不同的基础汤使用不同种类的动物原料，一般不混合使用。例如，鸡肉基础汤由鸡肉和鸡骨头熬制而成；牛肉基础汤由牛肉和牛骨头熬制而成；鱼肉基础汤由鱼骨头和鱼的边角肉等制作而成。除此之外，鸭、羊和火鸡以及野味的骨头，也可熬制一些特殊风味的基础汤。

2. 调味蔬菜

制作基础汤的蔬菜称为调味蔬菜，主要有洋葱、西芹和胡萝卜。调味蔬菜是制作基础汤的第二个重要的原料，起着增香除异味的作用。

在制作中，调味蔬菜使用的数量不同，通常的比例是，洋葱的数量等于西芹和胡萝卜的总数量。在熬制白色基础汤时，常把胡萝卜去掉，加上相同数量的鲜蘑菇，使基础汤不产生颜色。

3. 调味品

制作基础汤常用的调味品有胡椒、香叶、丁香、百里香、番芫荽梗等。调味品常被包装在一个布袋内，用细绳捆好制成香料袋，放在基础汤中。

4. 水

水是制作基础汤不可缺少的成分，水的数量常常是骨头或肉的3倍左右。

(二) 基础汤的种类和特点

1. 基础汤按色泽分类

基础汤按其色泽可分为白色基础汤和布朗基础汤两类。

(1) 白色基础汤 (White stock)　白色基础汤包括白色牛骨基础汤、白色小牛肉基础汤、白色羊骨基础汤和白色鸡基础汤等。

白色基础汤主要用于制作白色汤菜、白沙司、白烩菜肴等。

(2) 布朗基础汤 (Brown stock)　布朗基础汤又称褐色基础汤、红色基础汤，包括布朗牛骨基础汤、布朗小牛肉基础汤、布朗羊骨基础汤、布朗鸡基础汤及布朗野味基础汤等。布朗基础汤主要用于制作红色汤菜、布朗沙司、肉汁、红烩等菜肴。

2. 基础汤按原料分类

基础汤按原料的不同可分为牛基础汤、鸡基础汤、鱼基础汤和蔬菜基础汤四类。

(1) 牛基础汤 (Beef stock)　白色牛基础汤，也称为怀特基础汤，由牛骨或牛肉配以洋葱、西芹、胡萝卜以及其他调味品加上水煮成的。特点是无色透明，味道鲜美。制作白色牛原汤，通常使用冷水，待水沸腾后，撇去浮沫，用小火炖成。牛骨与水的比例为1∶3，烹调的时间为6～8h，过滤后即成。

布朗基础汤使用的原料与白色基础汤原料基本相同，只是将牛骨和蔬菜香料烤成棕色，然后加上适量的番茄酱或剁碎的番茄调色。其特点是颜色为浅棕色微带红色，浓香鲜美，略带酸味。牛骨与水的比例为1∶3，烹调的时间为6～8h，过滤后即成。

(2) 鸡基础汤 (Chicken stock)　鸡基础汤由鸡骨、蔬菜、调味品制成。它的特点是微黄、清澈、鲜香。制作方法与白色牛基础汤相同，鸡骨与水的比例为1∶3，炖制2～4h。制作鸡基础汤时可放些鲜蘑菇，代替胡萝卜，以使鸡基础汤的色泽更加完美和增加鲜味。

(3) 鱼基础汤 (Fish stock)　鱼原汤由鱼骨、鱼的边角肉、调味蔬菜、水、调味品煮成。它的特点是无色、清澈，有鱼的鲜味。鱼原汤的制作方法与白牛原汤相同，但制作时间比较短，一般在30min～1h。制作鱼原汤时，通常要加上适量的干白葡萄酒和蘑菇以去腥味，主要用于鱼类菜肴的制作。

(4) 蔬菜基础汤 (Vegetable stock)　蔬菜基础汤又称清菜汤，是未使用动物性原料熬制而成的基础汤。有白色蔬菜基础汤和红色蔬菜基础汤之分，其用途广泛，主要用于蔬菜、鱼类及海鲜菜肴的制作。

3. 基础汤制作的注意要点

(1) 应选用鲜味充足又无异味的汤料。不新鲜的骨头、肉或蔬菜都会给基础汤带来不良气味，而且基础汤也易变质。

(2) 制基础汤时，汤中的浮沫应及时取出，否则会在煮制时融入汤中，破坏基础汤的色泽及香味。

（3）基础汤中的油脂也应及时撇出，否则会影响基础汤的清澈，同时也使人感觉油腻。

（4）基础汤在煮制过程中应使用微火，使汤保持在微沸状态。如用大火煮，汤液不但蒸发过快而且混浊。

（5）煮汤过程中不应加盐，因为盐是一种强电解质，会使汤料中的鲜味成分不易溶出。

（6）制作基础汤时，如没有生骨头，也可用其他边角下料替代。

（7）如果基础汤要保留，应再重新过滤，煮开，快速晾凉后，再入冰箱保存。

（三）基础汤的制作案例

案例一、白色基础汤（White stock）

原料配方：清水6kg，生骨头2kg，蔬菜香料（胡萝卜、芹菜、葱头）0.5kg，香料包（百里香、香叶、番芫荽），黑胡椒粒12粒。

制作步骤：

① 将生骨头锯开，取出油与骨髓。

② 放入汤锅内，加入冷水煮开。

③ 如果骨头较脏，应滤去沸水后，再放入冷水煮制。

④ 及时撇去油脂及浮沫，将汤锅周围擦净，并改微火，使汤保持微沸。

⑤ 加入所有蔬菜、香料包及黑胡椒粒。

⑥ 小火煮6~8h，并不断地撇去浮沫和油脂。

⑦ 用纱布过滤。

质量标准：色泽浅黄，清澈透明。

案例二、布朗基础汤（Brown stock）

原料配方：清水4kg，生骨头2kg，蔬菜香料（洋葱、胡萝卜、芹菜）0.5kg，香料包（百里香、香叶、番芫荽），黑胡椒粒12粒，植物油。

制作步骤：

① 将骨头锯开，放入烤箱中烤成棕红色。

② 滤出油脂，并将骨头放入汤锅内。

③ 加入冷水，煮开，撇去浮沫。

④ 将蔬菜切片，用少量油将其煎成表面棕红，滤出油脂，倒入汤锅中。

⑤ 加入香料包，黑胡椒粒。

⑥ 用小火煮6~8h，并不断撇去浮沫及油脂。

⑦ 用纱布过滤。

在制作布朗基础汤时，可加入一些剁碎的番茄或番茄酱以及一些蘑菇丁等，以增加汤的色泽及香味。此外还可加入少量的肉皮，以增加基础汤的浓度。

质量标准：色泽棕黄，清澈透明。

案例三、鸡基础汤（Chicken stock）

原料配方：鸡骨5kg，清水15kg，葱头350g，芹菜200g，黑胡椒粒10g，香叶、百里香少量。

制作步骤：

① 把鸡骨切块，蔬菜洗净切块。

② 把鸡骨和其他原料放入汤桶内，加入凉水，用旺火煮沸后改用微火煮4h，不断撇

去汤中的油沫和浮油，然后用纱布过滤即好。

质量标准：色泽微黄，清澈透明。

案例四、鱼基础汤（Fish stock）

原料配方：清水 6kg，比目鱼骨或其他白色鱼骨 2kg，洋葱 200g，黄油 50g，黑胡椒粒 6 粒，香叶、番芫荽梗、柠檬汁适量。

制作步骤：

① 将黄油放入厚底锅中，放入葱头片、鱼骨及其他原料，用小火煎 5min 左右，但不要将鱼骨等煎上色。

② 去盖，加入冷水，煮开。

③ 改小火，微沸 20min 左右，并不断撇除浮沫及油脂。

④ 用纱布过滤。

在制作鱼基础汤时，应掌握好煮制时间，汤煮沸后，改小火微沸 20min 左右即可。如煮制时间过长，香味不但不会增加，可能会出现苦涩味。

质量标准：色泽淡白，清澈透明。

案例五、蔬菜基础汤（Vegetable stock）

原料配方：洋葱 200g，芹菜 100g，黑胡椒粒 6 粒，香叶、番芫荽梗、柠檬汁适量。

制作步骤：将蔬菜切片，同其他材料一起放入冷水中，煮沸后，改小火微沸 20min 左右即可。制作蔬菜基础汤时，还可加番茄或番茄酱，也可用白酒醋或干白葡萄酒替代柠檬汁。

质量标准：色泽淡黄，清澈透明。

（四）高汤制作案例

案例、牛肉高汤

原料配方：牛基础汤 500g，洋葱 60g，胡萝卜 30g，芹菜 30g，鸡蛋 2 个，瘦牛肉末 300g，香叶 1 片。

制作步骤：

① 将牛肉末、洋葱碎、胡萝卜片、芹菜段与鸡蛋清搅拌均匀，充分混合。

② 取汤锅一只，倒入牛基础汤，将搅拌均匀的牛肉末倒入汤中。汤锅上火慢慢加热并放入香叶，并不断搅动，以防结底。不要让汤底沸腾，待其将沸时停止搅动。

③ 当肉蓉和鸡蛋混合物渐渐凝固并上浮至汤的表面时，转小火保持炖的状态，使其不断吸附汤中的悬浮颗粒。

④ 撇去表面的浮渣，将汤体过滤一遍。在撇去汤表面浮渣之前，向汤中加入少量冷水，停止加热，并使更多的脂肪和杂质浮上汤面。

⑤ 汤体冷却后若不立即使用，可将汤放入密闭的容器中进行冷藏。

质量标准：汤汁清澈透明，香味浓郁，滋味醇厚，胶质丰富，无油迹。

说明：按照以上烹饪方法可以制作鱼高汤、鸡高汤、猪高汤、火腿高汤和各种野味高汤，使用相应的基础汤替换牛基础汤。

任务 2　西餐的沙司

【任务驱动】

1. 了解西餐沙司相关概念。

2. 掌握沙司的分类方法和生产工艺。

3. 熟悉各类西餐沙司的特点。

4. 掌握常用的西餐沙司。

【知识链接】

一、西餐沙司的概述

（一）西餐沙司的概念

沙司是英文“sauce”的音译，我国北方习惯译成少司，是指经厨师专门制作的菜点调味汁。沙司在西餐烹调中占有十分重要的地位。制作沙司是西餐烹调一项非常重要的工作，一般由受过训练的有经验的厨师专门制作。沙司与菜肴主料分开烹调的方法是西餐烹饪的一大特点。

沙司一般使用味重、黏稠的汤汁来调节、增加菜肴的味道。沙司对于西餐菜肴至关重要，它可以加强菜肴的下列性质：湿度、味道、饱满度、外观（色泽）和口感。

（二）西餐沙司的分类

沙司的种类很多，分类方法也不尽相同，根据其性质和用途可分为热菜沙司、冷菜沙司和点心沙司。

（三）西餐沙司的组成

1. 冷菜沙司

冷菜沙司往往由植物油、白醋、盐、胡椒、辣酱油、番茄酱、辣椒汁等制作的调味汁以及由它们制作的各种各样的沙拉酱及调味汁组成。

2. 点心沙司

用于制作点心沙司往往由白糖、黄油、奶油、牛奶、巧克力、水果、蛋黄等制作而成。

3. 热菜沙司

西餐热菜沙司主要由三种成分构成：沙司的主体（汤汁）、黏稠物质、调味品和增味成分。为了熟悉掌握沙司的制作，必须首先学会如何制作和使用这些成分。

（1）汤汁　汤汁构成了大多数沙司的主体或基础。沙司基本上是在5种汤汁的基础上制作而成的，这些沙司被称为主沙司或母沙司。

① 白色高汤（鸡肉高汤、小牛肉高汤、鱼高汤）用于制作黏稠沙司。

② 上色高汤用来制作上色沙司或褐色沙司。

③ 牛奶用来制作白沙司。

④ 番茄加高汤用来制作番茄沙司。

⑤ 澄清后的黄油用来制作荷兰沙司。

经常使用的沙司是以高汤为基础制成的，沙司质量的高低也取决于高汤制作的好坏。

（2）增稠剂　沙司的种类很多，大多数沙司都具有一定的浓度。沙司的浓稠度一般以能够挂着在食物上不流为宜。具体的稀稠浓度要根据菜肴的要求去调制，沙司浓度的调节剂主要有以下几种。

① 油炒面（Roux）：油炒面又称黄油面粉糊、面捞，用油脂和面粉一起烹调制成，主要有三种类型。

A. 白色油炒面（White roux）

原料配方：黄油∶面粉＝1∶1

制作步骤：将黄油融化，加入面粉并搅均匀，放于120～130℃炉灶上或160℃左右的烤箱内，加热几分钟，至面粉松散、不变色即可。

用途：白色油炒面主要用于牛奶白沙司、奶油汤的制作。

B．淡黄色油炒面（Blond roux）

原料配方：黄油∶面粉＝1∶1

制作步骤：加热时间较白色油炒面稍长些，加热至面粉松散、呈淡淡的浅黄色即可。

用途：淡黄色油炒面主要用于白沙司、番茄沙司和奶油汤的制作。

C．布朗油炒面（Brown roux）

原料配方：黄油∶面粉＝4∶5

制作步骤：用黄油将面粉慢慢炒至松散，呈浅棕色即可。注意不要烹调过度，使油炒面变成深褐色，这样会使淀粉发生老化，失去变稠的性能，也会使油脂从油炒面中分离出来，并产生不良气味。

用途：布朗油炒面主要用于布朗沙司的制作。

② 粟米粉、慈菇粉、薯粉或藕粉

制作步骤：将这些淀粉类原料用水或牛奶、基础汤稀释，调入煮汁中即可。

用途：淀粉类原料主要用于烤肉原汁的制作。

③ 黄油面团（Beurre mainné）

制作步骤：用相同的黄油或人造黄油与面粉搓揉成光滑的面团，调入煮汁中。

用途：黄油面团主要是"应急之用"。

④ 蛋黄（Egg yolk）

用途：蛋黄主要用于马乃沙司、荷兰沙司、吉时汁的制作。根据实例的不同进行不同的运用。

⑤ 奶油和黄油（Cream and butter）

制作步骤：将鲜奶油、黄油分别或一起放入浓缩的基础汤里，调节沙司的浓度。

用途：应用范围广泛。

（3）其他调味成分　虽然构成沙司主体的汤汁为沙司提供了基本的调味成分，但还要加入其他成分，增加沙司主体味道变化层次，以使沙司味道更完美。由基本沙司加入不同调味成分，可以演变为成百上千种沙司。

在烹饪学习中，沙司制作所占比例较大，制作好沙司是走向成功的基石。

（四）西餐沙司的作用

沙司是西餐菜点的重要组成部分，尤其在菜肴中起到举足轻重的作用，主要表现在以下几个方面。

1．增加菜点的色泽

各种各样的沙司由于制作中的原料不同，有着不同的颜色，如褐色、红色、白色、黄色等。黄色以咖喱居多，白色多为奶油沙司，红色一般为番茄沙司调味汁，茶褐色为西班牙风味和多米尼加风味的沙司。

2．增加菜点的香味

西餐沙司使用的原料很多，其中有一类为香料，包括新鲜的香草和干制的香料，巧妙运用能增加沙司的香气，从而赋予菜点以诱人的香味。另外，还有西餐烹调用酒的使用也能达到同样的效果。

3. 确定或增加菜点的口味

制作各种热菜的沙司都是由不同的基础汤汁制作的，这些汤汁都含有丰富的鲜味物质，同时还能把各种调味品溶于沙司中，增加菜肴的口味，而且大部分沙司都有一定的稠度，能均匀地包裹在菜肴的表层，这样能使一些加热时间短、未能充分入味的原料同样富有滋味。一些沙司直接调制的菜肴，其口味主要由沙司来确定，一些单配的沙司也能给菜肴增加美味。

4. 美化菜点造型

由于在制作沙司时使用了油脂，所以沙司色泽会显得鲜艳光亮。而且在装盘时沙司浇淋所形成的图案能够平衡它与主料的重心，从而彰显主料的特点，增加整体造型的流动感，使菜肴的造型更加美观。

5. 改善菜点的口感

由于大部分沙司都有一定的稠度，可以裹在菜肴的表层，这就可以使菜肴内部热量不易散失，还可以防止菜肴水分散逸，从而改善菜点的口感。

（五）沙司制作的关键步骤及注意事项

1. 关键步骤

（1）浓缩（Condensing）　以小火长时间浓缩沙司，使其味道浓郁，稠度增加，更富有光泽。

（2）去渣（Deglazing）　以清汤或烹调用酒将粘于锅底的原料溶解，此过程使沙司更有风味。

（3）过滤（Straining）　调制出的沙司经过滤后，才能显示出质地细腻的效果。

（4）调味（Seasoning）　细心、准确的调味能够使沙司增色无限。

2. 注意事项

（1）严格按照配方制作沙司，不要随意添加配料和调味料。

（2）制作过程中要及时用木匙或打蛋器搅拌，以免糊底。

（3）沙司制作结束时，可以加入一些奶油、黄油来增加沙司的光泽。

（4）热菜沙司要及时保温，防止结皮；冷菜沙司要及时冷藏。

二、西餐沙司及制作案例

（一）西餐热菜沙司

西餐中的热沙司品种很多，归纳起来主要有白沙司、布朗沙司、烧汁、荷兰沙司、番茄沙司、咖喱沙司和其他特殊沙司。这些沙司都是基础沙司，西餐中的大多数热沙司都是以这些沙司为基础演变的。

1. 白沙司（béchamel sauce）及衍生的沙司

传统的白色沙司是用文火将无脂小牛肉、香草和调味料与黄油炒面煮制 1h 而成，或者向黄油炒面粉中加入白色小牛肉高汤，然后再经过浓缩而制成。但是现今厨师很少采用这些方法。

现今普遍使用的制作简单的白沙司（将牛奶和油脂面粉糊简单混合而成），加入洋葱和调味品并经过文火煮制，可以提高白沙司的质量。

（1）白沙司

原料配方：黄油 250g，面包粉 250g，牛奶 4L，小洋葱 1 只，香叶 1 片，丁香 3 粒，盐、豆蔻粉、白胡椒粉适量。

制作步骤：

① 黄油放入厚底锅内，慢火加热，熔化，加入面粉制成白色油脂面粉糊。将油脂面粉糊稍微冷却，待用。

② 在另一个沙司锅中将牛奶煮热，把牛奶逐步加入油脂面粉糊中，不断搅动。

③ 将沙司煮沸，连续搅动。然后用文火继续煮制。加入香叶、丁香、洋葱，继续煮制 15 ~ 30min，不断搅动。

④ 加入盐、豆蔻粉、胡椒粉调味。

⑤ 过滤，表面浇上熔化的黄油，以防沙司起皮。

质量标准：沙司色泽乳白，有光泽，细腻滑爽，呈半流体。

（2）演变的沙司　以牛奶白沙司为基础，可以演变出多种沙司，常见的有：

① 鱼沙司：在白汁沙司内，加入鱼柳或鱼精即可。鱼沙司主要用于温煮、沸煮、煎制的鱼类菜肴。

② 鸡蛋沙司：将煮鸡蛋切成小丁，放入白汁沙司内，煮透即可。鸡蛋沙司主要用于温煮、沸煮的鱼类菜肴。

③ 洋葱沙司：用黄油将洋葱碎炒香，但不要上色，加入白汁沙司内，煮透即可。洋葱沙司主要用于烤羊腿等菜肴。

④ 番芫荽沙司：在白汁沙司内加入番芫荽末，煮透即可。番芫荽沙司主要用于温煮、沸煮的鱼类、蔬菜菜肴。

⑤ 奶油沙司：在白汁沙司内加入奶油，煮透即可。奶油沙司主要用于温煮、沸煮的鱼类、蔬菜菜肴。

⑥ 莫内沙司：在白汁沙司内加入芝士粉。

⑦ 芥末沙司：在白汁沙司内加入稀释英式芥末粉，煮透即可。芥末沙司主要用于铁扒的鱼类菜肴。

⑧ 番红花沙司：在白汁沙司内加入奶油和番红花或番红花粉，煮透即可。番红花沙司主要用于海鲜菜肴。

2. 肉汁白沙司（Véloute）及衍生的沙司

肉汁白沙司又称肉汁或白汁，英文名为 white sauce，法文名为 véloute。制作这种白沙司的基础是淡黄色油炒面和白色基础汤。

（1）肉汁白沙司

原料配方：白色基础汤 500g，面粉 100g，黄油 100g，盐 3g，白胡椒粉 1g，香叶 1 片。

制作步骤：

① 用黄油将面粉炒香，先加入一半的白色基础汤，一边加一边用力搅拌均匀，至汤与面粉完全融为一体时，再加入其余的基础汤及香叶，用微火煮 20min，同时不断搅动，以免糊底。

② 最后放入盐、胡椒粉调味即可。

质量标准：沙司色泽洁白，细腻有光泽，呈半流体状。

（2）演变的沙司　这种白沙司也是一种基础沙司，可以演变出多种沙司，常见的有以下几种。

① 酸豆沙司：在肉汁白沙司内加入酸豆，煮透即可。酸豆沙司主要用于煮羊腿。

② 蘑菇沙司：在肉汁白沙司内加入白蘑菇片，微沸 15min，撤火，加入蛋黄和奶油，搅拌均匀即可。蘑菇沙司主要用于煮鸡、烩鸡等。

③ 他里根沙司：将他里根香草在干白葡萄酒内煮软，加入肉汁白沙司内，调入奶油，煮透即可。他里根沙司主要用于煮鸡等。

④ 顶级沙司：在肉汁白沙司内加入切碎的蘑菇丁，煮透，滤去蘑菇丁，撤火，逐渐加入奶油、蛋黄、柠檬汁，搅拌均匀即可。顶级沙司主要用于煮鸡、烩鸡等。

⑤ 曙光沙司：在顶级沙司的基础上加入番茄汁，使其有轻微的番茄味即可。曙光沙司主要用于煮鸡、煮鸡蛋等。

⑥ 奶油莳萝沙司：在用鱼基础汤制作的白沙司内，加入奶油、莳萝、干白葡萄酒，煮透即可。奶油莳萝沙司主要用于烩海鲜等。

3. 布朗沙司（Brown Sauce）及衍生的沙司

布朗沙司又称黄汁、红汁，制作布朗沙司的基础是布朗基础汤和布朗油炒面。

（1）布朗沙司

原料配方：布朗基础汤 20L，黄油 50g，面粉 60g，番茄汁或番茄酱 100g，牛骨 10kg，蔬菜香料（洋葱、胡萝卜）200g，香叶、百里香适量。

制作步骤：

① 将牛骨和蔬菜香料烤至浅棕色。

② 将黄油放入厚底锅中，加入面粉，微火炒至浅棕色，晾凉。

③ 加入番茄酱，再逐渐加入热的布朗基础汤，搅拌均匀。

④ 再加入牛骨、蔬菜香料、香叶、百里香等。

⑤ 小火，微沸，煮制 4 ~ 6h，并不断撇去汤中浮沫和油脂，过滤即可。

注：制作布朗沙司时，可根据需要加入部分胡萝卜粒、火腿粒、培根等增加香味的辅料。此外，还可以加入红酒、雪利酒等增加沙司的色泽和香味。

质量标准：色呈棕红，近似流体，口味香浓。

（2）布朗沙司衍生的沙司　以布朗沙司为基础，可以衍生出很多用途不同的沙司。

① 烧汁：是在布朗沙司中再加入烤至棕色的牛骨或小牛骨等，浓缩到一半以上后，调味而成的。

② 波都沙司：将洋葱碎、胡椒碎、香叶、百里香等放入红酒中煮制，浓缩至 1/4 左右，加入烧汁或布朗沙司，煮透，调口，过滤即可。波都沙司主要用于牛排、小牛排等。

③ 猎户沙司：黄油炒洋葱碎至软，加入蘑菇片，炒透，控油，加入白葡萄酒，浓缩至一半以上，再加入番茄粒、烧汁或布朗沙司，小火，微沸，煮透，最后加入番芫荽末、他里根香草，调口即可。猎户沙司主要用于牛排、小牛排以及烩牛肉、羊肉、鸡肉等。

④ 黑胡椒沙司：洋葱碎、蒜碎用黄油炒香，加入黑胡椒碎、红酒，小火浓缩至 1/4 左右，再加入烧汁或布朗沙司，煮透，调味即可，不用过滤。黑胡椒沙司主要用于牛排。

⑤ 蜂蜜沙司：将糖炒成糖色，加入烧汁或布朗沙司内，调入蜂蜜、火腿皮，小火，微沸，煮透，调味即可。蜂蜜沙司主要用于火腿。

⑥ 迷迭香沙司：在烧汁或布朗沙司内，加入烤鸡原汁及烤鸡骨，放入迷迭香、红酒，

浓缩至一半，调口，过滤即可。迷迭香沙司主要用于烤鸡。

⑦ 马德拉酒沙司：在沙司锅内倒入马德拉酒，稍煮，加入烧汁或布朗沙司，煮透，调味，过滤，稍晾凉后，调入黄油即可。马德拉酒沙司多用于牛排、牛舌等。

⑧ 雪利酒沙司、波尔图红酒沙司：这两种沙司的制法与马德拉酒沙司相同，前者选用雪利酒，后者选用波尔图红酒（砵酒）。主要用于猪排、牛排、牛柳等。

⑨ 布朗洋葱沙司：布朗洋葱沙司又称里昂沙司。用黄油将洋葱丝小火炒软，加入红酒或白醋，充分浓缩，加入烧汁或布朗沙司，煮透，调味即可。布朗洋葱沙司多用于小牛排、煎牛肝、鹅肝等。

⑩ 魔鬼沙司：将冬葱碎、洋葱碎、胡椒碎和杂香草等，用红葡萄酒和少量白醋小火煮制，浓缩至一半，加入烧汁或布朗沙司，煮透，再调入少许辣椒粉或芥末粉调味，过滤，调口即可。魔鬼沙司常用于铁扒、煎的鱼类、肉类菜肴等。

4. 黄色沙司及其衍生沙司

(1) 咖喱沙司（Curry sauce）

原料配方：

咖喱粉25g，咖喱酱250g，姜黄粉25g，什锦水果（苹果、香蕉、菠萝等）300g，鸡基础汤3kg，葱头25g，蒜35g，姜50g，青椒50g，土豆1kg，橄榄油50g，辣椒1个，香叶2片，丁香1粒，椰子乳100g，盐3g。

制作步骤：

① 把各种蔬菜洗净，葱头、青椒切块，水果、土豆去皮切片，姜、蒜切片。

② 用油将葱头、姜、蒜炒香，放入咖喱粉、咖喱酱、姜黄粉、丁香、香叶、辣椒炒透，再放入土豆、青椒、水果稍炒，放入鸡基础汤在微火上煮1.5h，至蔬菜和水果软烂，再用料理机打成泥，如浓度不够可用油炒面调剂稠度，加入盐、椰子乳调味，煮沸过筛即成。

质量标准：色泽黄绿，口味多样。

注：咖喱沙司常用于家禽类菜肴。以咖喱沙司为基础调制的沙司种类不多，最常见的是奶油咖喱沙司，在咖喱沙司内加入1/3的鲜奶油，用小火煮浓而成，常用来配水煮鱼。

(2) 苹果沙司（Apple sauce）

原料配方：

酸苹果400g，黄油25g，砂糖2g，玉桂粉适量。

制作步骤：

① 苹果去皮、去核，洗净切块。

② 放入沙司锅内，加入黄油、砂糖和少量水，加上严实的盖。

③ 煮至苹果软烂，成茸汁状，过滤成泥即可。

质量标准：沙司色泽米黄，香甜适口。

注：苹果沙司常用于配烤猪排、烤鸭、烤鹅等。

5. 番茄沙司及其衍生沙司

(1) 番茄沙司（Tomato sauce）

原料配方：

鲜番茄500g，黄油50g，面粉50g，蒜泥50g，基础汤2500g，培根丁30g，洋葱粒

100g，胡萝卜粒 50g，芹菜粒 50g，百里香、香叶、盐、胡椒粉适量。

制作步骤：

① 将番茄洗净，去皮、去子，用粉碎机打碎。

② 用黄油将辅料炒香，并轻微上色。

③ 调入面粉，炒至松散，加入番茄茸，炒透，晾凉。

④ 逐渐加入煮开的基础汤，搅拌均匀。

⑤ 加入蒜泥、盐、胡椒粉调口，小火，微沸煮 1h 左右，过滤即可。

质量标准：沙司色泽鲜红，细腻有光泽，口味浓香，酸咸。

注：番茄沙司常用于煎鱼、炒面条等。

（2）番茄沙司衍生的其他沙司

① 杂香草沙司：用黄油将洋葱末、蒜末炒香，然后放入番茄酱、杂香草稍炒，烹入少量红葡萄酒，再加入番茄沙司调匀即成。适用于各类菜肴。

② 普鲁旺沙司：用葡萄酒把洋葱末、大蒜末煮透，加入番茄沙司开透，再撒上芫荽末、橄榄丁、蘑菇丁搅匀，烧开即可。适用于各类菜肴。

③ 西班牙沙司：用黄油把洋葱丝、大蒜片、青椒丝、鲜蘑菇片等炒熟，加入番茄沙司开透，再撒上番茄丝、西式火腿丝，调味即可。适用于各类菜肴。

④ 葡萄牙沙司：用黄油把洋葱丁、大蒜末炒透，加入番茄沙司烧透，再撒上番芫荽、番茄丁，搅匀，烧开即成。适用于各类菜肴。

⑤ 美国沙司：用黄油把洋葱末、芹菜末、胡萝卜末、香叶炒香，加入番茄沙司烧透，再撒上番茄丁，烧开即成。适用于红烩类菜肴。

6. 荷兰沙司（Hollangaise sauce）及其衍生沙司

（1）荷兰沙司

原料配方：

蛋黄 2 个，清黄油 200g，白醋或柠檬汁 50g，白兰地 50g，香叶 2 片，黑胡椒粒 6 粒，洋葱 50g，盐、辣酱油适量。

制作步骤：

① 把洋葱末、香叶、黑胡椒、柠檬汁或白醋放入沙司锅内，充分浓缩，过滤。

② 将过滤后的浓缩汁再加入适量的清水，晾凉。

③ 将蛋黄放入沙司锅内，搅打均匀。

④ 再将沙司锅放入 50～60℃的热水中，加入白兰地，并不断搅打，直至将蛋黄打起。

⑤ 从热水中取出沙司锅，稍晾凉。

⑥ 再逐渐加入融化的清黄油，不断搅打，直至完全融合，加入晾凉的浓缩汁，调味即可。荷兰沙司如不及时使用，应在微热的温度下保存。

质量标准：沙司色泽浅黄，细腻有光泽，口味咸酸，黄油味浓郁。

（2）以荷兰沙司为基础演变的沙司

① 马耳他沙司：在荷兰沙司内加入橙汁、橙皮丝，搅匀即可。马耳他沙司常配芦笋食用。

② 摩士林沙司：在荷兰沙司内加入奶油，搅匀即可。摩士林沙司常用于焗制菜肴。

③ 班尼士沙司：用白葡萄酒或白酒醋将他里根香草煮软，倒入荷兰沙司内，加入番

芫荽末，搅匀即可。班尼士沙司常用于烤、铁扒的肉类或鱼类菜肴。

7. 硬黄油沙司（Hard－butter sauce）

硬黄油沙司是以黄油为主料制作的固体沙司，主要用于特定菜肴。常见的硬黄油沙司有以下几种：

（1）香草黄油（Spice butter）

原料配方：

黄油 1000g，法国芥末 20g，冬葱碎 100g，洋葱碎 100g，香葱 50g，牛膝草 5g，莳萝 10g，他拉根香草 8g，银鱼柳 10 条，蒜碎 10g，咖喱粉 5g，红椒粉 5g，柠檬皮 5g，橙皮 3g，白兰地酒 50g，马德拉酒 50g，辣酱油 5g，盐 12g，黑胡椒粉 10g，蛋黄 4 个。

制作步骤：

① 把黄油软化，然后将其打成奶油状。

② 用黄油将冬葱碎、洋葱碎、蒜末炒香至软。

③ 加入其他原料，稍炒，晾凉，放入软化的黄油中，再加入蛋黄，搅拌均匀。

④ 将搅匀的油用油纸卷成卷或用挤带挤成玫瑰花形，放入冰箱冷藏，备用。

注：香草黄油应用广泛，变化也较多，不同的厨师有不同的调制方法，常用于烤、铁扒的肉类菜肴等。

（2）蜗牛黄油（Snail butter）

原料配方：

黄油 1000g，番芫荽末 50g，冬葱碎 100g，蒜茸 50g，银鱼柳 30g，他拉根香草 15g，牛膝草 5g，白兰地酒 50g，柠檬汁 50g，红椒粉 10g，水瓜柳 25g，咖喱粉 10g，盐 15g，胡椒粉、辣酱油少量，鸡蛋黄 6 个。

制作步骤：

① 把黄油软化，然后将其打成奶油状。

② 用黄油将冬葱碎、蒜蓉炒香至软。

③ 加入其他原料，稍炒，晾凉，放入软化的黄油中，再加入蛋黄，搅拌均匀。

④ 将搅匀的黄油用油纸卷成卷或用挤带挤成玫瑰花形，放入冰箱冷藏，备用。

注：蜗牛黄油主要用于蜗牛的烹调。

（3）番芫荽黄油（Parsley butter）

原料配方：

黄油 100g，番芫荽末 10g，柠檬汁、盐、胡椒粉少量。

制作步骤：

① 将黄油软化，打成奶油状，加入柠檬汁、胡椒粉、盐、番芫荽末搅匀。

② 用油纸卷成直径 3cm 左右的卷，放入冰箱冷冻，备用。

③ 番芫荽黄油常用于铁扒的肉类菜肴，如大管式牛排。

（4）鳀鱼黄油（Anchovy butter）

原料配方：

黄油 50g，鳀鱼柳 25g，盐、胡椒粉适量。

制作步骤：

将黄油软化，鱼柳切碎与黄油混合，盐、胡椒粉调味，搅拌均匀，用油纸卷成卷，放入冰箱，备用。

注：鳀鱼黄油常用于煎、铁扒的鱼类菜肴。

（二）西餐冷菜沙司及调味汁

各种冷沙司及冷调味汁是调制冷菜的主要原料，有些品种还可佐餐热菜。冷沙司与冷调味汁大体可以分为三类，即蛋黄酱又称马乃司沙司（Mayonnaise sauce）、特别沙司（Special cold sauce）和油醋沙司（Worcestershire sauce）。

1．马乃司沙司（Mayonnaise sauce）

马乃司沙司（Mayonnaise sauce）

原料配方：

鸡蛋黄2个，沙拉油500g，芥末20g，柠檬汁60g，冷清汤50g，盐15g，胡椒粉适量。

制作步骤：

① 把蛋黄放在陶瓷皿中，再放入盐、胡椒粉、芥末。

② 用蛋抽子把蛋黄搅匀，然后徐徐加入沙拉油，并用蛋抽子不停地搅拌，使蛋黄与油融为一体。

③ 当搅至黏度大，搅拌吃力时，可加入一些白醋和冷清汤，这时黏度减小，颜色变浅可继续加沙拉油。直到把油加完，再加上其他辅料，搅匀即成。

注：如用量大可用打蛋机搅制。

质量标准：

① 色泽：浅黄，均匀，有光泽。

② 形态：稠糊状。

③ 口味：清香及适口的酸、咸味。

④ 口感：绵软、细腻。

制作原理：

制作马乃司沙司主要利用了脂肪的乳化作用，油与水本身是不亲和的，但通过机械的搅拌可使其均匀分散形成乳浊液，但静止后油和水就又分离，如果在乳液中加入乳化剂，就可以使乳液形成相对的稳定状态。

在制作马乃司沙司时，用生鸡蛋黄作乳化剂，因为鸡蛋黄本身就是乳化了的脂肪，其中又含有较高的卵磷脂，卵磷脂是一种天然的乳化剂，它的分子结构中既有亲水基又有疏水基。当我们在蛋黄内加油搅拌时，油就形成肉眼看不到的微小油滴，在这些小油滴的表层乳化剂中的疏水基与其相对，形成薄膜。与此同时，乳化剂中的亲水基与水分子相对。当马乃司很黏稠时，也就是油的比例过高时，就要加入部分水分，使油和水的比例重新调整，才可继续加油。

保管方法：

① 存放于5～10℃的室温或0℃以上的冷藏箱中。温度过高时，马乃司易脱油，结冰后再解冻也会脱油。

② 存放时要加盖，否则会因表层水分蒸发而脱油。

③ 取用时应用无油器具，否则也易脱油。

④ 避免强烈的振动，以防脱油。

以马乃司为基础可以衍变出很多沙司，常见的有以下几种：

① 鞑靼沙司（Tartar sauce）

原料配方：

马乃司沙司250g，煮鸡蛋1个，酸黄瓜50g，番芫荽15g，洋葱20g，盐、胡椒粉、柠檬汁适量。

制作步骤：

把煮鸡蛋、酸黄瓜切成小丁，番芫荽切末然后把所有原料放在一起，搅匀即可。

质量标准：黄里带黑，味香而醇。

注：用于佐配海鲜、水产品等菜肴。

② 千岛汁（Thousand islands dressing）

原料配方：

马乃司沙司500g，番茄沙司200g，煮鸡蛋1个，酸黄瓜35g，洋葱25g，番芫荽15g，盐、胡椒粉、柠檬汁适量。

制作步骤：

把煮鸡蛋、酸黄瓜、洋葱切碎，然后把所有原料放在一起搅均匀即可。

质量标准：粉红色，香甜酸辣。

注：主要用于佐配海鲜、水产品等菜肴。

③ 法国汁（French dressing）

原料配方：

马乃司沙司500g，清汤200g，沙拉油50g，法国芥菜50g，白醋100g，葱末50g，蒜蓉40g，辣酱油、柠檬汁、豆蔻粉、盐、胡椒粉各适量。

制作步骤：把除马乃司沙司以外的所有原料放在一起搅匀，然后逐渐加入马乃司内，同时用蛋抽搅拌均匀即成。

质量标准：淡白色、味酸微辣。

注：用于佐配蔬菜、肉类、海鲜、水产品等菜肴。

④ 奶酪汁（Cheese dressing）

原料配方：

马乃司沙司250g，蓝奶酪150g，葱头末50g，蒜蓉25g，酸奶50g，白醋15g，芥末25g，纯净水50g。

制作步骤：把蓝奶酪切碎放入马乃司沙司内，搅拌均匀，再加入其他调料即可。

质量标准：色泽奶白、口味酸辣。

注：用于佐配蔬菜类沙拉。

⑤ 鸡尾汁（Cocktail sauce）

原料配方：

马乃司沙司250g，辣椒汁5g，白兰地酒15mL，番茄沙司20g，盐5g，白胡椒5g，李派林汁15g，柠檬汁10g。

制作步骤：

将番茄酱加入马乃司沙司内，搅拌均匀，再加入其他调料调味即可。白兰地酒最后加入，以免酒味挥发。

质量标准：色泽粉红、口味香辣。

注：用于佐配海鲜、水产类菜肴。

2. 油醋沙司或油醋汁

（1）油醋沙司（Worcestershire Sauce）

原料配方：

橄榄油 250g，白醋 50g，葱头末 75g，盐 6g，胡椒粉 2g，杂香草 5g。

制作步骤：把原料放在一起搅拌均匀即可。

质量标准：色泽淡黄，酸味宜人。

注：用于佐配蔬菜类沙拉。

以油醋沙司为基础可以衍生出很多沙司，常见的有以下几种。

① 渔夫沙司（Fisherman sauce）

原料配方：油醋沙司 100g，熟蟹肉 15g。

制作步骤：把蟹肉切碎放入油醋沙司内，搅拌均匀即好。

质量标准：色泽淡黄，酸味利口。

注：用于佐配海鲜、水产品等菜肴。

② 挪威沙司（Norway sauce）

原料配方：

油醋沙司 100g，鳀鱼 5g，熟鸡蛋黄 15g。

制作步骤：把熟鸡蛋黄和鳀鱼切碎，放入油醋沙司内，搅拌均匀即好。

质量标准：色泽淡黄、味道醇厚。

注：用于佐配海鲜、水产品等菜肴。

③ 醋辣沙司（Ravigote sauce）

原料配方：

油醋沙司 150g，酸黄瓜 15g，水瓜纽 10g。

制作步骤：

把酸黄瓜和水瓜纽切碎，放入油醋沙司内，搅拌均匀即好。

质量标准：色泽淡黄，口味酸咸。

注：用于佐配海鲜、水产品等菜肴。

（2）意大利油醋汁（Italian vinaigrette dressing）

原料配方：

芥末 15g，青椒 25g，红圆椒 15g，洋葱 15g，橄榄油 50g，红葡萄酒 15g，红酒醋 15g，白醋 5g，牛膝草 3g，盐、胡椒粉适量。

制作步骤：

① 将红葡萄酒用小火浓缩。

② 将青椒、圆红椒、洋葱切成碎粒。

③ 用橄榄油慢慢将芥末顺同一方向调开，加入红酒醋、白醋和浓缩红葡萄酒。

④ 最后加入切好的碎粒和盐、胡椒粉、牛膝草即可。

质量标准：色泽鲜艳，口味酸辣。

注：任意菜式均可使用。

（3）法国油醋汁（French vinaigrette dressing）

原料配方：

芥末 15g，青椒 15g，红圆椒 10g，洋葱 15g，橄榄油 50g，白葡萄酒 15g，白酒醋 15g，白醋 5g，牛膝草 3g，大蒜 5g，盐、胡椒粉适量。

制作步骤：

① 将白葡萄酒用小火浓缩。

② 将青椒、圆红椒、洋葱、大蒜切成碎粒。

③ 用橄榄油慢慢将芥末顺同一方向调开，加入白酒醋、白醋和浓缩白葡萄酒。

④ 最后加入切好的碎粒和盐、胡椒粉、牛膝草即可。

质量标准：色泽和谐、口味酸辣。

注：一般油醋汁中醋和油的比例为 1∶2。

3. 特别沙司

特别冷沙司的制作都不尽相同，较为常见的有以下几种。

（1）金巴伦沙司（Cumberland sauce）

原料配方：

红加伦果酱 500g，柠檬汁 100g，橙汁 100g，橙皮 5g，柠檬皮 5g，波尔图酒 150g，英国芥末、红椒粉、盐各少量。

制作步骤：

① 将橙皮、柠檬皮切成细丝用清水煮沸，捞出晾凉。

② 把煮过的橙皮、柠檬皮及其他辅料一起放入红加伦果酱内，搅拌均匀即好。

质量标准：色泽鲜艳、口味酸甜。

注：用于佐配各种肉食。

（2）辣根沙司（Horseradish sauce）

原料配方：

辣根 200g，奶油 100g，柠檬汁 50g，盐、红椒粉各少量。

制作步骤：把辣根擦成细蓉，把奶油打成膨松状。把所有主辅料混合均匀即好。

质量标准：辛辣利口、酸甜解腻。

注：用于佐配胶冻类和油腻较大的肉。

（3）薄荷沙司（Mint sauce）

原料配方：薄荷叶 50g，白醋 400g，糖 80g，纯净水 400g，盐少量。

制作步骤：把薄荷叶切成碎末，与所有辅料混合，上火煮透，然后晾凉即好。

质量标准：荷绿色、口味清凉。

注：主要用于佐配烧烤羊肉类菜肴。

（4）意大利汁（Italian dressing）

原料配方：沙拉油 500g，黑橄榄 50g，酸黄瓜 30g，芥末 50g，葱头末 30g，蒜蓉 20g，红葡萄酒 50g，黑胡椒 10g，柠檬汁 20g，红醋 50g，番芫荽 10g，辣酱油 10g，盐、糖、他拉根香草、阿里根奴、罗勒各适量。

制作步骤：

① 把酸黄瓜、黑橄榄切成末，黑胡椒碾碎。

② 把除红醋外的辅、调料放在一起，搅匀然后逐渐加入沙拉油，边加油边搅拌，直到把油加完，最后倒入红醋搅匀即成。

质量标准：色泽美观，口味鲜香。

注：主要用于各种蔬菜沙拉。

(5) 凯撒汁（Caesar dressing）

原料配方：鸡蛋黄3个，芥末15g，蒜末5g，银鱼柳10g，洋葱末5g，水瓜柳10g，辣椒汁10g，柠檬汁5g，橄榄油15g。

制作步骤：

① 将鸡蛋黄和芥末混合，加入切成泥状的银鱼柳，慢慢淋入橄榄油，边淋边用打蛋器将蛋液顺同一方向匀速搅打至涨发。

② 加入柠檬汁，将汁水稀释至适当厚度。

③ 加入蒜末、洋葱末、水瓜柳、辣椒汁，调味即可。

质量标准：酸辣鲜香，色泽鲜艳。

注：凯撒汁与生菜拌好，放上帕玛森芝士片、培根片、面包丁，即成凯撒沙拉。

(三) 西餐点心沙司

用于西餐点心的专门沙司较少，而且它们往往与点心馅心和装饰物混为一体，这里介绍几例作为参考。

1. 蛋黄格斯沙司（Custard sauce 又名忌林沙司）

原料配方：牛奶500g，鸡蛋黄3个，白糖100g，面粉100g，香兰素0.5g。

制作步骤：

① 将蛋黄、糖放入沙司锅搅拌，至起泡后加面粉拌匀。

② 把烧沸的牛奶冲入沙司锅内，边冲边搅，以防起疙瘩。

③ 用微火加热，加入香兰素拌和即成。

质量标准：色泽浅黄，味香嫩滑。

注：此沙司适用于蛋糕、布丁。

2. 巧克力沙司（Chocolate sauce）

原料配方：

无糖黑巧克力150g，浓奶油150mL，牛奶125mL。

制作步骤：

将巧克力磨碎，与浓奶油和牛奶混合后放入碗中，一边用文火隔水蒸，一边不断搅拌即成。

质量标准：色泽黑亮，浓郁香甜。

注：此沙司适用于佐配蛋糕、布丁等。

3. 焦糖沙司（Caramel sauce）

原料配方：

细砂糖150g，水125mL。

制作步骤：

将细砂糖加水，用打蛋器不断搅拌，加热煮制浓稠状，颜色为棕色即成。

质量标准：色泽油棕，浓郁香甜。

注：此沙司用于佐配泡芙、布丁等。

思 考 题

1. 简述基础汤的概念、种类及其特点。
2. 简述高汤制作原理及制作程序。
3. 试述基础汤在西餐制作中的地位。
4. 西餐沙司如何分类？
5. 简述沙司制作的关键步骤及注意事项。
6. 简述荷兰沙司的制作过程。
7. 简述布朗沙司的制作过程。
8. 试述沙司制作的注意事项。
9. 试述蛋黄酱的制作原理。

项目二　西餐汤类菜肴制作

【学习目标】

1. 了解汤类菜肴在西餐中的地位及作用。
2. 掌握清汤、浓汤、冷汤的制作技巧，熟悉高汤的制作方法。
3. 熟悉各国特色汤。

任务1　清　　汤

【任务驱动】

1. 了解清汤的概念、种类及制作原理。
2. 熟悉清汤的制作步骤，掌握制作技巧。
3. 掌握清汤经典案例。

【知识链接】

西餐清汤鲜美、清淡，为西餐汤类中较为普通的品种。清汤可单独上桌供饮，也经常加一些辅助原料，配制成多种多样的汤品。

“Consomme”是指“特制清汤”，是在基础汤的基础上，加上鸡蛋清、蔬菜香料和冰块，用低温炖制2～3h，过滤而成，汤色清澈透明、口味鲜美香醇。

制作清汤利用了蛋白质热变性的原理，把瘦肉、蛋清等加水搅匀放置一小时，是为了使蛋白质溶于水中。当把瘦肉、蛋清等加入基础汤后，用木铲搅动，可以使蛋白质和汤液充分接触，这样，当加热后蛋白质变性、凝固的同时，也把汤液中的其他悬浮物凝固在一起，通过过滤从而使汤液更加清澈。

牛肉清汤、鸡肉清汤、鱼肉清汤是基本的汤，在此基础上，加上不同的汤料就可以制成许多清汤品种。在选择汤料时要能保持或突出清汤本身的特点。

1. 清汤（Consomme）

原料配方：基础汤1500mL，瘦牛肉馅500g，蛋白50g，蔬菜香料（葱头、胡萝卜、芹菜）100g，香草束（百里香、香叶、番芫荽）、黑胡椒粒、盐适量。

制作步骤：

① 将牛肉馅、蛋白、盐和少量的基础汤，放入厚底锅内，充分搅拌。

② 蔬菜香料洗净，去皮，切片。

③ 将搅好的牛肉馅和香草束、黑胡椒粒一起放入剩余的基础汤中。

④ 将汤锅放在小火上，慢慢加热，并不断用木匙搅拌，使汤液与牛肉充分接触。

⑤ 当汤温上升至90℃以上，快煮沸时，立刻改微火，使汤保持微沸状态，切忌使汤液翻滚，影响汤的质量。

⑥ 保持微沸状态1.5～2h，并在此期间加入蔬菜香料（此时肉馅中的蛋白质已将汤中杂质凝结起来，沉在锅底或浮于汤面上，所以此时切忌搅拌）。

⑦ 小心用双重纱布过滤，并用吸油纸将汤中油脂吸出。

⑧ 如果有必要，可以用同样的方法再“吊一次”（经过两次吊制的清汤称为“牛肉茶”，英文为“beef tea”）。

注：清汤可以选用不同的基础汤煮制，既可用各种布朗基础汤，也可选用各种白色基础汤。

质量标准：浅琥珀色，清澈透明，口味香醇浓郁。

清汤应该如水晶般清澈、干净。清汤透明、澄清的关键是由肉馅和蛋清混合体中的蛋白质决定的，随着汤温的上升，蛋白质会发生变性凝固，而浮到汤液上面，并带走汤液中的悬浮物和其他杂质，使汤液清澈、透明。造成清汤暗淡、浑浊不清的原因，主要有以下几方面因素。

① 基础汤的质量差。

② 基础汤中的油脂太多。

③ 基础汤未经过滤，杂质太多。

④ 作为清洁剂的混合物数量不充足，量太少。

⑤ 煮制汤液时，没有保持在微沸状态而是达到了煮沸翻滚状态，因而使杂质与汤液混合，使汤液浑浊。

⑥ 在过滤前，汤液未能得到充分的澄清或澄清时间过短。

2. 清炖牛肉热汤（Beef consommé soup）

这是一道西式的清汤菜肴，汤味香醇，适口不腻。

原料配方：

牛肉400g，洋葱100g，韭葱50g，胡萝卜100g，西芹5g，百里香适量，香叶2片，番芫荽50g，蛋白4个，番茄酱100g，肉汤2000mL，雪利酒适量。

制作步骤：

① 牛肉切成小丁备用。

② 胡萝卜、韭葱、洋葱洗净，切成方片，西芹去筋后切片备用。

③ 将洋葱、韭葱、胡萝卜、西芹、牛肉、番茄酱和蛋白倒入锅中，充分混合。

④ 锅中加入百里香、香叶、番芫荽和牛肉清汤，用大火煮沸并用勺不断搅动。

⑤ 除去浮沫，转小火煮制40min左右。

⑥ 将制好的牛肉汤过滤，再用吸油纸吸去多余的油脂。

⑦ 将汤再次用大火煮沸，加入盐和胡椒粉调味。

⑧ 将汤倒入汤盅内，加入少量的雪利酒即成。

质量标准：汤为浅棕红色清亮透明，微咸，味道清香。

注意事项：

① 使用的牛肉不要有太多的脂肪。

② 在煮制时要用勺搅动锅底，防止蛋白在锅底凝固。

③ 煮制的时间不宜太长，时间过长会使蔬菜的味道减弱。

④ 过滤时一定要把固体原料滤净。

3. 皇家清汤（Consomme royal）

原料配方：

牛清汤1500mL，鸡蛋2个，牛奶50mL，盐、胡椒粉适量。

制作步骤：

① 将鸡蛋打散，用盐、胡椒粉调味，加入牛奶，搅拌均匀。

② 倒入模内蒸熟或放入烤箱隔水烤熟。

③ 取出，晾凉，切成 1 厘米厚的小片。

④ 将牛清汤加热至沸，放入鸡蛋片，调口即成。

质量标准：浅琥珀色，清澈透明，口味鲜美，微咸。

4. 曙光清汤（Consomme aurora）

原料配方：

牛清汤 1500mL，番茄汁 200mL，熟鸡肉 100g，盐、胡椒粉适量。

制作步骤：

① 将番茄汁倒入牛清汤内，搅拌均匀，使汤成红色。

② 熟鸡肉切成丝，放入汤内，用盐、胡椒粉调口即可。

质量标准：汤色粉红，味鲜美，汤料软嫩适口。

5. 牛仔圆清汤（Cowboy Round broth）

原料配方：

牛肉清汤 200g，牛仔肉丸子 100g，白萝卜 50g，黑蘑菇 50g。

制作步骤：

① 牛仔肉绞碎，再过筛，制成细泥，加入调料，豆大小的丸子，下沸水锅，煮熟后，捞起待用。

② 黄萝卜、白萝卜去皮，剜成青豆大小的圆球，煮熟后捞起。

③ 黑蘑菇切成 0.7cm 见方的小片，然后和黄白萝卜圆、牛仔圆一起装在 10 只汤盘里，上席时加入滚沸的清汤即可。

质量标准：红、白、黑三色，鲜嫩清爽。

6. 高加索式饺子汤（Caucasus tortellini soup）

原料配方：

羊肉 400g，牛肉汤 2.5kg，面粉 300g，葱头 50g，大蒜 25g，鸡蛋 75g，盐 25g，胡椒粉少许，柠檬汁 50g，香菜 100g。

制作步骤：

① 将用绞肉机绞过的羊肉加葱头末、胡椒粉，拌匀成馅。

② 面粉放鸡蛋、盐，加适量水，和成软面团，然后盖湿布，饧约 30min，饧好以后，将其制成约 0.1cm 厚的大薄片，再把肉馅挤成小丸子形，成行地码在面片上，然后将面片叠起并压紧边缘，再用铁戳子扣下，成半圆形，用手捏紧边两头，对在一起，成圆形饺子。

③ 将蛋黄用柠檬汁打开，用适量滚沸牛肉汤煮沸，放盐，调剂口味，放入饺子，煮约 5min，饺子熟时，盘内浇柠檬蛋黄汁，盛上汤，放 6～8 个饺子，撒上香菜末即可。

质量标准：汤味鲜美，老幼食用皆宜。

7. 德式清汤（Consomme German）

原料配方：牛清汤 1500mL，紫甘蓝 300g，培根 100g，盐、胡椒粉适量。

制作步骤：

① 紫甘蓝切成丝，用沸水烫一下，用冷水过凉。

② 培根切丝，用油炒香，将油滤净。

③ 牛清汤煮沸，用盐、胡椒粉调口，放入紫甘蓝菜丝和培根丝即可。

质量标准：浅琥珀色，清澈透明，口味鲜美，微咸，菜丝鲜嫩爽口。

任务2　浓　　汤

【任务驱动】

1. 了解浓汤的概念、种类及制作原理。

2. 熟悉浓汤的制作步骤，掌握制作技巧。

3. 掌握浓汤经典案例。

【知识链接】

浓汤是不透明的液体，稠度与羹相似，主要为四个部分：基础汤、稠化剂、配料和调料。

1. 基础汤

基础汤主要为牛基础汤、鸡基础汤、鱼基础汤和蔬菜基础汤等。在制汤过程中，通常讲究不同的基础汤与不同的配料相配，如海鲜汤常与鱼基础汤相配；素汤常用蔬菜基础汤相溶。

2. 稠化剂

稠化剂是用来使汤汁变稠的辅料，通常使油面酱（Roux）、黄油面粉糊（Beurre Manie）等。油面酱是用油和等量面粉低温炒制而成的糊状物；而黄油面粉糊通常是由等量的黄油和面粉搅拌而成。两者都可以使汤汁变稠，但后者主要用于当汤汁稠度不够时，加上少许黄油面粉糊以调节稠度，增加光泽。

3. 配料

配料的不同能变化出很多种类。以奶油汤为例，鲜蘑奶油汤以鲜蘑菇为配料；芦笋奶油汤以芦笋为配料；龙虾奶油汤以龙虾为配料等。

4. 调料

调料的使用也能使开胃汤增色无限。盐、胡椒粉、柠檬汁、雪利酒、马德拉酒等是制汤常用的调味品。

一、奶油汤

奶油汤英文为“Cream soup”。奶油汤最早起源于法国，我国广州、香港一带称为忌廉汤。奶油汤是用油炒面粉加白色基础汤、牛奶或奶油等调制而成的，是具有一定浓度的汤类。

（一）奶油汤的类型

奶油汤的类型主要有以下三种：

（1）用油炒面、白色基础汤和奶油、牛奶调制的奶油汤。

（2）用油炒面、牛奶和蔬菜蓉混合调制的奶油汤。

（3）在蓉汤的基础上加入牛奶或奶油调制的奶油汤。

（二）奶油汤制作方法

制作奶油汤可分为制作油炒面和调制奶油汤两个步骤。

1. 制作油炒面粉

（1）选料　面粉应选用精白面粉，并过细箩，去除杂物；油脂应选用较纯的黄油。

（2）用料　面粉与油脂的比例一般为1∶1，油脂最少可减至1∶0.6。

（3）制作过程　选用厚底的沙司锅，放入油加热至油完全溶化（50～60℃），倒入面粉搅拌均匀，慢慢炒制（120～130℃），并定时搅拌，以免煳底，至面粉呈淡黄色，并能闻到炒面粉的香味时即好。

2. 调制奶油汤

奶油汤的调制，现今主要流行两种方法，即热打法和温打法。

（1）热打法　将白色油炒面炒好，趁热冲入部分滚热的牛奶或白色基础汤，慢慢搅打均匀，再用力搅打至汤与油炒面粉完全融为一体。当表面洁白光亮，手感有劲时，再逐渐加入其余的牛奶或白色基础汤，并用力搅打均匀，然后加入盐、鲜奶油等，开透即可。

这种方法制作的奶油汤，色白、光亮、有劲，不容易懈，但搅打时比较费力。制作中应注意以下问题：

① 牛奶、白色基础汤和油炒面一定要保持较高温度，以使面粉充分糊化。

② 搅打奶油汤时要快速、用力，使水和油充分分散，汤不易懈，并有光泽。

③ 如汤出现面粉颗粒或其他杂质，可用纱布或细箩过滤。

（2）温打法　油脂中放入切碎的胡萝卜、洋葱、香草束和面粉一起炒香。然后逐渐加入30～40℃牛奶或白色基础汤，用蛋抽搅打均匀，煮沸后，再用微火煮至汤液黏稠，然后过滤。过滤后再放入鲜奶油，用盐调口即可。

制作中应注意以下问题：

① 加入的牛奶或白色基础汤温度不宜过高，以防出现颗粒或疙瘩。

② 熬煮时要用微火，不要煳底，一般要煮制30min以上。

（三）案例

1. 安妮奶油汤（Veloutes agnes sorel）

原料配方：鸡脯肉150g，牛舌80g，韭葱160g，蘑菇260g，黄油180g，鸡肉清汤2L，面粉100g，奶油200g，柠檬1个，盐和白胡椒粉适量。

制作步骤：

① 韭葱和蘑菇切成丝备用。

② 鸡脯肉和牛舌煮熟后切成丝，取150g左右的蘑菇丝用黄油炒香，再加入鸡肉丝和牛舌丝炒均匀备用。

③ 黄油放入厚底锅中用小火融化，加入蘑菇丝，韭葱丝炒香上色。

④ 加入面粉炒制面酱，面酱出香后边用勺搅动边加入煮沸的鸡肉清汤，用大火煮沸，去掉浮沫，加盐和胡椒粉调味再熬制30min左右。

⑤ 将汤过滤后加入奶油，用火将其浓缩，加入黄油增香。

⑥ 成菜装盘：将牛舌丝，鸡肉丝装入汤盘，淋上汤汁即成。

质量标准：汤色成乳白色，微咸，味道鲜醇并带有蔬菜的清香。

注意事项：

① 面粉在炒制过程中要防止面粉过火，变色。

② 将白色基础汤倒入汤锅中与其他原料混合时，一定要充分搅动防止面粉在汤中成团。

③ 蘑菇切成丝后要加入少量的柠檬汁，防止蘑菇变色。

④ 使用的鸡肉清汤味道要鲜美浓郁，才能突出汤的特色。

2. 奶油粟米周打汤（Cream Corn Chowder）

原料配方：玉米粒100g，土豆2个，洋葱1个，牛奶1L，面粉150g，黄油100g，鸡汤适量，盐、白胡椒粉少许，黄姜粉少许。

制作步骤：

① 土豆去皮，切丁，煮熟沥干备用。洋葱切碎备用。

② 黄油放入厚底锅中，用微火融化，放入洋葱碎炒香，加入姜黄粉煸炒后加鸡肉清汤烧开，煮5min后过滤备用。

③ 取汤锅加入牛奶，烧热备用。

④ 黄油放入厚底锅中，熔化后加入面粉，并用木勺不断搅拌，用小火炒制面酱；待面酱有香味时，先加入少量牛奶，并用木勺搅拌成厚状，再加入适量牛奶搅匀；成厚奶油白汁时，过滤，加入鸡汤稀释成一定浓度；最后加入玉米粒、土豆丁及香叶稍煮，加入盐和胡椒粉调味。

质量标准：汤色乳黄，微咸，口感滑润细腻，带有浓郁的奶香。

注意事项：

① 黄油炒面酱的过程中，要注意火候的控制，一般使用小火或微火防止面粉炒煳。

② 制成奶油白汁后一定要过滤数次，防止面粉颗粒影响菜肴的口感。

3. 奶油蘑菇汤（Cream of mushroom soup）

原料配方：

黄油80g，洋葱80g，面粉50g，鲜蘑菇200g，白色牛基础汤或者鸡基础汤1L，奶油150g，牛奶1L，盐和白胡椒粉少许。

制作步骤：

① 将鲜蘑菇和洋葱切碎备用，另取少许蘑菇切丁备用。

② 黄油放入厚底锅中用微火熔化。

③ 鲜蘑菇碎和洋葱碎放入黄油中，用微火煸炒片刻，使水分散发香味溢出。

④ 面粉放入锅中和蘑菇碎、洋葱碎混合在一起，用微火将其煸炒数分钟，直到颜色变为浅黄色后移入汤锅中。

⑤ 将白色牛基础汤或鸡基础汤逐渐倒入汤锅，用汤勺不断搅拌，使其与面粉、蘑菇、洋葱充分混合；小火煮制数分钟，直到汤变稠。

⑥ 撇去浮沫，将汤放入电研磨机中研磨，然后过滤。

⑦ 将牛奶加入到过滤后的汤中，放入盐和白胡椒粉调味，煮开后保持汤的温度。

⑧ 将汤倒入汤盘内，淋上奶油再放上少许蘑菇丁装饰。

质量标准：汤汁呈乳白色，气味芳香，带有浓郁的奶香味。

注意事项

① 洋葱碎和蘑菇碎煸炒时要注意火候的控制，不要将其炒至变色。

② 将白色基础汤倒入汤锅中与其他原料混合时，一定要充分搅动防止面粉在汤中成团。

③ 煮汤的时间不宜过长，否则会失去蘑菇的清香味。

4．主教奶油汤（Veloutes cardinal）

原料配方：鱼汁奶油汤1L，龙虾肉150g，蛋清20g，咸面包片4片，奶油125mL或牛奶250mL，盐适量。

制作步骤：

① 面包片切去四边，均匀抹上用龙虾肉和蛋清、盐调成的虾泥，用油炸上色，改切成三角形。

② 奶油汤内加入奶油或牛奶，煮透，调味。

③ 上菜时，放上虾肉土司即可。

质量标准：色泽乳白，细腻，有光泽，口味鲜香，奶味浓郁。

5．皇后式奶油汤（Cream a la reine）

原料配方：鸡汁奶油汤1L，米饭100g，煮鸡肉100g，奶油125g，盐适量。

制作步骤：

① 鸡肉切成小丁，米饭用水洗净，用清汤热透，盛于汤盘内。

② 奶油汤内加入奶油或牛奶，煮透，调味。

③ 上菜时，加入米饭粒、鸡肉丁，再在汤面上浇上鲜奶油即可。

质量标准：色泽乳白，细腻有光泽，奶香味浓郁，味微咸。

6．奶油鸡丝鹅肝汤（Potage rossini）

原料配方：鸡汁奶油汤1L，熟鸡肉50g，鹅肝50g，黑菌蘑25g，盐适量。

制作步骤：

① 鹅肝用沸水煮熟，切成片，黑菌蘑切片，鸡肉切丝，用清汤热透。

② 奶油汤内加入奶油或牛奶，煮透，调味。

③ 上菜时，加入鹅肝、黑菌、鸡肉丝即可。

质量标准：色泽乳白，细腻有光泽，口味香浓，味微咸。

7．芦笋奶油汤（Cream asparagus soup）

原料配方：

鸡汁奶油汤150g，嫩芦笋125mL，奶油125mL或牛奶250mL，烤面包丁25g，盐适量。

制作步骤：

① 嫩芦笋切成长1.5cm的段。

② 奶油汤内加入牛奶或奶油、芦笋段，煮透，调味。

③ 上菜时，撒上烤面包丁即可。

质量标准：色泽乳白，细腻有光泽，口味清香。

二、菜蓉汤

“Puree”常指菜泥汤，是将含有淀粉质的蔬菜（土豆、胡萝卜、豌豆、南瓜等）放入原汤中煮熟，然后用将蔬菜放在粉碎机中搅成泥，再与原汤一起烧开、过滤、调味、放装饰品而成，该汤具有蔬菜的本色。如青豆泥汤颜色为绿色，南瓜浓汤为橙色等。

1．青豆蓉汤（Pureed green pea soup）

原料配方：青豆700g，黄油100g，韭葱80g，胡萝卜80g，洋葱80g；香料束1束，大蒜20g，培根80g，牛肉清汤2L，奶油100g，香叶少许，面包150g，盐和白胡椒粉适量。

制作步骤：

① 将青豆煮制成七成熟，培根切丁，韭葱切成细丝，胡萝卜、洋葱、香叶切碎，大蒜拍碎后，将面包制成黄油面包备用。

② 将黄油放入厚底锅中用小火熔化后，放入培根将其炒香出油。

③ 加入韭葱、胡萝卜、洋葱煸炒，直到蔬菜出水出香。

④ 加入青豆炒匀，转入汤锅中加入牛肉清汤，大蒜和香料束，用大火煮沸后去掉浮沫。

⑤ 转小火熬制40～60min，待青豆熟烂后，用盐和胡椒粉调味。

⑥ 取出香料束，将汤倒入电研磨机中研磨成蓉汤，再加入黄油和奶油增加香味，将汤装入汤盘内，撒上黄油面包和香菜点缀即成。

质量标准：汤色青绿，微咸，口感滑润细腻，青豆的香味浓郁。

注意事项：

① 培根最好焯水后使用，这样可以避免汤味过咸。

② 青豆一定要煮熟软，防止汤中出现颗粒。

③ 在上菜前加入黄油面包粒和香菜，既可以增加香味又可以增加汤的风味。

2. 胡萝卜浓汤（Puree of carrot soup）

原料配方：黄油125g，洋葱500g，胡萝卜2kg，鸡汤5L，土豆500g，盐、胡椒粉适量。

制作步骤：

① 在厚底沙司锅中加入黄油加热，放入洋葱、胡萝卜炒至脱水，呈半熟状。

② 加入鸡汤和土豆，加热至沸腾。用文火加热，直至所有蔬菜变软。

③ 将汤体通过食物研磨器，制成泥质状。

④ 将汤体再次加热至微沸状态，在加入一些原汤，将汤体调整至适宜的浓稠度。

⑤ 加料调味，上桌前加入热奶油。

质量标准：色泽橙黄，鲜香润滑。

注：用菜花、芹菜、韭菜、白萝卜、番茄等代替胡萝卜，可制成花菜浓汤、芹菜浓汤、土豆韭菜浓汤、白萝卜浓汤、品红浓汤。

3. 薄荷奶油青豆浓汤（Puree of green pea soup with mint cream）

原料配方：

黄油60g，洋葱175g，鸡汤4L，新鲜豌豆3kg，盐、白胡椒粉适量。

制作步骤：

① 在厚沙司锅中用中火加热黄油，加入洋葱炒香，加入鸡汤，加热至沸腾。

② 加入豌豆，文火加热5min，直至洋葱、豌豆变软。

③ 将汤体通过食物研磨器，制成浓汁。

④ 将汤体再次加热到微沸状态，用鸡汤调节稠度，加入适量奶油。

⑤ 搅打奶油至发泡，掺入薄荷碎，在上桌前每份加一匙薄荷奶油。

质量标准：色泽嫩绿，薄荷清香。

4. 豆瓣浓汤（Puree of split pea soup）

原料配方：熏肉175g，洋葱300g，胡萝卜150g，芹菜150g，鸡汤6L，青豆瓣1500g，香叶1片，丁香10粒，胡椒6粒，盐、胡椒粉适量。

制作步骤：

① 将熏肉切丁，在厚沙司锅中小火炒至出油，加入植物调味料炒至脱水。加入鸡汤，煮至沸腾。

② 加入香料袋，用鸡汤将豆瓣文火煮1h，至豆变软。

③ 取出香料袋，用搅拌器将汤体磨碎，再将汤煮制微开，调节稠度，调味。

质量标准：香味浓郁，口感滑爽。

5. 春季蔬菜浓汤（Puree of spring veetableg soup）

原料配方：黄油60g，韭菜（白色部分）1000g，土豆1000g，芹菜500g，香菜60g，新鲜龙蒿15g，鸡汤6L，浓奶油250mL，盐、白胡椒粉适量。

制作步骤：

① 在厚沙司锅中加入黄油，加热，加入韭菜、土豆、芹菜，用小火脱水10～15min，直至蔬菜变软。

② 加入豌豆、香菜、龙蒿，小火脱水5min。

③ 加入原汤，煮10min至蔬菜变软，用碾磨机将汤磨成泥状，过滤去除蔬菜纤维。

④ 加入奶油，加热并调味。

质量标准：颜色浅绿，色泽柔和，口味鲜香。

6. 苹果和防风根汤配上浮奶油（Apple and parsnip soup with floating with calvados cream）

原料配方：黄油180g，洋葱670g，防风根1kg，苹果1kg，鸡汤6L，浓奶油1200mL，苹果白兰地360mL，盐、白胡椒粉适量。

制作步骤：

① 厚底沙司锅加入黄油，加热，将洋葱炒软但不上色，加入防风和苹果炒30min。

② 加入鸡汤，煮沸，用搅拌器将原料绞碎，过滤，煮沸，调味。

③ 将苹果白兰地加入厚奶油中打成蜂窝状。

④ 上菜时每份汤配一勺奶油。可用烤箱将奶油轻微上色，立即上桌。

质量标准：口味浓郁，气味芳香。

7. 土豆蓉汤（Potato puree soup）

原料配方：白色基础汤1200mL，土豆500g，洋葱50g，青蒜50g，黄油25g，香草束、番芫荽末、烤面包丁、盐、胡椒粉适量。

制作步骤：

① 洋葱、青蒜切成丝，土豆去皮，洗净，切成片。

② 黄油炒洋葱、青蒜，加盖至软。

③ 放入基础汤、土豆片和香草束，小火微沸，将土豆煮烂。

④ 汤汁过滤，土豆过细筛，压成细蓉，放入过滤后的汤汁内。

⑤ 上火继续煮制，直至所需的浓度，用盐、胡椒粉调味。

⑥ 上菜时撒上番芫荽末和烤面包丁即可。

质量标准：浅褐色，口味鲜香，微咸，口感细腻。

8. 菠菜蓉汤（Cauliflower puree soup）

原料配方：基础汤1200mL，菠菜600g，洋葱50g，煮鸡蛋2个，面粉25g，黄油50g，糖25g，奶油50mL，柠檬汁、盐、胡椒粉适量。

制作步骤：

① 菠菜用沸水烫软，冲凉，过细筛，压制成细蓉。

② 用黄油将洋葱碎炒香，放入面粉，炒至面粉松散，逐渐放入基础汤，搅打均匀。

③ 汤汁过滤，加入菠菜泥调入盐、糖、柠檬汁、胡椒粉，开透。

④ 把煮鸡蛋切两半，每盘放半个，盛上汤，浇上奶油即可。

质量标准：色泽浅绿，口味鲜香，酸咸，口感细腻软烂。

9. 栗子蓉汤（Chestnut puree soup）

原料配方：白色基础汤1200mL，栗子500g，洋葱50g，青蒜50g，黄油25g，香草束、番芫荽末、盐、胡椒粉适量。

制作步骤：

① 洋葱、青蒜切成丝，栗子去皮，洗净。

② 黄油炒洋葱、青蒜，加盖至软。

③ 放入基础汤、栗子和香草束，小火微沸，将土豆煮熟。

④ 汤汁过滤，栗子剥去内膜，过细筛，压成细蓉，放入过滤后的汤汁内。

⑤ 上火继续煮制，直至所需的浓度，用盐、胡椒粉调味。

⑥ 上菜时撒上番芫荽末即可。

质量标准：浅褐色，口味鲜香，微咸，口感细腻。

三、虾贝浓汤

“Bisque”音译为比斯克汤，主要指海鲜汤，是以海鲜（龙虾、海鱼、蟹等）为配料制成的汤，如蚬海鲜汤（Clam Bisque）、龙虾汤（Lobster Bisque）等。比斯克汤的制作方法与奶油汤的制作方法基本相同，由于需要处理贝类等海鲜，所以制作比斯克汤较为复杂一些。由于原料价格比较高，比斯克汤被认为是一种豪华高档的菜肴。

1. 比斯克虾汤（Shrimp bisque）

原料配方：黄油30g，洋葱60g，胡萝卜60g，小虾500g，月桂树叶2片，百里香20g，香菜根4根，番茄酱30g，烧过的白兰地60mL，白葡萄酒200mL，油面酱30g，鱼汤500mL，浓奶油250mL，盐、白胡椒粉适量。

制作步骤：

① 在厚底沙司锅中用中火加热黄油，加入洋葱和胡萝卜，翻炒至蔬菜微微变色。

② 加入小虾、月桂树叶、百里香和香菜根，翻炒至小虾呈红色，加入番茄酱，搅拌均匀。

③ 加入白兰地和葡萄酒，文火加热，浓缩至原容积的1/2。

④ 捞出小虾切成小丁作为装饰料，待用。

⑤ 将油面酱和鱼汤加入沙司锅中，文火加热10~15min。过滤，将过滤后的汤再倒回沙司锅中，加热至微沸状态。

⑥ 上桌前，加入热奶油和虾肉丁，加料调味。

质量标准：色泽淡红，味道鲜香浓郁。

2. 新英格兰蛤蜊浓汤（New England clam chowder）

原料配方：蛤蜊1罐，咸肉150g，土豆750g，洋葱200g，鲜奶油250g，黄油50g，鱼高汤1500mL，辣椒粉、盐、胡椒粉、百里香少许。

制作步骤：

① 洋葱切丝，土豆切方块。咸肉洗净切片，放入煎锅，加黄油，用中火煎至锅底出现一层薄衣后，将火调小，加洋葱，烧约5min。当咸肉和洋葱呈淡金黄色时，加少许水和土豆块，用大火烧开，在将锅盖半开，用小火煨约15min，直到土豆软而不烂。

② 将罐装的蛤蜊肉和汤汁连同鲜奶油和百里香粉放入鲜肉锅内，加入清汤，用小火烧至快要滚烫时，加适量的盐和辣椒粉调味，然后在加少量的黄油搅拌。

③ 上席时，将汤盛入汤盘，撒上胡椒粉。按传统习惯另配用盆装的饼干数块。

质量标准：味鲜香浓，色泽淡黄。

3. 龙虾汤（Bisque de Homard）

原料配方：鱼清汤1.5kg，大龙虾1只，胡萝卜100g，白萝卜100g，葱头100g，面粉35g，黄油50g，胡椒粒3g，柠檬汁25g，白豆蔻2g，雪利酒30g，盐6g，鲜奶油50g，花红粉1g。

制作步骤：

① 把龙虾煮沸，切开两边，取肉，切成片。

② 把虾壳拍烂，剁碎，用黄油炒香，放入面粉，稍炒烹入雪利酒，逐渐冲入鱼汤。放入切碎的葱头、胡萝卜、白萝卜及豆蔻粉、胡椒粒，用微火煮1h，用筛过滤，然后在汤内调入盐，红花粉，柠檬汁。把龙虾放入汤盆内，盛入鱼汤，浇上鲜奶即成。

质量标准：色泽浅红，虾肉鲜嫩。

四、杂烩浓汤

“Chowder”，主要指什锦汤或杂料汤，其制作方法各异，该汤的命名常因汤中的主料名称而改变，而且它的配料品种与数量也没有具体规定，但无论主料及配料，刀工处理的形状都稍大，这是区别于其他汤的特征之一。

1. 海鲜周打汤（Seafood chowder）

原料配方：鱼清汤1.5kg，比目鱼200g，平鱼200g，龙虾1个，海鳗200g，蛤蜊200g，葱头15g，大蒜末25g，番茄50g，番芫荽15g，烤面包10片，青蒜15g，黄油50g，红花粉5g，香叶片，百里香5g，盐20g，胡椒粒5g，葱丝适量。

制作步骤：

① 各种海鲜经初步加工取出净肉，上火煮熟，分别放于10个汤盘内，鱼汤留用。

② 把葱头、青蒜切成丝，番茄切丁。蒜末及黄油调匀，抹在面包片上，入炉把蒜末烤香。

③ 用黄油把蒜末、葱丝、胡椒粒炒黄，放入青蒜、番茄、鱼清汤及部分煮鱼的汤，沸后调入百里香、红花粉、盐煮开。

④ 把汤浇在海鲜上，放上面包片，撒上番芫荽末即成。

质量标准：色泽浅黄、鲜嫩味美。

2. 蟹肉浓汤周打汤（Crab meat chowder）

菜肴说明：这是一道用蟹肉作成的法式海鲜汤，制作工艺考究，汤鲜味美，海鲜味浓。

原料配方：螃蟹800g，蟹肉100g，胡萝卜80g，洋葱80g，韭葱40g，白兰地50mL，干白葡萄酒150mL，香槟酒50mL，大米150g，海鲜鱼汤2000mL，番茄400g，番茄酱40g，大蒜20g，香料束1束，香菜20g，黄油80g，橄榄油50g，奶油100g，盐和白胡椒粉适量。

制作步骤：

① 将螃蟹切成小段备用。

② 胡萝卜、洋葱、韭葱切碎，番茄去籽后切碎，大蒜拍碎备用。

③ 橄榄油放入厚底锅中，用旺火将螃蟹炒制成大红色。

④ 加入胡萝卜碎、洋葱碎、韭葱碎和大蒜碎炒香出味。

⑤ 加入白兰地酒点燃，烧出酒的香味，再加干白葡萄酒浓缩。

⑥ 原料转入汤锅中，加入海鲜鱼汤用大火煮沸，去除浮沫后，再放入番茄碎、番茄酱和香料束煮制出味。

⑦ 取出汤中的螃蟹，剔出蟹肉备用，将蟹壳搅碎后放入汤中继续熬制30~40min。

⑧ 加入大米和奶油调剂稠度，达到一定的浓度后，用盐和胡椒粉调味，过滤保温。

⑨ 装盘，用黄油将蟹肉炒香，加香槟酒后装入汤盘中，将汤倒入汤盘，撒上香菜末，即成。

质量标准：汤色成橘红色，微咸，口味鲜醇浓厚。

注意事项：

① 炒螃蟹时一定要旺火热油，时间要短才能炒出螃蟹的香味，并且注意不要将螃蟹炒焦。

② 倒入白兰地点燃后，要将酒精的成分烧去并把白兰地的香味融进汁液中。

③ 煮汤的时间不宜太长，否则螃蟹会产生涩味。

④ 大米作为增稠剂使用，因此可以先将其煮制成米饭。

任务3　各国传统汤

【任务驱动】

1. 熟悉各国传统汤的制作步骤，掌握制作技巧。

2. 掌握各国传统汤经典案例。

【知识链接】

各国传统汤类主要指各个国家传统的特色汤。

(一) 意大利蔬菜汤 (Italian vegetable soup)

这是一道意大利风味的蔬菜汤，营养丰富，四季皆宜。

原料配方：

主料：土豆400g，韭葱100g，四季豆80g，胡萝卜80g，西芹50g，卷心菜80g，番茄1个。

调料：牛肉清汤2L，黄油50g，盐和白胡椒粉适量，干奶酪粉少许，培根50g。

制作步骤：

① 胡萝卜、韭葱、洋葱、卷心菜洗净后，切成方片备用。

② 西芹去筋后切片，番茄去皮去籽切成散块，四季豆切成1cm左右的段备用。

③ 培根切成指甲片备用。

④ 黄油放入厚底锅中用小火熔化。

⑤ 放入培根用黄油煸炒，炒香后放入胡萝卜、韭葱、卷心菜、四季豆煸炒。

⑥ 各种蔬菜炒软后，加入番茄，转小火把各种蔬菜的香味炒出来。

⑦ 将各种原料转入汤锅中，加入牛肉清汤用小火熬制 20 ~ 30min，最后用盐和胡椒粉调味。

⑧ 将汤装入汤盘内，撒上干奶酪粉即成。

质量标准：汤色成红褐色，微咸，味道清香。

注意事项：

① 四季豆和番茄经过长时间煮制会破坏其形状，所以要保留一小部分在装盘时使用。

② 土豆放入过早会被煮成泥，应该最后放。

③ 肉汤的浓度不要太高，否则会使蔬菜丧失原味。

（二）罗宋汤（Borscht）

这是一道俄式传统的蔬菜汤，又可称为俄式红菜汤，口味浓郁。

原料配方：

主料：牛肉 100g，莲白 100g，洋葱 150g，胡萝卜 200g，西芹 1 根，青蒜苗 1 棵，番茄 150g，红菜头 50g，土豆 100g。

配料：牛肉清汤 4L。

调味料：番茄酱 50g，柠檬 1 个，百里香、香叶、黑胡椒少许，盐和白胡椒粉适量，干辣椒 3 个。

制作步骤：

① 洋葱、胡萝卜、莲白、红菜头洗净，切成指甲片备用。

② 西芹去筋，土豆去皮切成指甲片备用。

③ 蒜苗切段，番茄去皮去籽切丁备用。

④ 牛肉切成小块备用。

⑤ 牛肉焯水，放入牛肉清汤中用小火煮半小时左右，至肉熟软。

⑥ 将精炼油放入烩锅中加热，放入洋葱片炒香后，加西芹、胡萝卜片炒干水分，加入番茄酱煸炒出香。

⑦ 加入青蒜苗、干辣椒、柠檬汁、香料、黑胡椒及牛肉汤，大火烧开，改小火煮至胡萝卜软烂。

⑧ 加入土豆、红菜头和番茄，用小火熬制 50min，用盐和胡椒粉调味。

⑨ 将汤倒入汤盅内，装饰后即成。

质量标准：汤色成红褐色，成中带酸，微辣，味道浓郁。

注意事项：

① 炒制蔬菜原料时间要充分，才能使蔬菜的香味融到汤中。

② 放入番茄酱后要将番茄酱炒香出色。

③ 熬制的时间一定要充足，汤的味道才更加浓郁。

（三）土豆蓉汤（Rong potato soup）

这是一道典型的西餐蓉汤。

原料配方：土豆 800g，韭葱 400g，黄油 120g，鸡肉清汤 2L，香菜 20g，吐司面包 50g，奶油 100g，盐和白胡椒粉适量。

制作步骤：

① 将土豆切成片漂水备用。

② 韭葱切成细丝备用。

③ 吐司面包抹上少许黄油后，切成小丁，放入150℃的烤箱中烤香上色后备用。

④ 黄油放入厚底锅中，用微火熔化。

⑤ 放入土豆片和韭葱煸炒，炒香出水后，转入汤锅内，加入2L的清汤，用旺火煮沸，去掉浮沫。

⑥ 加入盐和胡椒粉调味后，转小火煮制，直到土豆软烂。

⑦ 土豆汤倒入电研磨机中研磨，绞成蓉汤，过滤后加入盐和胡椒粉定味，再加入黄油搅化，保温备用。

⑧ 将汤倒入汤盘内，淋上奶油，放上烤香的面包粒，再放上少许香菜点缀，即成。

质量标准：汤色乳黄，微咸，口感滑润细腻，土豆清香味浓。

注意事项：

① 土豆应该选用淀粉含量较高的品种。

② 土豆放入黄油中炒香后，汤的味道更加醇厚。

③ 大火煮沸后，一定要转小火煮制，并不断搅动防止粘锅。

④ 制成的蓉汤要多过滤几次，以保证口感的细腻滑润。

⑤ 面包粒应在上菜时加入，才可以保证酥脆的口感。

（四）法式海鲜汤（French seafood soup）

法国靠海的地区，常常将各种海鲜原料放在一起烹调，本菜即是法国典型的汤菜菜肴。

原料配方：海鲜鱼骨1kg，鱼清汤2L，洋葱300g，韭葱160g，西芹80g，茴香80g，番茄400g，番茄酱40g，香料束1束，大蒜50g，芝士粉160g，橄榄油200mL，盐和白胡椒粉适量。

制作步骤：

① 鱼骨切成段备用。

② 洋葱、韭葱、西芹切碎，番茄去籽后切碎备用。

③ 橄榄油倒入厚底锅中，加洋葱碎、西芹碎、韭葱碎用小火炒香出味。

④ 加入鱼骨段炒制出香后，加入番茄碎、番茄酱、大蒜煸炒出香。

⑤ 原料转入汤锅中，加入鱼清汤和香料束用大火煮沸。

⑥ 去掉浮沫，转小火熬制25~30min后过滤，用盐和胡椒粉调味。

⑦ 将汤倒入汤盘内，撒上芝士粉即成。

质量标准：汤色成棕红色，微咸，口感滑润细腻，海鲜风味浓厚。

注意事项：

① 汤汁的颜色一定要成棕红色，如果颜色太浅可补加番茄和番茄酱。

② 鱼骨的用量越多，汤的海鲜口味越浓。

（五）伽斯巴乔汤（Jiasibaqiao soup）

这是一道西班牙著名的汤菜。与其他西餐汤菜不同的是，这道菜肴制作好后，要经过冷藏，才食用，是典型的冷汤菜式。

原料配方：黄瓜500g，番茄250g，青椒50g，洋葱150g，大蒜20g，面包糠60g，番茄酱50g，奶油50g，辣椒油少许，水500mL，红酒醋少许，盐和白胡椒粉适量。

制作步骤：

① 黄瓜、番茄和青椒去籽切成散块备用。

② 洋葱切块，蒜用刀拍碎备用。

③ 黄瓜、番茄、青椒、洋葱、蒜放入搅拌机中搅拌。

④ 在搅拌过程中加入面包糠、番茄酱、奶油、红酒醋、辣椒油。

⑤ 用水调节稠度，最后加入盐和胡椒粉调味。

⑥ 汤放入冰柜冷却。

⑦ 将汤倒入汤盅内，用黄瓜、番茄和青椒装饰后即成。

质量标准：此汤是一道冷汤，为浅红褐色，口感圆润，味道清香。

注意事项：

① 为了增加汤的颜色，黄瓜要保留外皮。

② 生洋葱味道浓烈，不要用生洋葱作装饰。

③ 汤放置后，面包糠会沉淀到汤底，上菜时要先用搅拌机再次搅拌，使面包糠分布均匀。

④ 上菜时汤盅外要加上冰块，以保持汤的温度。

（六）莫斯科红菜头汤（Moscow beetroot soup）

原料配方：牛肉清汤 2.5L，红菜头 400g，萝卜 150g，洋葱 150g，白菜 400g，火腿 400g，肉肠 200g，土豆 500g，芹菜 20g，番茄 200g，番茄酱 200g，黄油 200g，酒醋 20g，酸奶油 100g，干辣椒 3 粒，香叶 2 片，蒜 2 粒，白胡椒粉、盐、糖适量。

制作步骤：

① 红菜头、萝卜、洋葱、白菜切丝，芹菜切末，番茄切块，土豆去皮后切成条备用。

② 火腿，肉肠切片备用。

③ 把红菜头、萝卜、洋葱混合均匀，加入盐、糖、酒醋、香叶、胡椒粉、干辣椒、大蒜腌制 30min。

④ 将腌好的原料用黄油炒香，加入番茄酱炒香出色；加入少量的牛肉清汤用小火煮制 20 分钟左右，至蔬菜变软烂后倒入汤锅中。

⑤ 将白菜、土豆、火腿、肉肠加入汤锅中，再倒入剩余的牛肉清汤，用小火煮制，直到将土豆和白菜煮烂，加入番茄块和芹菜末微煮片刻，用盐和胡椒粉调味。

⑥ 将汤倒入汤盘内，在汤的表面放上两片火腿和肉肠，浇上酸奶油，撒上少许香菜末即成。

质量标准：汤色鲜红，带有酸奶的清香，口味酸甜微咸。

注意事项：

① 加入番茄酱后要充分煸炒，如汤色太浅，可添加番茄酱使之红润。

② 番茄块和芹菜末最后加入，煮制的时间不宜太久，以保持汤的清香。

（七）米兰蔬菜汤（Milan vegetable soup）

原料配方：鸡肉清汤 2.5L，土豆 200g，青豆 200g，番茄 100g，洋葱 100g，西芹 100g，白菜 100g，胡萝卜 100g，培根 50g，米饭 50g，蒜 50g，黄油 100g，芝士粉 100g，鼠尾草 5g，盐和白胡椒粉适量。

制作步骤：

① 土豆、胡萝卜、洋葱、西芹切成丁备用。

② 番茄去皮去子后切成小块，蒜切成末备用。

③ 用黄油将蒜末炒香后，加入胡萝卜、土豆、洋葱、西芹和番茄块微炒，倒入汤锅中，再加入鸡肉清汤用大火煮沸，除去浮沫。

④ 青豆加入汤中用中火煮30min左右，直至蔬菜煮软烂。

⑤ 加入米饭、鼠尾草，用盐和胡椒粉调味。

⑥ 将汤倒入汤盘内，撒上芝士粉即成。

质量标准：菜肴质量色泽鲜艳，汤色微黄带有芝士的香味，味道微咸。

注：炒制蔬菜的时间不宜过长，以保持鲜艳的色泽。

(八) 法式洋葱汤 (French Onion Soup)

原料配方：牛布朗基础汤1000mL，洋葱500g，布朗油炒面15g，法式面包5片，奶酪粉50g，黄油25g，盐、胡椒粉适量。

制作步骤：

① 洋葱切成细丝，用黄油在微火上慢慢炒香，炒干呈棕褐色。

② 油炒面放入汤锅内，逐渐加入热的布朗基础汤，搅拌均匀。

③ 将炒干的洋葱丝放入汤中，小火微沸煮至洋葱丝软化，用盐、胡椒粉调味。

④ 将法式面包片刷油并烤至焦黄。

⑤ 把汤盛入耐高温的汤盅内，放上面包片，撒上奶酪粉，放入烤箱或炉内，直至面包上的奶酪粉融化、上色。

⑥ 上菜时，将汤盅放于银盘内即可。

质量标准；汤汁浅褐色，口味鲜香，洋葱味浓郁。

注：汤中也可不放油炒面粉，但要多放奶酪粉，用奶酪粉调剂浓度。

(九) 黑豆汤 (Black Bean Soup)

原料配方：黑豆500g，咸猪脚爪3只，洋葱100g，芹菜2g，鸡蛋4个，芫荽少许，香叶1片，柠檬6片，黑胡椒粉少许，红醋25g，盐3g，鸡汤100g。

制作步骤：

① 黑豆、咸猪脚爪洗净，放入大汤锅内，加香叶和切碎的洋葱、芹菜、水1kg，用大火烧开，撇去浮沫，半开锅盖，再用小火煨3h，使豆酥烂。然后，将脚爪取出（另作他用），锅内的汤用汤筛滤清，渣弃去。

② 再将汤倒入锅内，加黑胡椒粉及盐调味，继续用小火保温。

③ 鸡蛋煮熟，去壳，切成碎块。芫荽切碎，加醋搅拌，临吃时加入汤锅内，起锅装汤盘。每盘边上放1片柠檬，汤上再撒一些切碎的芫荽嫩头。

质量标准：汤热，汁鲜，豆酥。

(十) 大蒜胡萝卜汤 (Leek and carrot soup)

原料配方：胡萝卜250g，芹菜150g，大蒜10瓣，芫荽25g，牛奶500g，面粉25g，白胡椒粉少许，盐3g，黄油150g，牛肉清汤1kg。

制作步骤：

① 芹菜去叶，和大蒜都切成3cm长的段，胡萝卜切片。

② 煎锅内放黄油，用中火烧热，把芹菜和大蒜放入煸炒6min左右，加入牛奶、白胡

椒粉、盐，加锅盖煮滚，放入胡萝卜煮约10min。

③ 连汤带蔬菜过筛擦成泥，弃蔬菜渣，将汤仍放回原锅，用大火煮沸片刻，加面粉、黄油糊、牛奶清汤并调味搅匀，即可分别盛入汤盘，汤面上撒些芫荽即成。

质量标准：奶白色，味香，汤浓味美。

任务4　特　殊　汤

【任务驱动】

1. 熟悉特殊汤的制作步骤，掌握制作技巧。
2. 掌握特殊汤经典案例。

【知识链接】

一、苏格拉羊肉汤（Scotch Broth）（英）（5人份）

原料配方：羊肉1kg，胡萝卜100g，芹菜100g，洋葱100g，大麦100g，白萝卜100g，青蒜100g，芫荽25g，盐6g，黑胡椒粉3g。

制作步骤：

① 将羊肉带骨斩成6块，放入汤锅内，加水，用大火烧至沸腾，除去浮沫，加入大麦、黑胡椒粉和盐煮1h。

② 将胡萝卜、白萝卜、洋葱都切成丁，芹菜、青蒜切段，一起放入汤锅内，再煮1h。

③ 从锅内捞出羊肉，去除羊骨肥油，切成块，再放入汤锅中烧开，调味后盛入汤盘，撒上碎芫荽即成。

质量标准：肉质酥烂，香鲜可口。

二、甲鱼汤（Clear Turtle Soup）（英）（5人份）

原料配方：甲鱼1只，牛肉清汤1kg，胡萝卜50g，芹菜50g，洋葱50g，白萝卜50g，香叶2片，雪利酒15g，盐6g，黑胡椒粉3g。

制作步骤：

① 将胡萝卜、白萝卜、洋葱切片，青蒜、芹菜切段。

② 将甲鱼宰杀，用开水烫过，退沙洗净，氽水，放入汤锅，加入水、胡萝卜、白萝卜、洋葱、青蒜、芹菜、香叶等煮熟或蒸熟。

③ 将甲鱼的裙边和肉质拆下，切成块，加入牛肉清汤中，同时加胡萝卜、白萝卜、洋葱、雪利酒烧开，加入盐、胡椒粉调味，最后装入汤盘或汤盅里即成。

质量标准：汤热而清，味道鲜醇。

任务5　冷　汤

【任务驱动】

1. 熟悉冷汤的制作步骤，掌握制作技巧。
2. 掌握冷汤经典案例。

【知识链接】

冷汤大多是用清汤或凉开水加上各种蔬菜或少量肉类调制而成的。冷汤的饮用温度以1～10℃为宜，有的人还习惯加冰块饮用。各种冷汤大多具有爽口、开胃、刺激食欲的特点，适宜夏季食用。

传统的冷汤大都用牛基础汤制作，目前用冷开水制作的比较多。

1．番茄冷汤（Cold tomato soup）

原料配方：牛基础汤2L，番茄200g，煮牛肉200g，黄瓜200g，土豆200g，青葱末100g，茴香末50g，奶油200g，柠檬汁50g，糖50g，盐适量。

制作步骤：

① 土豆用擦床擦成丝，放入牛基础汤中，煮沸，过滤，凉后放入冰箱冷却。

② 番茄去皮、去籽切成小丁，煮牛肉、黄瓜切成小丁。

③ 将切好的番茄丁、煮牛肉丁、黄瓜丁放入锅内，倒入冷却的牛基础汤，加入部分奶油、青葱末、柠檬汁、糖、盐搅拌均匀。

④ 将汤盛入汤盘内，浇上余下的奶油，撒上茴香末即可。

质量标准：色泽浅黄，清凉爽口，清香，酸甜、微咸。

2．威士哗冷汤（Iced vichyssoise）

原料配方：牛基础汤1200mL，牛奶800mL，土豆750g，青蒜250g，香葱50g，奶油50g，黄油50g，盐、胡椒粉适量。

制作步骤：

① 青蒜、土豆任意切碎，用清汤煮烂，然后用细箩过滤。

② 在清汤内兑入牛奶，用盐、胡椒粉调味，放入冰箱冷却。

③ 汤汁冷却后，盛于汤盘内。

④ 将奶油抽打出泡沫，浇在汤上，撒上青蒜末即可。

质量标准：清凉爽口，鲜香，微咸。

3．农夫冷汤（Cold peasant soup）

原料配方：

主料：黄瓜100g，番茄500g，青椒100g，洋葱50g，大蒜25g，橄榄油100mL，凉开水100mL，番茄酱50mL，红酒醋30mL，盐、辣酱油、胡椒粉适量。

汤料：黄瓜80g，番茄80g，青椒80g，面包80g。

制作步骤：

① 将主料中的蔬菜切成小块，用搅打器打碎，同时逐渐加入橄榄油、凉开水、番茄酱、红酒醋、盐、辣酱油、胡椒粉，搅打成细腻的蓉状，放入冰箱冷却。

② 汤料切成小丁，将冷却的汤盛于汤盘内，均匀地撒上汤料即可。

质量标准：色泽粉红，口味鲜香，口感细腻，凉滑爽口。

4．冷红菜汤（Cold borscht）

原料配方：清水2L，红菜头500g，土豆200g，黄瓜200g，煮鸡蛋2个，香葱末50g，茴香末30g，奶油180mL，白醋80g，糖80g，辣椒粉、芥末酱、盐适量。

制作步骤：

① 红菜头去皮，切成小丁，用清水和部分白醋煮熟。

② 将煮红菜头的汤汁滤出，放入冰箱冷却。

③ 土豆、黄瓜切成小丁，用水煮熟，晾凉。煮鸡蛋切成小丁。

④ 将土豆丁、鸡蛋丁、黄瓜丁倒入煮红菜头的汤汁内，加上奶油、香葱末、白醋、

糖、辣椒粉、芥末酱、盐，搅拌均匀。

⑤ 盛入汤盘，撒上茴香末即可。

质量标准：色泽艳红，口味酸甜、微辣，清凉爽口。

5．水果冷汤（Cold fruit soup）

原料配方：清水 2L，苹果 750g，梨 500g，草莓 250g，玉米粉 100g，白糖 200g，桂皮 10g，盐适量。

制作步骤：

① 苹果、梨去皮，切成小橘子瓣状，草莓洗净切成两半。

② 清水加糖煮沸，放入梨，煮 5min，再放入苹果、草莓，煮、沸后用玉米粉调剂浓度，晾凉后，放入冰箱冷却即可。

质量标准：色泽浅黄，鲜美甘甜，水果软烂，汤汁细腻。

思　考　题

1．简述特制清汤的制作步骤。

2．简述可能造成清汤暗淡、浑浊不清的原因。

3．简述浓汤的构成。

4．简述奶油汤制作方法。

5．简述菜蓉汤的制作步骤。

6．简述比斯克汤的概念及制作步骤。

7．简述莫斯科红菜头汤的制作步骤。

8．试述特制清汤的制作步骤及制作原理。

项目三　西餐冷菜制作

【学习目标】

1. 了解冷菜的概念、特点及分类。
2. 了解开胃菜的概念、特点、分类及适用范围，掌握批类、鸡尾杯类等开胃冷菜的制作。
3. 了解沙拉的概念，掌握沙拉的分类、特点及制作注意事项。
4. 掌握沙拉制作的程序，能独立制作常用沙拉。
5. 了解常用沙拉汁的种类，掌握常用基础沙拉并且能够演变、创新。

任务1　冷 菜 概 述

【任务驱动】

1. 了解冷菜的概念、特点及分类。
2. 熟悉西餐冷菜的作用。

【知识链接】

冷菜是西餐菜肴的重要组成部分之一，它的概念有广义和狭义之分。广义上，冷菜是指所有热菜冷吃或生冷食用的所有西式菜肴，包括开胃菜、沙拉、冷肉类。

狭义上，冷菜是指在宴席上主要起开胃作用的一些沙拉、冷肉类等西式菜肴。一般在西式宴席中，冷菜是第一道菜，能起到开胃的作用，甚至在西方一些国家，冷菜还可作为一餐的主食。同时，在西方，为庆祝或纪念一些活动，还常常举办一些以冷菜为主的冷餐会、鸡尾酒会等。冷菜在西方餐饮中的地位越来越重要。

一、冷菜的特点

冷菜具有味美爽口、清凉不腻、制法精细、点缀漂亮、种类繁多、营养丰富的特点。

冷菜制作在西餐中是一种专门的烹调技术，其花样繁多，讲究拼摆艺术，在夏季以及气候炎热的地带，制作精细的一些冷菜，能使人有清凉爽快的感觉，并能刺激食欲。

属于冷菜类的有沙拉、开胃小吃、各种冷肉类等，往往选用蔬菜、鱼、虾、鸡、鸭、肉等做成的，含有很高的营养价值，其中火腿、奶酪、鱼子、烹制的鱼类及家禽、野禽等都含有大量的蛋白质，而各种沙拉和冷菜的配菜，如番茄、生菜、草莓和其他新鲜的蔬菜水果等又是维生素、矿物质和有机酸的主要来源。

1. 烹调的特点

冷菜要比一般热菜的口味稍重一些，并具有一定的刺激性，这样有利于刺激人的味蕾，增进食欲。调味上主要突出酸、辣、咸、甜、烟熏味等。有些海鲜是生吃的，如红鱼子、黑鱼子、牡蛎、鲑鱼、鲟鱼、鲱鱼等，还有部分火腿和香肠也是生吃的。

2. 加工的特点

切配精细、布局整齐、荤素搭配适当、色调美观大方。一般热菜是先切配后烹调，而冷菜则是先烹调后切配。切配时要根据原料的性质灵活运用，落刀的轻重要有分寸，刀工的速度也要慢一点。

3. 装盘的特点

摆正主料和辅料的关系，不要喧宾夺主。宴会的冷菜还可以配以用蔬菜做成的花等作为点缀品，但不可将菜肴装出盘沿，或者把卤汁溅在边上。另外，根据冷菜的具体特点配用适当的盛器。

4. 制作时间的特点

冷菜制作一般不同于热菜，热菜要求现场制作，以供客人趁热食用。而各种冷菜一般都是提前制作，冷却后方可供客人食用。其供应迅速，携带方便，也可作为人们快餐或旅游野餐时食用。

二、冷菜的分类

要做好西餐中冷菜的烹调工作，首先应注意原料的选用。生制原料中，肉类、鱼类、鸡类等，总会有肥有瘦、有老有嫩、有好有坏，哪些部位适用于煎、炸、烧，哪些部位适用于煮、烩、焖、烤等，都应加以选择；熟制原料中，哪些宴会适合选用哪些原料，哪些季节适合选用哪些原料，以及宗教信仰等因素都会影响到熟制原料的选择。所以，掌握冷菜原料及调料的分类就是做好菜肴的前提，只有这样才能达到合理使用。

1. 生制原料

猪的部位可选通脊、里脊、后腿、前腿、前肘、奶脯、血脖、头、尾、前蹄、后蹄等多个部位；牛的部位可选里脊、外脊、上脑、米龙、和尚头、黄瓜肉、肋条、前腿、胸口、后腱子、前腱子、脖肉、头、尾等多个部位；羊的部位可选后腿、前腿、前腱子、后腱子、上脑、肋扇、头、尾、脖肉等多个部位；贝壳类可选用蛤蜊、牡蛎、虾仁、蟹肉、明虾和龙虾等多种原料；素沙拉类可选用什锦沙拉、土豆、番茄、黄瓜、洋葱及各种豆类沙拉等；水果沙拉类可选用苹果、香蕉、文旦、橘子和梨等；蔬菜可选生菜、紫菜头、土豆、芹菜、胡萝卜、西蓝花、包菜、洋葱、百合、青红辣椒等。

2. 熟制原料

烟熏类原料可选用烟鲳鱼、烟鲑鱼、烟黄鱼、烟鳗鱼、烟猪扒、烟牛舌、培根及各种烟肠等多种原料；肠子类原料可选用熟制的血肠、茶肠、乳酪肠、鸡卷等多种原料。

熟制塞肉类可选用黄瓜塞肉、青椒塞肉、洋葱塞肉、茄子塞肉、蘑菇塞肉以及番茄、鸡蛋、百合等；酸味类原料可选用熟制的酸味鱼块、酸烩虾球、咖喱鱼条、酸烩蘑菇、蟹肉和酸烩菜条等；开面类原料可选用咖喱鸡饺、沙生治罗尔、忌司得仔、炸什锦哈斗、明治鸡桂仔等；罐头类可选用沙丁鱼、大马哈鱼、鲱鱼卷、金枪鱼、芦笋、百合、鹅肝、蟹肉、鱼子、红辣椒、鲍鱼、黑蘑菇、甜酸葱头、橄榄等。

其他分类方法如下：

按原料性质分，可分为蔬菜冷菜、荤菜冷菜。

按盛装的器皿分，可分杯装冷菜、盘装冷菜、盆装冷菜。

按加工方法分，可分热制冷吃类冷菜、冷制冷吃类冷菜、生吃冷菜。

按制作过程分，可分开那批开胃菜、鸡尾杯类开胃菜、鱼子酱开胃菜、肝批类开胃菜、各种沙拉、胶冻类冷菜、冷肉类冷菜、蔬菜类冷菜、泥酱类冷菜及其他类冷菜。

任务2 开 胃 头 盘

【任务驱动】

1. 了解开胃菜的概念、特点、分类及适用范围。
2. 掌握批类、鸡尾杯类等开胃冷菜的制作。
3. 掌握基础开胃热菜的制作。

【知识链接】

开胃头盘是西餐菜的一个重要组成部分，深受西方人的喜爱。

一、开胃菜的概述

开胃菜，英文为“appetizers”，又称头盆、餐前小吃、鸡尾小吃等，是用各种调味的熟肉、鱼类、虾和沙拉等作为全餐的第一道餐或进食鸡尾酒时的小吃。它是西餐菜的一个重要组成部分，深受西方人的喜爱。

（一）开胃菜的特点

① 色调和谐，造型美观，赏心悦目，诱人食欲。

② 块小，易食，开胃爽口，增加食欲。

③ 含有丰富的刺激性成分。

④ 热开胃菜必须是滚热的。

⑤ 冷开胃菜必须要经过冷藏。

（二）开胃菜的分类

开胃菜用途广泛，形式多样，根据其性质和种类的不同一般将其分为：单一的冷食品种类（如烟三文鱼、肉酱、甜瓜）、精选的调味什锦冷盆、调味的热头盆三类。

一般将开胃菜分为五种基础种类。

1. 鸡尾头盆（Cocktail）

鸡尾头盆作为全餐的第一道菜，通常以海鲜、肉类、水果及果汁等为主。一般讲各种果汁都应冷冻后才能上桌，如海鲜头盆、水果头盆等。

2. 什锦沙拉/什锦头盆（Appetizer salads）

什锦沙拉或称什锦头盆也是作为全餐的第一道菜，通常由多种食物混合调味制成，放于分格的盘内，包括各种酸菜、腌鱼、烟藩鱼、釀馅鸡蛋等。

3. 餐前小吃（Hors d’ oeuvre）

餐前小吃是一种特殊的开胃菜，经常是在正餐之前食用，作为餐前的开胃小吃。有时也作为鸡尾酒会、冷餐酒会的食品，以助酒精饮品的消化吸收。餐前小吃冷热皆可，但热的必须是滚热，冷的必须要冷藏。餐前小吃上桌服务时，形状要小，以便能够用牙签或小肉叉食用。

餐前开胃小吃，并无固定菜式，任何腌制的海鲜、肉类及果蔬菜皆可，如油浸小银鱼、油浸沙丁鱼、油浸金枪鱼、鲜牡蛎、烟牡蛎、虾、蟹、腌甜椒、酸菜花、酸洋葱、鱼子酱，各种香肠、火腿、腌肉、腌鱼、青橄榄、酿橄榄、肉丸、肉酱及各种奶酪制品等。

4. 鸡尾小吃（Canape）

鸡尾小吃或称伴酒小吃，也是一种特殊的开胃品种类，经常是在正餐前食用，有时也作为鸡尾酒会上的食品，以助酒精饮料消化。

鸡尾小吃是一种小型的、半开放式的三明治，基本上和餐前小吃一样，区别在于鸡尾小吃有一个用面包、托司、酥饼、奶酪等制作的底托，将烟三文鱼、小银鱼、鱼子酱、各种冷热奶酪、冷热肉类和鱼类、奶制品等，放于底托上。

5．酸果、泡菜（Relishes）

酸果、泡菜是指用各种香料等腌渍的瓜果、蔬菜，如各种腌渍的萝卜片、胡萝卜卷、蔬菜条、酿橄榄、青橄榄、泡菜等。

二、开胃冷菜制作

冷开胃菜在开胃菜中所占的比例很大，种类很多，其中较常应用的有以下品种。

（一）肉酱类

肉酱，法文为 pâte，是指用脂肪炼制的各种肉类原料的肉糜。常见的有鹅肝酱、鸡肝酱、猪肉酱、兔肉酱等。

1．鸡肝酱（Chicken livepâte）

原料配方：鸡肝 1kg，洋葱 125g，黄油 90g，奶油奶酪 375g，白兰地 375g，牛至 2g，白胡椒 1g，肉豆蔻、姜、丁香粉、盐、牛奶适量。

制作步骤：

① 将筋膜、脂肪从肝上剔除。

② 将盐轻轻地撒在上面，其上加奶覆盖冷藏过夜，腌制充分。

③ 在黄油中将洋葱煎得稍稍变软，呈浅黄色。

④ 加入肝（冲洗、控干）、香草、调料，使肝煎上色但不要过度，捞出，冷却待用。

⑤ 将鸡肝和洋葱磨碎。

⑥ 加奶油奶酪继续磨至混合的糊状。

⑦ 加酒、盐调味，装好，冷冻过夜即可。

质量标准：色泽浅棕色，细腻肥润，鲜香微咸。

2．鹅肝酱（Pâte de foie gras）

原料配方：鹅肝 1000g，鹅油 600g，鲜奶油 150g，雪利酒 100g，洋葱 50g，香叶 2 片，百里香、豆蔻粉、盐、胡椒粉、基础汤适量。

制作步骤：

① 鹅肝去筋、去胆及去其他杂质，洗净切块。洋葱切块。

② 用部分鹅油将洋葱炒香，加入鹅肝，稍炒，待鹅肝表面变硬，放入焖锅内。

③ 再加入雪利酒、香叶、百里香、豆蔻粉、盐、胡椒粉及少量的基础汤，小火将鹅肝焖熟。

④ 取出鹅肝，晾凉，用绞肉机绞细，过细筛，滤去粗质。

⑤ 余下的鹅油加热熔化，稍晾。

⑥ 将温热的鹅油逐渐加入鹅肝泥中（边搅拌边加入），待鹅油冷却凝结后，再加入打起的鲜奶油，搅拌均匀。

⑦ 将鹅肝酱放入模具内，表面浇上一层融化的黄油，放入冰箱冷藏即可。

质量标准：色泽浅棕色，细腻肥润，鲜香微咸。

3．猪肉酱（Porkpâte）

原料配方：猪肉（硬肋）900g，培根 200g，猪油 200g，干白葡萄酒 100g，白色基础汤250g，洋葱50g，胡萝卜50g，大蒜25g，香叶2片，百里香、盐、胡椒粉适量。

制作步骤：

① 将猪肉切成大块，洋葱、胡萝卜切成片。

② 用部分猪油将培根炒香，加入猪肉块，大火将猪肉块四周煎上色，放入焖锅内。

③ 再加入洋葱、胡萝卜、大蒜、香叶、百里香、盐，胡椒粉、葡萄酒和白色基础汤。

④ 将焖锅加盖，放入180℃的烤箱内，焖至猪肉成熟软烂。

⑤ 将猪肉、培根取出，晾凉。

⑥ 锅内汤汁过滤。

⑦ 将焖熟的猪肉、培根用绞肉机绞细，并逐渐加入过滤后的原汁、盐、胡椒粉调味，搅拌均匀。

⑧ 将肉酱放入模具内，表面浇上余下的猪油，放入冰箱冷藏即可。

质量标准：色泽淡红，细腻肥润，鲜香微咸。

（二）肉批类

“批”是英文“pie”的音译，是指各种用模具制成的冷菜，主要有三种：以各种熟制后的肉类、肝脏绞碎，放入奶油、白兰地酒或葡萄酒、香料和调味品搅成泥状，入模冷冻成型后切片的，如鹅肝酱；以各种生肉、肝脏经绞碎、调味（或加入一部分蔬菜丁或未绞碎的肝脏小丁）装模烤熟，冷却后切片的，如野味批；以熟制的海鲜、肉类、调色蔬菜，加入明胶汁、调味品，入模冷却凝固后切片的，如鱼冻、胶冻等。

批类开胃菜在原料选择上比较广泛，一般情况下，禽类、肉类、鱼虾类、蔬菜类及动物内脏均可。在制作过程中，由于考虑到热制冷吃的需要，往往要选择一些质地较嫩的部位。批类开胃菜适用的范围极广，既可用于正规宴会，也可用于一般家庭制作。

1．兔肉批（Hare pie）

原料配方：

主料：兔腿肉500g，猪脊肉200g，小牛肉200g，肥培根肉100g，火腿50g，盐、胡椒粉、混合香料适量。

配料：火腿丁、蘑菇丁、开心果。

批面：高筋面粉600g，低筋面粉200g，黄油300g，蛋黄2个，盐、水适量。

制作步骤：

① 将兔腿肉、猪脊肉、小牛肉切成丁，用盐、胡椒粉、白兰地酒及混合香料腌制12h。

② 用绞肉机将腌制好的原料绞成馅，放入盐、胡椒粉搅打上劲，再加入火腿丁、蘑菇丁、开心果混合均匀。

③ 将面粉过筛，加入盐、黄油、蛋黄搓匀，再加入适量冷水揉成面团。

④ 将面团擀成5mm厚的片，分成大小两片。取小片面做面盖，并在面盖上戳两个直径2～3cm的圆孔。

⑤ 将大片面放入抹有黄油的长方形模具内垫平，挤出四周及底部的空气，然后将肥培根肉片平摆在面上。

⑥ 将肉馅填入模具内，压实，再用肥培根肉片包严，最后盖上面盖，并用蛋液将其与模内面片粘严。

⑦ 用锡纸做两个圆筒，撑在面盖的圆孔内，以便排气。然后用面再在面盖上捏些花

纹作装饰，表面刷上蛋液。

⑧ 放入 230 ~ 250℃ 烤箱烘烤 10min 后降温至 180 ~ 200℃。

⑨ 待成熟后取出，晾至温热时，从排气孔内浇入一部分胶冻汁，然后放入冰箱冷藏。

⑩ 待其完全冷却后，再浇入剩余的胶冻汁直至浇满为止，再入冰箱冷藏。

⑪ 上菜时，将肉批从模内扣出，切成 1.5 ~ 2cm 厚的片，配辣根沙司、生菜即可。

质量标准：外皮金黄，肉色浅褐，浓香微咸。

2. 小牛肉火腿批（Veal and ham pie）

原料配方：小牛肉 800g，烟熏火腿 650g，肉批面团 300g，胶冻汁 500g，冬葱头 100g，盐 10g，胡椒粉 2g，黄油 50g，白兰地酒 50g。

制作步骤：

① 把小牛肉切成薄片，加入盐、胡椒粉、白兰地酒腌渍入味备用。

② 在长方形模具中刷一层油，再把 3/4 的面团擀成薄片，放入模具中。

③ 把火腿切成片，与小牛肉片相间叠放在模具内，同时把冬葱末炒香放入火腿和小牛肉之间；把余下的面团也干成薄片盖在火腿上，并捏上图案，再刷上一层蛋液，放入 175℃ 烤箱中烤至成熟上色取出。

④ 肉批冷却后，在上面扎一小孔，把胶冻汁灌入，放入冰箱内冷却。

⑤ 上菜时把肉批扣出，切成厚片装盘，点缀即可。

质量标准：外皮金黄，肉显棕褐色，浓香微咸。

3. 皇室蔬菜批（Terrine of vegetable royal）

原料配方：嫩扁豆 200g，胡萝卜 200g，嫩西葫芦 150g，西蓝花 250g，菜花 150g，奶油 200g，鸡蛋 7 个，香草芝士汁 100g，盐、胡椒粉、豆蔻粉适量。

制作步骤：

① 将蔬菜洗净，嫩扁豆撕去筋，胡萝卜去皮，切成长条，西葫芦去皮、去籽，切成长条，西蓝花、菜花分为小朵。

② 用盐水分别将蔬菜煮至断脆，取出，控干水分。

③ 将奶油与鸡蛋混合，加盐、胡椒粉、豆蔻粉调味，搅拌均匀。

④ 将长方形模具内抹油，然后依次摆放上一层嫩扁豆、胡萝卜条、西葫芦条，最后将菜花根部朝上、西蓝花根部朝下摆好。

⑤ 将奶油与鸡蛋的混合物浇入模具内，将原料浸没。

⑥ 放入 120℃ 烤箱，隔水烤制。模内液体混合物的温度应保持在 70℃ 左右，以防温度过高而出现气孔，影响菜肴质量。

⑦ 直至完全凝固后，取出，晾凉，放入冰箱冷藏 2h。

⑧ 食用时，从模具内扣出，切成 2cm 厚的片，配香草汁沙司即可。

质量标准：色泽浅黄色，艳丽多彩，口味浓香，微咸，整齐不碎，软嫩可口。

4. 肝批（Terrine of live）

原料配方：肝（鸡肝、鸭肝、鹅肝皆可）1000g，瘦猪肉 500g，肥膘肉 500g，培根片 100g，黄油 250g，洋葱 100g，大蒜 25g，百里香、豆蔻粉、盐、胡椒粉适量。

制作步骤：

① 将肝去筋、去胆，洗净切成块，将洋葱、大蒜切碎，猪肉切成块。

② 用黄油炒葱末、蒜末至软后，加入百里香和肝，至肝变硬，晾凉。

③ 将炒好的肝、洋葱碎、香草同猪肉、肥膘一起用绞肉机绞细，再用细筛滤去粗质。

④ 然后用盐、胡椒粉、豆蔻粉调味，搅拌均匀。

⑤ 陶瓷模具内垫上肥培根肉片，然后将混合物放入陶瓷模具内，再盖上培根肉片。

⑥ 将模具放入注有水的烤盘内，放入180℃烤箱内，隔水烤，大约1h，直至成熟。

⑦ 取出，晾凉，切片，放在生菜上。

⑧ 食用时常与吐司面包一同食用。

质量标准：浅褐色，细腻肥润，微咸。

5. 海鲜批（Terrine of seafood）

原料配方：白色鱼柳300g，鲜贝肉100g，三文鱼鱼柳100g，鸡蛋6个，奶油，干白葡萄酒，盐，胡椒粉、豆蔻粉适量。

制作步骤：

① 将白色鱼柳切成小块，与鲜贝一同用绞肉机打碎、绞细，过细筛，去除刺及筋，使之成细茸状。

② 在鱼蓉内逐渐加入奶油、蛋白及干白葡萄酒，用力搅打上劲，加入盐、胡椒粉、豆蔻调味。

③ 将三文鱼切成2cm见方的条，用盐、胡椒粉调味。

④ 将长方形模具内抹油，垫上一层保鲜膜，挤出空气。

⑤ 在模具内放上一层鱼肉泥，抹平后放上两条文番鱼鱼肉，再压上一层鱼肉泥，抹平后再放上两条三文鱼鱼肉，直至将模具填满，最后将表面抹平。

⑥ 盖上锡纸，放入烤盘，烤盘内倒入温水，入150℃烤箱，隔水烤直至成熟。

⑦ 取出模具，上压重物，入冰箱冷藏12h。

⑧ 食用时从模具内扣出，切成1.5cm厚的片，配千岛沙司即可。

质量标准：色泽洁白，口味鲜香，微咸，口感细腻，软嫩，整齐不碎。

6. 冷鸡肉批（Teerine of chicken）

原料配方：鸡胸肉250g，猪通脊肉200g，猪肥膘150g，鸡肝100g，奶油100mL，白兰地酒25mL，干白葡萄酒500mL，火腿100g，肥膘丁500g，开心果50g，鸡肝4块，豆蔻粉、植物油、盐、胡椒粉适量。

制作步骤：

① 将鸡胸肉、猪通脊肉、猪肥膘、鸡肝用绞肉机绞成肉馅，然后逐渐加入奶油、白兰地酒、干白葡萄酒搅打上劲，用盐、胡椒粉、豆蔻粉调味，搅成肉胶状，用保鲜膜包严，入冰箱冷藏12h。

② 用植物油将配料中的鸡肝煎上色，开心果用热水略烫去皮，火腿、肥膘切成丁，并与肉馅混合，搅匀。

③ 将肉馅放入抹油的长方形模具内，填满压实。

④ 模具上盖锡纸，入180℃烤箱，隔水烤至成熟。

⑤ 取出模具，冷却后压上重物，入冰箱冷藏12h。

⑥ 食用时，扣出模具，切成2cm厚的片，配酸黄瓜即可。

质量标准：浅褐色，鲜香，微咸，软嫩肥润，整齐不碎。

7. 胶冻汁（Jelly juice）

胶冻汁主要是利用鱼胶粉或吉利片调制的，其调制方法基本相同。

原料配方：鱼胶粉或吉利片50g，基础汤或清汤500mL，蛋清2个。

制作步骤：

① 将鱼胶粉或泡软的吉利片，放入清汤中，使其慢慢融化。

② 将蛋清略微打起，加入清汤中，搅匀。

③ 小火加热，微沸，直至蛋清凝结变白，纱布过滤即可。

质量标准：清澈透明，无杂质。

8. 鹅肝胨（Foie gras in jelly juice）

原料配方：鹅肝酱1kg，胶冻汁250g，黄油100g，奶油150g，熟胡萝卜片、熟蛋白、番芫荽叶、糖色适量。

制作步骤：

① 鹅肝酱内加入软化的黄油和打起的奶油，搅拌均匀。

② 胶冻汁加入糖色，搅拌均匀，使其成咖啡色。

③ 将模具擦净，加入部分胶冻汁打底，放入冰箱内使其凝结。

④ 在凝结的胶冻上用胡萝卜、蛋白、番芫荽叶等摆成装饰的小花，再倒上一层薄薄的胶冻汁，将小花浸没，再次放入冰箱使其凝结。

⑤ 待胶冻汁凝结后，取出，放入鹅肝酱，压实，再倒入一层稍厚的胶冻汁，放入冰箱，使其凝结。

⑥ 食用时，将模具在温水中稍烫，扣出即可。

质量标准：咖啡色，鲜香细腻，通体透明。

9. 火腿冻（Ham in jelly juice）

原料配方：火腿500g，豌豆50g，胡萝卜50g，番芫荽叶适量。

制作步骤：

① 火腿切丁，胡萝卜去皮，切成小粒。

② 用盐水将豌豆、胡萝卜粒煮熟，晾凉。

③ 将圆形小花模擦净，倒入部分胶冻汁打底，放入冰箱内，使其凝结。

④ 胶冻凝结后，取出，放入火腿丁、胡萝卜粒、豌豆、番芫荽叶，再倒入胶冻汁，将模具注满。再次放入冰箱内，使其完全凝固。

⑤ 食用时，将模具在温水中稍烫，扣出即可。

质量标准：晶莹透明，色彩鲜艳，清凉爽口。

10. 海鲜蔬菜冻（Seafood vegetable in jelly juice）

原料配方：

大虾200g，鲜贝200g，胡萝卜100g，西蓝花400g，胶冻汁500g，清菜汤、盐适量。

制作步骤：

① 大虾、鲜贝洗净，放入清菜汤中煮熟，晾凉。

② 西蓝花分成小朵，胡萝卜去皮，切成0.5cm厚的片，分别用盐水煮熟，晾凉。

③ 将煮熟的鲜贝片切成两片，大虾剥去壳，剔除沙肠。

④ 将长方形模具擦净，浇上一层胶冻汁打底，放入冰箱内，使其凝结。

⑤ 待其凝结后，取出模具，将西蓝花花朵朝下摆于模具底部，然后依次摆上胡萝卜片、鲜贝片、大虾、鲜贝片、胡萝卜片，最后再将西蓝花花朵朝上摆满，浇入胶冻汁，浸没原料。

⑥ 模具表面盖上保鲜膜，压上重物，放入冰箱冷藏，使其完全凝结。

⑦ 食用时，将模具放入温水中稍烫，扣出，切成厚片即可。

质量标准：晶莹透明，色泽艳丽，口味鲜香，清凉爽口。

11. 鸡丁结力冻（Chicken in jelly juice）

原料配方：熟鸡脯肉，胡萝卜，豌豆，蘑菇，土豆，马乃司，胶冻汁，盐、胡椒粉适量。

制作步骤：

① 胡萝卜、土豆去皮，切成小丁，熟鸡肉切成小丁，蘑菇切成片。

② 用盐水将胡萝卜丁、土豆丁、豌豆、蘑菇分别煮熟，晾凉。

③ 将鸡肉丁与蔬菜丁混合，加入马乃司、盐、胡椒粉和胶冻汁，搅拌均匀。

④ 将圆形模具擦净，放入混合物，压实，放入冰箱冷藏，使其完全凝固。

⑤ 食用时，放入温水中稍烫，扣出即可。

质量标准：淡黄色，鲜香微咸，清凉爽口。

（三）鸡尾杯类开胃菜

鸡尾杯类开胃菜是指以海鲜或水果为主的原料，配以酸味或浓味的调味酱汁而制成的开胃菜，通常盛在玻璃杯里，用柠檬角装饰，类似于鸡尾酒，故名。一般用于正式餐前的开胃小吃，也可用于鸡尾酒会。鸡尾杯类开胃菜原料较广，有各类海鲜、禽类、肉类、蔬菜类、水果类、等制成各种冷制食品或热制冷食的品种，在各类宴会前、冷餐会、鸡尾酒会等场合用的较多，并深受欢迎。

一般情况下鸡尾杯类开胃菜在制作方法上有两步，一是把热制冷食或冷食食品先简单加工；二是将加工好的食品装入鸡尾杯等容器中，并进行适当点缀，放上小餐叉或牙签即可。

1. 大虾杯（Prawn cocktail）

原料配方：大虾 100g，千岛汁 125g，生菜叶 4 片，柠檬片 4 片。

制作步骤：

① 大虾煮熟，剥去虾壳，剔除沙肠。

② 生菜叶洗净，控干水分，撕成碎片，放入鸡尾酒杯中。

③ 杯中放入大虾肉，浇上千岛汁。

④ 将柠檬片放在杯子边作为装饰。

质量标准：红绿相间，鲜香，味酸咸，滑爽适口。

2. 水果头盆（Fruit cocktail）

原料配方：苹果 150g，洋梨 150g，葡萄 100g，樱桃 50g，砂糖 100g，柠檬汁适量。

制作步骤：

① 砂糖加入适量的清水，煮成糖汁。

② 苹果、洋梨去皮、去核，切成小丁，葡萄、樱桃洗净。

③ 将水果混合，加入糖汁、柠檬汁搅拌均匀。

④ 放入鸡尾酒杯内，放入冰箱冷冻即可。

质量标准：味酸甜，清凉爽口。

（四）开那批开胃菜

“开那批”是英文 Canape 的译音，是以脆面包、脆饼干等为底托，上面放有各种少量的或小块冷肉、冷鱼、鸡蛋片、酸黄瓜、鹅肝酱或鱼子酱等冷菜形式。开那批的主要特点是使用时不用刀叉，也不用牙签，直接用手拿取入口，因此还具有分量少、装饰精致的特点。

开那批开胃菜在制作时，为了使其口感较好，一般蔬菜类选用一些粗纤维少，质地易碎、汁少味浓的蔬菜；肉类原料往往使用质地鲜嫩的部位，这样制作出的菜肴口感细腻、味道鲜美。

1. 熏三文鱼开那批（Smoked salmon canape）

原料配方：白吐司面包 5 片，熏三文鱼 100g，柠檬片 20 片，黄油 10g，奶油 50g，奶酪粉 10g，柠檬汁、莳萝、盐适量。

制作步骤：

① 将奶油打起，加入奶酪粉、柠檬汁、盐搅拌均匀，制成调味酱。

② 将托司面包烤成金黄色，切去四边，再分切成四块。

③ 将小块面包涂上软化的黄油，放上熏三文鱼鱼片。

④ 放上调味酱，撒上莳萝叶，用柠檬片装饰。

质量标准：造型典雅，脆爽适口。

2. 鸡蛋、虾仁鸡尾小吃（Egg and prawn canape）

原料配方：白面包片 6 片，黄瓜 50g，虾 120g，煮鸡蛋 3 个，沙拉酱 50g，黄油 10g，番芫荽末、柠檬汁、盐、胡椒粉适量。

制作步骤：

① 将虾煮熟，剥去虾壳，煮鸡蛋切成片，黄瓜切成圆片。

② 沙拉酱内加入番芫荽末、盐、胡椒粉搅拌均匀。

③ 用花戳将面包戳成小圆片，涂上黄油。

④ 圆面包片上放上黄瓜片，挤上柠檬汁，再放上虾仁。

⑤ 浇上沙拉酱，再放上鸡蛋片，用番芫荽叶装饰即可。

质量标准：造型典雅，口味鲜香，细嫩。

3. 樱桃番茄开那批（Cherry tomato canape）

原料配方：白吐司面包 4 片，樱桃番茄 8 个，鲜柠檬条 16 条，由奶油、青豆泥和盐、胡椒粉搅拌而成的调味酱 50g。

制作步骤：

① 将白吐司面包烤上色，切除四边，平均分成四块三角形。

② 在每片面包上均匀涂上调味酱，然后摆上半个樱桃番茄，以柠檬条装饰。

质量标准：色泽均匀，形状美观。

（五）其他冷开胃菜

1. 鲜牡蛎（Oyster）

新鲜的牡蛎外壳紧闭，开牡蛎时应使用牡蛎刀，小心剖开外壳，避免把壳内部破坏。

然后握住牡蛎刀旋转，将牡蛎肉剔下，并放入洗净的深壳内。上菜时用碎冰作垫底，放上牡蛎，一般6个牡蛎为一份。食用时，一般配面包、黄油和生菜。

2. 鱼子酱（Caviar）

通常将鱼子酱放于小型器皿内，置于碎冰之中，配以柠檬角、剁碎的蛋白、洋葱、黄油、烤面包或托司等食用。在特殊的场合，则将大件冰块雕刻成鱼、鸟等形状，内藏电灯，再将鱼子酱置于冰雕之上。

3. 烟三文鱼（Smoked salmon）

烟三文鱼大多为成品，食用时将烟三文鱼去皮、去骨，切成薄片，码于盘内，配烤面包、黄油及生菜即可。

4. 莳萝三文鱼（Salmon with dill）

原料配方：净三文鱼1500g，莳萝10g，胡椒碎10g，粗盐15g，砂糖10g，色拉油50g，柠檬汁、生菜叶各适量。

制作步骤：

① 三文鱼去皮、去骨，切成薄片。

② 在不锈钢盘内刷上沙拉油，撒上部分莳萝垫底。

③ 将三文鱼鱼片按顺序在盘内码满一层，撒上莳萝、盐、砂糖、胡椒碎、柠檬汁，刷上沙拉油，铺上一张油纸，再刷沙拉油，码放鱼片，撒上莳萝、盐、砂糖、胡椒碎、柠檬汁，刷上沙拉油，再铺上一张油纸。反复数层，直至将鱼片码完为止，盖上油纸。

④ 压上重物，放入0℃冰箱内冷藏24h后，即可食用。

质量标准：清香，辛辣微咸，口感软嫩。

5. 冷鸡肉卷（Chicken galantine）

原料配方：整鸡1只，牛肉150g，猪肉150g，鸡蛋2个，奶油100mL，干白葡萄酒50mL，火腿丁100g，豌豆50g，鼠尾草、香叶、蔬菜香料（洋葱、胡萝卜）、盐、胡椒粉、胶冻汁适量。

制作步骤：

① 将整鸡背开，剔去胸骨、腿骨、翅骨等，平放于板上，并用刀将硬筋剁断，撒上盐、胡椒粉调味。

② 用绞肉机将牛肉、猪肉绞成细腻的馅，然后逐渐加入奶油、鸡蛋、干白葡萄酒搅打上劲并用盐、胡椒粉、鼠尾草调味。

③ 将肉馅平铺在鸡肉上，撒上火腿丁和煮熟的豌豆。然后将鸡肉卷成卷，用纱布包紧，用线绳捆扎好。

④ 将鸡卷放入汤锅中，加入水、蔬菜香料、香叶，加热至沸后，改小火，保持微沸状态，直至鸡卷成熟。

⑤ 取出鸡卷，冷却后，去除线绳及纱布，将鸡卷码于盘内，用蔬菜等在鸡卷表面贴上装饰图案，然后浇上胶冻汁，入冰箱冷藏。

⑥ 待其冷却后取出，切成1.5cm厚的片即可。

质量标准：口味浓香，微咸，软嫩适口。

注："galantine"泛指将加工成熟的填馅鸡、鸭、火鸡等，浇上胶冻汁，入冰箱冷藏后食用的食品。

6. 冷烤牛肉卷（Roast beef roll with tomato and egg）

原料配方：烤牛肉片6片，煮鸡蛋1个，番茄1个，酸黄瓜3根。

制作步骤：

① 番茄去皮去籽，切成6份。

② 煮鸡蛋去皮，切成6份。

③ 酸黄瓜去籽，切成6份。

④ 用烤牛肉片将番茄角、鸡蛋角、酸黄瓜条卷起、包紧，切去两端。

⑤ 从牛肉卷中间切成相连的两半，将中间分开朝上，放于盘内即可。

质量标准：色泽美观，酸咸适口。

7. 填馅鸡蛋（Stuffed egg）

原料配方：煮鸡蛋2个，蛋黄酱25g，黄油25g，盐、胡椒粉适量。

制作步骤：

① 煮鸡蛋剥去蛋壳，用刀横切，一分为二。

② 取出蛋黄，将蛋黄过细筛，然后加入蛋黄酱、黄油、盐、胡椒粉搅拌均匀。

③ 用挤袋将蛋黄挤入蛋白内。

④ 放于小吃盘内，装饰即可。

质量标准：鲜香，微咸，绵软细腻。

8. 咖喱油菜花（Cauliflower in curry）

原料配方：菜花1500g，咖喱粉50g，植物油150mL，洋葱碎50g，姜末20g，蒜碎15g，香叶2片，干辣椒2个，盐、清汤适量。

制作步骤：

① 菜花洗净后，分成小朵，用水煮熟至断脆，控干水分，加盐拌匀入味。

② 用植物油将干辣椒、洋葱、姜、蒜炒香，再加入咖喱粉，炒透。

③ 加入清汤，在微火上煮至浓稠，过筛后即成咖喱油。

④ 将咖喱油浇在菜花上，搅拌均匀。

⑤ 食用时，将菜花码放在碗内，扣于盘上，周围用生菜装饰即可。

质量标准：色泽金黄，脆嫩爽口，味微咸、微辣。

9. 泡菜（Pickle vegetable）

原料配方：洋白菜2500g，菜花200g，胡萝卜500g，洋葱500g，黄瓜500g，芹菜500g，青椒500g，砂糖500g，醋精250g，丁香5g，香叶5片，干辣椒10g，盐适量。

制作步骤：

① 洋白菜、胡萝卜、洋葱、黄瓜、青椒等切成片，芹菜切成段，菜花分成小朵。

② 蔬菜分别用水烫熟，捞出，用冷水冲凉，滤净水分，装入耐酸容器内。

③ 把香叶、丁香、干辣椒放入锅内，加清水煮1h左右，并加入砂糖、醋精、盐调味，晾凉后，倒入容器内，浸没原料，并用重物压实，入冰箱冷藏24h后即可食用。

质量标准：色泽鲜艳，味酸甜，脆嫩爽口。

三、开胃热菜制作

1. 法式香草黄油焗蜗牛（Baked French snails）

原料配方：

主料：蜗牛 12 个，蔬菜香料（洋葱、胡萝卜、芹菜）50g。

香草黄油料：黄油 120g，蛋黄 1 个，红椒粉、咖喱粉、芥末、杂香草、番芫荽末、洋葱碎、蒜碎、柠檬汁、白兰地、盐、胡椒粉适量。

制作步骤：

① 水中放入蔬菜香料煮沸，再放入蜗牛稍煮，捞出。

② 将蜗牛肉挑出，去掉尾部，洗净。

③ 用少量的黄油将洋葱碎、蒜碎炒香，烹入白兰地、柠檬汁，调入红椒粉、咖喱粉、杂香草、番芫荽末、盐、胡椒粉炒匀。

④ 将余下的黄油软化，与炒好的香料、蛋黄混合，搅拌均匀后放入冰箱冷冻，使其凝固。

⑤ 将蜗牛壳洗净，填入少许的香草黄油，再将蜗牛肉放入蜗牛壳内，最后用香草黄油封住蜗牛壳口，放入烤盘内。

⑥ 烤盘放入烤箱内，将蜗牛上色即可。

质量标准：色泽金黄，浓香，味美，口感鲜嫩。

2. 煎鹅肝（Goose live with Madeira sauce）

原料配方：鹅肝 300g，清黄油 25g，面粉 50g，玛德拉沙司 125mL，生菜叶 8 片，小番茄 8 个，西洋菜、盐、胡椒粉适量。

制作步骤：

① 将鹅肝斜片成 12 片，撒上盐、胡椒粉，蘸上面粉，用清黄油大火煎 2～3min，直至上色成熟。

② 将蔬菜洗净，码于盘内，上放鹅肝片，浇上玛德拉沙司即可。

质量标准：鹅肝咖啡色，鲜香肥嫩，开胃爽口。

3. 焗牡蛎（Oyster with mornay sauce）

原料配方：带壳牡蛎 5 只，黄油 25g，洋葱碎 50g，白葡萄酒 50mL，莫内沙司 250mL，芝士粉 25g，盐、胡椒粉适量。

制作步骤：

① 牡蛎肉从壳内剔出，壳洗净。

② 用黄油将洋葱碎炒香，加入牡蛎肉、白葡萄酒稍炒，放入牡蛎壳内。

③ 将莫内沙司热透，盐、胡椒粉调味，浇于牡蛎壳上，撒上芝士粉。

④ 放入焗炉内，焗至芝士粉熔化，表面呈金黄色即可。

质量标准：鲜嫩肥润，口味浓香。

4. 水波蛋红酒汁（Poached egg with red wine sauce）

原料配方：鸡蛋 8 个，黄油 100g，白醋 100mL，红葡萄酒 300mL，洋葱碎 10g，盐、胡椒粉适量。

制作步骤：

① 用红酒煮洋葱碎，加入盐、胡椒粉，大火浓缩。

② 撤火，加入切成小丁的黄油，边加黄油，边搅拌，使黄油与红酒汁充分融合，过滤，保温。

③ 将鸡蛋逐个磕开，放入碗中。

④ 清水中加入白醋，煮至将沸时，慢慢倒入碗中的鸡蛋，保持微沸状态 5min，直至鸡蛋成熟。

⑤ 将鸡蛋取出，沥干水分，整形，除去多余的蛋白。

⑥ 将红酒汁倒入盘内，放上鸡蛋即可。

质量标准：鸡蛋洁白、软嫩，沙司红润、肥糯。

5. 海鲜小酥盒（Seafood in puff pastry cases）

原料配方：小清酥盒 4 个，大虾 50g，鲜贝 50g，白色鱼柳 50g，洋葱碎 50g，黄油 25g，奶油沙司 250g，白葡萄酒 50g，莳萝、盐适量。

制作步骤：

① 大虾剥去虾壳，剔除沙肠，切成丁，鲜贝、鱼柳切成丁。

② 用黄油将洋葱碎炒软但不要上色，加入海鲜、白葡萄酒，浓缩。

③ 加入奶油沙司、莳萝、盐煮透。

④ 将酥盒放入烤箱内重新加热，热透后取出，放于盘内。

⑤ 将海鲜装入酥盒内即可。

质量标准：鲜香肥糯，肉质鲜嫩，开胃适口。

任务 3　清爽沙拉

【任务驱动】

1. 了解沙拉的概念，掌握沙拉的分类、特点及制作注意事项。

2. 掌握沙拉制作的常用程序，能独立制作常用沙拉。

3. 了解常用沙拉汁的种类，掌握常用基础沙拉并且能够演变、创新。

【知识链接】

沙拉一般是用各种可以直接入口的生料或经熟制冷食的原料加工成较小的形状，再浇上调味汁或各种沙司及调味品拌制而成。

一、沙拉的概述

（一）沙拉

通常指西餐中用于开佐食的凉拌菜。沙拉原是英语 Salad 的音译，在我国通常又被称为“色拉”“沙律”。我国北方习惯称之为“沙拉”，而在我国东部地区，尤其以上海为中心的地区通常习惯称之为“沙拉”，我国南方尤其是广东、香港一带通常称之为“沙律”。

（二）沙拉的种类

1. 按不同国家分类

西方国家均有代表性的沙拉，并深受世界各国人们的喜欢。如美国的华尔道夫沙拉、法国的法国沙拉和鸡肉沙拉、英国的番茄盅。

2. 按调味方式的不同分类

（1）清沙拉　主要指由单纯的原料经简单处理后即可供客人食用的沙拉，一般不配沙司。如生菜沙拉，即以干净的生菜切成丝装盘即可。

（2）奶香味沙拉　主要指在制作过程中沙拉酱加入了鲜奶油，使奶香浓郁，并伴有一定的甜味，深受喜欢甜食的人们喜爱，如鸡肉苹果沙拉。

（3）辛辣味沙拉　主要指在制作过程中沙拉酱加入了蒜、葱、芥末等具有辛辣味的原料，如法国汁，辛辣味较为浓郁，往往较多用于肉类沙拉，如白豆火腿沙拉。

另外还可按原料的性质分为绿色蔬菜沙拉、蔬菜沙拉、熟料沙拉、组合沙拉、胶冻类沙拉等。

（三）沙拉的特点

沙拉一般是用各种可以直接入口的生料或经熟制冷食的原料加工成较小的形状，再浇上调味汁或各种冷沙司及调味品拌制而成。沙拉的适用范围很广，可用于各种水果、蔬菜、禽蛋、肉类、海鲜等的制作，并且沙拉都具有外形美观、色泽鲜艳、鲜嫩可口、清爽开胃的特点。

（四）友情提示

在制作沙拉时，根据我国对沙拉口味的需求，往往要注意以下方面：

1. 制作蔬菜沙拉时，叶菜一般用手撕，以保证蔬菜的新鲜，并注意沥干水分，以保证沙拉酱的均匀拌制。

2. 制作水果沙拉时，可在沙拉酱中加入少许酸奶，使得味道更纯美，并具有奶香味。

3. 制作肉类沙拉时，可直接选用一些含有胡椒、蒜、葱、芥末等原料的沙拉酱，也可在色拉油沙司中加入一些具有辛辣味的。

4. 制作海鲜味沙拉时，可在沙拉酱中加入一些柠檬汁、白兰地酒、白葡萄酒等。

二、沙拉制作案例

（一）绿色蔬菜沙拉

案例一、菠菜沙拉（Spinach salad）（5 份）

原料配方：菠菜 500g，腌肉 120g，新鲜的蘑菇丝 150g，全熟鸡蛋 2 只。

制作步骤：

① 洗净菠菜，控干水，待用。腌肉烤制变脆，冷却后切成碎片，待用。

② 洗净蘑菇，控干水，去根并切成丝，待用。鸡蛋稍微剁一剁，成碎块。

③ 把菠菜放在一个大碗里，撕成小片，加入蘑菇丝伴匀。

④ 把沙拉分放在沙拉盘上，撒上鸡蛋和腌肉末。

⑤ 搭配用油、醋、香料混合的沙拉汁或乳化的法式沙拉汁。

质量标准：色泽鲜艳，味鲜爽口。

注：腌肉中的肥肉一经冷却会凝结，影响沙拉的效果，让人胃口大减。为了保证质量，应尽量在离上菜前较近的一段时间烤腌肉。

案例二、凯撒沙拉（Caesar salad）（25 份）

原料配方：罗马生菜 2. 3kg，白面包 350g，橄榄油 700mL，银鱼柳 25 条，蒜头（搅碎的）10g，鸡蛋 4 只（搅好的），柠檬汁 175mL，橄榄油 600mL，盐（根据口味），帕玛森奶酪粉 60g。

制作步骤：

① 洗净并控干菜叶。面包切成小方块（1cm 见方），入煎锅中煎至金黄并变脆。

② 把银鱼柳和蒜头捣成糊状，把鸡蛋汁和柠檬汁倒入糊中，搅拌均匀，慢慢加入橄榄油，用蛋抽搅打，调好沙拉汁。

③ 菜叶撕成方便食用的块，倒上沙拉汁，撒上奶酪粉，拌匀。上面撒上油煎面包，即可。

质量标准：酸辣鲜香、色泽鲜艳。

注：鸡蛋一般用煮好的鸡蛋，不用生鸡蛋，煮蛋时，用小火煮 1min，然后用冷水冷却。

案例三、田园沙拉（Garden salad）（25 份）

原料配方：混合绿色蔬菜 1.6kg，黄瓜 250g，芹菜 125g，洋葱 125g，胡萝卜 125g，番茄 700g。

制作步骤：

① 混合蔬菜洗净控干，黄瓜去皮切成薄片，芹菜斜切成片，洋葱切末，胡萝卜去皮擦成丝。

② 番茄去蒂，每个番茄切成 8 ~ 10 块楔形块。

③ 除番茄以外其他菜放在大碗中充分拌匀，分装沙拉盘。

④ 配上番茄快，上菜时准备合适的沙拉汁。

质量标准：色泽鲜艳，脆嫩爽口。

（二）蔬菜沙拉

案例一、卷心菜沙拉（Coleslaw）（25 份）

原料配方：蛋黄酱 750mL，醋 60mL，糖 30g，盐 10g，白胡椒粉 2g，卷心菜 2kg（净重），生菜叶 25 片。

制作步骤：

① 在不锈钢碗中搅拌蛋黄酱、醋、糖、盐和白胡椒粉，直至均匀。

② 加入卷心菜搅拌均匀。

③ 把生菜叶在沙拉盘中摆好，盛入卷心菜。

质量标准：味鲜爽口，色彩自然。

演变与创新：

① 混合卷心菜沙拉：用一半红卷心菜，一半绿卷心菜。

② 胡萝卜卷心菜沙拉：加入 500g 胡萝卜碎块，卷心菜减少至 1.7kg。

③ 水果卷心菜沙拉：在卷心菜沙拉中加入 125g 热水泡过的葡萄干，250g 苹果丁，250g 菠萝，用酸奶油汁，并用柠檬汁代替醋。

案例二、青豆沙拉（Green bean salad）（25 份）

原料配方：青豆 2.3kg，芥末沙拉汁或意大利汁 700mL，细香葱 60g，蒜末 2g，红洋葱 175g，生菜叶 25 片。

制作步骤：

① 青豆煮熟，在流水或冰水中凉透并控干。

② 将青豆、沙拉汁、细香葱、蒜末混在一起，搅拌均匀，冷藏 2 ~ 4h。

③ 洋葱去皮切成环状细丝，在沙拉盘上摆好生菜叶。

④ 上菜时，每份盛 90g 腌好的青豆，在沙拉的顶部配上一点儿洋葱圈。

质量标准：色彩鲜艳，口味酸辣。

注：① 罐装青豆不需要再煮，直接控干水，拌上沙拉汁即可。② 当天腌泡的青豆当天食用，腌泡时间太长会变色。

演变与创新：

① 下面所列的蔬菜也可在醋中腌泡，采用上述的步骤来做：芦笋、甜菜、胡萝卜、

干豆、白豆、鹰嘴豆等。

② 三豆沙拉，700g 青豆、700g 罐装菜豆、700g 罐装鹰嘴豆，125g 细香葱，青椒小丁 60g，60g 碎干辣椒，做法与青豆沙拉相同。

案例三、黄瓜沙拉配罗勒和酸奶酪（Cucumber salad with dill and yogurt）（10 份）

原料配方：黄瓜 750g，盐 15g，纯酸奶酪 50g，新鲜罗勒 50g，现磨胡椒粉适量。

制作步骤：

① 把黄瓜竖切成两片，去籽。横切成 0.5cm 的半月形。

② 黄瓜拌入盐，放置 30min，用凉水冲去盐分，挤干。

③ 掺入罗勒和奶酪，然后用胡椒调味。

质量标准：色彩鲜艳，奶香浓郁。

案例四、希腊式蘑菇沙拉（Mushroom â la Grecque）（25 份）

原料配方：整个小蘑菇 2kg，水 1L，橄榄油 200mL，柠檬汁 175mL，芹菜 1 根，盐 10g，香料包 1 袋（蒜头 2 瓣、胡椒子 7g、香菜子 10g、月桂叶 1 片、百里香 5g），生菜叶 25 片，香菜碎 60g。

制作步骤：

① 将蘑菇洗净、控干，择去蘑菇根。

② 不锈钢锅中加入水、橄榄油、柠檬汁、芹菜、盐，把各种香料包在干纱布中，放入锅内。

③ 加热至沸腾，炖 15min，炖出香料味。加入蘑菇炖 5min，从火上移开，在冰水中冷却。

④ 把芹菜和香料包捞出，蘑菇仍泡在汤中一晚上。

⑤ 沙拉盘上垫上生菜叶，每份装 75g 蘑菇，上撒香菜末。

质量标准：味道鲜美，口感爽滑

演变与创新：

利用这个食谱，下列蔬菜也可用来做沙拉，可以适当加长烹调时间，如胡萝卜、洋蓟心、花椰菜、珍珠洋葱等。

案例五、什锦蔬菜沙拉配面食（Mixed vegetable salad with psata）（25 份）

原料配方：煮熟管粉 700g，熟鹰嘴豆 450g，胡瓜 350g，红洋葱 250g，黑橄榄 175g，芹菜 175g，青椒 125g，红椒 125g，刺山柑 60g，帕马森干酪 125g，意大利沙拉汁 700mL，生菜叶 25 片，番茄片 25 片。

制作步骤：

① 把管粉、豆、蔬菜和干酪放在大碗中拌匀。

② 在上菜 1 ~ 2h 前加入沙拉汁调匀。

③ 在沙拉盘上摆上生菜叶，每片菜叶上放 125g 沙拉，并用番茄装饰。

质量标准：色泽鲜艳，可口滑糯。

（三）熟料沙拉

熟料沙拉即用熟制的食品做配料的沙拉。广泛用于熟料沙拉的配料有：鸡肉、龙虾肉、火鸡肉、火腿、土豆、金枪鱼、意大利粉、三文鱼、大米、蟹肉、混合蔬菜、虾。

案例一、鸡肉沙拉（Chicken salad）（25 份）

原料配方：熟鸡肉 1.4kg，芹菜丁 700g，蛋黄酱 500mL，柠檬汁 60mL，白胡椒粉、盐根据口味，香菜 100g，生菜叶 25 片。

制作步骤：

① 在一个拌菜碗中轻轻搅拌所有调味品，直至均匀。

② 把沙拉主料与沙拉汁拌匀。

③ 在沙拉盘上摆好生菜叶，用勺子在每个沙拉盘上放一小堆鸡肉沙拉。

质量标准：色彩鲜艳，爽口鲜嫩

演变与创新：

1. 鸡肉沙拉可以在基本食谱中加入下述配料：

① 175g 碎的核桃。

② 6 个全熟的鸡蛋，切块。

③ 225g 无核葡萄，从中间切开；90g 剁碎的或成片的杏仁。

④ 225g 菠萝干。

⑤ 225g 鳄梨丁。

2. 鸡蛋沙拉，用 28 个切成丁的全熟鸡蛋代替鸡肉。

3. 金枪鱼或三文鱼沙拉，用 1.4kg 的切成薄片的金枪鱼或三文鱼代替基本食谱中的鸡肉，加入 60g 剁碎的洋葱。

案例二、土豆沙拉（Potato salad）（25 份）

原料配方：土豆 2.5kg，基本法式色拉汁 375mL，盐 7g，白胡椒粉 1g，芹菜丁 375g，剁碎的洋葱 175g，蛋黄酱 500mL。

制作步骤：

① 土豆蒸或煮熟，去皮，切成 1cm 见方的丁。

② 将法式沙拉汁、盐和白胡椒粉混合，加入土豆，慢慢搅拌均匀。

③ 加入洋葱、芹菜和蛋黄酱搅拌均匀。

④ 每份沙拉约 125g，上面装饰两条辣椒丝。

质量标准：色泽美观，口感肥滑

演变与创新：沙拉中还可加入以下原料，4～6 个全熟鸡蛋丁，60g 青椒小丁，60g 辣椒小丁，125g 剁碎的泡菜或洋葱丝，60g 剁碎的香菜。

案例三、法式土豆沙拉（French potato salad）

原料配方：土豆 3.5kg，色拉油 250mL，白葡萄酒 200mL，洋葱 125g，剁碎的蒜末 2g，剁碎的香菜 30g，龙蒿 10g，盐和胡椒适量。

制作步骤：

① 土豆蒸或煮熟，去皮，切成 1cm 的丁。

② 将其他原料与土豆混合在一起，拌好后放置 15min，让土豆多吸收些沙拉汁。

③ 冷食或热食均可。

质量标准：色泽美观，鲜香软糯。

演变与创新：德国热土豆沙拉从上述食谱中去掉沙拉油和龙蒿，将 250g 的熏肉丁蒸至松嫩，并在调味料中加入熏肉、熏肉油和 250mL 热鸡汤。将这种混合沙拉放入餐盘中，盖上盖，进烤炉，在 150℃ 温度下加热 30min，保温即可。

案例四、莳萝腌虾沙拉（Dilled shrimp salad）（25 份）

原料配方：熟的去皮虾 1.4kg，芹菜丁 700g，蛋黄酱 500mL，柠檬汁 30mL，莳萝 10g，盐 2g，生菜叶 25 片，番茄楔形块 50 块。

制作步骤：

① 把虾肉切成厚 1cm 的片，虾和芹菜拌匀。

② 将蛋黄酱、柠檬汁、泡菜和盐搅拌。

③ 在虾肉混合物中加入沙拉汁，拌匀。

④ 在沙拉盘上摆上生菜叶，每份盘子上放一小堆沙拉，用两块番茄点缀。

质量标准：造型美观，鲜香味略酸。

演变与创新：

① 蟹肉或龙虾沙拉，用蟹肉或龙虾肉代替虾肉，其他与基本食谱一样。

② 蟹肉、虾肉或龙虾肉配路易斯沙拉汁，用路易斯沙拉汁代替蛋黄酱、柠檬汁、泡菜。

③ 虾肉米饭沙拉，把虾肉减少 450g，并加入 900g 米饭。

④ 咖喱饭虾肉沙拉，省去泡菜，在调料中加入 5mL 咖喱粉，咖喱粉要在少许油中轻轻加热，冷却后加入，可选用青椒丁代替一半芹菜丁。

案例五、猪蹄沙拉（Pig's trotters salad）

原料配方：猪蹄两只，洋葱 75g，番茄 1 个，酸黄瓜 50g，生菜数片，大蒜泥 5g，辣酱油 5g，盐 3g，胡椒粉 1g，法汁 75g，香料适量。

制作步骤：

① 将猪蹄细毛和杂质刮净，放入沸水锅里煮数分钟，放在冷水里清洗一遍，顺长切成两片。

② 锅里放上清水、蔬菜香料、猪蹄，用旺火煮沸后转小火将猪蹄煮烂后捞出，并趁热除去骨头，平摊在盘里，待冷却后与洋葱、嫩芹菜、酸黄瓜、番茄（用开水烫一下去皮去籽）等切成粗丝，放入盛器内，加入调料拌匀，装盘时用生菜叶垫底。

质量标准：色泽鲜艳，爽口不腻。

（四）水果沙拉

案例一、华道夫沙拉（Waldorf salad）（25 份）

原料配方：常提利沙拉汁 350mL，新鲜、脆的红苹果 1.8kg，芹菜丁 450g，胡桃（粗切）100g，生菜叶 25 片，胡桃碎 60g。

制作步骤：

① 把苹果去核切丁，不去皮。切好后立即倒入沙拉之中浸泡，以免变色。

② 把芹菜加入，拌均匀。

③ 在沙拉盘上摆上生菜叶，用勺子每个盘子上盛一小堆沙拉，撒上胡桃碎点缀。

质量标准：色泽艳丽，脆爽可口。

演变与创新：下列原料也可加入到华道夫沙拉基本食谱中，相应沙拉名也改变。不同的名字表示包含不同的原料，比如菠萝华道夫沙拉。

① 225g 菠萝丁。

② 100g 剁碎的枣，代替胡桃。

③ 100g 的葡萄干，在热水中泡开，并控干。

④ 450g 剁碎的卷心菜或白菜代替芹菜。

案例二、新鲜水果常提利（Fresh fruit chantilly）（25 份）

原料配方：橘子瓣 750g，柚子瓣 625g，苹果丁 500g，香蕉片 500g，葡萄 375g，浓奶油 250mL，蛋黄酱 250mL，生菜叶 25 片，点缀用原料（薄荷枝、草莓、葡萄、新鲜樱桃）一种。

制作步骤：

① 将橘子瓣和柚子瓣切成两半，控干，待用。

② 把苹果和香蕉切好后立刻放在橘子汁中，以免变色。葡萄切两半，如有籽，把籽去掉。

③ 把奶油搅打至软软的峰状，取 1/4 倒进蛋黄酱中调匀，然后再把剩下的 3/4 加入搅拌。

④ 水果控干，倒入沙拉汁中。

⑤ 沙拉盘中摆上生菜叶，每份盛 125g 水果沙拉，适当点缀。

⑥ 立即上菜食用，最多在冰箱中冷藏 30min。

质量标准：造型美观，口味香甜。

（五）组合沙拉

案例一、厨师沙拉（Chef's salad）

原料配方：咸牛舌 25g，熟鸡脯肉 25g，火腿 25g，奶酪 15g，熟鸡蛋 1 个，芦笋 4 根，番茄半个，生菜数片，法汁 75g。

制作步骤：

① 将生菜切成粗丝，堆放在沙拉盘中间，把牛舌、鸡肉、火腿、奶酪均切成约 7cm 的粗条，和芦笋分别竖放在生菜丝的周围。

② 把熟鸡蛋去壳，与番茄均切成西瓜形块，间隔放在各种食料旁边，出菜时配法汁即可。

质量标准：色彩鲜艳、酸香爽口。

案例二、虾覆鳄梨（Shrimp in avocado）（24 份）

原料配方：虾肉（熟的去皮），蛋黄酱 350g，柠檬汁 185mL，盐根据口味，成熟的鳄梨 12 只，生菜 2 片，番茄 6 个。

制作步骤：

① 将虾肉切成 1cm 长的段，将虾段、蛋黄酱、60mL 柠檬汁放入盆中搅拌均匀，加盐调味。

② 将鳄梨洗净，快要上菜前，切开鳄梨，并去核（不去皮），把切开的一面泡在柠檬汁中，以防变色。

③ 在沙拉盘上摆好生菜叶，每个盘子上放半个鳄梨，鳄梨上放 75g 的虾肉沙拉，用番茄点缀即可。

质量标准：颜色美观，口味鲜香。

案例三、金枪鱼土豆青豆沙拉（Salad niqoise）（25 份）

原料配方：土豆 1.4kg，青豆 1.5kg，罐装金枪鱼 1700g，鱼片 25 片，橄榄 50 个，全熟鸡蛋 50 只，番茄楔形块 100 块，碎香菜 20g，法汁 1250g。

制作步骤：

① 将土豆放在盐水中煮片刻，但仍要脆，捞出控干、冷却，去皮，切成薄片，待用。

② 盐水将青豆煮熟，冲凉控干。在沙拉盘上放上生菜叶。

③ 将土豆和青豆混合，在每个沙拉碗中均分，每份90g。将金枪鱼控干切块，在沙拉盘中心位置放约50g的鱼块。

④ 在沙拉上巧妙地摆上鱼片、橄榄、鸡蛋和番茄块，点缀香菜末。上菜时浇上法汁。

质量标准：搭配合理，口味鲜香。

案例四、白豆火腿沙拉（White bean and Ham Salad）

原料配方：干白豆250g，熟火腿100g，青椒1个，洋葱末20g，生姜数片，法汁100g。

制作步骤：

① 干白豆用冷水浸泡12h后，放入足够的清水中煮烂（煮的过程中须换两次水，使白豆干净洁白），控干后趁热用一半的法汁调味。

② 熟火腿切成2cm见方的丁，青椒去籽后切成一寸长的细丝，用开水略烫一下，沥干水分，洋葱末放在水中泡一下，用纱布挤干。

③ 把上面的各种原料放在盛器内，加剩余的法汁、姜片拌匀，盛放在铺有生菜的盘上即可。

质量标准：色泽鲜艳，口感酥烂。

案例五、鸡肉沙拉配胡桃和蓝奶酪（Chicken breast salad with walnuts and blue cheese）（25份）

原料配方：鸡脯肉1250g，鸡汤适量，新鲜白蘑菇450g，芥末、醋、橄榄油沙拉汁500mL，香菜末10g，混合沙拉蔬菜575g，胡桃（粗切）90g，蓝奶酪90g。

制作步骤：

① 将鸡脯肉用调好味道的鸡汤来煮，鸡汤刚好没过鸡肉即可，当汤快收干时，捞出鸡肉，控干冷却。

② 在上菜前，将蘑菇切片，用125g沙拉汁和适量香菜末搅拌，使之均匀蘸上沙拉汁。

③ 在沙拉盘上安排上混合蔬菜。沿鸡脯肉的纹理将其切成约6mm的厚片，将鸡脯肉片按扇形排开在沙拉盘的一边。

④ 在鸡脯肉旁盛一堆蘑菇片，在沙拉上撒上些胡桃渣和干酪。

⑤ 上菜前每份沙拉浇30mL的沙拉汁。

质量标准：造型美观，味道鲜美。

案例六、海扇贝沙拉配东方酸辣调味汁（Salad of seared sea scallopes withoritental vinaigrette）（10份）

原料配方：混合绿色蔬菜500g，酸辣调味汁500mL，海扇贝1kg，黄油、橙子瓣（除去橙络）适量。

制作步骤：

① 将混合绿色蔬菜洗净，控干。打开扇贝壳，取出贝柱。

② 不粘锅加少许黄油，加入贝柱，全部煎上色。

③ 将一半的酸辣调味汁与绿色蔬菜一起炒，炒好后放在盘子中央。

④ 摆上橙子瓣，使其与绿色蔬菜相配，在沙拉周围摆上贝柱，用其余酸辣调味汁浇在贝柱的周围。

质量标准：造型美观，口味酸辣。

案例七、填馅番茄糖浸沙拉（Stuffed tomatoes chinoise）（12 份）

原料配方：番茄 12 只（200～250g 每只），盐适量，姜末 40g，米醋 60mL，芝麻油 60mL，植物油 30mL，酱油 30mL，糖根据口味，胡萝卜 200g，芹菜 100g，洋葱 100g，豆芽 50g，熟小虾仁 500g，剁碎的香菜 20g，黄瓜 2 根。

制作步骤：

① 将番茄的蒂除去，番茄上部 1/3 部分切下，保留。去除籽和果筋部分，用盐调味。倒扣在纸巾上，放于冷藏箱内至少 30min。

② 将磨碎的姜、米醋、芝麻油、酱油和糖调味后放入搅拌器，搅拌均匀。调味汁过滤入小碗，待用。

③ 将胡萝卜、芹菜、洋葱切成细丝和豆芽一起，在盐水中焯 30min，过凉，控干水分。

④ 将蔬菜、虾、剁碎的香菜放在一大碗中，加入酸辣调味汁，调匀。

⑤ 将黄瓜纵向划出痕，然后切成薄片，在盘子中摆成环形。

⑥ 用蔬菜和虾混合物填在番茄里，将其放在环形黄瓜中央，上面放上另一半番茄。

质量标准：造型别致，口味酸辣。

（六）胶质沙拉

案例一、水果调味明胶（Basic flavored gelatin with fruit）（25 份）

原料配方：混合味的明胶 375g，沸水 1L，果汁 1L，水果（控干）1kg。

制作步骤：

① 明胶倒入碗中，加入沸水，搅拌至溶解。

② 倒入果汁，冷却至变稠（糖浆状）。

③ 将水果倒入模子中，冷冻至凝结。

④ 脱模，若装盘可切成 5×5 块。

质量标准：鲜艳透明，果味浓郁。

演变与创新：水果组合和调味胶的组合几乎是没有限制的，比如：

① 酸橙味明胶配切片的梨。

② 黑樱桃味明胶配切半的樱桃。

③ 山莓味明胶配切片的桃子。

④ 草莓、山莓或樱桃味明胶配罐装水果。

⑤ 橙子味明胶配桃片或梨片。

⑥ 樱桃味明胶配樱桃或切碎的菠萝。

⑦ 柠檬味明胶配柚子瓣。

案例二、鳜鱼冻（Cold mandarin gelatine）

原料配方：鳜鱼一条（1kg 左右），虾仁 100g，明胶粉 125g，鱼汤 1.2kg，方面包 1 片，鸡蛋 2 个，黄油 150g，香叶 2 片，蔬菜香料 150g，蛋黄酱 200g，白葡萄酒 50g，盐 3g，胡椒粉 1g，柠檬汁 10g，色拉油沙司、糖色各适量。

制作步骤：

① 将鳜鱼刮去鳞洗净，去掉内脏和鱼鳃，不要剖腹，保持鱼形外形完整。用盐、香

叶、蔬菜香料、柠檬汁、白葡萄酒腌60min。

② 将鱼用开水烫一烫，去掉黏液和腥味，剖腹洗净，将虾仁斩成蓉，加盐、胡椒粉、泡软的面包、鸡蛋制成馅心，并塞入鳜鱼肚内。

③ 将鳜鱼用白布包好，用线捆成鱼游水的形状，放入蒸笼蒸20min，熟后取出冷却。

④ 鱼汤内加100g明胶粉和2只鸡蛋白拌匀，用文火煮开澄清，再用布过清，并使之冷却。另用25g明胶粉用少许冷水化后煮开，稍冷后慢慢拌入蛋黄酱内。将冷透的鳜鱼放在盘内呈游水状，再把沙拉油沙司浇没鱼身，放入冰箱冷却。

⑤ 将黄油搅软加少许糖色，使之成巧克力色，再放入裱花袋中，在鱼头上裱出鼻、眼、口，鱼的两侧鱼鳞也裱出来。

⑥ 将鱼放在银盘内，竖立平稳，将步骤④中的汤汁呈瓦状浇在鱼的周围，使之呈波浪形，此菜适用于宴会。

质量标准：整鱼上桌，栩栩如生，肉质细嫩。

案例三、明虾冻（Prawn in jelly）

原料配方：明虾4只（每只约100g），明胶汁400g，番茄1个，熟鸡蛋1个，生菜数片，鸡清汤300g，蔬菜香料50g，白葡萄酒15g，柠檬汁10g，盐3g，胡椒粉1g，柠檬片适量。

制作步骤：

① 将明虾洗净，用蔬菜香料、酒、柠檬汁加水煮熟，冷后剥壳，明虾肉切成片待用。

② 鸡清汤加盐、胡椒粉调味后加入一定比例的明胶汁煮化、冷却，先在小模具内浇一层明胶汁，凝结后放数片明虾片，再浇些凝胶汁，接着放一片番茄，鸡蛋片、凝胶汁，依次交替，最后将明胶汁灌满模具，放入冰箱冷藏。

③ 上席时将模具在热水中略加热，倒扣装盘，周围用生菜、柠檬片装饰。

质量标准：色泽透明，微咸略酸。

案例四、苹果冻（Apple gelatine）

原料配方：苹果200g，麦淀粉20g，鸡蛋50g，砂糖75g，柠檬汁15g，盐3g。

制作步骤：

① 将苹果削皮去核，刮制成泥状；鸡蛋打开取蛋白，打至发泡，缓缓加入砂糖、麦淀粉调匀，放入盘内，放入冰箱冷藏成蛋白冻备用。

② 把盐、砂糖、麦淀粉放在一起拌匀，再加入苹果泥，用适量清水调匀，放入蒸锅用大火蒸至凝结时，浇上柠檬汁，食用时配上蛋白冻即可。

质量标准：酸甜爽口，色泽美观。

三、沙拉汁制作案例

沙拉汁是液态或半液态的沙拉佐味料。它可以使沙拉更美味、可口、润滑。现广泛使用的沙拉汁主要有三种：油和醋沙拉汁（一般不太稠），用蛋黄酱调成的沙拉汁（大部分是稠的）和熟料沙拉汁。

还有一些沙拉汁配料含有乳酸、酸奶和果汁，许多这样的沙拉是专门用于水果沙拉或低热量食物的。

案例一、基础法汁或醋汁（Basic French Dressing or Vinaigrette）

原料配方：葡萄酒醋500mL，盐30mL，白胡椒粉10mL，色拉油1.5L。

制作步骤：把所有原料放在大碗中混合。

质量标准：口味微辣，酸味宜人。

演变与创新：可以用橄榄油部分或全部代替色拉油。

在基础法汁的基础上可以演变出以下沙拉汁：

① 芥末醋汁：60～125g 法式芥末加到基础食谱中。加油以前，先把芥末和醋搅匀。

② 香草醋汁：在基础食谱或芥末醋汁食谱中添加 60g 香菜末和 20mL 下列干香草中的一种：紫苏、百里香、马郁兰、龙蒿叶、细香葱。

③ 意大利汁：全部或部分使用橄榄油，在基本食谱中添加 15mL 大蒜末、30mL 牛至、125mL 香菜末。

④ 辛辣汁：在基本食谱中添加 20mL 干芥末，60mL 洋葱末，20mL 红辣椒粉。

⑤ 鳄梨沙拉汁：在基本食谱中添加 1kg 的鳄梨泥，打至柔滑，可加一些盐调味。

⑥ 蓝奶酪沙拉汁：250g 碎的蓝奶酪和 250mL 的浓奶油搅匀，逐渐加到 1.5L 的基础法汁中。

⑦ 低脂肪醋汁：用白汤、蔬菜汤或蔬菜汁代替 2/3 的油。

案例二、胡桃香料酸辣汁（Walnut Herb Vinaigrette）

原料配方：苹果醋 100mL，盐和胡椒根据口味，胡桃油 150mL，花生油 150mL，丁香（剁碎的）12g，山萝卜（剁碎的）12g，香菜（剁碎的）12g。

制作步骤：

① 用盐和胡椒给醋调味。

② 加入油进行搅拌。

③ 拌入香料。

质量标准：味道鲜香，酸辣可口。

案例三、橙和番茄香醋酸辣汁（Orange and tomato vinaigrette）

原料配方：橙子 3 只，橄榄油 750mL，盐和胡椒根据口味，大葱（剁碎的）3 根，番茄 300g。

制作步骤：

① 把橙子皮切成丝，将橙子榨汁。

② 将橙皮丝、橙汁和橄榄油掺在一起，加入调味。

③ 加入大葱和番茄。

质量标准：色泽鲜艳，口味酸甜。

案例四、拼盘沙司（Sauce Gribiche）

原料配方：白葡萄酒醋 100mL，色拉油 500mL，盐和胡椒根据口味，腌黄瓜碎 65g，刺山柑碎 65g，洋葱碎 65g，全熟鸡蛋 3 个。

制作步骤：

① 将醋和油混合，用盐和胡椒调味。

② 加入腌黄瓜、刺山柑、洋葱和切成丝的全熟鸡蛋，轻轻搅拌。

质量标准：色泽和谐，口味酸辣。

案例五、美式法汁（American French Dressing）

原料配方：洋葱 125g，色拉油 1L，苹果醋 375mL，番茄酱 625mL，糖 125g，大蒜碎

5mL，李派林汁 15mL，辣椒粉 5mL，白胡椒粉 2mL。

制作步骤：

① 把洋葱在食物碾磨器中磨碎。

② 在不锈钢碗中把所有原料混合。

③ 把所有配料搅匀，让糖溶解，然后冷却。

④ 在使用前再次搅拌。

质量标准：色泽鲜艳，酸辣利口。

案例六、蛋黄酱（Mayonnaise）

原料配方：蛋黄 8 只，醋 90mL，盐 10mL，干芥末 10mL，辣椒少许，色拉油 1.7L，柠檬汁 60mL。

制作步骤：

① 把蛋黄放到打蛋器的碗里打匀，再加 30mL 醋打匀，把所有干料放入碗中搅拌均匀。

② 把打蛋器开至最大速度，开始慢慢加油，当乳化剂开始形成后，可稍快地加油。

③ 当蛋黄酱变得稍稠时，用醋稀释，慢慢打入最后的油。

④ 加入少许柠檬汁来调节酸度和黏度。

质量标准：色泽浅黄或洁白，糊状有光泽，口味酸咸清香，口感绵软细腻。

演变与创新：以下沙拉汁均以 2L 蛋黄酱为底料加入而制成。

① 千岛汁：500mL 番茄沙司，洋葱（切碎的）60g、青椒（剁好的）125g，辣椒（剁碎的）125g，全熟鸡蛋（剁碎的）3 个。

② 路易士汁：在千岛汁的基础上去掉鸡蛋，加入 500mL 奶油。

③ 俄罗斯汁：500mL 辣椒沙司，125mL 山葵，60g 洋葱碎，500mL 白鱼子酱。

④ 常提利汁：500mL 浓奶油（打发加入，慢慢加入）。

⑤ 蓝色奶酪汁：125mL 白醋，10mL 李派林汁，少许红辣椒油，500g 碎蓝色奶酪和 300mL 浓奶油。

⑥ 大蒜蛋黄沙司：60～125g 蒜泥和盐搅拌均匀，倒入蛋黄中。其余操作与蛋黄酱操作相同。

案例七、酸奶油水果沙拉汁（Sour cream fruit salad dressing）

原料配方：果冻 125g，柠檬汁 125mL，酸奶油 1L。

制作步骤：

① 把果冻和柠檬汁放在一个不锈钢碗内，低火加热搅拌至溶化。

② 撤火，慢慢加入酸奶油拌匀，冷藏。

质量标准：口味酸爽，奶香宜人。

案例八、蜂蜜柠檬沙拉汁（Honey lemon dressing）

原料配方：蜂蜜 250mL，柠檬汁 250mL。

制作步骤：将两者混合。搭配水果沙拉。

质量标准：色泽和谐，口味酸甜。

演变与创新：

① 蜂蜜奶油沙拉汁：加入柠檬汁前将 250mL 浓奶油与蜂蜜混合。

② 蜂蜜绿柠檬沙拉汁：用绿柠檬代替柠檬汁。

案例九、水果沙拉汁（Fruit salad dressing）

原料配方：糖 175g，玉米淀粉 30g，鸡蛋 4 只，凤梨汁 250mL，橙汁 250mL，柠檬汁 125mL，酸奶油 350mL。

制作步骤：

① 将糖和玉米淀粉放入一个不锈钢碗中，加入鸡蛋搅拌至均匀。

② 在一有柄煮锅内加热水果汁至沸腾，慢慢加入鸡蛋混合物内，搅匀。

③ 再将混合物倒回锅内煮至沸腾，不断搅拌，当变稠时，倒进容器内，冷冻。

④ 把酸奶油倒入冷冻的水果混合物里搅打。

质量标准：口味酸甜，奶香宜人。

思　考　题

1. 简述开胃菜的特点。
2. 简述开胃菜的分类。
3. 简述肉批类的制作方法及适用范围。
4. 简述鸡尾杯类开胃菜的制作方法及适用范围。
5. 简述开那批开胃菜的特点及选料范围。
6. 试述开胃菜在西餐中的地位及适用范围。
7. 沙拉一般如何分类？
8. 简述制作海鲜沙拉的注意事项。
9. 写出蛋黄酱的制作步骤及质量标准。
10. 写出法汁的原料配方。
11. 简述绿色蔬菜沙拉的制作流程。
12. 简述鸡肉沙拉的制作步骤。
13. 试述沙拉的特点。
14. 蛋黄酱可以演变出很多种沙拉汁，请试着设计两种。

项目四　西餐畜肉类菜肴制作

【学习目标】

1．了解肉类原料的初步处理，掌握畜肉原料的分档取料。

2．掌握畜肉原料不同部位的使用价值。

3．熟悉畜肉原料常用的烹调方法，熟悉各种烹调方法的工艺流程及适用范围。

4．掌握畜肉原料的烹调技巧，能根据标准菜谱制作西餐菜肴。

5．能根据标准菜谱进行创新，开发新菜肴。

任务1　肉类原料的加工

【任务驱动】

1．了解肉类原料的初步处理，掌握畜肉原料的分档取料。

2．掌握畜肉原料不同部位的使用价值。

【知识链接】

西餐中常用的肉类原料主要有牛肉、羊肉、猪肉和家禽等品种，又有鲜肉和冻肉两种类型。它们的初步加工方法各有不同。

一、肉类原料的初步处理

1．鲜肉

鲜肉是屠宰后尚未经过任何处理的肉。鲜肉最好及时使用，以避免因储存造成营养素及肉汁的损失。如暂不使用，应先按其要求进行分档，然后用冷库储存。

2．冻肉

冻肉如暂不使用，应及时存入冷库，使用时再进行解冻，以避免频繁解冻而造成肉类中营养成分及肉汁的损失。

冻肉的解冻方法：

冻肉解冻应遵循缓慢解冻原则，以使肉中冻结的汁液恢复到肉组织中，减少营养成分的流失，同时也能尽量保持肉汁的鲜嫩。冻肉解冻的方法有以下几种：

（1）空气解冻法　将冻肉置放在4～6℃室温下解冻。这种方法时间较长，但肉中的水分及营养成分损失较少。

（2）水泡解冻法　即将冻肉放入冷水中解冻。这种方法传热快，时间较短。但解冻后的肉营养成分损失较多，肉的鲜嫩程度降低。此法虽简单易行，但不宜采用。

（3）微波解冻法　利用微波炉解冻。这种方法时间短，比较方便，但处理不好会对肉质造成破坏，所以此法也不宜提倡。

二、牛主要部位的分档取料

（一）牛部位划分

牛的部位划分主要是根据其肌肉组织、骨骼组织等进行划分，以使其能满足菜肴烹调的需要，如图2－1所示。

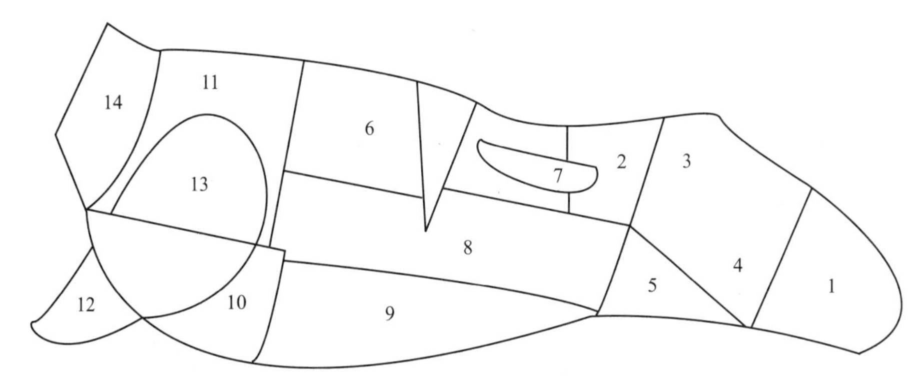

图 2－1　牛的分档

① 后腱子（Shank）：肉质较老，适宜烩、焖及制汤。

② 米龙（Rump）：肉质较嫩，一流的肉质适宜铁扒、煎，较次的肉质则适宜烩、焖。

③ 和尚头（Topside）：又称里仔盖，肉质较嫩，适宜烩、焖，一流的肉质适宜烤。

④ 仔盖（Silver side）：又称银边，肉质较嫩，适宜煮、焖。

⑤ 腰窝（Thick flank）：又称后腹，肉质较嫩，适宜烩、焖。

⑥ 外脊（Loin）：肉质鲜嫩，仅次于里脊肉，适宜烤、铁扒、煎等。

⑦ 里脊（Fillet）：又称柳肉，肉质鲜嫩，纤维细软，含水分多，是牛肉中最鲜嫩的部位，适宜烤、铁扒、煎等。

⑧ 硬肋（Plate）：又称短肋，肉质肥瘦相间，适宜制香肠、培根等。

⑨ 牛腩（Thin flank）：又称薄腹，肉层较薄，有白筋，适宜烩、煮及制香肠等。

⑩ 胸口（Brisket）：肉质肥瘦相间，筋也较少，适宜煮、炸等。

⑪ 上脑（Chuck rib）：肉质较鲜嫩，次于外脊肉。一流的肉质适宜煎、铁扒，较次的肉质适宜烩、焖等。

⑫ 前腱子（Shank）：肉质较老，适宜焖及制汤。

⑬ 前腿（Leg）：肉质较老，适宜烩、焖等。

⑭ 颈肉（Sticking piece）：肉质较差，适宜烩及制香肠等。

⑮ 其他部分

牛舌（Tongue）	适宜烩、焖等
牛腰（Kidney）	适宜扒、烤、煎等
牛肝（Liver）	适宜煎、炒等
牛尾（Tail）	适宜黄烩、制汤等
牛骨髓（Marrow）	用于菜肴的制作
牛胃（Tripe）	适宜黄烩、白烩等

（二）牛脊背部的分档取料

牛的脊背部肉质鲜嫩，形状规整，在西餐烹调中用途广泛，可加工多种不同类型的带骨牛排和无骨牛排。

1. 带骨牛排的加工

牛脊背部从前至后一般可加工出三种类型的带骨牛排。

(1) Y骨牛排(Y-bone steak)　Y骨牛排也称牛肩肉排(Chuck center steak),位于牛脊背的上脑部,是一块由小块脊肉、软骨和周边的其他肌肉组织构成的牛排。

其加工方法是:将牛脊背上脑部的小块脊肉连带软骨和周边的其他肌肉组织一同剔下,然后用锯将软骨锯开成1.5cm左右厚的片即可。

(2) 肋骨牛排(Rib steak)　肋骨牛排位于牛脊背的肋背部,主要由6~7根较规则的肋骨和脊肉构成。

加工方法:将肋骨横着锯掉1/3,并用刀剔除脊肉表层部分多余的脂肪,然后再用刀将脊肉与脊骨剔开,并注意保持脊肉表面的完整,接着用锯紧贴肋骨将肋骨与脊骨锯开,去除脊骨,最后将肋骨内侧的筋膜剔除干净即可,如图2-2所示。

(3) 美式T骨牛排(Porterhouse steak)和T骨牛排(T-bone steak)　美式T骨牛排又称巴德浩斯牛排,位于牛脊背的上腰部,是一块由脊肉、脊骨和里脊肉等构成的大块牛排,一般厚3cm左右,重450g左右,如图2-3所示。

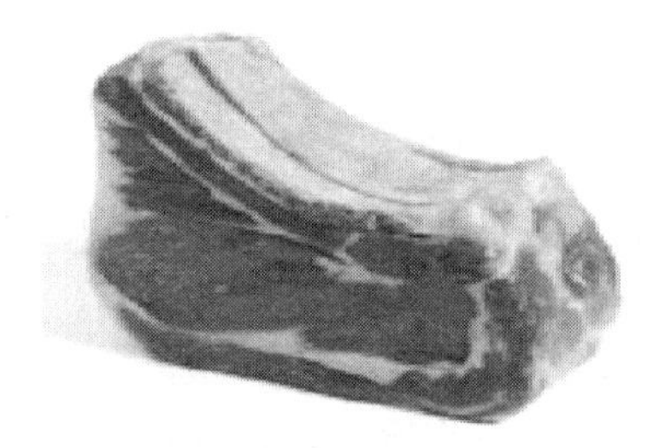

图2-2　肋骨牛排

图2-3　美式T骨牛排

T骨牛排形状同美式T骨牛排,但一般不带里脊肉,较美式T骨牛排小些,一般厚2cm左右,重约300g。

加工方法:锯下一层脊骨,然后剔除脊肉表层的筋膜及多余的脂肪,最后将脊骨并连带着两侧的脊肉和里脊肉锯开成所需厚度的片即可。

2. 无骨牛排的加工

牛脊背部脊肉去骨后从前至后一般可加工两种类型的牛排。

(1) 肉眼牛排(Rib-eye lip on)　肉眼牛排又称肋眼牛排(Rib-eye),是一块由肋背部的脊肉和周边的肌肉组织及部分脂肪构成的牛排,每件重120~140g,如图2-4所示。

(2) 西冷牛排(Sirloin steak)　西冷牛排也称沙浪牛排,主要由上腰部的脊肉构成,如图2-5所示。

图2-4　肉眼牛排

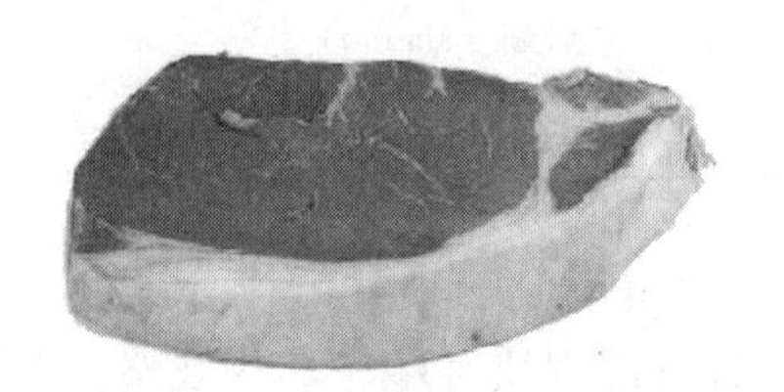

图2-5　西冷牛排

西冷牛排按其重量的不同又可分为：

① 小块西冷牛排（Entrecte），重量一般在150～200g。

② 大块西冷牛排（Sirloin steak），重量一般在250～300g。

③ 纽约式西冷牛排（Newyork cut），重量超过350g。

牛脊肉去骨的加工方法：用刀贴着脊椎骨与脊肉分开，然后再顺着肋骨进刀，将肋骨与脊肉分开，将骨头剔下，最后将脊肉表层多余的脂肪及四周其他的肌肉组织清理干净即可。

(三) 牛里脊的分档取料

牛里脊（Beef fillet）又称牛柳，位于牛腰部内侧，左右各有一条，是牛肉中肉质最鲜嫩的部位。西餐烹调的使用中，大致将牛里脊分为三部分，即里脊头段（Rump fillet）、里脊中段（Tender－loin）和里脊末段（Tail of fillet），其中里脊中段肉质最鲜嫩，形状也最为整齐。在法式菜中，将整条牛里脊从头至尾分为四段，如图2－6所示。

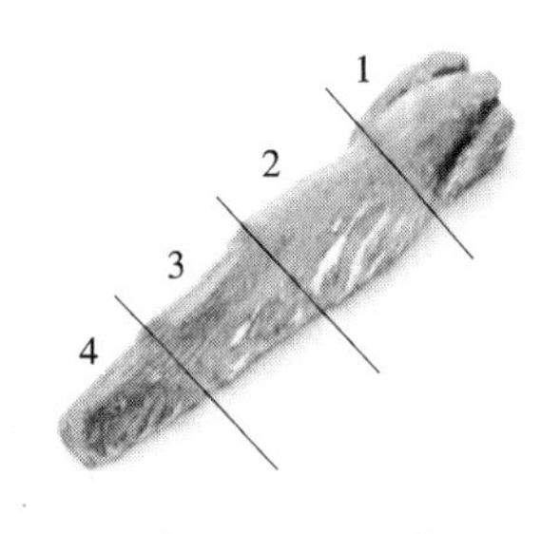

图2－6　牛里脊

(1) 莎桃布翁（Chateaubriand）　可加工米龙腓鹤牛排（Rump fillet steak），去除筋及多余的脂肪，切成150～200g的片即可。

(2) 腓鹤牛排（Filet steak）/听特浪牛排（Tenderloin steak）　去除筋及多余的脂肪，切成1.5～2cm厚，重100～150g的块即可。

(3) 当内陀斯（Tournedos）　可加工腓鹤米云（Filet mignon）或称小件牛排，去除筋及多余的脂肪，切成2～4cm厚，重100g左右的块即可。

(4) 比菲迪克（Bifteck）　可加工薄片牛排（Minute steak），去除筋及多余的脂肪，切成薄片即可。

(5) 整条腓鹤（Long fillet）　整条腓鹤主要用于烧烤，切去里脊的头尾两端，去掉筋膜及多余的脂肪即可。

(四) 牛舌的初加工方法

(1) 用硬刷将牛舌表面的污物清理干净。

(2) 用稀盐水将舌根部的血污洗净，然后将牛舌上的筋及多余的脂肪剔除。

(3) 将牛舌放入冷水锅中，煮1h左右，并随时清除浮沫。

(4) 煮好后将牛舌取出，趁热剥除牛舌表面粗糙的表皮。剥皮时应从舌根处剥起，一直剥到舌尖部。

(五) 牛尾的初加工方法

(1) 将牛尾清洗干净。

(2) 剔除牛尾根部多余的脂肪。

(3) 顺尾骨处入刀，将牛尾分成段。

(4) 将牛尾放入锅内的冷水中，对其进行初步热加工。

(5) 取出后用清水将牛尾洗净即可。

三、小牛主要部位的分档取料

(一) 小牛部位划分

小牛因其体形较小，部位的划分也比较简单，如图2－7所示。

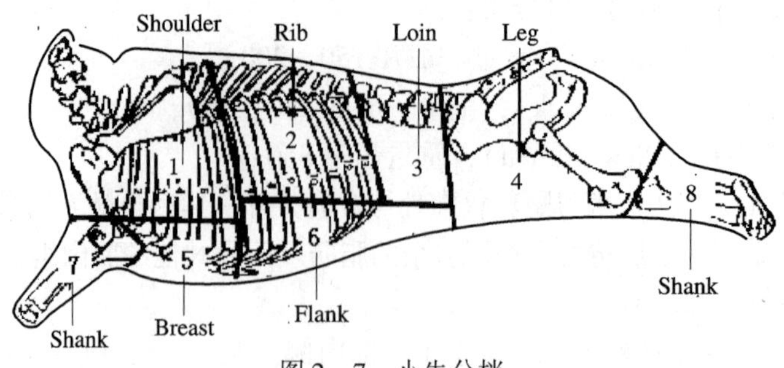

图 2－7 小牛分档

① 前肩（Veal shoulder）：适宜烧烤、烟熏、烩等。

② 肋部（Veal rib）：适宜烧烤、扒等。

③ 腰部（Veal loin）：适宜烧烤、铁扒、煎等。

④ 腿（Veal leg）：适宜烧烤、煎、炒、炸等。

⑤ 腹部（Veal breast）：适宜焖、烩、煮等。

⑥ 其他

- 小牛核（Sweet bread）：适宜烩、焖等。
- 小牛心（Eal heart）：适宜烩、焖等。
- 小牛肝（Veal liver）：适宜煎、炸等。

⑦和⑧牛腱子（Veal Shank）：适宜炒、卤等。

（二）牛仔核的初加工方法

（1）将与牛仔核连在一起的喉管割掉。

（2）将牛仔核放入冷水中浸泡一夜，以清除积血。

（3）将浸泡后的牛仔核放入清水中冲洗，直至血水冲净、颜色发白为止。

（4）剥除牛仔核表面的薄膜、脂肪和筋质，但不要将薄膜完全剥净，以使其仍为一个整体。

（5）控干水分，用净布包好，上放重物压置 12h 左右。

四、羊主要部位的分档取料

（一）羊/羔羊部位划分（图 2－8）

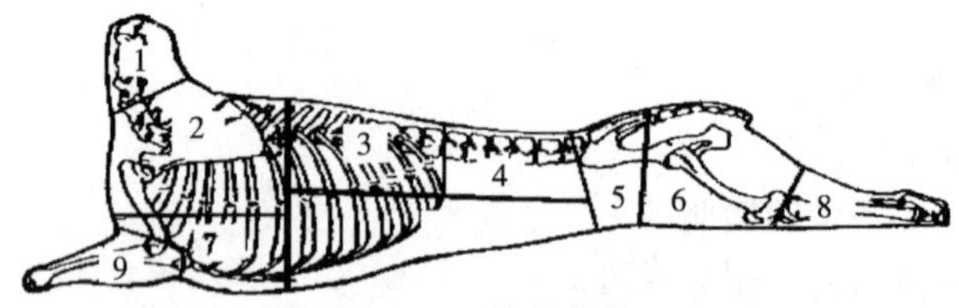

图 2－8 羊的分档

① 颈部（Scrag end）：肉质较老，筋也较多，适宜烩或煮汤等。

② 前肩（Shoulder）：脂肪少，但筋质较多，适宜烤、煮、烩。

③ 肋背部（Best－end）：肉质鲜嫩，适宜烤、铁扒、煎等。

④ 腰脊部（Loin/Saddle）：又称中颈，肉质较嫩，脂肪较多，适宜烩等。

⑤ 羊马鞍（Saddle）：肉质鲜嫩，适宜烤、铁扒、煎等。

⑥ 后腿（Leg）脂肪少，肉质较嫩，适宜烤、煮等。

⑦ 胸口（Brisket）脂肪较多，肥瘦相间，适宜烩、煮等。

⑧和⑨腱子（Shank）肉质鲜嫩，适宜烤、铁扒、煎等。

⑩ 其他

- 羊脑（Brain）适宜煎、炸等。
- 羊肝（Liver）适宜煎、炸、烤等。
- 羊腰子（Kidney）适宜扒、烤、煎、炸等。

（二）羊肋背部的分档取料

羊肋背部肉质鲜嫩，用途广泛，可加工成多种肉排。

1．肋骨羊排

肋骨羊排（Rib bone），又称六肋羊排或七肋羊排，主要是由6～7根较规则的肋骨与脊肉构成，如图2－9所示。

加工方法：从肋背部脊骨中间锯开成两块，然后用刀将里外两侧的皮膜剔除干净，并将脂肪下的半月形软骨剔除。然后用刀在肋骨前部3～4cm处，将肋骨间的肉划开，并将肉剔除干净，露出肋骨头。最后将脊骨与脊肉剔开，锯下脊骨即可。

2．格利羊排

格利羊排（Cutlet）主要是由1～2根肋骨和脊肉构成，由1根肋骨和脊肉构成的称为格利羊排（cutlet），由两根肋骨和脊肉构成的称为双倍格利羊排（Double cutlet）。

加工方法：将备好的肋骨羊排从肋骨间切开即可。

（三）羊马鞍部的分档取料

羊马鞍部又称羊上腰，此部位无肋骨，肉质鲜嫩，用途广泛，可加工成多种肉排。

1．羊马鞍

羊马鞍（Saddle）主要是由脊骨和两侧的脊肉及里脊肉等构成，如图2－10所示。

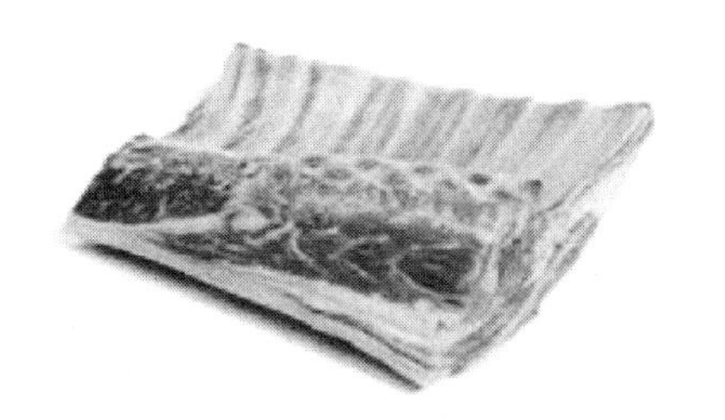

图2－9　六肋羊排

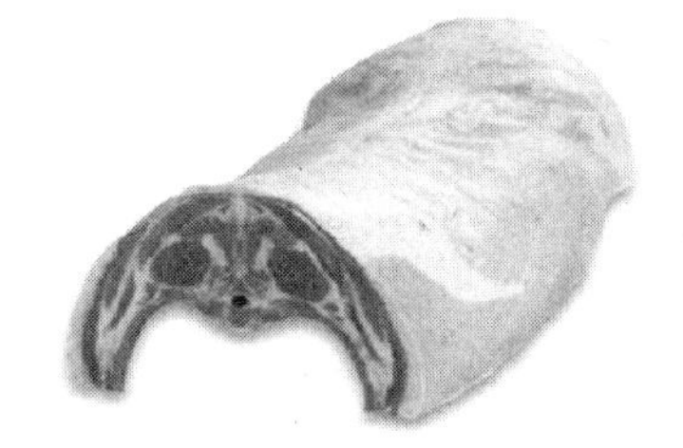

图2－10　羊马鞍

加工方法：将羊马鞍部与肋骨部从脊骨上锯开，然后将羊马鞍剔去皮，摘下羊腰子，再用刀剔去内外两侧的皮膜、筋及多余的脂肪即可。

2．腰脊羊排（Loin chop）

加工方法：将腰部的脊肉从脊骨上剔下，然后再剔除多余的脂肪、筋及碎肉，最后切成100～150g重的片即可。

3．香植羊排（Noisette）

加工方法：将羊腰部的脊肉去骨后斜切成约2cm厚的片，稍拍薄后，整理成格利羊排状即可。

五、猪主要部位的分档取料

（一）猪的部位分档取料（图2－11）

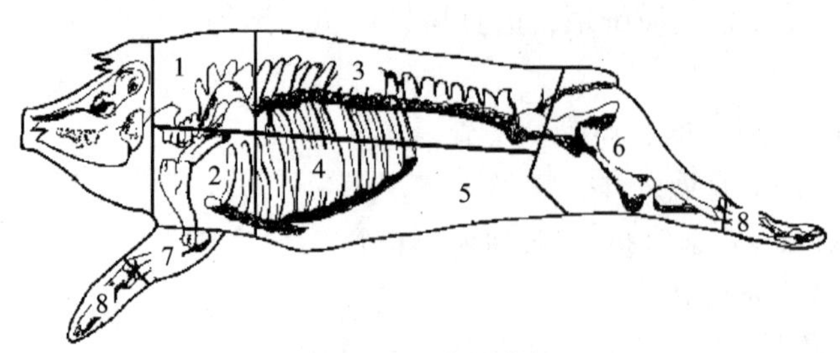

图2－11　猪的分档

① 上脑（Chuckrib）：肉质较嫩，脂肪较多，适宜煮、烤或烩等。

② 前肩肉（Shoulder）：肉质较老，筋质较多，适宜煮、烩或制香肠。

③ 外脊（Pork loin）/里脊（Pork tender loin）：外脊肉色略浅，肉质鲜嫩，适宜煎、烤、铁扒等；里脊肉质细嫩，无脂肪，是最鲜嫩的部位，适宜烤或煎等。

④ 短肋（Short plate）：又称五花肋条，有肋骨的部位称为硬肋（Spare rib），无肋骨的部位称为软肋（Belly－ribbed），适宜烩及制培根（Bacon）。

⑤ 腹部（Abdomen）：又称腩肉、五花肉，肉质较差，适宜煮、烩、制馅或烟熏。

⑥ 后臀部（Pork round）：由臀尖、坐臀和后腿三个部位构成，肉质较嫩，肥肉较少，适宜制火腿等。

⑦ 前腿（Leg）：肉质较老，筋质较多，适宜煮及制火腿。

⑧ 猪蹄（Trotter）：又称猪脚，肉少筋多，适宜煮或腌渍等。

⑨ 其他

- 猪肝（Liver）：常用于肝酱的制作。
- 猪油（Lard）：用于菜肴的制作等。
- 猪网油（Caul）：用于菜肴的制作等。

（二）猪排的加工

1．带骨猪排（Pork cutlets）

带骨猪排主要由猪肋骨和脊肉构成，每件质量在150～200g。

加工方法：沿着脊骨将脊肉与脊骨剔开，然后用锯将脊骨与肋骨锯开，剔下脊骨。接着将肋骨前端用刀剁下3～5cm，并剔除脊肉表面多余的脂肪及碎肉。最后，顺肋骨间将其锯成片即可。

2．无骨猪排

无骨猪排（Pork loin chop）由去骨的脊肉加工制成，一般每件质量为100～120g。

加工方法：剔除去骨的外脊肉表面多余的脂肪、筋膜及周边的碎肉，然后切成所需规格的片即可。

任务2　畜肉原料的烹调方法与菜品举例

【任务驱动】

1．熟悉畜肉原料常用的烹调方法，熟悉各种烹调方法的工艺流程及适用范围。

2. 掌握常用烹调方法适用的典型菜肴案例。

【知识链接】

一、畜肉原料常用的烹调方法

畜肉有多种烹调方法，例如烤、扒、煎、煸炒、炖、烩、焖等。

（一）烤

大块的畜肉，常使用烤的方法使之成熟。由于烤是将原料放入烤炉内，借助四周的热辐射和热空气对流，使原料成熟的方法。因此，烤出的畜肉，能够保持原汁原味。

1. 初步加工

畜肉修饰整齐，如果有脂肪，最好在畜肉的外部留有 1 ~ 2cm 厚的脂肪，在烹调时，将带有脂肪的一面向上，放在烤盘内烤制。

2. 调味

烤制畜肉时，需要进行烤肉前调味和烤肉后调味。烤肉前调味是指在烤前，将盐、胡椒粉及其他调味品涂抹在畜肉上进行腌制；腌制的时间，根据菜肴要求而定，从几分钟到一天不等。烤前调味，可以使畜肉具有基本的味道。烤肉后调味是将畜肉烤熟后，利用烤肉的原汁进行调味，即将原汁调好味道后，浇在烤熟的畜肉上。

3. 高温着色

为了保持畜肉的风味，及烹调后表面的色泽美观，在烤制时，通常先用 230℃左右的高温，把畜肉表面烤成浅棕色，再降低到合适的温度，也可以先将原料用大火煎上色后，再放在烤箱中烤到合适的成熟度。

4. 温度的控制

烤制的温度与畜肉的大小和重量有关。通常畜肉越大、越重，烹调温度越低，反之，重量越轻，形状越薄，温度就越高。一般在畜肉高温上色后，使用 95 ~ 160℃的低温烤制。低温烹调可以减少水分的散失，保持畜肉的味道、嫩度，并使畜肉的成熟度均匀，也利于烹调后的切割。对于牛肉来讲，1000g 的牛肉如果要达到中等成熟度，需要烤 15 ~ 20min。

5. 使用调味蔬菜增加风味

调味蔬菜指洋葱、西芹和胡萝卜。当畜肉烤至半熟时，将洋葱、西芹和胡萝卜放在烤盘内，在烤制的过程中，不断地用原汁浇在畜肉上，可以增加畜肉的味道。

6. 充分利用烤肉原汁

畜肉在烤制过程中，会有许多鲜美的汁液留在烤盘中，将这些汁液经过调味，可以作为菜肴的沙司或基础汤的稀释。

7. 烤后的操作

畜肉烤好后，不要立刻取出，应在烤箱内放置 15 ~ 30min，以保持烤肉的原汁和鲜嫩。

如果烤好后，立即取出切成小块，会使内部的肉汁流出。所以要尽量在开餐时再切割烤好的畜肉。

（二）扒

扒是使用高温、快速的烹调方法，一般适合比较薄形的畜肉。

扒的一般工艺流程是：

扒炉预热，刷上油→将片状的畜肉码味，刷上植物油→畜肉放在扒炉上→当畜肉一面成为浅棕色后，翻转另一面，继续加热→直至需要的成熟度。

1．适当调味

在扒肉前，要在畜肉的表面涂抹上少许的盐、胡椒粉和植物油，已经码味的畜肉，要尽快烹调，否则畜肉水分会流失，嫩度下降。

2．控制温度与时间

烹调的时间越短，温度就越高，反之，时间越长，温度就越低。

（三）煎

煎适合原料体积较大，或肉块比较厚的嫩畜肉，一般是牛排、猪排、鱼排等。

畜肉的煎制流程是：

平锅烧热后放植物油→油热后，放肉排下锅→先煎一面→上色→再煎另一面→至需要的成熟度。

（四）煮（炖、氽）

炖、煮和氽都是在液体中加热成熟的方法，它们的烹调过程基本相似。

在炖菜中使用的汤汁比较多，但炖畜肉的锅不要太大，这样可以保证锅中的水分足以漫过畜肉。炖畜肉的温度常在90～95℃，一般需要较长的烹调时间。对于嫩度差的畜肉部位，选用炖的方法烹调，成菜效果比较好。

畜肉的煮（炖、氽）工艺流程是：

锅中加水→将加工后畜肉放入→大火煮沸后，去浮沫→放调味蔬菜→转为小火，用低温烹调至成熟。

1．锅中加水，必须漫过畜肉。

2．如果是制作冷吃的炖畜肉，应当让肉在原汤中冷却后，再取出。

（五）烧（焖）

烧（焖）畜肉的工艺流程是：

畜肉加工→撒上盐和胡椒粉→煎成金黄色→调味蔬菜及其他调味料炒香上色→加入少量的汤汁→旺火煮沸后加盖→转小火慢慢焖烂。

操作要点：

1．烧（焖）时先将畜肉稍煎一下，可以上色并且增加菜肴的味道。

2．烧焖时，不要用汤汁将畜肉完全覆盖，因为畜肉是同时依靠锅内的水蒸气加热成熟的。一般情况下，汤汁只要覆盖畜肉的1/3～1/2即可。这样，菜肴成熟后味道更鲜浓。

3．上桌前，将焖好的畜肉切成厚片装盘，浇上原汁即成。

4．烧畜肉时，可在西餐灶上进行，也可在烤箱内进行（把烹调锅盖上盖子，放在烤箱内）。

用烩的方法制作畜肉，与烧（焖）基本相同，但一般适合小的肉块，而且时间比较短。有时烩畜肉没有油煎过程，而是直接放入原汤中炖。

二、典型菜品举例

案例一、烤牛肉（Roast beef）

烹调方法：烤。

原料配方：牛臀肉1500g，胡萝卜150g，西芹150g，洋葱150g，蒜20g，白葡萄酒150mL，基础汤500mL，黄油、植物油适量，盐和胡椒粉少许。

制作步骤：

① 用细绳将牛肉捆扎好后，用盐和胡椒粉码味。

② 胡萝卜、西芹、洋葱分别切成1cm左右的丁。

③ 平底锅放植物油，用大火烧至七八成热，将牛肉表面煎出硬膜，取出，放在烤盘上。

④ 将蒜碎、胡萝卜、西芹、洋葱放在烤盘中，在牛肉表面淋上植物油，防止烤制时干燥。

⑤ 将烤盘放在烤箱中，用200℃的温度烤20～25min；烤制过程中，需不断将烤盘中油脂等淋在牛肉表面，防止牛肉表面干燥，失水过多。

⑥ 烤好后，切断电源，利用余热加热牛肉。

⑦ 烤盘中多余的油脂倒出不用，余下的烤汁中加入白葡萄酒，用大火将酒煮干，加基础汤浓缩，除去浮油，过滤，放入熔化的黄油，和匀，成为沙司。

⑧ 解开捆绑牛肉的绳子，将牛肉切成厚片，淋上沙司，配上煮熟的时令蔬菜即可。

案例二、洋葱煎猪扒（Onion fried pork chop）

烹调方法：煎。

原料配方：猪里脊肉300g，洋葱碎100g，鸡肉基础汤150g，黄油面酱15g，白葡萄酒30mL，白胡椒粉、盐少许，番茄50g，鸡蛋1个，面粉少许，植物油适量。

制作步骤：

① 猪里脊肉去筋切成6mm的厚片，用刀背轻轻拍松，加少许白胡椒粉、盐、白葡萄酒微腌几分钟；洋葱分别切成碎末和洋葱圈；鸡蛋打成蛋液。

② 将猪里脊肉放入油锅内，用中火煎至熟，出锅装盘。

③ 控去锅内过多的油，下洋葱碎炒香，放入基础汤、黄油面酱、白葡萄酒以及白胡椒粉、盐，搅匀煮沸，制作成洋葱汁，淋在猪扒上。

④ 将洋葱圈蘸蛋液，裹面粉下热锅炸黄，放在盘边与番茄一起作配菜。

案例三、红酒烧牛尾（Wine burn oxtail）

烹调方法：烧。

原料配方：牛尾400g，洋葱50g，胡萝卜100g，番茄50g，蒜10g，橄榄油15mL，褐色基础沙司300mL，褐色基础汤（或水）1L，红葡萄酒200mL，面粉、盐和胡椒粉适量。

制作步骤：

① 胡萝卜、番茄分别切成厚片，番茄、洋葱、蒜切碎。

② 牛尾清洗干净，切成段，撒上盐、胡椒粉和面粉，涂抹均匀。

③ 大火将橄榄油加热，放入牛尾煎成金黄色，加番茄、洋葱、蒜炒香。

④ 锅中加红葡萄酒煮干后，加褐色基础沙司和褐色基础汤，大火煮沸，转为小火，加胡萝卜、番茄片，加盖烧焖至牛尾酥软。

⑤ 将牛尾和胡萝卜取出，放在盘中，汁液过滤，大火浓缩后，用盐和胡椒粉调味，淋在牛尾上。

案例四、茄汁芝士肉卷（Tomato Cheese Roulade）

烹调方法：煎。

原料配方：猪里脊肉200g，1cm厚的芝士两块，黄油20g，洋葱30g，面粉300g，番茄酱 20g，苹果 0.5kg，番茄 50g，基础汤 250g，植物油适量，盐、胡椒粉少许。

制作步骤：

① 肉去筋切薄片，拍松，用盐、胡椒粉腌一下备用。

② 芝士切成小拇指粗的长条，苹果去皮、核，切成小丁，洋葱、番茄切碎，在每片肉中放 1 条芝士和几粒苹果丁，将其卷起来备用。

③ 用黄油炒洋葱碎至变色，加少量面粉一起炒，再放上番茄酱、番茄碎、基础汤，用小火煮，到浓缩一半时，调好味制作成沙司。

④ 锅中放植物油，加热，将肉卷裹一层面粉，下锅煎成金黄色，装盘，淋上沙司即可。

任务 3　畜肉菜肴案例

【任务驱动】

1. 掌握畜肉原料的烹调技巧，能根据标准菜谱制作西餐菜肴。
2. 能根据标准菜谱进行创新，开发新菜肴。

【知识链接】

案例一、烤牛肋骨配清汤汁（Roast rib of beef au jus）（25 份）

原料配方：牛肋骨 9kg，洋葱 250g、胡萝卜 125g、芹菜 125g，上色原汤 2L，盐和胡椒粉根据口味。

制作步骤：

① 把肉的脂肪面朝上放入烤盘，插入温度计，放入预热到 150℃ 的烤箱按要求烤至半熟。温度计显示为 54℃ 为半熟，需时 3 ~4h。烤好后取出，保温放置。

② 把烤盘内的油倒去 2/3，留汁液。放入植物调味料，高温加热，直到植物性调味料上色，水分蒸发完，倒去多余的油。

③ 把 500mL 高汤倒入烤盘稀释油汁，加热，使汤与油混合。把汤汁和蔬菜倒入装有剩余高汤的锅内，小火炖至液体减少 1/3。过滤后倒入汤锅，除去表面的油脂，加入盐和胡椒调味。

④ 上菜时，把牛肋骨竖立起来，宽面朝下。剔下肉，再把肉切片，每份肉配 50mL 的汁。

质量标准：色泽浅褐，肉质软嫩，口味浓香

案例二、烤酿馅羊肩肉（Roast stuffed shoulder of lamb）（10 份）

原料配方：无骨羊肩肉 1800g，油、盐、胡椒粉、迷迭香适量，面粉 60g，羊高汤 1L，罐装番茄 125g；植物性调料：洋葱碎 125g，胡萝卜碎 60g，芹菜碎 60g；馅料：洋葱丁 125g，蒜碎 5g，黄油 60g，新鲜面包屑 100g，迷迭香 2g，黑胡椒粉 1g，盐 1g，鸡蛋 1 只。

制作步骤：

① 制作馅料：洋葱、蒜用油炒软，冷却。把洋葱、蒜与剩下的馅料混合，轻轻搅拌。

② 把羊肩肉放平，脂肪面朝下，把馅铺在肉上面，卷起肉，把肉卷绑紧。给肉表面刷上油、盐、胡椒粉、迷迭香。

③ 把肉放在烤盘上，把温度计插入肉中最后的部位，放入 165℃ 的烤箱中，烤大约 1.5h。把植物调味料放入烤盘底部，再把肉刷一遍油，继续烘烤，直到温度计显示 71℃。

全部烘烤时间大约为 2. 5h，取出肉放在保温处。

④ 把烤盘中的油去除 3/4，加入面粉，制作面粉糊，烧至浅褐色，拌入原汤和番茄烧沸，小火慢炖，浓缩至 750mL，过滤，撇去浮油。

⑤ 按横切面把羊肉卷切片，每份肉配 60mL 浓肉汁。

质量标准：肉质酥烂，口味浓郁。

案例三、烤猪排配鼠尾草和焦糖苹果片（Roast loin of pork with sage and apples）

原料配方：猪排 6. 6kg，盐 5g，胡椒粉 2g，鼠尾草 15g，洋葱 250g，胡萝卜 125g，芹菜 125g，猪肉高汤 2. 5L，面粉 150g，酸苹果 8 个，黄油 60g，糖 15g，猪油 150g，盐和胡椒粉适量。

制作步骤：

① 将猪肉上撒上盐、胡椒粉、鼠尾草，放入 165℃烤箱内，脂肪面朝上，烤 1h。

② 把植物香料放置烤盘底部，继续烤制，2 ~ 2. 5h，猪肉烤至全熟，取出，保温放置。

③ 将烤盘置于中火上，煮至水分蒸发，蔬菜调料颜色全部变成褐色，倒出浮油。

④ 把高汤倒入烤盘中，然后把所有高汤倒入汤锅中。用面粉和猪油烹制面粉糊。把面粉糊倒入肉汤中熬 15min，直到汤稍变稠。

⑤ 将苹果去核，切厚片，用少许黄油煎。煎制时撒上一些糖，继续煎，直到两面都煎成棕色并带有焦糖为止。

⑥ 把肉切成一根根的排骨，每份配 60mL 肉汁，配带焦糖的苹果片。

质量标准：色泽柔和，焦糖香味浓郁，搭配合理。

案例四、挂衣火腿配苹果汁（Glazed ham with cider sauce）（25 份）

原料配方：熏火腿肉 7kg，芥末 60g，红糖 275g，磨碎的丁香 1mL，苹果汁 1. 5L，葡萄干 250g，豆蔻粉 2g，磨碎的柠檬皮 5g，玉米淀粉 50g，盐根据口味。

制作步骤：

① 把火腿放进汤锅内，加水盖过肉，煮沸后小火炖约 1h。取出肉，切去皮和多余的脂肪。留一层厚约 0. 5 英寸的脂肪层，用小刀把肥肉划开。

② 把火腿的脂肪层朝上放入烤盘内，将肉涂上一薄层芥末，把 175g 红糖和碎丁香撒在肉上。

③ 放入 175℃的烤箱中烤 1h。

④ 把苹果汁、葡萄干、100g 红糖、豆蔻粉和柠檬皮放入沙司锅内炖约 5min。把玉米淀粉、少许冷水混合后，加入沙司锅内，搅拌至浓稠，加盐调味。

⑤ 把火腿切片，每份配 60mL 的汁。

质量标准：色泽鲜艳，香味醇厚。

案例五、煎菲力牛排（Tournedos vert - pré）（1 份）

原料配方：黄油 30g，菲力牛排 2 块，厨师长黄油 2 片，水田芥和土豆适量。

制作步骤：

① 将黄油放到小炒锅中，中温熔化，将菲力牛排放到锅中煎至黄色且半熟。

② 将肉翻过来继续煎至三成或五成熟（按客人要求定）。

③ 将菲力牛排放在热餐盘中，每片上放一片厨师长黄油，在盘中放一份土豆和适量

水田芥。当黄油还在熔化时出菜。

质量标准：色泽褐黄，肉味鲜嫩。

演变与创新：

① 波米兹菲力牛排，按照主食谱的步骤煎菲力牛排，并同波米兹沙司一起上菜。

② 红酒菲力牛排，按照主食谱的步骤煎菲力牛排，在每块牛排上放上一片加水调匀的牛骨髓，上面浇薄薄一层红酒沙司。

③ 蔬菜菲力牛排，按照主食谱的步骤煎菲力牛排，将牛排在炒盘上码好，用15mL的白葡萄酒去亮色。60mL的蔬菜沙司用文火煮后围着菲力牛排浇一圈。

④ 罗西尼菲力牛排，按照主食谱的步骤煎菲力牛排，将菲力牛排排放在面包片上。每块牛排上放一片鹅肝酱和一片松露（可选）。用马色拉沙司薄薄浇一层。

案例六、伦敦腰窝牛排（London broil）

原料配方：腰窝牛排4500g，蘑菇沙司1500mL；腌泡汁：植物油500mL，柠檬汁60mL，盐10g，黑胡椒10g，百里香5g。

制作步骤：

① 除掉牛排上的脂肪和组织纤维。

② 将腌泡汁放入方盘中，将牛排腌在其中，加盖放入冰箱，至少2h。

③ 将牛排从腌泡汁中取出，放到已预热的炙烤炉中或架烤炉上。将牛排每一面用高温烧烤3~5min，使其外层全熟，里层三成熟。

④ 将牛排从炙烤炉中取出，切割成薄片，出菜时每份配60mL蘑菇沙司。

质量标准：肉质鲜嫩，沙司香味浓郁。

演变与创新：

伦敦烤腌牛排，将牛排用下面原料浸泡：600mL日本酱油，200mL植物油，125mL雪莉酒，175g洋葱碎，10mL姜汁，1瓣捣碎的蒜瓣，30g糖，浸泡至少4h，最好过夜，然后按上面食谱进行操作。

案例七、烤腌羊肉串（Shish kebab）（25份）

原料配方：去骨的羊腿肉4500g；腌泡汁：橄榄油1L，柠檬汁125mL，捣碎的蒜瓣5瓣，盐20g，胡椒粉7g，牛至5g。

制作步骤：

① 将羊腿肉切成2.5cm见方的小块，放置于方盘中，用腌泡汁腌渍，放入冰箱腌一天。

② 将肉控干后，每份175g的量穿到一支肉叉上。

③ 将肉叉放到架烤炉或炙烧炉上用中火烤到约半熟时，翻转直到另一半成熟。

④ 出菜时，拿掉肉叉，将每一份放在盛有米饭的盘中。

质量标准：肉质外酥里嫩，香味浓郁。

演变与创新：可以将一些蔬菜如：洋葱、青椒、蘑菇、番茄等和肉丁一起串在肉叉上。

案例八、熏肉炙烧羊腰花（Broiled lamb kidneys with Bacon）（10份）

原料配方：熏肉条20条，羊腰20个，黄油、盐、胡椒粉适量。

制作步骤：

① 在烤盘中放置熏肉，烤至酥脆，滤出油脂，保温放置。

② 将羊腰沿长切两半，除去油脂、筋膜，每四个半块羊腰串在一个串肉棒上。

③ 将羊腰刷上融化的黄油，用盐和胡椒调味。

④ 用高火烤羊腰，翻一次，直到表面上色，内部还有一些生。

⑤ 立即上菜，每份配两条熏肉，腰花通常配芥末一起上。

质量标准：口感鲜嫩，味鲜微辣。

案例九、煎小牛肝配洋葱沙司（Calf's liver lyonnaise）（10 份）

原料配方：洋葱 1kg，黄油 90g，浓上色原汤 250mL，小牛肝（每片 125g）10 片，面粉、盐、胡椒粉和色拉油适量。

制作步骤：

① 将洋葱切片，放入炒锅中用黄油中火炒制，使其变软，呈金黄色。

② 将原汤和洋葱加入汤锅，烧几分钟，直至沙司显得光滑时调味，保温备用。

③ 将牛肝调味并敷上一层面粉，抖去多余面粉。将黄油加入锅中烧热，适当温度煎肝，使各面都呈金黄，使其恰好成熟。

④ 上菜时，每份配 50g 洋葱沙司。

质量标准：色泽金黄，口感细嫩。

案例十、炖牛肉（Beef pot roast）（25 份）

原料配方：牛臀肉 5kg，油 125mL，洋葱 250g，芹菜 125g，胡萝卜 125g，番茄酱 175g，上色原汤 2. 5L，面包粉 125g，香料袋（香叶 1 片，百里香 1 捏，胡椒子 6 粒，大蒜 1 瓣）。

制作步骤：

① 在锅中将油烧热，放入牛肉，使其各面都上色，取出。将蔬菜调味料放在锅中炒上色。

② 锅中加入番茄酱、原汤、香料袋烧开，加入牛肉，盖上盖，放入预热到 150℃ 的烤箱中，将肉炖到酥烂，2 ~ 3h。将牛肉从锅中取出，保温备用。

③ 取出香料袋，将汤体表面的油去除，保留 125g 油备用。

④ 用备用的油和面粉做成黄色奶油面粉糊，慢慢让它变凉。将肉汤放到火上炖，加入面粉糊，再炖 20min，直到汤体变稠、变少。

⑤ 过滤好沙司，调味。

⑥ 将肉横向切片，片不能太厚，每 125g 肉配 60mL 沙司。

质量标准：味道浓郁，口感酥烂。

案例十一、橙汁小牛腿（Veal shank with orange）（12 份）

原料配方：色拉油 100mL，黄油 30mL，小牛腿肉（350g）12 片，胡萝卜碎 350g，洋葱碎 350g，蒜碎 90g，番茄 250g，面粉 20g，白葡萄酒 300mL，褐沙司 600mL，香料袋 1 个，糖 50g，酒醋 60mL，橙皮丁 50g，柚皮丁 20g，胡萝卜丁 30g，洋葱丁 30g，香菜末 20g。

制作步骤：

① 将黄油和色拉油加热，将调好味的小牛腿放入，上色，离火，取出待用。

② 加入胡萝卜、洋葱、蒜，快炒。加入面粉，炒制几分钟，加白葡萄酒去亮色，浓

缩到变干为止。

③ 倒入褐沙司和香料袋。将小牛腿肉放入，加盖，以175℃在炉中烤1.5h左右，直到小牛腿肉酥烂。

④ 取出小牛腿肉，滤出汤汁，撇出油脂。

⑤ 在一不锈钢锅中倒入糖和醋，加热，直到变成焦糖为止。一旦上色，离火，加入经过过滤的汤汁，浓缩。

⑥ 过滤汤汁后，加入橙皮、柚皮、胡萝卜和洋葱。用文火煮几分钟。在上菜前进行调味并掺入香菜碎。

质量标准：肉质酥烂，酸甜适口。

注：焦糖醋混合液被称为gastrique，由于它酸甜适度，是制作许多酸甜沙司的底料，如制作烤鸭用的甜橙沙司和其他带有水果的沙司。

案例十二、煨普罗旺斯式羔羊肩肉（Daube d′ agneau provencale）（12份）

原料配方：羊肩肉3.8kg，胡萝卜（大丁）125g，香葱（大丁）45g，洋葱（大丁）90g，蒜片30g，马郁兰5g，罗勒10g，迷迭香10g，红葡萄酒1.5L，洋葱碎300g，蒜碎30g，橄榄油50mL，去皮番茄碎800g，番茄酱5g，剁碎橄榄125g，盐，胡椒粉，色拉油根据需要。

制作步骤：

① 将羊肩肉用盐和胡椒调味，放入炖锅中烧热油中上色，取出。加入胡萝卜、洋葱、蒜和香葱快炒。加入香料，用红葡萄酒去亮色，加入羊肩肉，加盖，在175℃的炉中烤2.5～3h，起锅，过滤汤汁。

② 将洋葱和蒜用橄榄油炒香，加入番茄酱和番茄。充分搅拌，烹制几分钟，加入剁碎的黑橄榄，进行调味，上火加热直到变稠。过滤后调味。

③ 上菜时，羊肉切片，将沙司浇在上面。

质量标准：肉质细嫩，味道浓郁。

注：食谱中所用羊肩肉一般使用带骨羊肩肉。为方便起见，可用无骨羊肩肉代替，但味道会略差一些，因为骨头会起到增加口味并提高沙司质量的作用。

案例十三、芒果、坚果羊肉咖喱（25份）

原料配方：羊肉4.5kg，油250mL，洋葱块1.25kg，大蒜30g，咖喱粉75g，香菜粉12g，辣椒粉12g，孜然碎5g，胡椒5g，肉桂2g，月桂叶2片，盐10g，面粉125g，白色原汤2L，捣碎番茄300g，浓奶油250mL，芒果5只，混合坚果250g，剁碎的香菜125g，米饭适量。

制作步骤：

① 将羊肉切成2.5cm的丁状，放入中等油温中炒制，使肉上色变黄。

② 将洋葱加入炒制变软，加入香料搅拌大约1min。

③ 将面粉搅入，拌成面粉糊，加热约2min，把清汤和捣碎番茄加入烧沸并搅拌。

④ 锅加盖，放入150℃的烤炉中，慢炖，1～1.5h。然后，除去油，加入浓奶油，调味。

⑤ 米饭与芒果丁和混合坚果拌匀。

⑥ 上菜时羊肉配什锦米饭。

质量标准：咖喱味道浓郁，乳香柔和，米饭鲜香。

注：咖喱粉的量可根据客人的喜好增减。米饭中还可搭配花生、菠萝、香蕉、苹果、椰子和木瓜。

案例十四、瑞典肉丸（Swedish meatballs）（25 份）

原料配方：洋葱碎 300g，色拉油 60mL，干面包屑 300g，牛奶 625mL，搅好的鸡蛋 10 只，碎猪肉 2.5kg，莳萝子 12g，豆蔻粉 2g，多香果 2g，食盐 30g，上色沙司 2L，淡奶油 625mL，莳萝 5g。

制作步骤：

① 将油烧热，将洋葱炒软，彻底冷却。将面包屑、牛奶、搅好的鸡蛋混合，放置 15min。

② 将冷却的洋葱、面包屑混合物和肉放在碗中混合，加入调料和盐，搅拌至均匀。

③ 将肉制成每只 60g 的肉丸，放入 200℃的烤箱中烤 5min。

④ 将热奶油和莳萝加到热沙司中，浇到肉丸上，盖上烤盘，在 165℃烤箱中，加热 30min，直到肉丸熟透。

⑤ 上菜时，每份盛 3 个肉丸，配 6mL 沙司。

质量标准：外酥里嫩，奶香浓郁。

思　考　题

1. 简述肉类原料的初步处理。
2. 简述牛主要部位的分档取料。
3. 简述米龙肉的特点及烹饪适用范围。
4. 简述牛尾的初加工方法。
5. 简述羊肋背部的分档取料。
6. 简述猪主要部位的分档取料。
7. 简述畜肉扒的一般工艺流程。
8. 试述伦敦腰窝牛排的制作。

项目五　西餐禽肉类菜肴制作

【学习目标】

1. 了解禽肉类原料的初步处理，掌握禽肉原料的分档取料。
2. 掌握禽肉原料不同部位的使用价值。
3. 熟悉禽肉原料常用的烹调方法，熟悉各种烹调方法的工艺流程及适用范围。
4. 掌握禽肉原料的烹调技巧，能根据标准菜谱制作西餐菜肴。
5. 能根据标准菜谱进行创新，开发新菜肴。

任务1　西餐禽肉类加工

【任务驱动】

1. 了解禽肉类原料的初步处理，掌握禽肉原料的分档取料。
2. 掌握禽肉原料不同部位的使用价值。

【知识链接】

（一）禽原料的初步加工方法

禽类原料的初步加工大致可分为开膛、洗涤整理和分档取料等步骤。

1. 开膛

禽类开膛的方法主要有腹开、肋开、背开三种。

（1）腹开　这种方法最为普遍，其操作方法是先在颈部与脊椎骨之间开一小口，取出食嗦，然后剁去爪子、头部，割去肛门。再于腹部横切5～6cm长的口，这种方法叫“大开”。若是在腹部竖切4～5cm口子，这种方法叫“小开”。一般大型禽类宜用“大开”的方法，小型禽类宜用“小开”的方法。开口后，伸进手指，轻轻拉出内脏，再抠去两肺叶。操作时应注意不要将肝脏及苦胆弄破。最后用刀剔除颈部的V形锁骨。

（2）背开　从颈根部至肛门处，用大刀将脊背切开，然后取出内脏。这种方法一般多用于铁扒、瓤馅菜肴的制作。

（3）肋开　在禽类的右翼下开口，然后将内脏、食嗦取出即可。

2. 洗涤整理

净膛后的禽类要及时清洗干净，清洗时要检查内脏是否掏净，然后将翅膀别在背后，把双腿插入肛门口内即可。

（二）禽类的分档取料

西餐中常用的禽类原料主要有鸡、鸭、鹅、火鸡、鸽子等，其肌体结构和肌肉结构都大致相同，现以鸡为例来加以说明。

① 用刀将鸡腿内侧与胸部相连接的鸡皮切开。

② 握住鸡腿，用力外翻，使大腿部关节与腹部分离，并露出大腿关节处。

③ 用刀沿着鸡腿的关节入刀，将鸡腿卸下。

④ 用手指扣住脊骨，将脊骨用力外拉，使鸡骨架部位与鸡胸部分离。

⑤ 将整只鸡分割成鸡腿、鸡脯、骨架三大类四大块，整理干净即可。

（三）鸡的初加工方法

① 切除鸡翅、鸡爪和鸡颈，剔除 V 形锁骨，将鸡整理干净。

② 将鸡分卸成鸡腿、鸡胸和骨架三部分。

③ 将鸡腿顺大腿骨和小腿骨之间的关节处切开，并将关节周围的肉与关节剔开，剁下腿骨的关节。

④ 将鸡胸部朝上放平，在距胸部三叉骨 3 ~ 4cm 处入刀，分别将三叉骨两侧的鸡胸脯肉自上而下切开，再用刀从切口处自下而上将鸡胸脯肉连带鸡翅根部剔下。

⑤ 将中间的鸡胸脯肉连带三叉骨和鸡柳肉横着切成 2 ~ 3 块。

切除骨架两侧的鸡肋，并将鸡尖切除，将骨架剁成 3 块即可。

（四）鸡排的初加工方法

① 在距翅根关节 3 ~ 4cm 处，用刀转圈切开，然后将翅膀别上劲，再用刀背轻敲切口处，使翅骨整齐断开。

② 将鸡胸脯上的鸡皮撕开，用刀从三叉骨处自下而上将鸡胸脯肉与三叉骨剔开，直至翅根关节处。

③ 用刀自翅根关节处将鸡翅根与胸骨切开，并使翅根部与胸脯肉完整地连在一起。

④ 将三叉骨上的鸡柳肉剔下。

⑤ 将鸡排整理成形。

（五）铁扒鸡的初加工方法

① 将鸡头、鸡爪、鸡颈卸下。

② 剁下翅尖，剔除 V 形锁骨。

③ 背部朝上，用刀从颈底部直至肛门处将脊骨从中间切开。

④ 展开鸡身，去掉内脏，然后用剪刀剪掉脊骨，并剔除肋骨。

⑤ 将鸡胸部从中间切开，使之成为两片。

⑥ 用拍刀拍平，整理干净即可。

（六）肥鹅肝的初加工方法

① 将鹅肝按其自然形态分为两块。

② 将鹅肝较圆的一面朝上，然后用刀纵向切开一个长口。

③ 从切口处慢慢将鹅肝中的筋拉出，然后再剔除血管和血块，冲洗干净即可。

任务 2　禽类原料的烹调方法与菜品举例

【任务驱动】

1. 熟悉禽肉原料常用的烹调方法，熟悉各种烹调方法的工艺流程及适用范围。

2. 掌握常用烹调方法适用的典型菜肴案例。

【知识链接】

一、禽类原料常用的烹调方法

家禽烹调常用的方法有烤、扒、煎、炸以及烧、煮等。

（一）烤

烤是将禽类原料放入烤炉内，借助四周的热辐射和热空气对流，使家禽成熟的方法。

烤禽肉的工艺流程是：

禽类整理→码味→涂油→放在预热的烤箱烤熟

注意事项：

① 禽类整理：由于禽类原料大多肉质较嫩，整理时，将翅膀捆绑在它的身上，防止肉质干燥。

② 码味：烤整只家禽前，将胡椒粉、盐涂抹在禽肉上，洋葱、西芹和胡萝卜等调味蔬菜放入家禽的腹内。

③ 保持水分：烤禽类时，要特别注意防止水分过分散失，这样，禽肉在烹调后，才具有良好的嫩度和鲜香。烤大型禽类，如火鸡时，在火鸡外皮的上方放一些火腿肉，可以保持火鸡肉的水分，使其鲜嫩。现代烤火鸡，先将鸡脯面朝下，待火鸡基本烤熟，再将鸡脯肉面朝上，约烤30min，不仅鸡脯面的颜色美观，还可以保持鸡脯肉的鲜嫩。有时，在烤的过程中，包上锡箔纸，以保持水分，防止表皮烤焦。在烤非整只家禽时，可以在家禽的外部蘸上调过味的面包屑，也能保持家禽肉质的鲜嫩。

④ 涂油：涂油也是为保持肉内的水分、肉质的嫩度，并使表皮香脆。烤整只的家禽，必须在家禽的外部涂上油脂，而且在烤制过程中，每10～15min刷一次油。

⑤ 高温上色：先用220～230℃的高温将禽类表面烤成浅棕色。如果肉的体积大且重，在上色以后，需要降低烤箱的温度，将禽类烤熟。

⑥ 温度和时间的控制：烤制时，重量和大小不同的原料，要采取不同的温度。较大的家禽使用低温烹调法，通常烤炉的温度是120～160℃，既可以保证禽肉的颜色和成熟度，又可以节省烹调时间。而小家禽的烹调所需温度比较高，常在150～200℃，因为小家禽熟得快，温度太低会出现肉熟透而外观仍然没上色现象。

下表是烤鸡肉的参考时间与温度：

禽类的大小	烤箱温度/℃	烤制时间
幼鸡/体积比较小的鸡	200	20～40min
1400g以下的小鸡	200	每500g，加15min
1400～2300g的中型鸡	200	每500g，加18min
4500g的大型鸡	180	每500g，加20min

（二）扒

扒禽肉的工艺流程是：

禽肉整理→码味→放在预热的扒炉上，刷上植物油→先扒一面→再翻一面扒熟

注意事项：

① 码味：煸或扒家禽前，应当将家禽的外皮刷上油，用盐和胡椒粉调味，这样会使禽肉入味。

② 温度控制：通常时间越短，需要的温度就越高，时间越长需要的温度就越低。扒制成批家禽时，可以先将家禽煸成或扒成理想的颜色，然后放到烤炉里烤熟。

（三）煸炒

煸炒是用少量食油作为热媒介，通过将原料翻动使其成熟的方法，用这种方法制出的

原料质地细嫩。

煸炒禽肉的工艺流程是：

平底锅预热→放入少量的植物油或黄油→放禽肉片（通常是鸡胸肉片或火鸡胸肉片）煸炒至熟

注意事项：

一些较嫩的带骨鸡常切成大块，通过煸炒使外观着色后，再通过烤或焖成熟。

（四）煎

煎禽肉的工艺流程是：

平底锅烧热→放植物油加热→油热后，将码味后的禽肉放入→先煎一面，上色后再煎另一面

注意事项：

① 禽类在码味后，一般先蘸上糊、面包屑糊或面粉等，再烹调，以使原料色泽美观，保持嫩度。

② 与煸炒不同，煎的原料体积较大，用的油量比较多，其温度比煸炒需要的温度低，烹调时间比较长，有时需用几种火力。

煎的烹调方法，除了常用于禽肉制作以外，也常用于鸡蛋的烹调。

煎鸡蛋的工艺流程是：

少量的黄油或植物油放在平底锅中→将鸡蛋的一面煎至理想的熟度（不翻面即是单面煎，翻面再煎另一面，即是双面煎）

注意事项：

注意调节火候大小，煎至需要的成熟度即可。

（五）炸

炸禽肉的工艺流程是：

家禽肉码味→放入预热的炸炉中→炸成熟（或需要的成熟度）

注意事项：

① 禽肉可以在码味后，蘸上糊、面包屑糊或面粉等，以使原料色泽美观，保持嫩度。

② 烹调时注意油与原料的数量比例。

③ 掌握油温：油炸家禽的温度常常是160～175℃。

④ 控制温度：家禽炸到六七成熟时，降低油温炸至全熟，使之外焦里嫩。也可以先将家禽的外部炸成金黄色，然后将其放烤炉内烤熟。

⑤ 如果使用温度低、时间长的炸法，称为浸炸，用于特殊菜肴的制作。

（六）煮或炖

煮或炖禽肉的工艺流程是：

锅放在火上→加水、盐以及调味蔬菜→大火烧沸→转为中小火，保持微沸状→加入整理后的禽肉→煮熟

注意事项：

① 炖时用水比较多，因此烹调用锅不要太大，以保证锅中的水分足以漫过家禽。

② 炖家禽的温度常在90～95℃，水达到沸点后再降温。

煮的烹调方法，除了常用于禽肉外，也常用于鸡蛋的烹调。

煮鸡蛋的工艺流程是：

将鸡蛋放在沸水中→3～5min（嫩鸡蛋）或7min以上（全熟的鸡蛋）

注意事项：

① 冷藏的鸡蛋在烹调前，要在常温下放片刻，否则在沸水中会爆裂。

② 煮熟的鸡蛋应放入冷水中，内部冷却后，再剥皮，从鸡蛋较大的一端开始剥皮，易于剥落。

（七）汆

汆禽肉的工艺流程是：

鸡原汤或清水煮开→放入整理后的禽肉→放入干白葡萄酒、盐、调味蔬菜等→盖上锅盖，将原料烹调成熟。

注意事项：

① 汆的方法适合嫩的或形状较小的禽肉。

② 烹调时间应当短，温度比炖更低一些。

③ 汆一般盖上锅盖，以保持其味道和鲜嫩。

④ 汆后的原汤常用来制成沙司。

汆的方法，除了常用于禽肉外，也常用于鸡蛋的烹调。在鸡蛋的烹调中，汆常常被称为水波。

水波（汆）鸡蛋的工艺流程是：

水中放入少量的盐和醋→煮沸→离开热源→将鸡蛋轻轻地放入热水中→保持在水的沸点以下→微小火烹调3～5min即可

注意事项：

① 水波蛋应选用最新鲜的蛋。

② 醋易使鸡蛋凝固，盐可提高水的沸点并减少鸡蛋的烹调时间。

（八）烧焖

烧焖禽肉的工艺流程是：

禽肉整理→用大火热油煎成金黄色→加入少量汤汁→用旺火煮沸后加盖，转小火慢慢烧焖成熟

注意事项：

① 烧焖前，先将原料煎一下，使禽肉及其汤汁上色并增加菜肴的味道。

② 烧焖时，可加入炒香的洋葱、西芹、胡萝卜、香叶等一同烹调。

二、禽类典型菜品举例

案例一、炸乳鸽配芥末奶油汁（Fried pigeon with Mustard Cream Sauce）

烹调方法：炸（浸炸）、煎。

原料配方：乳鸽2只，鹅油或鸭油500mL，勃艮第红酒沙司100mL，洋葱30g，奶油50mL，芥末籽酱10mL，糖10g，盐和胡椒粉少许。

制作步骤：

① 乳鸽一切为二，去脊骨，洗净，抹干水分，用盐和胡椒粉调味。

② 鹅油放在煲中煮沸，加鸽子略煮，关火；待冷后，放在冷藏箱中2～3天（传统做法：将鸽子浸在鹅油中，将瓦罐放在地窖中，可保存6～12个月）。

③ 食用前，将鸽子取出，放在平底锅中煎成金黄色，装盘，配上煮芦笋、煎土豆片。

④ 洋葱切碎，用煎鸽子的平底锅炒香，加勃艮第红酒沙司、奶油，用糖、盐和胡椒粉调味，关火，加芥末籽酱调匀。

⑤ 将沙司淋入盘中，即可。

注：勃艮第红酒沙司的制作

制作步骤：

① 黄油90mL，将干葱碎、蘑菇碎炒香。

② 加入牛肉末或猪肉末100g，炒熟，加入番茄酱200mL，炒香。

③ 加50g面粉炒匀后，再加200mL红葡萄酒，加热，并不断搅拌防止起颗粒。

④ 至葡萄酒全部被蒸发后，加800mL褐色基础汤和300mL水，煮沸。

⑤ 转为小火，煮70～80min，用盐和胡椒粉调味，过滤即可。

案例二、经典烤鸡（Classic Chicken）

烹调方法：烤。

原料配方：鸡1只（2kg左右），百里香30g，迷迭香30g，香叶1片，黄油75g，盐和胡椒粉适量。

制作步骤：

① 烤箱预热到220℃。

② 鸡整理后，抹上盐和胡椒粉，将百里香、迷迭香、香叶塞进鸡的腹内，并捆绑好。

③ 鸡胸向上放在烤盘中，将切成小片的黄油放在上面。

④ 烤1～1.5h，期间每10～15min刷油一次。当鸡开始微带黄色后，将鸡胸脯翻朝下烤，在最后的15min，再将鸡胸脯翻至朝上。

⑤ 配炸土豆块和烤汁食用。

案例三、法式红酒烩鸡（French Red Wine Braised Chicken）

原料配方：鸡半只，盐、胡椒粉少许，香叶1片，红葡萄酒400～750mL，洋葱30g，黄油50g，蘑菇3个，胡萝卜1根，西芹30g，面粉30g，水适量。

制作步骤：

① 蘑菇、胡萝卜、西芹切成小块，洋葱切成细丝。

② 鸡切成块，用盐、胡椒粉、香叶和葡萄酒腌5h以上。

③ 在锅里下黄油炒洋葱丝，用小火将洋葱丝炒黄后，控油，取出备用。

④ 锅中放入腌好的鸡块，大火煎至金黄。

⑤ 将蘑菇、胡萝卜、西芹切块放入锅中一起炒，加入面粉和炒好的洋葱丝。

⑥ 把腌鸡用的酒汁、香叶放下去，小火炖煮20min，然后加水煮30min，将汁收干浓，用盐、胡椒粉调味。

任务3　禽肉菜肴案例

【任务驱动】

1. 掌握禽肉原料的烹调技巧，能根据标准菜谱制作西餐菜肴。
2. 能根据标准菜谱进行创新，开发新菜肴。

【知识链接】

案例一、烤鸡（Baked chicken）（24份）

原料配方：面粉250g，食盐25g，白胡椒粉2g，辣椒粉10g，麝香草2g，鸡块7kg，熔化的黄油500g。

制作步骤：

① 将面粉和佐料放入烤盘中，用鸡块蘸上调好味的面粉，然后再蘸上油，甩去多余的油滴。

② 将鸡块皮朝上摆放在烤盘上，淡色肉和深色肉要分开放。

③ 将鸡块在175℃下烘烤，直至烤透，大约需1h。

质量标准：外皮黄褐，肉质细嫩，香味浓郁。

演变与创新：

① 烤香草鸡：加入15mL龙蒿，30mL香葱，30mL香菜，和面粉混合，去掉辣椒粉。

② 烤迷迭香鸡：准备基本原料，把鸡块放到烤盘上后，撒上迷迭香叶，24份鸡块配60mL迷迭香叶，在鸡烤好之前的15min时，浇上100mL的柠檬汁。

③ 烤巴马鸡：用100g巴马奶酪和150g上好的干面包屑代替面粉。

案例二、烤火鸡配鸡内脏汁（Roast turkey with giblet gravy）（25份）

原料配方：火鸡1只（10kg），植物性调料（中等大小的丁）：洋葱250g、胡萝卜125g、芹菜125g，鸡基础汤3L，面粉175g，盐、胡椒粉、油适量。

制作步骤：

① 除去火鸡的内脏，清洗干净。将鸡翅背到鸡背上使其固定。用盐和胡椒粉涂抹火鸡的内部，用油将火鸡外表彻底涂抹一遍。

② 将火鸡放入预热到165℃的烤箱中，烤1.5h后将火鸡翻到另一面，再烤1.5h，每隔30min往火鸡上涂抹一些油。

③ 火鸡在烘烤时，将鸡心、鸡胗、鸡脖、鸡肝放到沙司锅中放水炖，2~3h。留下清汤和内脏做肉汁。

④ 将火鸡翻至胸脯朝上，将混合调料放入盘中。

⑤ 将火鸡重新放到烤箱中继续烤，偶尔往火鸡上涂一些油。

⑥ 将温度计插入到鸡腿中最厚的部分，如显示为82℃则火鸡已烤好，整个过程约5h。

⑦ 将火鸡从烤箱中取出放于保温处，在切割前至少放15min。

⑧ 将油脂从烤盘中滗掉。

⑨ 将调味料平铺在烤盘上，放在炉灶上以降低潮气并使其呈褐色。如想要清肉汤则褐色要淡些，如想要浓汤则褐色要深一些。

⑩ 用大约1升的鸡基础汤将烤盘润滑，将剩下的原汤放入沙司锅中，再放到炉灶上。

⑪ 从烤盘中取175g油脂用于做黄色奶油面粉糊，将面粉糊放到肉汁中使其变稠。

⑫ 炖上至少15min直至肉汁变得油滑，没有生面粉味，然后滗出并调味。

⑬ 将内脏切好，加入到肉汁中。

⑭ 将火鸡切成薄片，每份配60mL肉汁。

质量标准：鸡肉鲜香，沙司味道浓郁。

案例三、烤小鸭配焦糖苹果（Roast duckling with caramelized apples）（12份）

原料配方：小鸭（约2kg）3只，橙皮30g，糖75g，葡萄酒醋150mL，橙汁275mL，柚子汁75mL，上色原汤1L，淀粉10g，橙味甜酒30mL，焯过的橙皮45g，焯过的柚皮

25g，苹果1.2kg，黄油90g，糖60g，盐、胡椒粉、油适量。

制作步骤：

① 鸭洗净，用盐和胡椒粉调味。将橙皮放入内腔，将鸭子捆扎好，抹上油。

② 将鸭子放在220℃烤箱内烤45min，充分上色并烤熟。

③ 用沙司锅将糖和葡萄酒醋混合加热沸腾，当开始呈焦糖色时加入橙汁和柚汁，浓缩至原来的1/2，加入烤鸭盘中的汁、上色原汤、橙味甜酒。将沙司煮沸，用淀粉糊调节稠度。调味并过滤，加入焯过的橙皮和柚皮。

④ 将苹果去核，切成薄片，在炒盘上煎，同时撒上糖，直到烧成淡焦糖状。

⑤ 将填料从鸭子腔内取出。出菜时，放上鸭子肉片，用苹果做装饰，并在周围浇上沙司。

质量标准：鸭肉外酥里嫩，苹果焦糖香味浓郁，搭配协调。

案例四、香料烤乳鸽（Herb - roasted Squab）（12份）

原料配方：香菜碎15g，龙蒿碎15g，山萝卜碎15g，黄油125g，乳鸽8只，色拉油60mL，胡萝卜碎75g，洋葱碎75g，芹菜碎60g，蒜瓣3瓣，白葡萄酒125mL，水750mL，香料袋1个，盐和胡椒粉适量。

制作步骤：

① 将香料与软化的黄油搅拌在一起，用盐和胡椒粉调味。

② 将乳鸽清洗干净，除去翅尖，将鸽子皮松脱下来，不要将皮弄破。用一个带管的袋子，将少量的香料黄油放入皮下，用手指尖将皮下的黄油涂匀。捆扎好准备烘烤。

③ 将鸽子放入220℃烤箱中充分上色，先把侧面在上面烤5min，再转向腿部烤5min，最后背部向上烤10～20min，保持胸脯肉还是粉红色的。

④ 烤好后，将鸽子取出，保温存放。将烤盘中的油脂滗掉，加入鸽内脏、胡萝卜、洋葱、芹菜和蒜，轻炒到其稍上色，用白葡萄酒去亮色，再加上水和香料束。加热浓缩至2/3，滗掉表面油脂，过滤并调味。

⑤ 将鸽子整只或切一半上菜，配沙司。

质量标准：外酥里嫩，香味浓郁。

案例五、煎无骨鸡胸肉配蘑菇沙司（Sauéed boneless breast of chicken with mushroom sauce）（10份）

原料配方：澄清黄油60g，去骨鸡胸肉10个，面粉60g，切片白蘑菇300g，柠檬汁30mL，奶油沙司600mL。

制作步骤：

① 鸡脯肉调味，并撒上面粉，抖掉多余的面粉。

② 炒盘中倒入清黄油，加热，将鸡皮朝下，用中火煎鸡肉至稍稍变色，不时翻转鸡肉至全熟。取出鸡肉，保温放置。

③ 将蘑菇放入锅中快炒，几秒钟后，蘑菇还没有变色之前加入柠檬汁，并在锅中不停翻转。

④ 加入奶油沙司炖上几分钟，调节稠度。

⑤ 菜做好后要迅速出菜并配60mL沙司。

质量标准：肉质细嫩，奶香浓郁。

案例六、鸡肉波亚斯基（Chicken pojarski princesse）（12 份）

原料配方：无骨、不带皮鸡脯肉 1kg，浓奶油 450mL，新鲜白面包屑 200g，熟芦笋尖 350g，盐、胡椒粉、黄油适量。

制作步骤：

① 将鸡脯肉剁碎，放入一大盘中，将奶油搅入鸡肉馅中，一次加一点，使其充分吸收。用盐和胡椒粉调味，冷藏。

② 将肉馅分成 24 份，将每份蘸上面包屑，使其蘸匀，然后将粘着面包屑的团子压成饼。

③ 用清黄油煎至金黄色。每份两张，用芦笋尖做配菜。

质量标准：色泽金黄，外酥里嫩。

案例七、多利填馅鸡胸肉（Stuffed chicken breasts doria）（12 份）

原料配方：香葱碎 100g，黄油 75g，鸡腿肉 500g，鸡蛋清 2 只，法式淡奶 200mL，混合新鲜香草碎 25g，白面包屑 50g，鸡胸肉 12 块，黄瓜 2 根，酸奶沙司 600mL，盐，胡椒粉适量。

制作步骤：

① 制作馅料：将香葱在黄油中过油直至其变软，冷却备用。将鸡腿肉放入绞肉机搅碎，加入冷却的香葱、鸡蛋清、法式淡奶、香料和面包屑，轻轻搅拌，冷却备用。

② 将鸡胸肉压平，将做好的鸡腿肉馅放在其上，用不粘纸将每个鸡脯肉卷起，两端扎紧。放入原汤中，煮 20 ~ 25min，泡在热汤中。

③ 将鸡肉除去包装，切成片，摆在盘子中，用勺子将酸奶沙司浇在周围，用黄瓜装饰。

质量标准：鸡肉鲜香，馅料奶香浓郁。

案例八、西班牙鸡饭（Spanish rice with chicken）（24 份）

原料配方：鸡 6 只，橄榄油 90mL，洋葱丁 500g，青椒丁 500g，大蒜碎 20g，红灯笼辣椒 10g，长粒大米 1kg，鸡原汤 1. 5L，新鲜番茄丁 900g，罐装番茄碎 700g，青豆 600g，甜椒丝 125g。

制作步骤：

① 将整鸡切成 8 块，用橄榄油将鸡块煎成微黄，取出保温，撇去油脂。

② 在锅中加入洋葱、青椒、大蒜，中火加热至蔬菜变软。

③ 加入红灯笼辣椒和大米，充分搅拌。加入原汤和番茄煮沸，加入盐和胡椒粉调味。

④ 将锅中所有原料倒入盛有鸡块的容器中盖好，放入温度为 165℃ 的烤箱中，直至大米和鸡块熟透。

⑤ 上桌时掺入青豆，并在上部配甜椒丝做装饰。

质量标准：色泽鲜艳，米饭鲜香。

思 考 题

1. 简述禽原料的初步加工。

2. 简述鸡排的初加工方法。
3. 简述肥鹅肝的初加工方法。
4. 简述烤禽肉的工艺流程及注意事项。
5. 简述扒禽肉的工艺流程及注意事项。
6. 试述炸乳鸽配芥末奶油汁的制作。

项目六　西餐鱼类和贝类菜肴制作

【学习目标】

1. 了解鱼贝类原料的初步处理。
2. 熟悉鱼贝类原料常用的烹调方法，熟悉各种烹调方法的工艺流程及适用范围。
3. 掌握鱼贝类原料的烹调技巧，能根据标准菜谱制作西餐菜肴。
4. 能根据标准菜谱进行创新，开发新菜肴。

任务1　西餐鱼类和贝类加工

【任务驱动】

1. 了解鱼贝类原料的初步处理。
2. 掌握鱼柳及鱼出骨的加工方法。
3. 掌握其他水产品原料的加工方法

【知识链接】

西餐烹调中常用的水产品原料主要有鱼类、贝类、虾、蟹等，其种类繁多，加工的方法也不尽相同。

一、鱼类原料的初加工方法

鱼类原料的初加工主要是对其进行剔骨处理。由于鱼类的品种较多，其形态、结构等各有特点，所以初加工的方法也不尽相同。

1. 鲑鱼鱼柳（Salmon fillet）的加工方法

此方法适用于鲈鱼、鳟鱼、鲷鱼、鳜鱼等体形为圆筒形鱼类鱼柳的加工。

① 将鱼刮去鱼鳞，去除内脏，冲洗干净。

② 将鱼头朝外放平，用刀沿背鳍两侧将鱼脊背划开。

③ 用刀自鱼鳃下，将鱼头两侧各切出一个切口至脊骨。

④ 用刀从鱼头部切口处入刀，紧贴脊骨，自鱼头部向鱼尾部，小心将鱼柳剔下。

⑤ 将鱼身翻转，再从鱼尾部向鱼头部运刀，紧贴脊骨将另一侧鱼柳剔下。

⑥ 将剔下的鱼柳鱼皮朝下，用刀在尾部横切出一个切口至鱼皮，一只手捏住鱼尾部，另一只手握刀从切口处入刀，小心将鱼皮剔下。

2. 比目鱼鱼柳（Sole fillet）的加工方法

此方法适用于菱鲆鱼、鲽鱼、大比目鱼等扁平形鱼类鱼柳的加工。

① 将鱼洗净，剪去四周的鱼鳍。

② 用刀在正面鱼尾部切一小口，将正面鱼皮撕开一点。

③ 一只手按住鱼尾，另一只手蘸少许盐，捏住撕起的鱼皮，用力将正面整个鱼皮撕下，背面也采用同样的方法撕下鱼皮。

④ 将鱼放平，用刀从头至尾将脊骨两侧划开，然后沿划开处入刀，将鱼脊骨两侧的鱼柳剔下。

⑤ 将鱼翻转，另一面朝上，采用同样的方法将鱼柳剔下。

3．沙丁鱼的去骨方法

此方法适用于银鱼等小形鱼类的去骨加工。

① 用稀盐水将沙丁鱼洗净，刮去鱼鳞。

② 切去沙丁鱼鱼头，并斜着切去部分鱼腹，然后将内脏清除，用冷水洗净。

③ 用手将鱼尾部的脊骨小心剔下，折断，使其与尾部分开。

④ 捏着折断的脊骨慢慢将整条脊骨拉出来。

4．整鱼出骨的加工方法

整鱼出骨主要是用于填馅鱼的制作，其加工方法主要有两种。

方法1：背开出骨法

① 将鱼去鳞、去鳃，剪去鱼鳍、鱼尾尖。

② 将鱼头朝外，用刀在背鳍两侧，紧贴脊骨，从鱼鳃后至鱼尾切开两个长切口。

③ 按住鱼身下压，使切口张开，运刀顺张口紧贴脊骨，小心将鱼肉与脊骨划开。用剪刀剪开脊骨与鱼头、鱼尾两端相连处，再剪开脊骨与肋骨的相连处，取出脊骨和内脏。

④ 将鱼腹朝下，翻开鱼身，使其露出鱼肋骨根部，然后从肋骨根部入刀，紧贴肋骨，将鱼肋骨剔下。

⑤ 将鱼洗净，鱼身合拢即可。

方法2：腹开出骨法

① 将鱼去鳞、去鳃，剪去鱼鳍、鱼尾尖。

② 用刀从肛门至前鳍处，将鱼腹划开，取出内脏。

③ 用刀尖将腹腔内的脊骨与肋骨相连处划断，再将脊骨与鱼头鱼尾相连处切断。

④ 用刀尖紧贴脊骨，将脊骨与两侧的鱼肉划开，露出脊骨，然后用剪刀将脊骨剪下，取出脊骨。

⑤ 用刀将两侧肋骨片下，取出肋骨。

⑥ 将鱼洗净，鱼身合拢，使其保持完整的鱼形。

二、其他水产品原料的加工方法

1．虾的初加工方法

虾的初加工主要有两种方法。

① 剥去虾头、虾壳，留下虾尾。用刀在虾背处轻轻划开一道切口，取出虾肠，洗净即可，这种加工方法应用较为普遍。

② 用剪刀剪去虾须、虾足，在5片虾尾中，捏住位于中间较短的1片虾尾，轻轻拧下后拉，将虾肠一起拉出，洗净即可，这种方法常用于铁扒大虾的初加工。

2．螃蟹的初加工方法

螃蟹的初加工主要是指将蟹肉出壳的加工方法，蟹肉出壳主要有两种方法。

① 将螃蟹洗净，撕下腹甲，取下蟹壳，剔除白色蟹鳃及其他污物，用水冲洗干净后，将其从中间切开，取出蟹肉及蟹黄。再用小锤将蟹腿、蟹螯敲碎，用竹签将肉取出即可。

② 将螃蟹加工成熟，取下蟹腿，用剪刀将蟹腿一端剪掉，然后用擀杖在蟹腿上向剪开的方向滚压，挤出蟹肉。将蟹螯取下，用刀敲碎硬壳，取出蟹肉。将蟹盖掀开，去掉蟹鳃，然后将蟹肉剔出即可。

3. 龙虾的初加工方法

龙虾的初加工主要是出壳取肉，其加工方法主要有两种。

① 将龙虾洗净，加工成熟后，晾凉。将龙虾腹部朝上，放平。用刀自胸部至尾部切开，再调转方向从胸部至头部切开，将龙虾分为两半，剔除龙虾肠、白色的鳃及其他污物，然后将龙虾肉从龙虾壳内剔出即可。

② 将龙虾洗净，剪去过长的须尖、爪尖。然后将龙虾用线绳固定在木板上，浸入水中煮熟，这样可以防止龙虾变形。龙虾煮熟，晾凉后，将龙虾腹部朝上，用剪刀剪去腹部两侧的硬壳，然后再剥去腹部的软壳，最后取出龙虾肉，并用刀将龙虾肠切除即可。这种加工方法可保持龙虾外壳的美观、完整，一般用于冷菜的制作。

4. 牡蛎的初加工方法

① 用清水冲洗牡蛎，并清除掉硬壳表面的杂物。

② 用牡蛎刀将牡蛎壳撬开。

③ 将牡蛎肉从壳上剔下。

④ 将牡蛎壳洗净、控干，然后将牡蛎肉放回壳内即可。

5. 贻贝的初加工方法

① 将贻贝清洗干净，撕掉海草等杂物。

② 放入冷水中，用硬刷将表面擦洗干净。

6. 黑、红鱼子的初加工方法

① 将新鲜的鱼卵取出后冲洗干净。

② 放入盐水中浸泡，并不断搅动，以使胎衣与鱼卵分离，并使盐分充分渗入卵中。

③ 用适当的网筛将鱼卵滤出即可。

任务2 鱼类和贝类的烹调方法与菜品举例

【任务驱动】

1. 了解鱼类和贝类的烹调方法。

2. 掌握各种烹调的工艺流程，能运用制作菜肴。

【知识链接】

一、鱼类以及其他水产品的烹调方法

（一）烤

烤的工艺流程是：

鱼初加工→用盐和胡椒粉等调味→鱼肉的两边和烤盘内刷上油→在175～200℃的温度下烹调成熟

注意事项：

（1）使用烤的方法制作菜肴，应当选用较大的、完整的、含脂肪多的鱼。

（2）脂肪少的鱼以及贝壳类水产品，要涂大量的油，也可以包裹网油或在刷油前蘸上面粉，以保持嫩度。

（3）烤至鱼刚熟即可，否则鱼肉会松散，影响外观。

（二）煽

煽的工艺流程是：

鱼或其他水产品整理→用盐、胡椒粉或其他调味品调味→刷上黄油或植物油→放在与上面的热源距离约为12cm→烹调成熟

注意事项：

（1）焗适用于较小的鱼块、鱼扇和虾肉等。

（2）烹调较大的鱼块时，要把鱼放在刷有油的盘中，鱼皮面朝下，而且要翻面，这样才可以保持鱼的味道和增加美观。

（3）控制时间，不要将菜肴烹调得太熟。

（三）扒

扒的工艺流程是：

鱼整理→用盐和胡椒粉等调味品调味→两边刷上黄油或植物油→放在扒炉上→扒熟

注意事项：

（1）扒适用形状较小的鱼块、鱼扇和虾等水产品。

（2）脂肪少的鱼最好蘸上面粉再刷油，以保持鱼块的完整。扒比焗的方法速度慢，而且要特别注意鱼的成熟度和保持鱼的完整，避免鱼块破碎和干燥。

（四）煎

煎的工艺流程是：

鱼整理→调味鱼整理→蘸上面粉、鸡蛋、面包屑或挂糊→用平底锅煎熟

注意事项：

（1）煎鱼前，将鱼肉蘸上面粉、鸡蛋或面包屑等，保持形状完整及防止与平锅粘连。

（2）蘸面粉前，可先放入牛奶中浸一下，可提高鱼肉的味道。

（3）煎鱼可以使用植物油，也可以使用混合的烹调油（黄油与植物油各半），但不要使用纯黄油，避免发生粘连。

（五）炸

炸的工艺流程是：

鱼肉及其他水产品整理→调味→挂鸡蛋糊或面包屑等→放入热油中炸熟

注意事项：

（1）掌握炸锅中的油与食品的数量比例和烹调时间。

（2）控制油温：原料达到六七成熟时，逐步降低油温，使其达到外焦里嫩。

（六）水波（氽）

水波使用的水较少，温度比较低，一般保持在75～90℃，适用这种方法的原料都是比较鲜嫩和形状比较小的，如鱼片和海鲜。

水波（氽）通常有两种：浓味水波和鱼原汤葡萄酒水波。

（1）浓味水波的工艺流程是：

水、醋、盐、洋葱、西芹、胡萝卜、胡椒、香叶、丁香和香菜等原料制作浓味原汤→原汤煮开，使蔬菜和香料的味道完全溶解在汤中→将整理后的鱼放入煮锅里→待原汁煮沸后→离火将温度降低至70～80℃浸熟

（2）鱼原汤葡萄酒水波的工艺流程是：

用黄油将冬葱末煸炒入味→鱼排列在平底锅里→用盐和胡椒粉调味→加上鱼原汤和白葡萄酒（原汤和白葡萄酒的比是2：1，总量一定要超过鱼肉的高度）→盖上盖子→煮开

后用中火将鱼肉煮熟→将原汤沥出，放入另一锅里→再用大火煮原汤，大约蒸发1/4原汤→加入鱼沙司和浓奶油煮开→用盐、胡椒粉和柠檬汁调味→制成白葡萄酒沙司→将沙司浇在鱼上

（七）炖

炖的工艺流程是：

鱼及其他水产品整理→在平锅中略煎→放入少量的水或原汤→调味→盖上锅盖→通过汤汁和蒸汽的热传导和对流使菜肴成熟

注意事项：

炖的加工温度比水波的温度略高，是85~95℃，而水或原汤较少。

二、典型菜品举例

案例一、煮鱼柳

烹调方法：煮。

原料配方：鲑鱼柳160g，龙利鱼柳160g，鱼基础汤500mL，chablis白酒200mL，干葱30g，奶油100mL，黄油20g，盐和胡椒粉各少许。

制作步骤：

① 鲑鱼柳及龙利鱼柳切成整齐的长条形状，用盐及胡椒粉调味，干葱切碎。

② 将鱼柳相互间织成正方形，置于鱼基础汤中，用中火煮熟，待用。

③ 取200mL鱼基础汤与白酒和干葱混合，用大火煮至汁液浓缩至半。

④ 加入奶油，将汁液再浓缩至半，用盐和胡椒粉调味，改用小火，加黄油拌匀成白酒汁。

⑤ 将白酒汁液倒在盘上，加鱼柳，趁热食用。

案例二、扒大虾配百里香沙司（Grilled Prawns with thyme Sauce）

烹调方法：扒。

原料配方：大虾6只，洋葱20g（切碎），白葡萄酒60mL，百里香少许，鱼基础汤160mL，奶油100mL，黄油40g，盐和胡椒粉各少许。

制作步骤：

① 洋葱用少许黄油炒香，加白葡萄酒煮至汁干。

② 加入百里香香草及鱼基础汤，用中火煮约3min。

③ 再加入奶油，并用盐及胡椒粉调味。

④ 改用小火，加部分黄油拌匀成百里香沙司。

案例三、煎鲜扇贝配炒番茄蘑菇片（Fried fresh scallops with fried tomato mushroom slices）

烹调方法：煎。

原料配方：扇贝肉12粒，橄榄油15g，蒜1瓣，洋葱20g，蘑菇60g，白葡萄酒50mL，番茄肉50g，奶油100mL，黄油40g，他拉根香草（即茵陈蒿）少许，盐和胡椒粉各少许。

制作步骤：

① 洋葱、番茄肉、蒜分别切碎，蘑菇切片。

② 将蒜蓉和洋葱用黄油炒香，加蘑菇片炒至熟软。

③ 加白葡萄酒，煮至汁干，加番茄肉、他拉根香草炒匀。

④ 再加入奶油煮约3min，用盐和胡椒粉调味。

⑤ 扇贝肉用盐及胡椒粉调味，再用橄榄油煎香。

⑥ 将蘑菇、番茄置盘上，加上煎香的扇贝肉即可。

案例四、培根焗生蚝（Bacon Baked oysters）

烹调方法：焗。

原料配方：生蚝10个，黄油50g，培根肉2片，蒜30g，面包丁适量，番芫荽少许。

制作步骤：

① 培根肉切碎，炸脆待用，番芫荽、蒜分别切碎。

② 将生蚝肉从壳中取出，去掉肚肠，在沸水中泡两分钟；把蚝肉与壳分别洗净，控干水分。

③ 锅中加黄油，烧热后，将蚝肉放在锅中，略炒。

④ 把蚝肉放回壳里，淋上炒肉的黄油，加上炸好的培根肉和蒜蓉，用220℃的烤箱烤至蒜蓉变黄，有香味。

⑤ 出炉后，撒上一点番芫荽碎，配上面包丁即可上桌。

任务3　鱼类和贝类菜肴案例

【任务驱动】

1. 掌握鱼贝类原料的烹调技巧，能根据标准菜谱制作西餐菜肴。

2. 能根据标准菜谱进行创新，开发新菜肴。

【知识链接】

案例一、烤鳕鱼柳（Baked cod fillets portugaise）（24份）

原料配方：鳕鱼柳24条，柠檬汁75mL，熔化的黄油250mL，葡萄牙沙司1.5L，盐和胡椒粉适量。

制作步骤：

① 把鳕鱼柳放在涂好油的烤盘上，皮面朝下。在鱼上厚厚涂上黄油，适当地撒上盐和胡椒粉。

② 把烤盘放入预热至175℃的烤箱中，烤10~15min。

③ 在烹制过程中，检查鱼的表面是否干燥，如已干燥，再刷上些黄油。

④ 每片鱼浇60mL葡萄牙沙司。

质量标准：肉质细嫩，沙司味道浓郁。

演变与创新：

许多其他种类的鱼也可根据菜单采用同样的烤制方式，如三文鱼、大比目鱼、真鲷、鱿鱼、蓝鱼、箭鱼、鲈鱼、比目鱼、鲭鱼、白鱼，也可用其他的调味汁代替，如熔化的黄油，番茄沙司、芥末、咖喱。

案例二、香油醋、芝麻菜、松子烤牡蛎（Baked Oysters balsamic vinegar arugula and pine nuts）（12份）

原料配方：牡蛎36只，香油醋15mL，松子30g，芝麻菜30g，橄榄油45g。

制作步骤：

① 将牡蛎打开，将其放在烤盘上。

② 每只牡蛎上面滴几滴香油醋，然后放上少许剁碎的芝麻菜、一些松子，浇上1.2mL橄榄油。

③ 以230℃的温度烤制，至牡蛎刚刚熟为止。立即上菜。

质量标准：肉质细嫩，口感鲜香。

案例三、熏烤三文鱼配辣椒沙拉（Smoke－roasted salmon filled with pepper salad）（12份）

原料配方：三文鱼柳1.5kg，植物油30mL，香菜碎3g，孜然碎3g，丁香碎1g，茴香碎2g，黑胡椒2g，盐5g，辣椒沙拉1.5kg。

制作步骤：

① 将鱼成每份125g的鱼柳，上面刷一层油。

② 将香料与盐一起搅拌，薄薄的撒在鱼上。

③ 将鱼柳放入烟熏炉中熏2min，然后再放入200℃的烤箱中继续烤8～10min，直至鱼柳刚刚熟透。

④ 在盘中放上鱼柳和辣椒沙拉。立即上菜。

质量标准：烟熏味浓郁，鱼肉外酥里嫩。

案例四、烤龙虾（Broiled lobster）

原料配方：活龙虾1只，青葱碎5mL，黄油15g，干面包屑30g，香菜碎45mL，熔化的黄油，盐、胡椒粉、柠檬块适量。

制作步骤：

① 切开龙虾，取出并丢掉胃部和泥线。

② 用黄油炒青葱至变软，把面包屑用黄油炒至褐色，放入香菜、盐和胡椒调味。

③ 把龙虾上填搅好的面包屑混合物，用黄油刷龙虾的尾部，用东西压在龙虾的尾部上，防止龙虾卷曲。

④ 把龙虾放入烤箱中，直至龙虾烤熟。

⑤ 龙虾取出淋上一小杯熔化的黄油，以柠檬块装饰。

质量标准：肉质细嫩，造型美观，口感鲜香。

案例五、杏仁面包屑三文鱼（Salmon with almond crust）（12份）

原料配方：杏仁碎100g，面包屑100g，香菜碎30g，鸡蛋2只，黄油125g，三文鱼条1.8kg，清黄油90g，红葡萄酒沙司600mL。

制作步骤：

① 将杏仁碎、面包屑和剁碎的香菜搅在一起。加入鸡蛋，轻轻搅拌，然后加入黄油，搅拌，直到充分混合。最后，加入盐和胡椒粉调味。

② 将三文鱼切成每份150g的分量，用黄油煎三文鱼条。先从肉的一面煎，煎至微黄，不要全熟。

③ 将杏仁、面包屑混合物均匀地粘在三文鱼上。将其放入烤箱烤至面包屑微微上色、三文鱼全熟。

④ 上菜时，将鱼条装盘，将沙司浇在鱼条的周围，不要浇在上面。

质量标准：肉质外酥里嫩，沙司味道微酸柔和。

案例六、胡椒黑线鳕配蒜蓉土豆、香草沙司（Peppered haddock garlic whipped and parsley sauce）（12 份）

原料配方：橄榄油 360mL，柠檬汁 30mL，香菜碎 125mL，黑线鳕鱼条 1. 8kg，碾碎的黑胡椒面 30mL，盐 5mL，蒜蓉土豆 1. 1kg。

制作步骤：

① 制作沙司：将油、柠檬汁、香菜碎和盐放在搅拌器内，开始搅拌直至香菜变成泥。

② 把碾碎的胡椒、盐均匀地撒在鱼条上面。

③ 用橄榄油煎鱼，刚开始肉面朝下，中火煎至上色，鱼肉半熟时，翻个，将鱼煎至全熟。

④ 将 90g 土豆放在盘子中央，上面摆上鱼条，再将 30mL 沙司围着鱼浇一圈。

质量标准：鱼肉鲜嫩，搭配协调。

案例七、炸鱼柳（Fried breaded fish fillets）（25 份）

原料配方：面粉 125g，搅好的鸡蛋 4 只，牛奶 250mL，干面包屑 625g，鲈鱼柳 25 条，香菜梗 25 根，柠檬块 25 块，挞挞沙司 750mL。

制作步骤：

① 把面粉放在一个盘里，搅好的鸡蛋和牛奶放在一个浅碗里，面包屑放在盘内。

② 用盐和胡椒粉给鱼调味，把鱼依次放在面粉、搅好的鸡蛋和面包屑中，使面包屑牢牢地附在上面。

③ 把鱼放在 175℃ 的油中炸，直到变得金黄。

④ 每份用一根香菜梗和一块柠檬做装饰并加入 25mL 挞挞沙司。

质量标准：色泽金黄，外酥里嫩。

演变与创新：裹上面包屑的鱼柳也可用于煎。用此方法也可烹调扇贝、虾、牡蛎和蛤。

案例八、美式炖龙虾（lobster âìAmericaien）（2 份）

原料配方：活龙虾（约 700g）1 只，黄油 30g，色拉油 60mL，青葱 15mL，大蒜 2mL，白兰地 60mL，白葡萄酒 200mL，鱼汤 125mL，番茄酱 125g，切好的香菜 15mL，龙蒿 1mL，辣椒少许。

制作步骤：

① 将龙虾切块，取出肝脏和虾子用软黄油来搅拌。

② 在锅中加油，放入龙虾块，高温炒制至龙虾变红。滤出多余的油，加入青葱和大蒜再炒一会儿。

③ 移开锅加入白兰地，放上锅后加入白葡萄酒、鱼汤、番茄、切好的香菜、龙蒿和辣椒。盖上锅，煮制 10 ~ 15min。捞出龙虾放入容器中，保温放置。

④ 将汤稍浓缩，加入步骤①制作的黄油搅拌均匀，调好味道。

⑤ 舀出汁淋在龙虾上，立刻上菜。

质量标准：味道鲜美浓郁，色泽红亮。

案例九、辣椒炒海鲜（25 份）

原料配方：熟海扇贝 1. 2kg，熟蟹肉 1. 2kg，虾肉 600g，黄油 125g，辣椒末 12mL，雪利酒 250mL，热奶油沙司 2. 5L，盐和白胡椒适量。

制作步骤：

① 将海扇贝、蟹肉和虾处理成适当的大小。

② 用大炒锅将黄油加热，加入辣椒末和海鲜。用中火炒制，并用沙司薄薄盖一层，加入雪利酒，用文火煮 1min。

③ 加入奶油沙司再用文火煮，用盐和白胡椒粉调味。

④ 上菜时配以米饭。

质量标准：肉质细腻，热辣鲜香。

案例十、生金枪鱼配羊干酪（12 份）

原料配方：酸橙汁 200mL，青葱碎 80g，橄榄油 375mL，新鲜金枪鱼 2kg，羊奶酪 500g，红辣椒 100g，绿辣椒 100g，大葱 200g，罗勒 20g，盐和胡椒适量。

制作步骤：

① 将酸橙汁、青葱和橄榄油拌成腌汁，加入盐和胡椒调味。

② 用切片机将金枪鱼切成很薄的鱼片。腌制，放入冰箱冷藏 2h，将奶酪切成很薄的片。

③ 将辣椒切丁，焯一下，控干。大葱切成薄片，罗勒切碎。

④ 滤干金枪鱼，保留腌汁。用圆形刀切成圆形，将奶酪也切成同样的圆形，在盘中依次重叠摆上两种圆片。

⑤ 撒上剁碎的大葱、辣椒和剁碎的罗勒。

⑥ 搅打腌汁，直到打成乳状，慢慢地浇在圆形鱼片上，用罗勒枝做装饰。

质量标准：颜色鲜艳、搭配协调。

思 考 题

1. 简述鲑鱼鱼柳的加工方法。
2. 简述沙丁鱼的去骨方法。
3. 简述整鱼出骨的加工方法。
4. 简述虾的初加工方法。
5. 简述龙虾的初加工方法。
6. 简述黑、红鱼子的初加工方法。
7. 简述烤鱼的工艺流程。

项目七　西餐蔬菜菜肴制作

【学习目标】

1. 了解西餐蔬菜原料的初步处理。
2. 熟悉西餐蔬菜原料常用的烹调方法，熟悉各种烹调方法的工艺流程及适用范围。
3. 掌握西餐蔬菜原料的烹调技巧，能根据标准菜谱制作西餐菜肴。
4. 能根据标准菜谱进行创新，开发新菜肴。

任务1　西餐蔬菜类初加工

【任务驱动】

1. 了解蔬菜原料加工的一般原则，掌握蔬菜原料的初步加工方法。
2. 掌握西餐蔬菜原料的切配方法。

【知识链接】

一、蔬菜原料加工的一般原则

（1）去除不可食部位，如纤维粗硬的皮、叶及腐烂变质的部分等。

（2）清洗污物，如泥土、虫卵等。

（3）保护可食部分不受损失。

二、蔬菜原料的初步加工方法

西餐中蔬菜原料的品种很多，其初加工方法也不尽相同。

1. 叶菜类

叶菜类蔬菜是指以脆嫩的茎叶为可食部位的蔬菜。西餐中常用的叶菜类蔬菜主要有生菜、菠菜、西洋菜、甘蓝、荷兰芹等。其初加工方法如下：

（1）选择整理　主要去除黄叶、老根、外帮泥土及腐烂变质部位。

（2）洗涤　一般用冷水洗涤，以去除未掉的泥土。夏秋季节虫卵较多，可先用2%的盐水浸泡5min，使虫卵的吸盘收缩，浮于水面，便于洗净。

叶菜类蔬菜质地脆嫩，操作中应避免碰损蔬菜组织，防止水分及营养的损失，保证蔬菜的质量。

2. 根茎类

根茎类蔬菜是以脆嫩的变态根、变态茎为可食部位的蔬菜，西餐中常用的有百合、土豆、胡萝卜、洋葱、芦笋、红菜头、胡萝卜、辣根等。其初加工的方法是：

（1）除去外皮　根茎类一般都有较厚的粗硬纤维外皮，不宜食用，一般均需去除。

（2）洗涤　根茎类蔬菜一般用清水洗净即可。土豆含鞣酸较多，去外皮后易氧化，发生褐变，故去皮后应及时清洗，然后放入清水中浸泡，以防褐变。洋葱中含有较多的挥发性葱素，对眼睛刺激较大，故葱头也可用冷水浸泡，以减少加工时葱素的挥发，减缓刺激。

3. 瓜果类

瓜果类蔬菜是指以果实或种子作为食用的蔬菜。西餐中常用的瓜果类蔬菜有黄瓜、番茄、茄子、甜椒等。其初加工的方法是：

(1) 去皮或去籽　黄瓜、茄子视其需要去皮或不去皮。甜椒去蒂、去籽即可。

(2) 洗涤　一般瓜果类蔬菜用清水洗净即可。番茄、黄瓜等生食的蔬菜则应用0.3%的氯亚明水和高锰酸钾溶液浸泡5min，用清水冲净即可。

4. 花菜类

花菜类是指以花为可食部位的蔬菜。西餐中最常见的是菜花、西蓝花等，其初加工方法如下：

(1) 整理　除去茎叶，削去花蕾上的疵点，然后分成小朵。

(2) 洗涤　菜花内部易留有虫卵，可用2%的盐水浸泡后，再用清水洗净。

5. 豆类

豆类是指以豆荚为可食部位的蔬菜。西餐中常用的有扁豆、荷兰豆、豌豆等。

扁豆、荷兰豆等是以豆及豆荚为可食部位，初加工时一般掐去蒂与顶尖，撕去两侧筋，然后用清水洗净即可。豌豆等以豆为可食部位，初加工时剥去豆荚，洗净即可。

三、蔬菜加工的切法

蔬菜通过各种不同的切法，可以加工出多种不同的形态。常见的蔬菜形状有块、片、丁、丝、条、橄榄状等。

(一) 蔬菜丝的加工方法

1. 切顺丝 (Julienne)

主要用于胡萝卜、芹菜、辣根、大葱、芜菁等原料的加工。

(1) 原料切成3~5cm长短相同的段。

(2) 将段再顺纤维方向切成1~2mm厚的片。

(3) 将片再顺纤维方向切成细长丝。

2. 切横丝 (Chiffonnade)

主要用于菠菜、生菜、卷心菜、菊苣等原料的加工。

(1) 叶片去掉叶梗，并切成适当的片。

(2) 将菜叶重叠在一起，逆纤维方向切成丝。

3. 竹筛棍 (Jardiniere)

主要用于胡萝卜、芹菜、紫菜头、土豆、芜菁等原料的加工。

(1) 将原料切成1.5cm长短相同的段。

(2) 顺长切成3mm厚的片。

(3) 再将片切成3mm×3mm×15mm的丝。

4. 洋葱丝 (Onion silk)

(1) 洋葱去老皮，切除根、头两端，纵切成两半。

(2) 顺纤维走向，切成均匀的片。

(3) 抖散成丝即可。

5. 甜椒丝

(1) 去根蒂、去籽，纵切成两半。

（2）用刀切去头部和根部，片去内筋。

（3）顺纤维方向切成均匀的丝。

（二）蔬菜碎末的加工方法

1．洋葱末（Chopped onion）

（1）洋葱去老皮，切除头部，留部分根部，纵切成两半。

（2）用刀直切成丝，但根部勿切断。

（3）将洋葱逆转90°，左手按住根部，右手持刀，从上至下平刀片2～3刀，根部勿片断。

（4）左手按住根部，右手用刀将洋葱切碎成粒。

（5）再将葱粒斩碎即可，如图2－12所示。

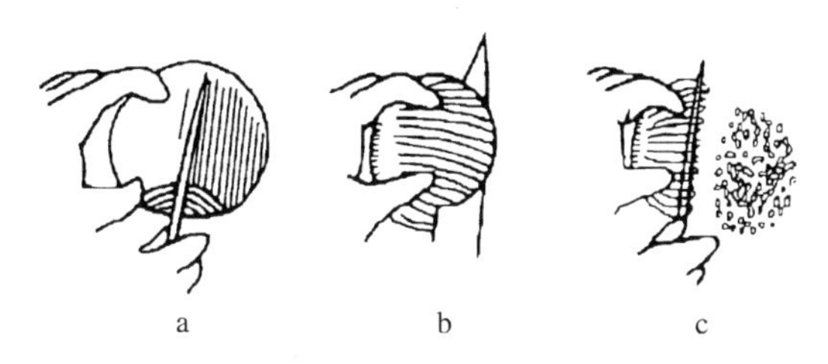

图2－12　洋葱末的加工

2．蒜末（Chopped garlic）

（1）大蒜剥去外皮，纵切成两半，择除蒜芽。

（2）用刀侧面压住蒜瓣，再用手拍压刀侧面，将蒜拍成碎块。

（3）将碎块斩成末即可。

3．番芫荽末（Chopped parsley）

（1）将番芫荽叶择下，洗净。

（2）用刀斩碎成末。

（3）用净布包好，用清水洗去浆汁并挤出水分即可。

（三）蔬菜丁的加工方法

1．小方粒（Brunoise）

主要用于洋葱、胡萝卜、土豆等原料的加工。

（1）将蔬菜切成2mm厚的片。

（2）将片切成2mm宽的丝。

（3）再将丝切成边长2mm的小方粒。

2．方丁（Macedoine）

主要用于胡萝卜、芹菜、土豆、紫菜头等原料的加工。

（1）将蔬菜切成0.5cm厚的片。

（2）将片切成0.5cm宽的丝。

（3）再将丝切成边长0.5cm的方丁。

3．粗块（Mire poise）

主要用于胡萝卜、土豆、芜菁、紫菜头等原料的加工。

（1）将蔬菜切成1cm厚的片。

（2）将片切成1cm宽的条。

(3) 再将条切成边长1cm的方块。

4. 番茄丁 (Concasse)

(1) 番茄洗净，顶部切十字刀。

(2) 用沸水烫后，冷水浸泡，然后剥去外皮。

(3) 横向切成两半，挖出籽。

(4) 切口朝下，用刀片成厚片，再直切成条。

(5) 再将条切成大小均匀的丁即可。

(四) 蔬菜片的加工方法

1. 切圆片 (Rundle)

主要用于胡萝卜、土豆、黄瓜等原料的加工。

(1) 将原料去皮、洗净，加工成圆柱状。

(2) 从一端直切成2~3mm厚的圆片。

2. 切方片 (Paysanne)

主要用于胡萝卜、芜菁、红菜头等原料的加工。

(1) 将原料去皮，切去四边使其成长方形。

(2) 再将长方形原料改刀切成1cm见方的长方条。

(3) 从一端将长方条切成1~2mm的薄片即可。

3. 土豆片 (Potatoes chips)

(1) 将土豆去皮，切成长方形六面体或圆柱状。

(2) 从一端切成相应厚度的片，放入冷水中浸泡。

1mm厚的土豆片，用于炸土豆片。

2mm厚的土豆片，用于烤。

3mm厚的土豆片，用于炸气鼓土豆。

4mm~1cm厚的土豆片，用于炒、煎。

4. 沃夫片 (Wafer)

沃夫片又称威化片，主要用于土豆、胡萝卜等原料的加工。

(1) 将原料去皮，削成圆柱形。

(2) 用波纹刀或沃夫刀切成片，如图2-13所示。

5. 番茄片 (Tomatoes slice)

(1) 将番茄洗净，果蒂横向放置。

(2) 用刀切成3~5mm的片即可，如图2-14所示。

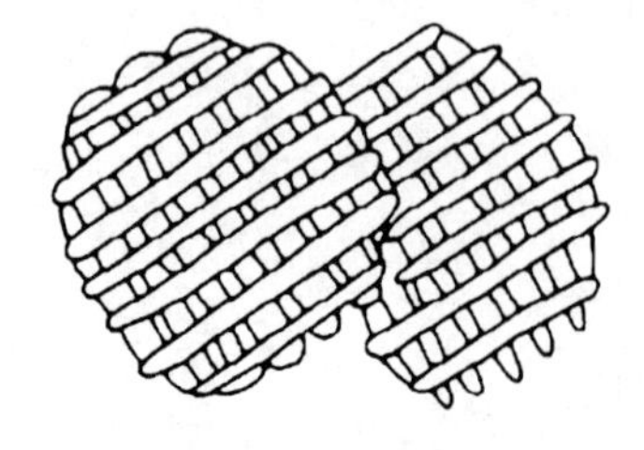

图2-13　沃夫片

图2-14　番茄片

（五）油炸土豆条的切法

1．细薯丝（Straw potatoes）

（1）土豆洗净、去皮。

（2）切成1～2mm厚的片。

（3）再将片切成1～2mm宽的细长丝。

2．薯棍（Match stick potatoes）

（1）土豆洗净、去皮，切成5～6cm的长段。

（2）将段切成3mm厚的片。

（3）再将片顺长切成3mm宽的丝。

3．直身薯条（Straight potatoes）

（1）挑大个土豆，洗净、去皮，顺长切成1cm厚的片。

（2）再顺长切成1cm宽的条。

4．波浪薯条（Crinkle potatoes）

（1）土豆洗净、去皮。

（2）用波纹刀切成1cm厚的片。

（3）再用波纹刀切成长5cm、宽1cm的条。

（六）蔬菜橄榄的加工

1．小橄榄（Cocotte）

小橄榄主要用于土豆、胡萝卜、芜菁等原料的加工。将原料洗净，用刀将原料削成3～4cm长、1cm高的形似多半个橄榄的小橄榄，如图2－15所示。

2．英式橄榄（Anglaise）

英式橄榄主要用于胡萝卜、土豆等原料的加工。将原料洗净，用刀将原料削成5～6cm长、2cm高的由6～7个面组成的腰鼓形橄榄，如图2－16所示。

3．波都橄榄（Chateau）

波都橄榄主要用于土豆的加工。将原料洗净，用刀将原料削成长5～6cm、中间直径2.5～3cm、两端直径1.5～2cm的由6～7个面组成的桶形橄榄，如图2－17所示。

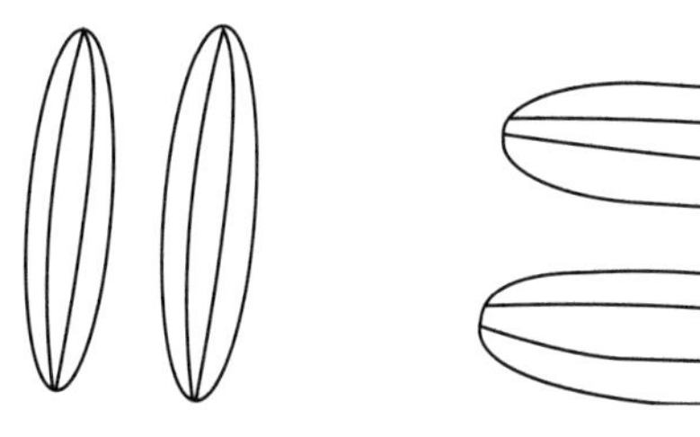

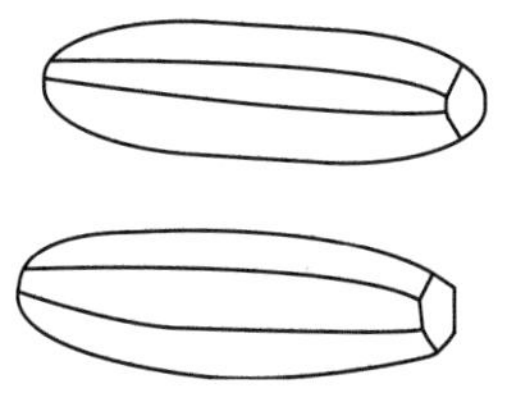

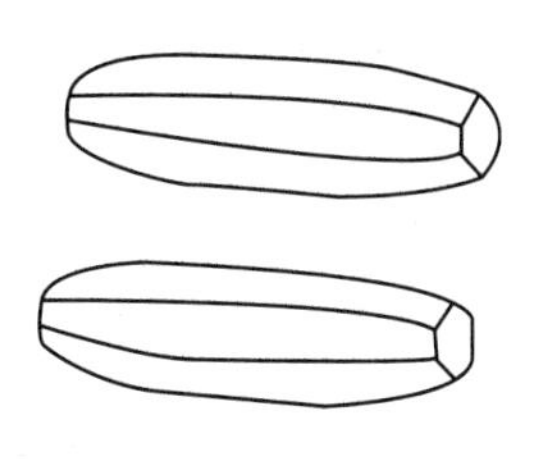

图2－15　小橄榄　　图2－16　英式橄榄　　图2－17　波都式橄榄

任务2　蔬菜原料的烹调方法与菜品举例

【任务驱动】

1．了解蔬菜原料的烹调方法。

2．掌握各种烹调的工艺流程，能运用制作菜肴。

【知识链接】

在西餐的烹调中，根据不同的特点，蔬菜分为土豆等含淀粉较多的蔬菜和其他几乎不含淀粉的蔬菜两类。

一、土豆类蔬菜常用的烹调方法

（一）煮

煮土豆的工艺流程是：

锅中放冷水→加入清洗干净的土豆→加热将土豆煮熟

注意事项：

（1）土豆用冷水煮成熟度比较均匀。

（2）煮熟的土豆不要放在冷水中降低温度，要自然冷却，土豆才不会变得过分潮湿。

（二）蒸

蒸土豆的工艺流程是：

蒸锅用大火烧沸→土豆清洗干净放入蒸笼里蒸至熟

注意事项：

（1）蒸土豆特别适合用当年的新出产的土豆。

（2）注意不要蒸过火，防止蒸熟的土豆里水分过多。

（3）制作土豆泥：土豆洗净蒸熟沥干水分→土豆去皮→放入搅拌机搅拌成泥状。最好选择淀粉含量高的土豆品种。

（三）烤

烤土豆的工艺流程是：

土豆清洗干净→刷上调味品→放入预热的烤炉里烤熟

注意事项：

（1）若是皮嫩的新产品，洗净后要刷上油再烤。

（2）土豆水分较多的品种，要洗净后晾干，再放入烤炉里烤熟。

（3）烤熟的土豆要趁热上桌。

（四）煎

煎土豆的工艺流程是：

土豆洗净去皮→切成薄片或小块→放入黄油或植物油的平锅里煎至成熟

（五）炸

炸土豆的工艺流程是：

土豆切成需要的尺寸→放入热油中，炸成金黄色

注意事项：

（1）含淀粉多的土豆品种适宜油炸。

（2）如果需要的量大时，可先将土豆用低温炸成半熟，晾凉后放入冷藏箱内，需要时取出，再高温炸成金黄色。

二、其他蔬菜类常用的烹调方法

除了土豆等品种外，其他蔬菜常用的方法是煮、蒸、烧、烩、炸、煎和煸炒。

（一）煮

煮蔬菜的工艺流程是：

煮锅里放水→大火煮开→将整理后的蔬菜放入沸水中→快速将蔬菜煮熟

注意事项：

（1）煮是西餐烹调蔬菜的最常用方法，适用广泛，几乎所有的蔬菜都可以通过煮的方法制成菜肴。

（2）煮的水不要太多，刚能覆盖蔬菜就行，但是煮绿色蔬菜时，应该放相当于蔬菜两倍以上的水，并不能盖锅盖。

（3）煮前可在水中放少许盐（每升水约放6克盐）。

（二）蒸

蒸蔬菜的工艺流程是：

蒸锅加水煮开→将整理后的蔬菜放在浅的容器里，摆放整齐→大火将蔬菜蒸熟

注意事项：

（1）通过蒸法制熟的蔬菜，能最大限度地保持其颜色和形状。

（2）蒸蔬菜时，不要摆放得太多或太高。

（3）掌握烹调时间，以蔬菜刚熟为好。

（三）烧

烧蔬菜的工艺流程是：

蔬菜清理干净→放在锅中煸炒→放适量原汤和调料→大火煮开→用小火烹调成熟→最后用大火将汤汁浓缩，使蔬菜入味

注意事项：

烧蔬菜时，使用少量汤汁即可。

（四）煸炒和煎

西餐烹调中，煸炒和煎的方法很相似，都是用少量油烹制的方法。煎蔬菜时要多放些油，且更适用于较大形状的蔬菜烹制。

煸炒和煎蔬菜的工艺流程是：

平锅放在中大火上→放黄油烧热→将切好的蔬菜放在热油上煸炒，或煎好一面再煎另一面。

注意事项：

每次制作时，蔬菜的数量不要太多。

（五）炸

炸蔬菜的工艺流程是：

蔬菜清理→蘸上鸡蛋面粉糊等→放在热油中炸熟

注意事项：

（1）含淀粉多的蔬菜常用炸的方法，如土豆；如果油炸含水分多的蔬菜时，一定要将蔬菜的外面包上鸡蛋面粉糊等，以保持水分、质地和营养。

（2）炸蔬菜时，要注意油温及蔬菜与油的比例，每次油炸的蔬菜不要太多。

（3）炸成熟的蔬菜颜色不要太深，以浅金黄色至金黄色为好。

（六）扒

扒蔬菜的工艺流程是：

蔬菜清理→撒少许盐和胡椒粉，抹上少许植物油→放在扒炉上→扒熟

注意事项：

（1）常用扒的方法制熟的蔬菜以根茎类、果菜类原料较多，例如，番茄、小南瓜和鲜芦笋等。

（2）扒制的蔬菜通常在条扒炉上，成熟后，表面有横条纹或网状条纹。

三、典型菜品举例

案例一、奶油土豆泥（Creamy mashed potatoes）

烹调方法：煮。

原料配方：土豆500g，淡奶油200mL，盐、胡椒粉少许，鸡汤150mL。

制作步骤：

① 土豆放在盐水中煮熟，以筷子能轻易插入为准，煮好捞出，自然晾凉。

② 削去含胶质的厚皮，切成小块，放在菜板上拍平成泥，放回锅中，慢慢加淡奶油搅匀，下鸡汤，再用细筛过滤后煮香，加盐、胡椒粉调味即可。

案例二、炸土豆泥棍（Fried mashed potatoes stick）

烹调方法：炸。

原料配方：土豆600g，黄油30g，面包30g，盐、胡椒粉各少许，面粉100g，鸡蛋2个，面包糠250g，植物油适量。

制作步骤：

① 在盐水中将土豆煮熟，去皮切块，放入搅拌机，与熔化的黄油、蛋黄1个、面包、盐、胡椒粉等一起搅匀。

② 将土豆泥搓成圆柱形，先裹上一层面粉，然后蘸蛋液，再裹面包糠。

③ 用火加热植物油，至五成热时，将土豆棍下油锅炸，变金黄色后捞出，控油即可。

案例三、烤什锦蔬菜（Assorted grilled vegetables）

烹调方法：烤。

原料配方：胡萝卜200g，大白菜50g，西芹茎50g，青笋100g，熟红豆100g，洋葱100g，黄油60g，番茄沙司500g，盐、胡椒粉各少许。

制作步骤：

① 除洋葱外的其他蔬菜切成块条或片，在锅中煮至刚熟，控去水分，备用。

② 锅中下黄油，将洋葱炒到微黄，加番茄沙司，煮香。

③ 将煮好的蔬菜放入锅中，一起炒匀，用盐、胡椒粉调好味。

④ 在烤盘内抹一点油，将蔬菜和沙司一起装入，撒上芝士粉，放进预热200℃的烤箱烤上色即可。

案例四、芝士白汁焗西蓝花（Baked Broccoli Cheese Souffle）

烹调方法：焗。

原料配方：西蓝花200g，牛奶沙司150g，盐少许，芝士粉15g。

制作步骤：

① 水煮沸，放盐，下西蓝花焯水捞出，再过一下冷水，以保持绿色，在盘中摆好。

② 西蓝花上淋上牛奶沙司，撒上芝士粉，放入已预热至200℃的焗炉内，将芝士烘黄即可。

案例五、法式烩茄子（French braised eggplant）

原料配方：茄子 300g，番茄 50g，青、红甜椒各 1 个，洋葱 50g，大蒜少许，香叶 1 片，盐、胡椒粉少许，基础汤少许，植物油适量。

制作步骤：

① 茄子切成小块，用热油炸成金黄色后，放在平底锅内。

② 洋葱切丁，大蒜切片，青、红椒、番茄切块备用。

③ 锅中放少量油，将洋葱丁炒黄后，放蒜片、香叶炒透，再加青椒、红椒、番茄，倒入茄子，加少许基础汤，用盐、胡椒粉调味，中火慢慢煨透入味即可。

案例六、波兰式芦笋

烹调方法：煮。

原料配方：芦笋 8 根，鸡蛋 1 个，黄油适量，面包糠 50g。

制作步骤：

① 鸡蛋带壳煮熟，用冷水浸后，去壳切碎；用炒锅把面包糠炒香。

② 芦笋除去老根、尾部的老纤维，在汤锅内用盐水煮熟，捞出。

③ 芦笋放在盘中，淋上熔化的黄油，撒上鸡蛋碎和炒好的面包糠即成。

任务 3　蔬菜类菜肴案例

【任务驱动】

1. 掌握蔬菜类原料的烹调技巧，能根据标准菜谱制作西餐菜肴。

2. 能根据标准菜谱进行创新，开发新菜肴。

【知识链接】

案例一、奶油菠菜（Creamed spinach）（25 份）

原料配方：新鲜菠菜 4. 5kg，热奶油沙司 1. 2L，豆蔻、盐和胡椒粉适量。

制作步骤：

① 将菠菜洗净，放入沸水中焯水。

② 菠菜一经收缩，放入滤器中，用勺子背挤压出其中的水。

③ 将菠菜切好，与奶油沙司混合，加入豆蔻、盐和胡椒粉调味。

质量标准：菠菜鲜嫩，沙司柔和，奶香浓郁。

案例二、萧豆泥配蒜（Purée of flageolet beans with garlic）（16 份）

原料配方：干萧豆 750g，香料袋 1 个，蒜肉 7 瓣，盐 10mL，橄榄油 375mL，柠檬汁 90mL，盐和胡椒粉适量。

制作步骤：

① 将萧豆洗净，在凉水中浸泡一夜。

② 滤干后，加入香料袋、水，用文火煮约 45min，直到豆变软，取出香料袋。

③ 将蒜加盐捣碎。将豆滤干，放入食品加工器中，加蒜和橄榄油，绞成豆泥。

④ 倒入柠檬汁继续搅拌，加盐和胡椒粉调味。

质量标准：质地细腻，口味鲜香，微酸微辣。

案例三、糖衣胡萝卜（Glazed Carrots）（25 份）

原料配方：胡萝卜 3kg，黄油 150g，糖 30g，盐 10mL，白胡椒粉和切碎的香菜适量。

制作步骤：

① 将胡萝卜洗净、切片。

② 将其放入锅中，加入刚能没过胡萝卜的水，再放入盐、糖和黄油。

③ 煮沸，将火减小加热直到胡萝卜变软、水快要蒸发，将胡萝卜翻炒到表面都裹上糖衣。

④ 用切碎的香菜点缀。

质量标准：糖衣均匀，颜色鲜亮，口感甜糯。

案例四、炒蘑菇（Sautéed mushrooms）（25 份）

原料配方：新鲜蘑菇 3kg，黄油 300g，盐和胡椒适量。

制作步骤：

① 迅速洗净蘑菇并用毛巾擦干，将根部去掉，切开。

② 把油加入锅中，高温加热，再放入蘑菇炒至变色。但不要烹制过度，尽量保持蘑菇中的水分。

③ 放入盐和胡椒调味。

质量标准：蘑菇香嫩，口味咸鲜。

案例五、洋葱圈（Onion rings）（20 份）

原料配方：抽打好的鸡蛋 2 只，牛奶 500mL，蛋糕粉 300g，烘烤粉 10mL，盐 2mL，辣椒粉 2mL，大洋葱 1.4kg，面粉适量。

制作步骤：

① 将鸡蛋和牛奶混合，将蛋糕粉、烘烤粉、盐和辣椒粉混合加入牛奶，搅拌好。

② 将洋葱剥皮并横切成 0.5cm 的圈。

③ 洋葱沾上面粉且抖掉多余面粉。

④ 每次醮一点面粉糊并在 175℃ 油温下炸至金黄。

⑤ 取出立即上菜。

质量标准：色泽金黄，外皮酥脆。

演变与创新：

① 啤酒面拖：用啤酒代替牛奶，不加烘烤粉。

② 奶油糊：用奶油代替牛奶，用一汤匙的烘烤苏打代替烘烤粉。

思 考 题

1. 简述蔬菜原料加工的一般原则。
2. 简述蔬菜丝的加工方法。
3. 简述洋葱碎末的加工方法。
4. 简述蔬菜橄榄的加工。
5. 简述烤土豆的工艺流程。
6. 简述炸蔬菜的工艺流程。
7. 试述奶油土豆泥的制法。

项目八　西餐淀粉类食物制作

【学习目标】

1. 熟悉西餐淀粉类原料常用的烹调方法，熟悉各种烹调方法的工艺流程及适用范围。
2. 掌握西餐淀粉类原料的烹调技巧，能根据标准菜谱制作西餐菜肴。
3. 能根据标准菜谱进行创新，开发新菜肴。

任务1　淀粉类食物的烹调

【任务驱动】

1. 了解淀粉类原料的烹调方法。
2. 掌握各种烹调的工艺流程，能运用制作菜肴。

【知识链接】

一、谷物原料常用的烹调方法

西餐中常用的谷物原料有大米、意大利面条等。谷物原料的烹调方法比较简单，多用水作为传热介质的方法，比较常用的烹调方法是煮。

（一）大米常用的烹调方法

1. 煮（焖）

这种烹调方法，除了适合大米外，也适用于其他任何谷物和豆类的烹调，如玉米和豆类原料等。

煮（焖）大米的工艺流程：

谷类或豆类食品原料洗净→加冷水→用大火煮沸→转为小火将原料焖熟

需要注意的是，原料在洗净后，也可以先用冷水浸泡，以减少烹调时间。

2. 蒸

蒸大米的工艺流程：

米洗净→加适量的水→放在容器中→盖上容器的盖子→放入蒸箱或烤箱里蒸熟

3. 捞

捞大米的工艺流程：

锅中放水→加少量的盐煮沸→将洗好的大米放进沸水中煮成刚熟→捞出→沥干水分，放在容器中→放入蒸箱中（也可以盖住容器，放入烤箱内）蒸熟

需要注意的是，用捞的方法制出的米饭软硬度较为理想，但会有较多的营养素会流失。

4. 焖烧

焖烧大米的工艺流程：

大米用黄油煸炒→加鸡原汤和少量的盐→大火煮沸→转为小火把米焖熟

这种烹调方法的最大的优点是米粒分散，增加了米饭的味道。焖烧是西餐常用的烹调大米的方法，许多著名菜肴都是用这种方法制作的。

（二）意大利面条常用的烹调方法

意大利面条的主要烹调方法是水煮。水煮意大利面条的工艺流程是：

将少许盐放入水中，大火将水煮沸腾，慢慢地放入面条，以保持水的温度，煮熟后用漏勺将面条从煮锅里捞出。

注意事项：

（1）在煮的过程中，一般不要盖锅盖。

（2）掌握烹调时间，避免煮得过烂。

（3）在煮面条时，要轻轻搅拌，避免粘连。

（4）煮熟后的面条，若制作沙拉类冷菜，用冷自来水完全冲凉；如果需要热的意大利面条时，不要将它完全冲凉，应冲至半凉状态，保持一定的热度。意大利面中还可用少量食油搅拌。

二、菜品举例

案例一、芝士烩饭（Cheese Risotto）

烹调方法：烩。

原料配方：圆颗粒米250g，黄油10g，洋葱半个，鲜汤250mL，芝士粉50g，盐、胡椒粉少许。

制作步骤：

① 在锅内熔化黄油，洋葱切碎后放油锅里炒软，再下米略炒。

② 倒入鲜汤和匀，用锅盖盖严，转为小火焖煮15~20min，关火后再焖一会儿。

③ 用盐、胡椒粉调味，最后加芝士粉拌匀，盖上盖子，再加热2min左右即可。

案例二、西班牙瓦伦西亚海鲜烩饭（Valencia，Spain seafood risotto）

烹调方法：焖、烩。

原料配方：螃蟹1个，带子2个，大虾4个，蛤蜊4个，扇贝4个，鳕鱼肉150g，番茄1个，洋葱半个，大蒜1个，短圆米250g，橄榄油10g，白葡萄酒250mL，盐、胡椒粉各少许，柠檬半个。

制作步骤：

① 番茄、洋葱、大蒜切碎。

② 汤锅放水煮沸，加部分白葡萄酒，下螃蟹、虾、蛤蜊，煮沸后捞出。

③ 在汤中再加入扇贝、鱼丁煮熟捞出，把汤过滤，备用。

④ 平底锅内加橄榄油，下洋葱、大蒜炒香后取出不用；锅中加米略炒，再加过滤后的汤，煮开后加其余酒和番茄碎，用小火焖。

⑤ 待米饭快熟时，加入各种海鲜肉，与大米饭混合，用盐、胡椒粉调味，放上柠檬块作装饰和调味用。

案例三、意大利面（Pasta）

烹调方法：煮。

原料配方：意大利面500g，橄榄油（或色拉油）100g，盐少许。

制作步骤：

① 锅内加入足够多的水，旺火煮沸，加少许盐。

② 意大利面条散开放入水中，搅拌以防粘连。

③ 煮至刚熟，捞出，置于筛中滤去水分，待稍冷，拌上橄榄油，装盘。

④ 将做好的沙司分别浇在面条上即可。

附1：番茄沙司的制作过程

原料配方：熟番茄500g，番茄酱100g，大蒜20g，洋葱50g，香叶1片，白葡萄酒50mL，盐和胡椒粉适量，橄榄油（或色拉油）200mL。

制作步骤：

① 番茄去皮、籽，切成小丁，大蒜去皮，与洋葱分别切成碎末。

② 锅中倒入橄榄油，加热，用小火将大蒜末、洋葱末炒成浅褐色，加入番茄丁和番茄酱，炒至熟烂。

③ 锅中加白葡萄酒、香叶、盐和胡椒粉，用小火炖至酱状即可。

附2：意大利面肉酱沙司的制作

原料配方：牛肉400g，洋葱100g，胡萝卜50g，水发香菇50g，番茄300g，番茄酱30g，香叶2片，盐和胡椒粉少许，橄榄油200mL。

制作步骤：

① 洋葱、胡萝卜、水发香菇分别切碎；牛肉剁碎；番茄去皮、去籽，切成小丁。

② 锅中放少许橄榄油，用小火将切碎的洋葱、胡萝卜、水发香菇炒至浅褐色，加入剁碎的牛肉，炒至同色。

③ 将番茄加入锅中，用中小火炒烂后，加番茄酱。

④ 待锅中颜色变红时，加入盐和胡椒粉、香叶和少许鲜汤，用小火熬至汁液浓稠即可。

任务2 淀粉类菜肴案例

【任务驱动】

1. 掌握淀粉类原料的烹调技巧，能根据标准菜谱制作西餐菜肴。
2. 能根据标准菜谱进行创新，开发新菜肴。

【知识链接】

一、土豆类

案例一、匈牙利土豆（Hungarian potatoes）

原料配方：黄油125g，洋葱250g，红椒10g，番茄（去皮、籽）500g，土豆2500g，鸡汤1L，香菜50g，盐、胡椒适量。

制作步骤：

① 用黄油将洋葱、红椒炒至变软，加入番茄、土豆稍炒。

② 加入鸡汤、少许盐，煮至土豆变软，汤汁挥发掉。

③ 加入调料，上桌时用切碎的香菜点缀。

质量标准：土豆软烂，味道浓郁。

案例二、公爵夫人土豆（Duchesse potatoes）

原料配方：去皮土豆3kg，黄油（液体）100g，蛋黄10只，盐、白胡椒粉、豆蔻适量。

制作步骤：

① 用淡盐水将土豆煮制至变软，控干。

② 将土豆放入食物搅拌器中，加入黄油搅拌，放入盐、胡椒、豆蔻调味。

③ 用小火将土豆泥变硬，加入蛋黄搅打至滑腻。

④ 将土豆泥印出理想的形状，上桌时，把土豆放入烤箱烤至轻微变色即可。

质量标准：土豆滑腻，奶香浓郁。

案例三、烤填馅土豆（Stuffed baked potatoes）

原料配方：土豆10只，黄油100g，淡奶100mL，干面包屑45mL，巴马干酪45g，盐、胡椒粉适量。

制作步骤：

① 将土豆底部扎一细孔，入180℃烤箱烤至1h，烤熟。

② 取出土豆，把土豆顶部去掉，并去心，留0.5cm的壳。

③ 将挖出的土豆放于搅拌器中，加入适量黄油及奶油搅拌至口感平滑，调味。

④ 将土豆泥抹入壳内，将干面包屑和巴马干酪混合均匀放在土豆上，放上熔化的黄油。

⑤ 放入200℃的烤箱，约15min即可。

质量标准：外皮酥脆，馅心滑腻，奶香浓郁。

演变与创新：可以将下面的食物加入土豆泥中，每份约1.2kg土豆泥。

① 60g的巴马奶酪。

② 225g切好的洋葱（用黄油炒软）。

③ 100g火腿丁和100g黄油炒制的蘑菇。

④ 225g熟的鲜肉丁和1个青椒。

案例四、烤贵妃土豆（Gratin dauphinois）

原料配方：土豆1.4kg，奶酪粉225g，牛奶500mL，浓奶油250mL，蛋黄3个。

制作步骤：

① 将土豆削皮，切成非常薄的片。

② 将土豆片铺一层在抹过油的烤盘上，加上盐、白胡椒粉和少量豆蔻调味。撒上一点奶酪，重复这个步骤直到3/4的奶酪用完。

③ 将一部分奶油与蛋黄混合。将牛奶和剩余奶油混合并加热。两者混合，慢慢搅匀。

④ 将混合物倒入土豆中，撒上干奶酪。

⑤ 放入175℃烤箱内，约50min，烤至成熟即可。

质量标准：表面金黄，味道浓郁，层次清晰。

案例五、土豆薄饼（Potatoes pancakes）

原料配方：土豆2.7kg，洋葱450g，柠檬2只，鸡蛋6只，香菜碎60mL，面粉60g、白胡椒粉适量。

制作步骤：

① 将土豆和洋葱去皮，磨碎，放入不锈钢盘中，挤入柠檬汁，混合防止土豆变色。

② 将土豆放入滤网中，挤出多余的液体，加入土豆粉，打入鸡蛋，加入香菜、盐、胡椒粉调味。

③ 加入面粉调节硬度，制成大小适合的圆饼。

④ 用平锅将土豆饼煎熟，两面金黄。

质量标准：色泽金黄，口感细腻，味道鲜香。

案例六、里昂土豆（Lyonnaise potatoes）

原料配方：去皮熟土豆3kg，洋葱700g，黄油225g，盐、胡椒粉适量。

制作步骤：

① 将土豆切成0.5cm的厚片。洋葱去皮，切丝。

② 将一半的黄油放于锅内加热并炒洋葱至酥黄，取出。

③ 将剩余的黄油入锅中，加热，加入土豆。

④ 炒制土豆至其两面金黄。

⑤ 加入洋葱并继续炒1min直至两者完全混合且香味协调。

⑥ 加入调料，调味。

质量标准：色泽金黄，味道浓郁。

案例七、炸薯条（French fries）

原料配方：土豆适量。

制作步骤：

① 将土豆洗净去皮，切成1cm宽，7.5cm长的条，将其放于冷水中防止变色。

② 捞出土豆，沥干。放于160℃油中炸至刚刚开始变成浅黄色，捞出。

③ 沥干油，冷藏。

④ 在食用前，用175℃油将土豆条炸至金黄松脆。

⑤ 用少量盐调味。

质量标准：色泽金黄，口感松脆。

二、大米及其他谷物类

案例一、肉米饭（Rice pilaf）

原料配方：黄油60g，洋葱90g，长粒大米500g，鸡汤（煮沸）750～1000mL，盐适量。

制作步骤：

① 将黄油放于锅中加热，加入洋葱炒至变软，但颜色不可过深。

② 加入干大米，炒至大米粘满黄油。

③ 加入鸡汤，煮沸后，加调料盖紧锅盖。

④ 放于175℃的烤箱中烤20min直到液体被吸收，米饭成熟。

⑤ 放于平底锅中用尺子将大米散开，散发水汽。

⑥ 可视需要加入适量生黄油。

质量标准：色泽浅黄油亮，味道浓郁。

演变与创新：

① 番茄肉米饭：用375～500mL鸡汤和700g带汁块状罐装番茄代替菜谱中的鸡汤。

② 西班牙肉米饭：添加175g绿椒丁，少量丁香大蒜和辣椒粉与洋葱一起煎。

③ 土耳其肉米饭：添加姜黄粉炒制。当米饭快熟时，加入125g番茄沙司或控干的块状番茄罐头，125g熟的蚕豆，125g泡好的葡萄干。出品前放置10～15min。

④ 散粒麦肉米饭：用散粒大麦代替大米。

案例二、意大利调味饭配巴马奶酪（Risotto alla parmigiana）

原料配方：黄油60g，色拉油30g，洋葱30g，意大利阿波罗大米450g，鸡汤1.4L，巴马奶酪90g，盐适量。

制作步骤：

① 将色拉油和一半黄油放于大煎锅中加热，加入洋葱碎，炒至洋葱变软。

② 加入大米炒至粘满油。

③ 加入150mL鸡汤于米中，中火加热至米饭变干。

④ 再加入150mL鸡汤重复此步骤。

⑤ 在米饭基本成熟时不要再添加汤料，此烹制过程约30min。

⑥ 锅离火后，加入剩下的黄油和巴马奶酪、盐搅拌均匀。

质量标准：米粒润滑，味道鲜香浓郁。

演变与创新：

① 意大利米兰香饭：在鸡汤中添加适量香料，烹制结束时加入有花香的汤。

② 蘑菇意大利调味饭：将150g蘑菇切碎用黄油煎熟，在饭烹制快结束时加入。

三、面食类

意大利面条据传源于中国的面条，是马可·波罗带到意大利的，后经数百年的改良与发展，形状产生了诸多变化。意大利面条调制简单，滋味可口，不但可以作为主菜或配菜，也适合作为快餐食品。意大利面条一般放在盐水中煮制，煮至七成熟左右即可。

案例一、意大利实心面（Spaghettini Puttanesca）

原料配方：意大利面1kg，新鲜番茄1.6kg，橄榄油90mL，蒜末20g，凤尾鱼柳15条，黑橄榄150g，马槟榔30g，牛至2mL，荷兰芹碎45mL，盐、胡椒粉适量。

制作步骤：

① 将番茄去皮，放于滤器中磨碎。

② 将橄榄油放入煎锅内加热，大蒜煎香，加入凤尾鱼碎煎一会儿。

③ 加入番茄、马槟榔、橄榄，煮沸，烹制2~3min。

④ 锅离火后，加入牛至、荷兰芹及橄榄油，加入盐和胡椒粉调味。

⑤ 将意大利面煮熟，捞出，与调制好的沙司混合，即可。

质量标准：面条劲道，酱汁红亮鲜香。

案例二、意大利面沙司（Tomato sauce for pasta）

原料配方：罐装番茄10kg，橄榄油500mL，洋葱碎500g，胡萝卜碎250g，芹菜碎250g，蒜碎20g，糖20g，盐适量。

制作步骤：

① 将橄榄油放入大锅中，加入洋葱、胡萝卜、芹菜稍微煎几分钟，不要使其变色。

② 加入剩余原料，文火煮约45min直到汤变少、变稠。

③ 用食物碾磨器处理后，调味。

质量标准：稠度适中，味道鲜美。

演变与创新：

① 肉沙司：将1kg的牛肉碎用油煎熟，加入250mL红酒，2L番茄沙司，1L牛高汤，不加盖文火煮制1h，用牛至、荷兰芹、盐调味。

② 番茄奶油沙司：在食谱中用黄油代替橄榄油，上桌时在沙司中加入适量的浓奶油。

③ 加肠番茄沙司：用油煎 1.4kg 的新鲜意大利肠，捞出放入番茄沙司内，煮 20min。

④ 火腿迷迭香番茄沙司：将 500g 火腿碎煎香，加入 30mL 干迷迭香碎，加入番茄沙司中煮制 5min。

案例三、扁面条配白蛤沙司（Linguine with white clam sauce）

原料配方：樱桃蛤蜊 4 打，橄榄油 250mL，蒜片 6 瓣，红辣椒 10g，干白葡萄酒 125mL，牛至 10mL，扁面条 900g，荷兰芹碎 60mL，盐、胡椒、巴马干酪适量。

制作步骤：

① 打开蛤，挤出 500mL 的汁液，将蛤肉切一下。

② 用橄榄油将蒜炒香，加入红辣椒，小心加入白葡萄酒，浓缩至一半。

③ 加入蛤汁，也浓缩成一半，加入牛至。

④ 加入蛤肉、荷兰芹，稍煮至蛤肉熟。加入胡椒粉及少量盐调味。

⑤ 在调制沙司时可将面条煮熟。

⑥ 把沙司盛到扁面条中，立即食用，可在面条上撒巴马干酪。

质量标准：沙司灰白鲜亮，味道鲜美。

案例四、奶油鸡蛋宽面（Fettuccine alfredo）

原料配方：浓奶油 500mL，黄油 60g，鲜鸡蛋面 700g，巴马干酪 175g，盐、胡椒适量。

制作步骤：

① 将一半奶油和黄油放于煎锅中加热，直到减少 1/4，离火。

② 将面条放入沸盐水中，煮沸捞出，面条不应全熟。

③ 将面条放于奶油和黄油中，小火慢煮，用叉子不断挑起面条，直到面条全部沾满奶油。

④ 加入剩余的奶油和干酪均匀混合，加入盐、胡椒粉调味。

质量标准：色泽乳白，味道鲜香浓郁。

演变与创新：

① 加蔬菜的鸡蛋面Ⅰ：可以在鸡蛋面中加入新鲜烹制的蔬菜做出很多种的菜肴。在食谱中加入一半的奶油和巴马干酪。挑选 4～6 种新鲜蔬菜，烹制好，切成小块，将它们加入其中。可选用以下蔬菜：蘑菇、小青豆、豌豆、芦笋、菜花、菊苣、红色或绿色辣椒、小胡瓜。为了使味道更鲜美，可以加切好的火腿或熏肉。

② 加蔬菜的鸡蛋面Ⅱ：如加蔬菜鸡蛋面Ⅰ所做，但不加奶油和黄油，而加蔬菜与面在橄榄油中炒，视需要加入巴马干酪。

③ 加海鲜的鸡蛋面：用食谱中一半的奶油和干酪，加入两种左右的蔬菜，同时加入海鲜，如蛤蜊肉、龙虾等。

案例五、鲜罗勒沙司（Fresh basil sauce）

原料配方：新鲜罗勒叶 2L，橄榄油 375mL，核桃仁 60g，蒜瓣 6 瓣，盐 5g，新鲜的巴马干酪 150g，新鲜的罗马干酪。

制作步骤：

① 洗净罗勒叶，控干。

② 将罗勒、油、核桃仁、蒜瓣和盐放于食物料理机中，搅成糊状。

③ 拌入干酪。

④ 上菜时，按照基本步骤烹制意大利面，在做好之前，用一些热水使沙司变稀，将控干的面食与沙司拌和，加上奶酪，立即上菜。

质量标准：颜色翠绿，口味清香。

案例六、奶酪馅意大利饺子（Ravioli with cheese filling）

原料配方：日考塔奶酪 1.4kg，巴马奶酪 250g，蛋黄 5 只，剁碎的香菜 50g，豆蔻 2mL，新鲜面胚 2kg，盐、白胡椒粉适量。

制作步骤：

① 将日考塔奶酪、巴马奶酪、蛋黄、香菜和调料混合，制成馅。

② 把面胚擀成薄片，切成两半。

③ 把 5mL 左右的奶酪馅摆在其中一片面片上，每两个之间的距离为 4～5cm。

④ 把剩下的一半面片压在上部，并向下压，用模具刻出饺子，将四边捏严。

⑤ 做好后立即在沸盐水中煮制。

⑥ 可加入所喜欢的沙司。

质量标准：大小一致，形状美观，味道鲜美。

思 考 题

1. 简述谷物原料常用的烹调方法。
2. 简述意大利面条常用的烹调方法。
3. 简述芝士烩饭的制作。
4. 简述意大利面沙司的制作。

项目九　西式早餐和快餐

【学习目标】

1. 了解西式早餐的分类和构成。
2. 掌握西式早餐中蛋类及谷物的制作。
3. 了解快餐的特点及常见品种。
4. 掌握早餐和快餐中基本菜肴的制作。

任务1　西 式 早 餐

【任务驱动】

1. 了解西式早餐的分类和构成。
2. 掌握西式早餐中蛋类及谷物的制作。

【知识链接】

一、西式早餐的概述

西式早餐比较注重营养的搭配，科学性较强，大多是选料精细、粗纤维少、营养丰富的食品。

早餐食品主要有以下几类品种：

（1）果和果汁类　如各种新鲜水果和橘子汁、菠萝汁、番茄汁、葡萄汁、苹果汁等。

（2）蛋类制品　如煮鸡蛋、水波蛋、炒鸡蛋、煎蛋、奄列蛋等。

（3）面包类　如土司面包、圆面包、牛角面包、法式面包等。

（4）麦片类　如玉米片、泡芙麦片、葡萄干麦片、燕麦粥、麦片粥等。

（5）薄饼类　如各种薄饼、华夫饼等。

（6）饮料类　如咖啡、牛奶、红茶等。

（7）其他　如香肠、火腿、培根、黄油、果酱等。

二、西式早餐的分类

西式早餐根据其服务的形式和供应的品种，可分为英美式早餐和欧洲大陆早餐两种。

（一）英美式早餐

英美式早餐又称英式早餐或美式早餐，品种比较丰富，一般有煎蛋、水波蛋等蛋类制品，面包、麦片等谷物类制品，火腿、香肠、培根等肉类制品以及各种水果、果汁、饮料等三者搭配是目前比较流行的早餐形式。

（二）欧洲大陆早餐

欧洲大陆早餐品种较少，主要是各种面包、黄油、果酱及各种饮料等。

三、西式早餐制作实例

（一）煮鸡蛋类（Boiled egg）

西式早餐中的煮鸡蛋，应根据客人的要求，掌握煮制的时间和鸡蛋的生熟度，有嫩鸡蛋、半硬心鸡蛋、硬心鸡蛋之分。

案例一、煮嫩鸡蛋（Soft – boiled egg）

原料配方：新鲜鸡蛋 2 个。

制作步骤：鸡蛋洗净后，放入沸水，改小火微沸 3min，从水中取出，立刻放入蛋杯中。此种做法一定要用新鲜的带壳鸡蛋，且应带壳上菜。

质量标准：蛋白轻微凝固，蛋黄软流。

案例二、煮半硬心鸡蛋（Medium boiled egg）

原料配方：新鲜鸡蛋 2 个。

制作步骤：鸡蛋洗净后放入沸水，改小火微沸 5min，取出，小心剥去外壳。食用前，再放入热盐水中煮半分钟即可。

质量标准：蛋白凝固，蛋黄软流。

案例三、煮硬心鸡蛋（Hard boiled egg）

原料配方：新鲜鸡蛋 2 个。

制作步骤：鸡蛋洗净，放入沸水，改用小火微沸 10min，取出，晾凉。煮硬鸡蛋时，如温度太高或时间太长，蛋黄中的铁和蛋白中的硫化物会释放出来，使蛋黄表面出现一层黑圈；如鸡蛋存放时间过长，蛋黄表面也会出现黑圈，影响质量。

质量标准：蛋黄凝固，色泽浅黄，表面无黑圈。

（二）煎蛋类（Fried egg）

煎蛋是西式早餐中最常见的品种。煎蛋根据其烹调方式的不同，有单面煎蛋、双面煎蛋、法式煎蛋等。

案例一、单面煎蛋（Sunny side up fried egg）

原料配方：新鲜鸡蛋 2 个，植物油、盐、胡椒粉适量。

制作步骤：

① 鸡蛋轻轻磕入碗内，不要打散。

② 煎盘内淋少许油，小心倒入鸡蛋，放入盐、胡椒粉调味。

③ 小火烹制，直至蛋白凝固、蛋黄软流，取出，装入盘中。

制作这种煎蛋应用高质量、新鲜的鸡蛋，且应用较低的油温。在此基础上，可以用煎或铁扒的方法制作的火腿、咸肉、香肠、番茄等作为装饰，制成咸肉煎蛋、香肠煎蛋、火腿煎蛋等。

质量标准：蛋清凝固，洁白，蛋黄软流。

案例二、双面煎蛋（Over fried egg）

原料配方：新鲜鸡蛋 2 个，植物油、盐、胡椒粉适量。

制作步骤：

① 将煎盘加热后，淋上少许油。

② 小心加入鸡蛋，用盐，胡椒粉调味。

③ 中温煎制，至底面呈淡黄色时将鸡蛋翻转，将另一面也煎成淡黄色即可。

质量标准：金黄色，蛋黄软流。

案例三、法式煎蛋（Over easy French fried egg）

原料配方：新鲜鸡蛋 2 个，植物油、盐、胡椒粉适量。

制作步骤：

① 煎盘内多加些油，小心放入鸡蛋，用盐、胡椒粉调味。

② 中温煎制，并用铲子不断地往鸡蛋表面撩油，使其表面形成一层白膜，将蛋黄封在很嫩的蛋白内即可。

质量标准：表面形成白膜，蛋黄软流。

（三）奄列蛋类（Omelet）

奄列是英文“omelet”的译音，又称煎蛋卷或煎蛋角，最早起源于西班牙，是西式早餐中常见的蛋类制品之一，其形状有椭圆形呈梭状的蛋卷和呈半圆形平面状的蛋角等。

案例一、番茄奄列（Tomato omelet）

原料配方：鸡蛋 3 个，番茄 15g，火腿 5g，菠菜 5g，黄油 10g，盐、胡椒粉适量。

制作步骤：

① 番茄洗净，切成丁；火腿切成丁；菠菜叶洗净，炒软。

② 将鸡蛋打入盆内，加入盐、胡椒粉，搅打至蛋清、蛋黄混为一体，放入番茄丁、火腿丁等。

③ 将煎盘加热，放入黄油，待黄油冒泡时加入蛋液。

④ 用肉叉连续不断地搅动蛋液，直至混合物轻微凝固，加入炒好的菠菜叶。

⑤ 撤火，将蛋饼翻过 1/3。

⑥ 倾斜煎盘，并轻敲煎盘，使蛋饼完全卷起呈椭圆形。

⑦ 将蛋卷取出，放入盘内。

案例二、洋葱培根奄列（Onion bacon omelet）

原料配方：鸡蛋 8 个，洋葱丝 50g，培根 20g，黄油 50g，盐、胡椒粉、威士忌酒适量。

制作步骤：

① 洋葱丝用黄油炒软；培根切成丁。

② 鸡蛋打入碗内，加入盐、胡椒粉、威士忌酒打散。

③ 煎盘加热，放入黄油，待黄油冒泡时加入蛋液。

④ 用肉叉连续不断地搅动蛋液，直至混合物轻微凝固，放上洋葱丝、培根丁。

⑤ 用力敲打煎盘底部，使蛋饼松散，且不粘锅底。

⑥ 用铲子将其翻过一半，呈半月形。

⑦ 取出，放入盘内即可。

用同样的方法还可以制成土豆奄列、鸡肝奄列等。

（四）炒蛋类（Scrambled egg）

炒蛋又称熘糊蛋，也是西式早餐中较常见的蛋类制品。

案例一、熘糊蛋（Scrambled egg）

原料配方：鸡蛋 8 个，黄油 50g，盐、胡椒粉、威士忌酒适量。

制作步骤：

① 将鸡蛋打入碗内，加入盐、胡椒粉及少量的威士忌酒调味，打散。

② 用厚底煎盘将一半黄油熔化，倒入蛋液，用中温加热，并用木铲搅动，直到蛋液轻微凝结。

③ 撤火，加入剩下的一半黄油，搅拌均匀即可。

制作炒蛋过程中，油温不要太高，否则会使鸡蛋变色、结块。烹制时间不要过长，否则会使水分从鸡蛋中分离出来，发生脱水、收缩的现象。在此基础上加上各种料，可以制成番茄炒蛋、蘑菇炒蛋、杂香草炒蛋、面包丁炒蛋等。

案例二、火腿熘糊蛋（Scrambled egg with ham）

原料配方：鸡蛋 8 个，火腿丁 100g，黄油 50g，盐、胡椒粉、威士忌酒适量。

制作步骤：

① 将鸡蛋打入碗内，加入火腿丁、盐、胡椒粉及少量的威士忌酒调味，打散。

② 用厚底煎盘将一半黄油熔化，倒入蛋液，中温加热，并用木铲搅动，直到蛋液轻微凝结。

③ 撤火，加入剩下的一半黄油，搅拌均匀即可。

（五）水波蛋（Poached egg）

水波蛋也是西式早餐中最常见的一种。制作水波蛋时，应选用高质量、新鲜的鸡蛋，且应用较低的水温。

案例一、水波蛋（Poached egg）

原料配方：新鲜鸡蛋 2 个，白醋、盐适量。

制作步骤：

① 鸡蛋去壳，小心放入碗中。

② 将白醋、水混合，加热至 90℃左右。

③ 放入鸡蛋，温煮 2～3min，至蛋白轻微凝固。

④ 取出鸡蛋，放入冷水中，并修整四周多余的蛋白。

⑤ 食用前，放入滚热盐水中浸泡大约 1min，取出，装盘即可。

案例二、咖喱水波蛋（Poached egg with curry sauce）

原料配方：新鲜鸡蛋 4 个，大米饭 50g，咖喱沙司 150mL。

制作步骤：

① 鸡蛋去壳，小心放入碗中。

② 将白醋与水混合，加热至 90℃左右。

③ 放入鸡蛋，温煮大约 2～3min，至蛋白轻微凝固。

④ 取出鸡蛋，放入冷水中，并修整四周多余的蛋白。

⑤ 将米饭放入盘中垫底，放上水波蛋，浇上咖喱沙司即可。

（六）谷物类

西餐早餐中常见的谷物类制品主要是燕麦粥、麦片粥、薄饼、华夫饼和面包等。

案例一、麦片粥（Oat meal gruel）

原料配方：麦片 50g，牛奶 150mL，糖 30g，黄油 5g，盐、清水适量。

制作步骤：

① 麦片用清水泡软后，上火煮沸。

② 倒入牛奶，小火煮 2min。

③ 加入黄油、糖、盐，开透即可。

案例二、煎面包片（Fried bread）

原料配方：白面包 60g，鸡蛋 1 个，牛奶 30mL，果酱 5g，植物油、糖粉、香草粉适量。

制作步骤：

① 白面包切成两片，一边不要切断，中间抹上果酱。

② 将鸡蛋、牛奶、白糖、香草粉调匀，并将面包片放入其内泡透。

③ 用120℃左右的油温，将面包片两面煎成金黄色，沥去油。

④ 放入盘内，撒上糖粉即可。

案例三、薄饼（Pancake）

原料配方：面粉500g，砂糖150g，牛奶750mL，鸡蛋5个，糖粉50g，盐、植物油适量。

制作步骤：

① 砂糖和盐用少量牛奶溶化，鸡蛋打散并加入剩余的牛奶与砂糖等一起混合。然后慢慢倒入面粉内，搅拌均匀，过筛，成为薄饼生坯料。

② 将薄饼盘烧热，淋少许油，加入一小勺生坯，轻轻转动薄饼盘，摊成圆形薄饼。

③ 小火煎制，将薄饼两面煎成金黄色。

④ 食用前，将薄饼卷成长卷或折成三角形，用少许黄油略煎一下，放入盘内，撒上糖粉即可。

在此基础上还可以制成苹果薄饼、橘子薄饼、诺曼底薄饼等。

案例四、华夫饼（Wafer cake）

原料配方：面粉500g，鸡蛋3个，牛奶300mL，砂糖100g，植物油150mL。

制作步骤：

① 面粉过筛，加入砂糖和打散的鸡蛋、牛奶，慢慢地搅拌均匀。

② 将华夫饼夹烧热，上下两面刷上油，倒入一勺调制好的面糊，将其夹好，烘烤，待饼熟透、变黄时，取出即可。

任务2　西式快餐

【任务驱动】

1. 了解快餐的特点及常见品种。
2. 掌握早餐和快餐中基本菜肴的制作。

【知识链接】

西餐中的快餐食品是指能在短时间内提供给客人饮食的各种方便菜点。在饭店中，各种快餐食品大都在咖啡厅、酒吧内供应，一般不单设专门的快餐厅。

一、快餐的特点

西式快餐初创于20世纪初的美国，当时仅限在餐厅内出售一些像汉堡包一类的快餐食品。快餐真正的发展出现在20世纪50年代，由于第二次世界大战后美国的经济复苏，从而推动了餐饮业的发展，为了适应加快的工作与生活节奏，以及人们饮食观念与需求的改变，一种全新的餐饮形式——快餐应运而生。

西式快餐以其特有的制售快捷、食用便利、服务简便、质量标准、价格低廉等特点，在20世纪60年代末70年代初开始风靡世界。80年代末期，随着中国的改革开放，以麦当劳、肯德基等为代表的西式快餐大举进入中国市场，并取得了骄人的业绩。

二、西式快餐制品

可作为快餐供应的西式菜点很多，凡是制作简便或可以提前预制好的菜点都可以作为快餐食品供应。西式快餐常见制品主要有炸鱼柳、炸鸡、汉堡包、比萨饼、三明治、热狗等。

（一）三明治（sandwich）

三明治是英语“sandwich”的译音，有的地方译做“三文治”“三味吃”。三明治源于英格兰东部的三明治镇。此镇原有一位伯爵名叫三明治，很爱玩桥牌，玩起牌来废寝忘食，那里的厨师为了迎合主人，自制一些面包夹肉的食品，供伯爵边玩牌边吃，深得伯爵喜欢。由于这种食品制作简单、营养丰富，又便于携带，所以很快在各地流传，并以“三明治”命名，以后逐渐发展为一种快餐食品。

案例一、火腿三明治（Han sandwich）

原料配方：方面包片 2 片，火腿 50g，黄油 10g。

制作步骤：

① 火腿切成片，将黄油抹在面包片上，再将火腿夹在两片面包片中间。

② 用刀将面包四边的硬皮切去，再从中间斜切成大小相同的两块即可。

注：用同样的方法可以制作芝士三明治、烤牛肉三明治、鸡肉三明治等。

案例二、总汇三明治（Club sandwich）

原料配方：方面包片 3 片，沙拉酱 15g，熟火腿 10g，鸡蛋 1 个，熟鸡肉 20g，番茄 20g，生菜叶少量。

制作步骤：

① 将三片方面包片烤成金黄色，再涂上沙拉酱。

② 将火腿切成薄片，鸡蛋打散，用油煎熟。

③ 将生菜叶、熟鸡肉片、番茄片，夹放在两片面包片中间，再将火腿码在第二片面包上，盖上第三片面包，用手稍压。

④ 用刀切去面包四周硬皮，再对角切成两块，在每块上插一根牙签即可。

案例三、檀香山三明治（Honolulu sandwich）

原料配方：方面包片 3 片，黄油 10g，熟金枪鱼肉 75g，千岛汁、生菜叶适量。

制作步骤：

① 将面包片两面烤成金黄色，再抹匀黄油。

② 将生菜叶、金枪鱼肉、千岛汁放在两片面包中间。

③ 再放上生菜叶、金枪鱼肉、千岛汁，盖上第三片面包。

④ 用刀切去面包四周硬皮，再切成 2 块或 3 块，插上牙签即可。

以上是英国式和美国式三明治制法，此外，还有法国的长面包三明治、比利时的三明治卷等。

（二）汉堡包（Hamburger）

汉堡包最初源于德国的“汉堡肉饼”。德国汉堡地区的人常用剁碎的牛肉末和面粉做成肉饼，煎烤来吃，遂称为“汉堡肉饼”。1850 年，德国移民将汉堡肉饼的烹制技艺带到美国，后来逐渐与三明治相结合，即将牛肉饼夹在一剖为二的小面包当中一同食用，所以被称为“汉堡包”。

案例一、奶酪汉堡包（Cheese hamburger）

原料配方：

主料：牛肉馅 650g，白面包 75g，沙拉酱 25g，汉堡面包 4 个，芝士片 4 片，牛奶

25g，盐、胡椒粉少量。

配菜：炸土豆条，时令蔬菜。

制作步骤：

① 将面包用清水泡软，挤干水分，放入牛肉馅内，加入盐、胡椒粉、牛奶搅拌均匀，制成肉饼，用油煎熟。

② 将汉堡面包从中间片开，涂上沙拉酱，夹上肉饼，放上一片芝士，放入烤炉烤透即可。

③ 上菜时，可以配炸土豆条和时令蔬菜。

案例二、牛柳汉堡包（Beef fillet hamburger）

原料配方：

主料：汉堡面包 4 个，牛里脊 600g，瑞士奶酪 150g，生菜叶 50g，番茄片 50g，酸黄瓜 25g，洋葱 25g，黄油 20g，盐、胡椒粉适量。

配菜：炸土豆条，蔬菜沙拉。

制作步骤：

① 将汉堡面包分为两半，切面涂上黄油，放入热扒板上，将切面扒上色。

② 将牛里脊肉切成 4 份，加工成圆饼状，用盐、胡椒粉调味，放在扒炉上扒至所需要的火候。

③ 将生菜叶、番茄片、洋葱片、酸黄瓜片放在底层面包上。

④ 在扒好的牛排上面放上奶酪片，放入明火炉，至奶酪熔化。

⑤ 将好的奶酪牛排放在有蔬菜的面包上，盖上另一半面包，放入盘中。

⑥ 上菜时，配上炸土豆条、蔬菜沙拉即可。

案例三、鱼肉汉堡包（Fish hamburger）

原料配方：白色鱼柳 750g，面包粉 50g，番芫荽末 15g，鸡蛋 1 个，沙拉酱 25mL，汉堡面包 6 个，生菜叶 6 片，番茄片 12 片，面粉、盐、胡椒粉适量。

制作步骤：

① 将鱼柳肉剁碎，放入面包粉、番芫荽末、鸡蛋、盐、胡椒粉搅打上劲，制成鱼肉馅。

② 将鱼肉馅分成 6 份，制成圆饼状，蘸上面粉，用油煎熟。

③ 将汉堡面包分为两半，放入热扒板上，将切面扒上色。

④ 将生菜叶、番茄片、鱼肉饼放在底层的面包上，浇上沙拉酱，盖上另一半面包即可。

（三）比萨饼（pizza）

比萨是英文“pizza”的译音。比萨饼最早源于意大利的那不勒斯，是由意大利那不勒斯的面包师傅首创的。它是一种由特殊的饼底、酱汁、馅料和乳酪构成的，具有意大利风味的食品，受到各国消费者的喜爱。

案例一、夏威夷比萨（Hawaii pizza）

原料配方：

软皮比萨面：面粉 200g，酵母 6g，牛奶 140mL，砂糖、盐适量。

馅料：里脊火腿 75g，菠萝罐头 100g，番茄沙司 30g，马苏里拉奶酪 100g，番芫荽适量。

制作步骤：

① 将面粉、牛奶、酵母、砂糖、盐混合制成面团。

② 面团经两次或三次发酵后，分成两份并揉成圆形

③ 待面团稍膨胀后，用手压制成四周略厚的圆饼。

④ 将火腿、菠萝分别切成扇形片。

⑤ 将番茄沙司加入适量的菠萝汁，上火煮至浓稠。

⑥ 在面饼表面涂上番茄菠萝汁，码上火腿片、菠萝片，撒上马苏里拉奶酪。

⑦ 放入200℃的烤箱内，烘烤15～20min，直至面皮香脆，奶酪熔化，点缀上番芫荽即可。

案例二、海鲜比萨（Seafood pizza）

原料配方：

硬皮比萨面：面粉120g，牛奶70g，黄油15mL，盐适量。

馅料：熟贻贝肉250g，熟虾肉375g，培根4片，番茄沙司50mL，青椒丝30g，洋葱丝40g，马苏里拉奶酪250g，阿里根奴香草适量。

制作步骤：

① 面粉过筛，加入黄油、盐及牛奶调成面团，将面团揉至上劲、表面有光泽。

② 培根用油煎至香脆，控去油脂备用。

③ 面团擀制成薄的圆饼状，放入比萨饼模内，表面刷上番茄沙司，撒上洋葱碎、青椒丝、贻贝肉、虾肉、奶酪粉和阿里根奴香草。

④ 放入200℃的烤箱内，烘烤15～20min，直至比萨表面上色。

（四）热狗（Hot dog）

热狗最早起源于美国，是一种面包夹泥肠的方便食品。因其是在白色的面包内夹一根红色的泥肠，很像热天吐舌散热的狗，故名热狗。热狗除了在面包内夹泥肠外，还可以夹入生菜、番茄、黄瓜、番茄沙司、奶酪等。

案例、热狗（Hot dog）

原料配方：热狗面包1个，热狗泥肠1根，炸土豆条20g，芥末酱、番茄沙司适量。

制作步骤：

① 将热狗面包从中间片开（一边连接），抹上芥末酱。

② 夹上热狗泥肠和炸土豆条，挤上番茄沙司即可。

思考题

1. 简述早餐食品主要品种。
2. 简述西式早餐的分类及特点。
3. 简述奄列蛋类制作方法。
4. 简述水波蛋的制作方法。
5. 简述西式快餐的特点及基本内容。
6. 简述汉堡包的起源及发展。
7. 简述夏威夷比萨的制作。

项目十　各国烹调食谱

【学习目标】

1. 了解各国菜肴的特点及文化背景。
2. 熟悉各国菜肴的烹调方法及有代表性的料理。
3. 掌握各国代表菜肴的制作。

任务1　日本和韩国料理

【任务驱动】

1. 了解日本、韩国料理的特点及文化背景。
2. 熟悉日本、韩国料理的烹调方法及有代表性的料理。
3. 掌握基本日本、韩国料理的制作。

【知识链接】

一、日本料理制作训练

日本料理，在制作上要求原料新鲜，切割讲究，注重摆放艺术，注重色、香、味、器四者的统一，不仅重视味觉，更重视视觉享受，要求色泽自然，口味鲜美，形式多样，器具精美。

由于历史，地理等原因，日本烹饪比较接近中国烹饪，比如，较多地使用酱油、豆腐、豆粉等原料。近代的日本烹饪，深受细分饮食习惯和现代营养观念，越来越注重饮食营养和健康。在饮食习惯上也注重简单和快捷。比如现在流行的日本刺身料理（生鱼料理）就是简单、快捷、营养、健康四者统一。

一般来说，日本料理制作是比较简单的，烹饪方法有蒸、煮、煎、炸、扒、烩、炒等。日本料理代表就是刺身（sashmi）、寿司（sushi）、天妇罗（tempura）、铁板烧（teriki）以及各式面条等。

案例一、日本寿司（Sushi）

寿司（sashmi）也叫四喜饭。寿司又分为手握寿司和箱式寿司，根据不同方法分为手卷、外卷、内卷、大卷，日本的寿司品种较多，制作变化大，口味单一，主要以鱼的鲜美为特色。这里简单介绍一些寿司的基础制作方法。

成菜要求：色泽艳丽，天然新鲜，装盘精细，和谐等。

原料配方：甜姜片50g，柠檬200g，白醋400g，葱15g，日本烤鳗鱼250g，三文鱼250g，虾100g，大米500g，日式酱油50g，白糖300g，青芥末15g，竹签4根，寿司海苔10片，小鲜鱿鱼50g，生菜3片，海带25g，清酒48g，米林48g，鳜鱼500g，红鱼子50g。

制作步骤：

① 先调米饭的醋：白醋加白糖、柠檬、海带、米林以及清酒调和成醋酸汁。

② 煮米饭，熬制日本式酱油。

③ 准备小料：葱切很细的葱花，冲水，挤干，晾干备用。日本烤鳗鱼切两半，斜刀

切菱形片，备用三文鱼加工成方条形，鳜鱼加工。海苔切小条和宽条备用。虾穿竹签煮后，去壳、去头、片开、泡醋汁备用。

④ 制作时三文鱼切厚片，鳜鱼切薄片，包上米饭团，用手捏成水滴形。鳗鱼、小鲜鱿鱼放在方形的小米饭团上，绑上根海苔丝，撒点葱花即可。宽海苔片包小饭团，上面放红鱼子即可。大虾包上米饭团捏成水滴形即可。

⑤ 装盘：盘头放芥末、甜姜片、生菜装饰。寿司按先红肉后白肉再是虾、贝类的原则摆放。配酱油碟即成。

注意事项：

① 寿司的饭团一次成形。

② 鱼的分割是关键。

③ 醋汁一般要提前三天泡好。

案例二、日本寿司卷（Sushi roll）

卷寿司是寿司的另一种形式，一般有内卷、外卷、手卷和大卷四种。内卷就是米饭卷在海苔的里面，外卷就是米饭卷在海苔外面，手卷就是卷起来后能用手拿着吃，大卷就是做的超大的卷。

成菜要求：寿司卷是比较大众化的食物，装盘比较简单，色泽朴实。

原料配方：海苔10片，芥末15g，黄瓜500g，日本式酱油50g，日本烤鳗鱼250g，蟹柳100g，牛油果80g，三文鱼500g，生菜3片，大米500g，葱15g，白糖300g，白醋400g，大虾100g，柠檬50g，白芝麻5g，甜姜片、海带、青酒适量。

制作步骤：

① 先调米饭的醋：白醋加白糖、柠檬、海带以及青酒调和成甜酸醋汁。

② 煮米饭，熬制日本式酱油。

③ 准备小料：葱切很细的葱花，冲水，挤干、晾干备用、日本烤鳗鱼切两半，斜刀切菱形片备用。三文鱼加工成方条形，鳜鱼加工。海苔切小条和宽条备用。虾穿竹签煮后，去壳，去头，片开泡醋汁备用。黄瓜切片，切丝备用，牛油果切开，切小条。

④ 寿司席上放海苔，放米饭亚均匀，放三文鱼条，卷内卷。寿司席上放海苔，放米饭压均匀，放牛油果，卷内卷。寿司席上放海苔，放米饭压均匀，放蟹柳，卷内卷。

⑤ 装盘：盘头放芥末、甜姜片、生菜装饰，寿司卷依次摆放即可。

注意事项：

① 寿司卷中的三文鱼、鳗鱼卷、虾卷、牛油果卷、蟹柳卷是几个关键卷的品种。

② 醋汁一般要提前三天泡好。

③ 内卷米饭的量掌握包好卷的关键。

案例三、天妇罗粉炸大虾（Shrimp tempura）

“tempura”是一种特别的油炸食物，主要用鱼、虾和各种蔬菜为主要原料，外面裹上天妇罗粉后，制成而已。要求油十分干净，吃的时候配以天妇罗汁和萝卜，口感好，味道鲜香酥脆可口，十分受老人和小孩的喜爱。天妇罗是日本料理的代表菜之一。

成菜要求：味道鲜香，酥脆可口，色泽微黄，外酥里嫩。菜肴搭配合理，营养健康。

原料配方：大虾120g，天妇罗粉250g，红薯5g，南瓜50g，色拉油1kg，鸡蛋50g，白萝卜300g，姜5g，日本酱油50g，鱼露25g，糖50g，西蓝花50g。

制作步骤：

① 先把大虾去头、去壳、去沙筋，两边开刀，捏长备用。

② 红薯、南瓜切片。西蓝花两朵备用。白萝卜打泥。

③ 天妇罗粉加鸡蛋和水调和（剩一半的粉备用）。

④ 色拉油烧至七成热，虾、南瓜、红薯、西蓝花粘干粉与调和的浆。

⑤ 日本酱油加鱼露、姜、白萝卜泥做味碟，装盘。

注意事项：油温的掌握和油的干净成色、天妇罗粉放入油锅中方法是出品质保证，不同蔬菜的炸制时间也不同。

案例四、日本炸鸡卷（Chicken katsu）

这是一道传统的日本料理，口味上和中餐很接近，装盘比较中式化，只是使用的原料是日本特产海苔。

成菜要求：外酥里嫩，酱香浓郁，海味鲜香。

原料配方：鸡胸 150g，青葱 250g，海苔 5 片，红萝卜 150g，姜 5g，酱油 25g，鱼露 15g，糖 30g，豆粉 25g，西蓝花 50g，茴香 2g，天妇罗粉 150g，葱头 50g。

制作步骤：

① 鸡胸切片，用海苔卷上鸡片、青葱和煮熟的红萝卜条。用保鲜膜包好备用。

② 酱油加姜、葱头、茴香、鱼露、水和糖煮好，过滤，勾水豆粉做汁。

③ 鸡卷粘上天妇罗粉和天妇罗浆入油炸熟，捞出沥油后切块，淋汁即可。

注意事项：鸡卷卷好用天妇罗粉炸的时间要长点，因为鸡卷两头不易炸熟。

案例五、牛肉铁锅（Beef yakisoiba）

这是一种日本铁锅料理，是用铁锅装菜。上菜时热气腾腾，各种原料的摆放精细，色泽搭配合理。

成菜要求：汤色清褐，味道清淡，海鲜味浓，牛肉细嫩。

原料配方：粉丝 30g，海带 15g，菠菜 30g，鸡蛋 5g，牛柳 500g，酱油 25g，清酒 15g，味精 5g，红萝卜 100g，红椒 30g，香菇 30g，鱼骨 1kg，鱼露适量。

制作步骤：

① 先用鱼骨、海带、香菇熬汤备用。

② 粉丝泡软，牛柳切薄片，红椒切三角形，红萝卜切花片。

③ 铁锅内放菠菜、粉丝、加鱼清汤、酱油、清酒和味精调味。

④ 烧开后放上牛肉片，再放鸡蛋、红萝卜、红椒即可。

注意事项：

① 牛柳成色的掌握要刚刚成熟。

② 要注意日本清汤的熬制特点。

③ 要选用上好的牛肉来制作。

④ 鸡蛋煮到五成熟即可。

二、韩国料理制作训练

韩国料理和日本料理基本相通，主要是因为日本早期对韩国统治以及两国地理位置上比较接近的原因。如韩国烧烤和日本铁板烧很相似，不同的是韩国烧烤是客人自己进行烧烤，而日本烧烤时由厨师在铁板烧台前现场制作。

韩国料理的特色可以用三个“五”来形容。韩国菜以青、黄、红、白、黑“五色”为主色，以甜、辣、咸、苦、酸“五味”为主要味道，以韭菜、大蒜、山蒜、姜、葱“五味”作为香辣的来源。

此外，韩国料理在制作时，推崇“医食同源”的宗旨，在原料的选择上，广泛使用各种药材，如人参、枸杞、红枣、薏米、姜、桂皮等，这是韩国料理的一大特点。此外，韩国的泡菜和小吃十分丰富。

案例一、韩国泡菜（Celery cabbage pickle，korea style）

韩国泡菜种类繁多、口味多变，这里主要介绍其中最普通的一种。韩国泡菜和四川泡菜有很大区别，按制作方法来说应该叫韩国腌菜。

成菜要求：白菜质地脆嫩，酸辣开胃。

原料配方：大白菜1500g，韩国辣椒面300g，柠檬50g，苹果150g，蒜苗50g，八角3g，丁香3g，白糖50g，白醋25g，豆蔻粉3g，盐150g，大蒜、胡椒粉适量。

制作步骤：

① 大白菜用盐腌渍后脱水备用。

② 韩国辣椒面、苹果、蒜苗、大蒜、胡椒、八角、丁香、豆蔻粉、白糖、柠檬皮夹入白菜的每一片里，放入密封的缸内，一星期后取出分割即可食用。

注意事项：蔬菜脱水是泡菜质地脆嫩的关键，盐腌好的大白菜需很好的脱水。

案例二、韩国香梨烤肉（Bergamot pear rosted beef filet）

韩国烤肉风格独特，用餐形式不拘一格。特别吃法非常吸引顾客，而且烤肉香味独特、肉质细嫩。

成菜要求：香味独特，肉质细嫩。

原料配方：酱油15g，香油100g，白糖30g，白醋15g，大蒜5g，洋葱30g，蘑菇250g，青椒25g，白萝卜50g，牛肉500g，味精15g，香梨500g。

制作步骤：

① 先把牛肉切薄片，用酱油、香油、白糖、白醋、大蒜、洋葱、味精、香梨汁腌好调味。生菜垫底白萝卜切丝后冲水备用。

② 蘑菇、青椒、牛肉煎好装盘。

③ 调好味碟，再配上香梨花即可。

④ 吃时用生菜卷上牛肉醮味汁即可食用。

注意事项：一定选用最好的牛肉才能烤制好的烤肉，香梨汁是肉质细嫩的关键。

案例三、韩国蔬菜煎饼（Vegetble cakre）

煎饼制作方法简单，但口味变化多。目前很多国家在早餐的品种上向韩国煎饼学习借鉴。

成菜要求：蔬菜鲜美，面饼柔软，鲜甜可口。

原料配方：面粉500g，鸡蛋150g，油30g，水150g，青椒50g，红椒50g，豆芽菜30g，蘑菇50g，盐15g，胡椒5g，火腿50g。

制作步骤：

① 先把面粉、鸡蛋、油、水、盐、胡椒调成面糊。

② 蔬菜原料和火腿切丝备用。

③ 锅内放油少许，加入一勺面糊，单煎上色撒上蔬菜和火腿丝，翻面煎黄即可装盘。

注意事项：在面糊未干时，撒上蔬菜和火腿才能粘连在一起。

任务2　印 度 菜 肴

【任务驱动】

1. 了解印度菜肴的特点及文化背景。
2. 熟悉印度菜的烹调方法及有代表性的菜肴。
3. 掌握基本印度菜肴的制作。

【知识链接】

印度是一个多民族国家，地大物博，物产丰富。由于是多民族国家，信仰也多，主流教派印度教、伊斯兰教、基督教、锡克教、佛教都主张素食，所以印度素食者居多，大约80%为素食者。

印度菜常常将各种香料和各种主料混合在一起烹调。一般制作简单，但多变复杂，味道辛辣而微甜，口感刺激，油重味浓。印度咖喱世界闻名，印度料理中的咖喱菜非常多，所以有人说，印度菜就是咖喱菜。

印度菜烹调方法简单，一般煮、烩、焖、烤、炖等。和西方人饮食习惯不同，印度人不喜欢生食食物，一般要将食物炖到口感软烂成糊。

印度名菜：手抓饭、飞饼、玉米饼、烤鸡、咖喱海鲜、烤羊肉串、烩素菜、烤鱼等。

案例一、印度青咖喱鸡（Green curry chicken，Indian style）

青咖喱是印度风味特色，咖喱的种类很多，变化多端，青色来自青柠檬的天然色泽。

成菜要求：清香浓郁，咖喱味浓，汁浓鸡软。

原料配方：青咖喱酱100g，鸡腿250g，洋葱100g，丁香2粒，茴香3粒，姜30g，蒜15g，青柠檬100g，米饭100g，香蕉50g，青椒100g，蘑菇50g，色拉油50g，芹菜50g，椰奶50g，红萝卜50g，姜黄粉15g，土豆100g，糖35g，绿色素少许。

制作步骤：

① 先把鸡腿去骨，切块备用。

② 熬制青咖喱：色拉油、鸡腿骨、柠檬、洋葱丝、丁香、茴香、蒜、姜、香蕉、芹菜、绿色素、糖、红萝卜、姜黄粉、土豆和椰奶放入水中大火烧开，小火熬制3h，过滤备用。

③ 青椒切块，蘑菇切块，洋葱半个切块。

④ 锅内放色拉油，炒鸡腿快至微黄，加入调好色的青咖喱酱、洋葱、青椒、蘑菇熬制汤浓，调味。

⑤ 大盘内放上米饭，淋上青咖喱烩鸡即可。

注意事项：

① 汁浓度和口味的调和。

② 各种香料搭配要合理。

案例二、印度牛肉丸（Beefball withonion sauce）

这是信奉基督教的印度人喜欢的菜品，这个菜的做法接近西方烹饪技术，但是口味和香料上又和印度菜比较接近，因此很流行。

原料配方：牛肉末250g，洋葱150g，红萝卜50g，吐司面包3片，色拉油50g，米饭100g，红葡萄酒50g，牛奶50g，土豆150g，姜黄粉25g，八角3g，丁香3g，豆粉15g，番茄酱50g，香叶1片。

制作步骤：

① 先用100g牛肉末加洋葱、红萝卜、土豆、番茄酱用色拉油炒香，加水熬成简易烧汁牛肉末加豆粉、牛奶面包混合，用洋葱碎调味后制成丸子，放油锅里炸熟。将炸肉汁放简易烧汁里烩1h。

② 取出肉丸，过滤烧汁。锅里放油炒洋葱丝和红葡萄酒，炒香炒黄后放入烧汁。

③ 另一锅炒米饭加姜黄粉、丁香和八角做盘底，放上牛肉丸在中间，淋上洋葱汁即可。

注意事项：

① 牛肉丸的炸制时间不能太长。

② 烩的汁最后要收浓，必须符合印度人习惯。

案例三、印度特色面包（Indianbread sandwich）

这是印度的一种快餐食品，一般作为午餐品种，是西方和东方菜肴的结合，口味上是印度风味，造型上是西餐三明治，装盘则是印度风格。

成菜要求：口味辛香，造型美观。

原料配方：法式面包250g，直生菜叶1片，洋葱25g，羊腿肉500g，番茄25g，芥末5g，孜然25g，咖喱粉25g，蒜15g，土豆100g，色拉油1kg，姜5g，盐、胡椒粉适量。

制作步骤：

① 羊腿肉加入芥末、孜然、咖喱粉、蒜、盐、胡椒粉、色拉油、洋葱和姜码味。

② 法式面包切三段，从中间片开；番茄切片；生菜洗净备用。

③ 把羊肉入烤炉烤熟后切片，与番茄、生菜、洋葱碎一起夹入面包中。

④ 土豆切条，开水煮一下，油炸成土豆条配盘即可。

注意事项：

① 烤羊肉的时候要烤熟，印度人一般不喜欢生的肉类制品。

② 装盘上要注意印度的风俗习惯，叠放食物为好。

案例四、炸鸡翅配玉米饼（Deep－frien chicken with corn－cake）

这是印度北方流行的一道菜肴。玉米饼是印度北方的特色面食。

成菜要求：鸡翅酥脆，干辣鲜香，玉米味浓，香甜可口。

原料配方：鸡翅250g，面粉50g，干辣椒粉50g，玉米粉150g，鸡蛋50g，番芫荽15g，小番茄30g，孜然25g，色拉油1kg，土豆粉适量。

制作步骤：

① 先把鸡翅切断，用干辣椒粉和孜然码味。

② 用面粉少许加水、豆粉调浆放入鸡翅中，拌匀蘸干面粉备用。

③ 玉米粉加鸡蛋用水调和，煎玉米面饼。

④ 鸡翅油炸7min后放于大盘中间，玉米饼放四周，点缀蕃芫荽、小番茄即可。

注意事项：

① 玉米面浆的调和比例要适当。

② 煎制面饼要掌握好火候。

案例五、烤羊腿配辣椒汁（Rosted lamb Leg with chille saue）

这道菜孜然烤羊腿香气扑鼻，香蒜辣椒汁鲜辣味浓。

原料配方：羊腿3kg，孜然50g，蒜150g，芥末10g，黑胡椒25g，红葡萄酒50g，香蒜辣椒汁250g，芹菜50g，胡萝卜50g，红椒50g，西蓝花500g，洋葱150g。

制作步骤：

① 芹菜、胡萝卜、洋葱分别切成大段。蒜、红椒切成块。

② 先把羊腿去骨去除边角料，加胡萝卜、洋葱、芹菜、香蒜辣椒汁，炒香后加水熬出味道，过滤备用。羊腿入烤炉中烤熟，用西蓝花配盘，纸花装饰。

③ 羊腿切片放入大盘中，把辣椒汁浓缩后加入红椒块略煮，淋在羊腿片上面，配西蓝花即可。

注意事项：

① 要根据羊腿的大小决定腌制的时间和盐的用量。

② 羊腿一定要烤熟、烤香。

③ 香蒜辣椒汁要收汁浓缩后使用。

任务3　东南亚菜肴

【任务驱动】

1. 了解东南亚各国菜肴特点和风味特色。
2. 掌握东南亚各国的饮食文化及代表性菜肴。
3. 熟悉菜肴的制作步骤，掌握基本菜肴的制作技巧。

【知识链接】

一、印度尼西亚菜肴制作训练

印度尼西亚菜也叫印尼菜；印度尼西亚是多元的人文民俗和丰富的文化艺术国家。丰富的海洋产品以及热带水果，为制作各种美食提供了很好的条件印尼菜一般微辣、微甜，炒饭炒面较多，味重而油少，在烹调中喜欢使用热带水果，水果的加入为菜肴提供了丰富的口味与维生素。

案例一、印尼式串烧虾（Indonesian skewered prawns）

这是一款印度尼西亚人常吃的料理，制作简单，原料就地取材，可以用其他海鲜或是其他热带水果替换。

成菜要求：米饭色泽微黄虾串色泽金黄，蔬菜翠绿，姜黄味清香，整体现热带基本特点。

原料配方：大虾300g，洋葱50g，青椒50g，菠萝150g，蒜蓉10g，蘑菇50g，姜黄粉10g，米饭100g，鸡蛋50g，葡萄干10g，咖喱粉15g。

制作步骤：

① 先把大虾去泥肠去壳、开边，加蒜和姜黄粉备用。

② 洋葱、青椒、菠萝切片。

③ 穿虾串，分别串上洋葱、青椒、大虾，最后串上蘑菇。

④ 姜黄粉加葡萄干炒米饭，平放于盘底，另一锅放色拉油煎黄虾串，放在米饭上即可。

案例二、沙爹牛肉配菠萝沙拉（Skewed beff sastay with pinerpple salad）

这道菜受到东南亚各国人民的喜爱，除牛肉外，可以替换的肉类很多，比如沙爹牛肉、沙爹羊肉、沙爹鸡肉、沙爹大虾、沙爹鱿鱼等。

成菜要求：沙爹味香，牛肉串风味突出，配以沙拉，风味和谐。

原料配方：咖喱粉25g，牛柳500g，菠萝150g，黑葡萄干50g，芥末粉25g，马奶司50g，色拉油500g，沙爹酱100g，花生碎50g，洋葱100g，蒜50g，番茄50g，白糖30g。

制作步骤：

① 先把牛柳切条，用蒜、沙爹酱、咖喱粉和洋葱码味。番茄切成块。

② 在把牛肉穿成串。

③ 菠萝切丁与黑葡萄干、番茄块、马乃司拌匀后，放在盘边作为配菜。

④ 煎好牛肉串，装盘即可。

案例三、炸什菜烩（Deep－frien nixed vegetable）

这是一道东南亚名菜，因为口味比较接近西方人的口味，很受欢迎，特别是在东南亚的酒店很流行。

成菜要求：香蒜辣椒味浓，色泽红亮，素菜柔软酸甜可口。

原料配方：茄子200g，西蓝花100g，洋葱100g，南瓜100g，番茄100g，西芹100g，番茄酱50g，蒜15g，干辣椒50g，面粉200g，白糖50g，节瓜50g，九层塔3g，香茅3g，柠檬50g，黄油50g。

制作步骤：

① 先把茄子切片，和西蓝花，西芹、洋葱圈、南瓜片、番茄、节瓜一起沾干面粉。沾湿面粉，入油炸好备用。

② 黄油炒番茄酱，加干辣椒、蒜、九层塔、香茅、柠檬、白糖和番茄碎加水烩，煮后放入炸好的蔬菜，调味即可。

注意事项：

① 可以使用香蒜辣椒汁直接烹调，口味更佳。

② 油炸蔬菜的温度一定要高，否则会浸油。

案例四、尼斯大花虾（Prawnspan－fried with tomato，stuffed olive garlic sause）

这是印度尼西亚的高档菜，使用老虎虾制作，虾肉鲜嫩。在调味上，以酸甜为主，但不突出单一风味。

成菜要求：酸甜可口，蒜香酒香扑鼻，汁肥味美。

原料配方：老虎虾200g，番茄50g，酸黄瓜25g，黑水榄15g，银鱼柳5g，蒜蓉5g，烧汁100g，白兰地5g，李派林汁15g，米饭100g，黑提子50g，黄油适量。

制作步骤：

① 先把大虾去头去壳、去砂线，开边。

② 番茄、酸黄瓜、黑水榄切丝。

③ 锅内放黄油，把蒜蓉和大虾炒香，淋入白兰地，加番茄酱、酸黄瓜、黑水榄丝、银鱼柳、李派林汁、烧汁烩以下即可。

④ 大盘内放黑提子炒米饭做配盘，把做好的虾放边上即可。

案例五、葡国鸡（Portugal chicken）

这道菜是东南亚地区葡萄牙殖民统治时期流传下来的，借鉴了西餐，但结合了东南亚风格，具有东南亚特色。这道特色菜比葡萄牙本国料理还有名。

成菜要求：椰香浓郁，咖喱味清香，色泽黄嫩，鸡腿香脆。

原料配方：鸡腿120g，洋葱50g，胡萝卜50g，椰丝15g，椰奶30g，咖喱粉5g，黄姜粉5g，沙爹酱10g，番茄沙司15g，土豆50g，青菜50g。

制作步骤：

① 鸡腿用洋葱、胡萝卜、咖喱粉、姜黄粉、番茄沙司、椰奶、沙爹酱码味。

② 胡萝卜加工备用，土豆用锡纸包好烤熟，青菜焯水。

③ 把要好的鸡腿放入煎锅煎香取出，上面放椰丝，入明火炉焗黄装盘。

④ 大盘放烤土豆，胡萝卜、青菜做配菜。

二、越南菜肴制作训练

越南菜色泽明快、清淡、酸辣微甜，海鲜运用比较多。在调味上，越南菜大量使用糖、醋、鱼露，因此越南菜还具有海鲜味浓特点。鱼露是把鲜鱼直接放到瓦罐里放盐、糖、醋、酒、酱料然后密封缸口，在阳光下暴晒一个月使鱼发生溶解，取出液体就是鱼露。

案例一、越南春卷（Fried sping roll，Vietnam style）

越南的春卷和中国的春卷在口味和春卷皮的选用上都有很大的不同，越南的春卷一般使用的是米饭皮。吃的时候有油炸和蒸两种，但基本蘸酱不变。

成菜要求：外酥里嫩，口味变化大，色泽亮丽。

原料配方：春卷皮500g，莲白500g，西芹150g，包心菜150g，胡萝卜50g，粉丝150g，熟虾肉200g，鱼露50g，香菇50g，柠檬30g，小米椒30g，芫荽50g，醋50g，香油25g，盐30g，胡椒15g，九层塔5g。

制作步骤：

① 包心菜、西芹、胡萝卜切丝，撒盐脱水备用。

② 粉丝发好切小节，和西芹、胡萝卜、鱼露、香油、莲白、柠檬、包心菜、香菇一起用盐、胡椒调味。

③ 用大春卷皮包馅，中间放熟虾肉一个。

④ 用香油、小米椒、酱油芫荽、醋、九层塔做味碟。

⑤ 做好春卷油炸好即可装盘。

注意事项：选用米粉制春卷皮，也可使用面制春卷皮，关键是馅料的制作和味碟调制。

案例二、辣椒烧海瓜子（rosted hatd clam with chili sauce）

在越南边经常可以看到类似中国广东打边炉小吃，主要是辣椒烧海瓜子。此菜是佐酒、聊天不可少的菜肴，经济实惠，制作简单，是越南常见的菜肴。

成菜要求：鲜美可口，南乳风味突出，鲜辣微甜。

原料配方：海瓜子500g，小米椒150g，红辣椒50g，蒜50g，姜15g，葱50g，鱼露50g，茴香5g，八角5g，丁香5g，香茅5g，南乳50g，料酒50g，味精15g，色拉油、盐、胡椒适量。

制作步骤：

① 先把海瓜子放在清水中，放点盐和油使其吐沙备用。

② 锅内放色拉油，放小米椒、红辣椒、大蒜、姜、葱、鱼露、茴香、八角、丁香、

香茅、南乳、料酒、味精、盐、胡椒炒香再放入海瓜子炒熟即可装盘。

注意事项：海瓜子最好事先去沙，使其吃时口感好。

三、泰国菜肴制作训练

泰国菜有如下几个鲜明特色：

1. 具有浓厚的佛教色彩

泰国95%以上的民众是佛教徒，佛教无论在精神生活还是在物质生活中对泰国人民影响都是巨大。在传统上泰国是不吃完整的鱼和鸡，而是将他们剁碎后，再进行烹调。泰国在烹调荤料时，将菜肴制作成模模糊糊的样子，一般认为，就是为了求个安心。

2. 以鲜、酸、辣、辛、香、甜为特色

泰国菜所用调味料众多，善于使用天然植物果蔬，风味多样。如果将其调味归纳和提炼，应该是鲜、酸、辣、辛、香、甜六类最具魅力。

泰国菜调制鲜味用海鲜制成调味料为一大特色。如鱼露，其作用犹如中国菜中的酱油，因此有泰式调味料之王美誉。虾酱，也是广泛运用的一种特有调料。虾酱是以鲜虾泥晒干而成，是以虾鲜味的集中和浓缩。在泰菜中，虾酱不仅用于各种料理调味，也常常作为蘸酱使用。

泰国菜善于使用柠檬的酸味，例如卡菲柠檬、柠檬、柠檬草、柠檬叶等。此外，泰国菜喜欢用各种鲜红辣椒、青辣椒、袖珍辣椒和辣椒干、辣椒粉、辣椒酱以及咖喱、罗列、南姜等进行调味。

案例一、马加鱼肉饼（Fish cake）

泰国开胃小吃，大多以海鲜和肉类为原料炸制或煎汁而成，通常调味比较清淡。这些菜肴类似西餐中的开胃菜，是让人在等待上菜过程中，先填一填肚子，刺激一下肠胃，为下一步做准备。这类小吃使用动物原料，因此在制作时基本上都遵循着切碎或搅拌成馅再成饼的过程，如用鱼肉、虾肉、海鲜、鸡肉制成各种鱼饼、虾饼、海鲜饼、鸡肉饼等。马加鱼饼就是用马加鱼制作而成的一道传统泰国小吃。

成菜要求：色泽金黄，味道鲜香。

原料配方：马加鱼肉300g，鸡蛋1个，青葱50g，鱼露30g，盐、胡椒粉、面粉、色拉油适量。

制作步骤：

① 鱼肉切成块，葱切成葱花。

② 鱼肉块、鸡蛋、鱼露、盐、胡椒粉放在搅拌器中搅成蓉，取出加入面粉、葱花和匀。将鱼肉蓉分成6等份，分别压成饼状。

③ 将鱼肉饼放在热油中，煎成两面酥香。

注意事项：火候以中火为好。

案例二、凉拌菜肴—海鲜粉丝沙拉（Seafood & vermicelli salad）

泰国凉拌菜的原料以海鲜、蔬菜、粉丝、米饭最为常见，也有以牛肉、鸡肉为原料的菜式。著名菜肴如海鲜粉丝沙拉，生拌大虾、凉拌海鲜等。泰国的凉拌菜一般以酸、辣、甜为特色，具有爽口、开胃功能。

成菜要求：味道酸辣，清新开胃。

原料配方：粉丝60g，大虾300g，鱿鱼150g（其他海鲜原料也可以），柠檬汁75mL，鱼露 30mL，黄沙糖 25g，红尖椒 2 根，蒜 2 瓣，青葱 2 根，芹菜干 2 根，花生 30g。

制作步骤：

① 大虾去皮、去虾线，焯熟待用；鱿鱼；青葱切细末，芹菜干切成段蒜、红尖椒切碎。

② 粉丝浸软后放在沸水中煮熟，捞出，切成段。

③ 将柠檬汁、糖、鱼露、蒜、红尖椒和调制成调味汁。

④ 将大虾、鱿鱼、芹菜段、青葱与调味汁混合均匀即可。

注意事项：注意调料之间比例，突出菜肴香味。

案例三、咖喱虾（Curry prawn）

泰国临海，因此海鲜是泰国烹饪中的主要原料。在热菜中无论是蒸、烤、煎海鲜类菜肴占有极高的比例。泰国制作海鲜调味料品种众多，但鱼露和虾酱是不可缺少的调味品，而用咖喱等酱料烩制的海鲜菜肴，更是泰国人烹调海鲜的拿手方法。咖喱虾以泰国特色调味品红咖喱、椰奶调味，并用泰国常用罗勒叶装饰，是一道具有浓郁泰国风味的菜肴。

成菜要求：香味浓郁，味道鲜美。

原料配方：大虾 250g，无糖椰奶 250mL，红咖喱酱 15g，水 125mL，鱼露 15mL，糖 3g，罗勒叶少许。

制作步骤：

① 虾去肠泥，但不去壳。

② 椰奶煮热，出香味后，加入咖喱酱，煮 3min 加入水、鱼露、糖，煮至呈黏稠状。

③ 放入大虾，待虾变色熟透即可装盘，点缀少许罗勒叶，趁热食用。

附：红咖喱酱的制作

原料配方：红干辣椒（切小块）15 根，芫荽子 15g，小茴香 15g，切碎大蒜 5 粒，香茅（切碎）3 根，芫荽（切碎）40g，姜末 15g，盐 5g，黑胡椒 5g。

制作步骤：

① 将干辣椒、芫荽子、小茴香放在锅里稍微烘烤至出香味，颜色变深为止。

② 将大蒜、香茅、芫荽、姜、盐、黑胡椒、干辣椒、芫荽籽、小茴香倒入搅拌机中，注入少许水，搅拌均匀成酱状即可。

注意事项：

① 选择新鲜虾，以保证质量。

② 选择无糖椰奶。

案例四、冬阴功汤（Hot sour prawn soup）

泰国的汤与其菜肴一样，多以海鲜为原料。各种海鲜汤是泰国具有特色品种，被称为泰国国汤的冬阴功汤就是其中的代表。这道菜是用卡菲柠檬、柠檬草、尖辣椒、鱼露等泰国调料，与海鲜的鲜美巧妙融合在一起，酸辣清新，回味无穷。

成菜要求：酸香微辣。

原料配方：鱼汤 500mL，大虾 4 只，鱿鱼 150g，卡菲柠檬 2 个，尖辣椒 1 个，鱼露 15mL，柠檬草、芫荽、青葱适量，盐、胡椒粉少许。

制作步骤：

① 大虾剥去外皮，留下尾部虾皮，去掉背部黑色虾线。鱿鱼横切成鱿鱼圈，卡菲柠檬切片。

② 柠檬草切成段，葱切成葱花。

③ 鱼汤煮沸，加入柠檬草、柠檬片和尖辣椒，小火煮 6 ~ 7min 过滤。

④ 鱼汤加入虾、鱿鱼圈、鱼露煮 3 ~ 4min，用盐和胡椒粉调味，撒上葱花、芫荽叶点缀。

注意事项：选择新鲜原料，以突出菜肴鲜美的滋味。

案例五、泰式辣椒河粉（Rice flour nodles thau stle）

泰国产高品质大米，因此泰国人除将大米作为日常主食外，还制作出各种米制品。河粉即是其一，河粉除了可以凉拌，还经常与肉类或海鲜一同烹调各种热菜和汤菜。泰式辣椒河粉也是泰国饮食文化代表之一。

成菜要求：味道鲜美，略带香辣。

原料配方：河粉 450g，猪肉 150g，泰国冬菜 5g，蒜蓉 5g，红尖辣椒 4 根，洋葱 30g，番茄 2 个，鱼露 30g，酱油 20g，糖、醋各 5g，油 30mL。

制作步骤：

① 猪肉切碎，番茄切成片，洋葱、红尖辣椒切成条。

② 锅中加油，将冬菜、蒜蓉、辣椒炒香，下猪肉炒熟后加洋葱、番茄炒香后加河粉以及其他调味料，炒透后即可。

注意事项：注意烹调火候的掌握。

案例六、南瓜布丁（Pumpkin pudding）

泰国的甜点品种繁多，有蒸、烤、炸、煮、煎多种烹调方法。除了制作方法众多外，泰国甜点也极力在外形和色彩上取胜，特别注意运用自然原料进行装饰和美化，运用大量芭蕉叶作为装饰素材便是泰国甜点的一大特点。以南瓜为容器不仅用料自然，更增加不少饮食情趣，十分符合泰国人的饮食哲学。

成菜要求：造型美观，口味甜美。

原料配方：南瓜 1 个（约 750g），椰奶 125mL，黄砂糖 150g，鸡蛋 6 个。

制作步骤：

① 南瓜洗净，从 1/8 处横切一刀，切下部分做盖，其余南瓜挖去子，冲洗干净，备用。

② 将黄砂糖与椰奶一同放在锅中小火煮开，略冷备用。

③ 鸡蛋搅拌均匀，倒入椰奶中搅拌后倒入南瓜中，用大火蒸 1h 待奶凝固后取出，冷藏。食用时从冰箱中取出，切开即可。

注意事项：南瓜选择形态美观，质地比较紧实者。

任务 4　墨西哥菜肴

【任务驱动】

1. 了解墨西哥菜肴特点和风味特色。
2. 掌握墨西哥的饮食文化及代表性菜肴。
3. 熟悉墨西哥菜肴的制作步骤，掌握基本菜肴的制作技巧。

【知识链接】

墨西哥是中美洲的文明古国，除了古迹众多，其加勒比海的优美景色也令人向往。

墨西哥菜更令人向往，饮食更是丰盛。因为曾被西班牙统治过，墨西哥因而受到古印第安文化的影响，菜式均以酸辣为主，辣椒成了墨西哥人不可缺少的食品。墨西哥本土出产的辣椒估计有过百款之多，颜色由火红到深褐色，各不相同；至于辛辣度方面，体形越细，辣度越高，选择时可以此为标准。墨西哥的早餐可以用“醒神”来形容，各式食物都以辣为主，连松饼都是以辣椒来制作。正宗的墨西哥菜，多以辣椒和番茄主打，味道有甜、辣和酸等，而酱汁九成以上是辣椒和番茄调制而成。粟米是墨西哥人的主粮之一，也是墨西哥菜不可缺少的材料之一，以粟米（玉米）制成的副食品举不胜举。

人们所熟悉的菜肴：恩池拉达，是一种以辣椒调味、内部填进肉或乳酪的圆玉米饼。因为恩池拉达多达百余种变化，所以最好是用制作步骤而不是用食谱来分类。

制作恩池拉达的一般步骤：

方法一：

① 迅速炸圆玉米饼至软（不要炸脆），用毛巾来保持温度和湿度。

② 将玉米饼蘸上调料。

③ 填上适当的肉馅或乳酪，卷起，放入烤盘。

④ 在上面撒上少量调料和适量奶酪。

⑤ 在175℃烤箱内烤熟，15～20min。

方法二：

① 将玉米饼轻轻裹上调料。

② 在少量油中迅速炸。

③ 加馅，卷起，立即食用。

案例一、墨西哥辣酱－汝达（Salsa Cruda）

原料配方：新鲜番茄600g，新鲜绿辣椒175g，洋葱175g，新鲜芫荽叶20g，酸橙汁或醋15mL，凉水或番茄汁100mL，盐7g。

制作步骤：

① 将番茄切碎，切去辣椒的根，洋葱切碎。

② 将番茄、辣椒、洋葱、芫荽、酸橙汁或醋混合，用水或番茄把混合物稀释，加盐调味。

③ 这个调料可以做多种菜的调料，包括鸡蛋、烤肉、玉米面包卷、圆玉米饼和豆类，最好在几小时内食用完。

案例二、墨西哥辣酱—沃德—考刻达（Salsa werde cocida）

原料配方：墨西哥青番茄370g，洋葱，剁碎60g，蒜，剁碎4瓣，青辣椒罐装或新鲜的100g，新鲜芫荽叶30g，油30mL，盐根据口味。

制作步骤：

① 捞出黏果酸浆，将黏果酸浆洋葱、蒜、辣椒和芫荽在搅拌器中混合成浓汤。

② 在炖锅中加油烧热，加入汤煮4～5min，至微稠。

③ 加盐调味。

案例三、安楚沙司（Ancho sauce）

原料配方：干安楚辣椒8只，洋葱（剁碎）60g，蒜（剁碎）3瓣，水或鸡汤500mL，油30mL，盐根据口味。

制作步骤：

① 在干锅中将辣椒微微炒软，劈开，去籽去核。

② 用热水淹没，浸泡30min，捞出。

③ 将辣椒，洋葱，蒜和水或汤在搅拌器中混合。

④ 在锅中将油烧热，加入辣椒汤，炖2~3min。

⑤ 加盐调味。

案例四、猪肉丝（Shredded pork or carnitas）

原料配方：猪肉，去骨2800g，中等大小的洋葱切成两半1只，蒜（剁碎）1瓣，盐15mL，胡椒1mL，牛至5mL，欧莳萝5mL。

制作步骤：

① 去掉猪肉上的大部分脂肪，只留下少量。将肉切成2.5~5cm的条。

② 把猪肉和其他配料一起放入大锅中，加水刚至淹没。

③ 煮开，减火慢炖，开盖，直到汤快煮完。这时，肉应该比较嫩，如果没有，则加水接着煮至肉嫩。

④ 取出洋葱，扔掉。

⑤ 减小火，使肉在肥油中慢炖，不时搅拌，直至肉呈棕色并且非常嫩轻轻切丝。

⑥ 用作快餐或开胃菜，或蘸上任何一种沙司作为玉米圆饼的馅。

案例五、菜豆（Frijoles）

原料配方：班豆750g，凉水3L，洋葱，切薄片175g，蒜，切碎1~2瓣，绿辣椒，切碎1只，猪油60g，盐10mL。

制作步骤：

① 将水、豆子、洋葱、蒜和绿辣椒放入锅中，煮开，盖锅盖，小火炖1.5h。

② 加入猪油和盐。继续炖至豆子变软，注意别开锅盖。

③ 豆子冷藏几天后食用。

案例六、墨西哥米饭（Arroz a la Mexicana）

原料配方：长粒大米700g，油90mL，番茄酱350g，洋葱，切碎90g，蒜，捣碎2瓣，鸡汤1.75mL，盐15g。

制作步骤：

① 洗净大米，在凉水中泡30min，滤干。

② 锅中加油，放入大米。中火翻炒至微黄。

③ 加入番茄酱，洋葱和蒜。㸆干水，注意别烧焦。

④ 加入鸡汤，不盖锅盖，中火㸆干大部分的鸡汤。

⑤ 加锅盖，小火，加热10min，至饭熟。

⑥ 离火，焖制20min后食用。

案例七、烤奶酪辣椒

原料配方：阿那黑母辣椒6只，洋葱125g，黄油60g，玉米粒1.2kg，盐根据口味，碎的切得奶酪。

制作步骤：

① 将辣椒放火上烤至表皮变黑，冷水冷却后剥去外衣。

② 去籽，去头，将辣椒切成中等方块。

③ 洋葱切成小方块儿，在黄油中煎。

④ 加入辣椒块儿，烤 5min。

⑤ 加入玉米，中火炒制，直到冻玉米熔化，新鲜玉米变熟，加盐调味。

⑥ 将玉米粒倒入浅烤锅中，在 175℃的温度下烤 10min。

⑦ 开锅盖，撒上碎奶酪，继续烤制奶酪熔化起泡儿。

任务 5　意大利菜肴

【任务驱动】

1. 了解意大利菜肴特点和风味特色。
2. 掌握意大利的饮食文化及代表性菜肴。
3. 熟悉意大利菜肴的制作步骤，掌握基本菜肴的制作技巧。

【知识链接】

意大利的菜肴源自古罗马帝国宫廷，有着浓郁的文艺复兴时代佛罗伦萨的膳食情韵，素称“欧洲大陆烹调之母”，在世界上享有很高的声誉。意大利菜多以海鲜作主料，辅以牛、羊、猪、鱼、鸡、鸭、番茄、黄瓜、萝卜、青椒、大头菜、香葱烹成。制法常用煎、炒、炸、煮、红烩或红焖，喜加蒜蓉和干辣椒，略带小辣，火候一般是六七成熟，重视牙齿的感受，以略硬而有弹性为美，形成醇浓、香鲜、断生、原汁、微辣、硬韧的 12 字特色。

意大利菜肴最为注重原料的本质、本色，成品力求保持原汁原味。在烹煮过程中非常喜欢用蒜、葱、番茄酱、奶酪，讲究制作沙司。烹调方法以炒、煎、烤、红烩、红焖等居多。通常将主要材料或裹或腌，或煎或烤，再与配料一起烹煮，从而使菜肴的口味异常出色，缔造出层次分明的多重口感。意大利菜肴对火候极为讲究，很多菜肴要求烹制成六七成熟，而有的则要求鲜嫩带血。与大菜相比，意大利的面条、薄饼、米饭、肉肠和饮料更上一层楼。

这里所选案例只对意大利菜做简单介绍，其中大部分菜肴也未以番茄作为佐料。另外，本书在其他部分会涉及意大利菜。

案例一、豆饭（Zuppa di ceci e riso）

原料配方：橄榄油 90mL，蒜（切碎）1 瓣，迷迭香，剁细 7mL，罐装的意大利风味的李子番茄，榨汁或切好，清汤 2. 5mL，生大米 175g，做好的鹰嘴豆，滤掉水分 700g，盐根据口味，胡椒根据口味，切碎的香菜 45mL。

制作步骤：

① 用温火加热橄榄油，然后加入蒜和迷迭香，炒几分钟。

② 加入番茄，至滚熟。炖至水分差不多熗干。

③ 加入清汤和大米，炖 15min。

④ 加入鹰嘴豆，继续炖至米熟，味道混合。

⑤ 用盐和胡椒粉调味。

⑥ 在每份上撒少许香菜后装盘。

案例二、玉米糕（Polenta）

原料配方：水 2. 5L，盐 15mL，玉米粉 500g。

制作步骤：

① 用沙司锅将水和盐煮沸。

② 慢慢地玉米粉撒入滚水中，不停地搅拌，防止结块。

③ 低温加热，不停搅拌，玉米粥逐渐变稠，与锅边分离，这个过程要经过 20 ~ 30min。

④ 将大盘表面湿润。

⑤ 将玉米粥倒在大盘上，立即食用或放凉，用各种方法食用。

案例三、炖洋葱（Cipolline in agrodoice）

原料配方：珍珠洋葱 2kg，水 500mL，黄油 60g，酒醋 90mL，糖 45g，盐 7mL。

制作步骤：

① 把洋葱去皮在水中焯一下，沥干。

② 在炒锅里放一层黄油，加热溶化，加入洋葱微炒，加水，慢煮 20min，不盖锅盖，至洋葱变软，在煮制过程中，可加水，经常地翻搅。

③ 加入酒醋、糖、盐，盖锅盖。小火加热 30min，至洋葱熟透，菜汤变成糖浆状。快烧好时，可取下盖子，靠汤，洋葱做好时应呈微褐色。

案例四、意式炖鱼（Pesce con salsa verde）

原料配方：洋葱，切片 125g，芹菜，切碎 30g，香菜梗 6 ~ 8 根，月桂叶 1 片，茴香籽 1mL，盐 7mL，白葡萄酒 500mL，水 3L，白面包（去皮）3 片，酒醋 125mL，香菜叶 50g，蒜 1 瓣，马槟榔（滤干）45mL，鳀鱼片 4 片，全熟蛋黄 3 只，橄榄油 500mL，盐根据口味，胡椒根据口味，鱼排、鱼片或整条小鱼 16 个。

制作步骤：

① 将所有调料放入锅中，炖 15min。

② 把面包放到酒醋中，浸 15min，挤干。

③ 将香菜叶、蒜、马槟榔和鳀鱼片剁碎。

④ 在碗中将蛋黄和面包压碎，加入调料，拌匀。

⑤ 慢慢倒入橄榄油打开，像做蛋黄酱一样。倒入所有的油后，沙司应呈奶油状，而不像蛋黄沙司那样浓稠。

⑥ 放盐和胡椒粉。

⑦ 在步骤①中的汤中炖鱼。

⑧ 滤干，每份抹上 1.5 盎司沙司装盘。

案例五、意式煮蛤（Zuppa di vongole）

原料配方：小蛤 7kg，水 500mL。橄榄油 175mL，洋葱，切成小方丁 150g，切碎的蒜 3 ~ 5 瓣，香菜 90mL，白葡萄酒 350mL，罐装番茄，带汁，切碎 700g。

制作步骤：

① 冷水洗净蛤，去沙粒。

② 把蛤和水放入锅中，盖好盖子，煮至蛤口张开。捞出蛤，汤过滤后留用。

③ 将全部蛤带壳装盘也可，或将蛤肉取出只留 4 ~ 6 个装盘时做装饰用。

④ 在大锅中加热橄榄油，嫩煎洋葱。

⑤ 加入蒜，另烧 1min。

⑥ 加入香菜和葡萄酒，煮沸 1min。

⑦ 放入番茄和蛤汤，炖 5min。

⑧ 放入调味料。

⑨ 加入蛤，略加热，别煮老了。

⑩ 与有硬皮的面包一块食用，将面包浸入汤中。

案例六、煎牛肉片配火腿（Saltimbocca alla romana）

原料配方：小牛肉片（每个 1.5 ~2 盎司）32 片，盐根据口味，白胡椒根据口味，火腿片 32 片，洋苏叶 32 片，黄油 125g，白葡萄酒 350mL。

制作步骤：

① 用肉锤击打肉片，放盐和白胡椒。在每片肉片上放一些火腿和一片洋苏叶，用牙签别好。

② 在黄油中微煎两面。

③ 加葡萄酒，烧至肉熟，不要超过 5min。

④ 装盘，火腿一面朝上，每个浇上一勺煎盘中的汤汁。

案例七、炒填馅排骨

原料配方：小牛排骨 16 块，凡提那奶酪 350g，盐根据口味，白胡椒根据口味，面粉、鸡蛋、面包屑视需要，迷迭香 7mL，黄油视需要。

制作步骤：

① 去脊骨，只留肋骨。

② 在每份牛排上切出一个小袋。

③ 用肉锤轻捣牛排，使其略展平。

④ 把奶酪切成薄片。

⑤ 把奶酪切成片放在排骨上切好的小袋中，把小袋封好。如不行，用肉钉将其别住。

⑥ 用盐和白胡椒腌制排骨。

⑦ 把面粉和鸡蛋打成糊，将压碎的迷迭香与面包屑混合。

⑧ 牛排骨挂糊。

⑨ 用黄油炒牛排骨，装盘。

案例八、煎猪排配蔬菜（Lombatine di maiale alla napoletana）

原料配方：红色或绿色意大利辣椒 6 只，蘑菇 700g，番茄 1.4kg，橄榄油 175mL，蒜（压碎）2 瓣，猪排 16 块，盐根据口味，胡椒根据口味。

制作步骤：

① 将辣椒放到火上熏烤至皮发黑，再冷水下剥去外衣，去籽，切成小条。

② 将番茄切片。

③ 去皮，去籽，切好番茄。

④ 在大的炒锅中加入橄榄油，放入蒜，微煎至黑色。捞出蒜，扔掉。

⑤ 用盐和胡椒腌制猪排。在橄榄油里煎猪排制褐色，猪排沥油备用。

⑥ 嫩煎辣椒和蘑菇至变软。

⑦ 加入番茄和猪排。盖锅盖，小火炖至猪排变熟。蔬菜会出水，无须另外加水，但别干锅。

⑧ 沥出猪排，保温。如锅中菜汤过多，大火㸆至只剩下少许菜汤。

⑨ 放调味料。猪排装盘，上面放上蔬菜。

任务6　欧洲传统风味菜肴

【任务驱动】

1. 了解欧洲传统风味菜肴。

2. 掌握有代表性菜谱。

【知识链接】

案例一、蔬菜沙拉（Rohkostsalatteller）（德国）

原料配方：白葡萄酒175mL，酸奶油500mL，切碎的细香葱30mL，胡萝卜450mL，辣根30mL，黄瓜600g，白葡萄酒醋60mL，新鲜菠萝20g，芹菜根500g，柠檬汁50mL，浓奶油150mL，波士顿莴苣叶900g，番茄16块，糖、盐、胡椒适量。

制作步骤：

① 把酒醋、酸奶油、适量盐、糖和香葱搅拌在一起，做成沙拉酱。

② 胡萝卜碾碎与辣根混合后，加入175mL的沙拉酱，用盐调味。

③ 黄瓜去皮，切成小片，撒上盐，拌一下，腌制1h。

④ 压出黄瓜汁，冲洗黄瓜，除去多余的盐。

⑤ 将酒醋、水、糖、菠萝、胡椒混合制作成调味料。将调味料放入黄瓜中，制成黄瓜沙拉。

⑥ 芹菜根去皮，碾碎，拌入柠檬汁。加入奶油、盐、白胡椒调味，制成芹菜沙拉。

⑦ 用莴苣叶蘸上沙拉酱，放到大沙拉盘中央，四周放上番茄、30g的胡萝卜、黄瓜和芹菜沙拉。

案例二、炖鱼泥（Branddade de morue）（法国）

原料配方：咸鳕鱼肉1kg，蒜，剁碎1～2瓣，橄榄油250mL，鲜奶，奶油或半对半，白胡椒根据口味，盐根据口味，用橄榄油炸过的吐司丁视需要。

制作步骤：

① 用冷水浸泡咸鳕鱼肉24h，中间换几次水。

② 把鳕鱼肉放到锅里，加水浸没，小火煮开。炖5～10min，至熟。将鱼捞出，切片，去皮，去骨。

③ 趁热，将鱼加工成鱼泥。加入捣碎的蒜。

④ 将橄榄油和鲜奶或奶油分开加热。

⑤ 将油和鲜奶交替打进鱼泥里，每次一点点，直到混合物像土豆泥一样黏稠。

⑥ 加白胡椒和盐调味。有时可不用盐，咸鳕鱼通常够咸。

⑦ 装盘，吐司丁浸入食用。

案例三、蒜味甘蓝汤（Caldo verde）（葡萄牙）

原料配方：橄榄油60mL，元葱，切碎350g，蒜，切碎，土豆（去皮）切片1.8kg，水4L，蒜味肠450g，盐根据口味，胡椒根据口味，甘蓝900g。

制作步骤：

① 在汤锅中热油。加入洋葱和蒜，慢烧至变软但未变色。

② 加入土豆和水，炖至土豆熟透。

③ 捣碎土豆，使汤浓稠。

④ 将肠切片，在煎锅里煎一下，炸出肥油，滤汁。

⑤ 把肠加到汤里，炖5min，加盐。

⑥ 去掉甘蓝硬筋，将甘蓝撕成丝状。

⑦ 将甘蓝撕下到汤锅中，炖5min，如需要，加调味料。

⑧ 这道汤应与粗面包一起食用。

案例四、牛肉汤（Carbonnade a la Flammande）（比利时）

原料配方：洋葱1.4kg，牛油或植物油视需要，面粉175kg，盐10mL，胡椒粉5mL，牛肉2.3kg，切成2.5cm，黑啤酒1.25L，布朗汤1.25L，月桂叶2片，百里香5mL，香菜梗8根，胡椒籽8粒，糖15mL。

制作步骤：

① 元葱去皮，切成小方块。

② 用中火，锅中放入一点油，加洋葱，烧制金黄色，移至放置。

③ 面粉中撒入盐和胡椒粉，和匀。牛肉块裹上面粉，抖去多余的面粉。

④ 在煎锅中，煎至牛肉，每锅适量。将煎好的牛肉放到有洋葱的锅中。

⑤ 用黑啤酒涮煎锅，然后倒入装有牛肉和洋葱的锅中。加布朗汤，香料袋和糖。

⑥ 煮沸，加锅盖，放到烤箱中用160℃加热2～3min。

⑦ 撇去浮油，调汤的浓度。如太稀，用大火加热；如太稠，再加布朗汤。

⑧ 放调味料。与煮过的土豆一块食用。

案例五、炖辣椒（Lecsó）（匈牙利）

原料配方：洋葱750g，绿辣椒，匈牙利或意大利炸制辣椒1.5kg，成熟的番茄1.5kg，猪油100g，匈牙利红辣椒粉20g，盐根据口味，糖1撮。

制作步骤：

① 洋葱去皮，切成小方块。

② 辣椒去籽，去核，切成几个薄片。

③ 番茄剥皮，去籽，切碎。

④ 低温加热猪油，加洋葱烧5～10min，至变软。

⑤ 加入辣椒，烧5～10min。

⑥ 加入番茄和胡辣椒粉。盖锅盖，炖15～20min至蔬菜变软。

⑦ 加盐。如喜欢，可加1撮糖。

案例六、莳萝牛肉（Dillkött）（瑞典）

原料配方：无骨，剔净的小牛肩肉，脯肉或腿肉3.2kg，中等大小的洋葱，切成连着的两半；香料袋：月桂叶1片，香菜梗5～6根，胡椒籽6粒，水2L，盐15mL，新鲜莳萝，剁碎30mL；油脂面粉糊：黄油60g，面粉60g，柠檬汁或葡萄酒醋30mL，红糖7mL，新鲜的莳萝30mL，刺山柑，过滤30mL。

制作步骤：

① 将小牛肉切成约2.5cm的小丁。

② 将肉放入锅中，与洋葱，香料袋，水和盐一起煮沸，然后用文火煮熟。

③ 浓缩，并放入莳萝，用文火慢慢煮1.5～2h至肉变嫩。

④ 将清汤滤到另一只锅里，扔掉洋葱和香料袋。

⑤ 用大火将清汤浓缩至1L。

⑥ 用面粉和黄油制作铜色油脂面粉糊，并用其给清汤浓缩。

⑦ 加入柠檬汁和红糖，莳萝和刺山柑进行调味。

案例七、奶油土豆（Colcannon）（爱尔兰）

原料配方：土豆1.8kg，卷心菜900g，韭葱175g，黄油125g，奶油150g，香菜碎30g，盐、胡椒粉适量，热牛奶适量。

制作步骤：

① 土豆去皮切成均匀小块，在盐水中炖软。

② 摘好卷心菜，切成楔状，蒸软。

③ 在黄油中煎韭葱至变软。

④ 将土豆压碎，加入韭葱和剩余的黄油，加入香菜、奶油。

⑤ 再将卷心菜切碎，加入土豆，拌匀。加盐和白胡椒。

⑥ 如果菜太干，加入更多的热牛奶。

案例八、烤肉末茄子（Moussaka）（希腊）

原料配方：洋葱450g，蒜3瓣，橄榄油100mL，羊肉末1.6kg，番茄1kg，葡萄酒100mL，香菜碎30g，牛至7g，桂皮2g，茄子1.8kg，白沙司1L，鸡蛋4只，巴马奶酪60g，盐、胡椒、豆蔻粉适量。

制作步骤：

① 将洋葱和蒜放入加橄榄油的锅中炒至变软，用漏勺捞出洋葱和蒜。

② 锅中加入羊肉，煎到变成褐色。

③ 重新加入洋葱和蒜，在加入番茄、葡萄酒、香菜、牛至和桂皮，不盖锅盖，小火炖。加盐和胡椒调味。

④ 茄子去皮，嫩煎茄子，加盐调味。

⑤ 白沙司中加盐、胡椒粉和豆蔻，搅匀，将鸡蛋打入沙司中。

⑥ 在盘中抹上橄榄油，撒上面包屑，将茄子片放入盘中，排好。

⑦ 在茄片上倒一层肉末，再浇上白沙司，撒上奶酪。

⑧ 在175℃烤箱中烤1h，至表皮金黄色，切成方块食用。

思考题

1. 简述日本菜肴的特点及文化背景。
2. 简述日本菜肴的烹调方法及有代表性的菜肴。
3. 简述寿司醋的制作。
4. 简述日本寿司卷的制作。
5. 简述天妇罗的概念及特点。
6. 简述韩国菜肴的烹调方法及有代表性的菜肴。
7. 简述韩国泡菜的制作。

8. 简述韩国蔬菜煎饼的制作。
9. 简述印度菜肴的特点及文化背景。
10. 简述印度菜的烹调方法及有代表性的菜肴。
11. 简述越南菜肴的特点。
12. 简述越南春卷的制作。
13. 简述泰国菜肴的特色。
14. 简述冬阴功汤的制作。
15. 简述墨西哥菜肴的特点。
16. 简述意大利菜肴的特点。

项目十一　西 餐 面 点

【学习目标】

1. 了解面包的概念及运用，熟悉面包的分类，掌握面包的制作工艺。

2. 掌握面包面团发酵技法，掌握面包制作的基本案例。

3. 了解蛋糕的特点及基本分类，掌握海绵蛋糕、黄油蛋糕的制作工艺及操作要点。

4. 了解混酥类制品的概念、分类、制作流程及适用范围。

5. 掌握混酥类制品的制作工艺及操作要点，掌握混酥类制品的基本案例。

6. 了解清酥制品的概念、分类及适用范围。

7. 掌握清酥制品的制作流程、制作工艺及操作要点。掌握清酥制品的基本案例。

8. 了解泡芙的概念、分类及适用范围，掌握泡芙的制作流程，掌握泡芙的制作工艺及操作要点。

9. 了解饼干的概念、分类及适用范围，掌握饼干的制作流程。

10. 了解餐后甜点的概念、分类及适用范围，掌握甜点的基本案例。

【知识链接】

西式面点是西餐烹饪中的重要组成部分，它用料考究、工艺精湛、造型精巧、注重火候、品种丰富，在西餐饮食中起着举足轻重的作用，是西方饮食文化的代表作品。

一、西式面点的特点

1. 用料讲究，富有营养

西式面点用料讲究，无论何种点心品种，其面坯、馅心、装饰、点缀等用料都有各自选料标准，各种原料之间都有着相互间的比例，而且大多数原料要求称量准确。西式面点多以乳品、蛋品、糖类、油脂、面粉、干鲜水果等为常用原料。这些原料含有丰富的蛋白质、脂肪、糖、维生素等营养成分，它们是人体健康必不可少的营养素，具有较高的营养价值。

2. 工艺性强，简洁明快

西式面点制品不仅富有营养价值，而且能给人以美的享受。每一件产品都是一件艺术品，每一步操作都凝聚着厨师的创造劳动，制作每一道点心，都要依照工艺要求去做。西式面点从造型到装饰，图案清晰、线条流畅、简洁明快，给人以赏心悦目的感觉，让食用者一目了然，体会到美的享受。

3. 口味清香，甜咸酥松

西式面点的口味是由其品种决定的。无论是“冷点”还是“热点”，“甜点”还是“咸点”，都具有清香的特点。这是由西点的原材料决定的：西式面点通常所用的主要主料有面粉、鸡蛋、乳制品、水果等，这些原料自身具有芳香的味道；另外还有加工制作时合成的味道，如焦糖的味道等。

二、西式面点的分类

西式面点虽然源于欧美地区，但因国家或民族上的差异，其制作手法却是各不相同的。同一个品种在不同的国家就有不同的加工方法，因此，分类方法也不尽相同。从制品加工工艺及面团性质分类，可分为蛋糕类、混酥类、清酥类、面包类、饼干类、布丁类、冷冻甜食类、泡芙类等。从点心温度来分类，可分为常温点心、冷点心和热点心；从西点的用途上分类，可分为零售点心、宴会点心、酒会点心、自助餐点心和茶点；从厨房分工上分类，则可分为面包类、糕饼类、冷冻品类、巧克力类、精制小点类、工艺造型类。以下介绍的是最后一种分类。

1. 面包类

面包类是以面粉为主、以酵母等原料为辅调制的面团经发酵而烘烤制成的产品，如汉堡包、甜包、吐司包、热狗等。

2. 糕饼类

糕饼类是以糖、乳制品、鸡蛋、面粉、水果等为原料调制的蛋糕、木斯、排、泡芙、塔、热苏夫力、布丁等甜品。这是西点中比重最大的一部分。

3. 冷冻品类

冷冻品类是以糖、牛奶、奶油、鸡蛋、水果为原料，经搅拌、冷冻或冷冻搅拌制出的甜食制品。它包括各种果冻、冷苏夫力、巴菲、冰淇淋、冻蛋糕等。

4. 巧克力类

巧克力类是直接使用巧克力或以巧克力为主要原料，配上奶油、果仁、酒类等调制出的产品。其口味以甜为主，产品有巧克力装饰品、加馅制品、模型制品，如巧克力吊花、动物模型巧克力等。主要用于礼品、节日、茶点和糕饼装饰。

5. 精制小点类

精制小点类以甜咸为主，形状小，易食用，以一口一块为宜，适用于酒会、茶点或餐后食用。精制小点造型精美、品种丰富，如饼干、白毛粉挂面的树饼、加馅巧克力、小型冻品、风味小吃、小块酥类制品等。

6. 艺术造型类

艺术造型类是指经特殊加工制作的装饰品或成品，造型艺术完美，具有食用和欣赏双重价值，如精制的巧克力糖棍、面包篮、婚庆蛋糕、糖粉盒、马孜板花、糖活制品等。

任务1　面　　包

【任务驱动】

1. 了解面包的概念及运用。
2. 熟悉面包的分类。
3. 掌握面包的制作工艺。
4. 掌握面包面团发酵技法。
5. 掌握面包制作的基本案例。

【知识链接】

面包（bread）类制品主要是用面粉、酵母、水、盐等为基础原料，经面团调制、发酵、成形、饧发、烘烤等工艺制成的松软、膨胀的制品。面包用途广泛，可用于早餐、午餐、晚餐及各种宴会、酒会、自助餐、快餐等。

一、面包的分类

面包品种繁多，按用料划分，可分为普通面粉面包、全麦面包、杂粮面包、蔬菜面包、果料面包和夹馅面包；按面包的质感划分，可分为软质面包、硬质面包、脆皮面包、松脆面包。

1．软质面包

软质面包内部组织松软，体积膨大，有弹性。配料中蛋、糖、油、水的用量较大。这类面包品种较多，如各种吐司面包、包馅面包、小餐包等。

2．硬质面包

硬质面包内部结构致密，水分较少，面团膨胀也不如一般面包大，它的特点是越吃越香、经久耐嚼、浓郁纯香。

3．脆皮面包

脆皮面包表面松脆，内心柔软而稍有韧性，具有浓郁的麦香味。这类面包仅以面粉、盐、酵母为基本用料，配方中水分及酵母用量大，且整形后有充分的发酵时间，从而使面团中面筋充分伸展，体积膨大。面包表皮因不受糖、油、蛋等配料的影响，经烘烤可形成松脆的表皮。这类面包最好采用蒸汽式烤箱烘烤，以便于形成表皮松脆、爆裂、膨大的特点，最具代表的制品是法式长棍面包。

4．松质面包

松质面包以丹麦面包为代表。丹麦面包据说起源于丹麦，后来传遍整个欧洲，并风行世界各地。丹麦面包是一种成本较高的高级面包，它具有质地酥松、爽口、层次分明、味道香醇等特点。丹麦面包根据质感划分，大致有欧式、美式和日式三种。

二、面包的制作工艺

面包类制品的主要制作流程为：面团调制→发酵→成形→饧发→烘烤成熟

1．面团调制

面团调制是制品工艺的第一步。它的优劣对面包的发酵、成形、烘烤等起着至关重要的作用。面团调制就是通过机械搅拌，使各种原料充分混合的工艺过程。面团搅拌过程的完成主要经历四个阶段：第一阶段，配方中的干性原料与湿性原料混合，成为粗糙且黏湿的面块；第二阶段，面团中的面筋开始形成，但面团仍有黏性，面团的延伸性较差，易断裂；第三阶段，面团表面渐趋于干燥、光滑，面团有一定的柔软性和弹性；第四阶段，面团中的面筋充分扩展，面团表面有光泽，而且具有良好的弹性和延伸性。

2．面团发酵

面团发酵是面包制作的第二个关键环节，目的是使酵母在温度、湿度、营养物的作用下繁殖、生长、发酵，增加面包的芳香和风味，形成具有良好延伸性和多孔的柔软结构，使面团的持气性增强。面团发酵的方法，根据酵母用量、品种的不同，有一次发酵法、二次发酵法和快速发酵法等。

（1）一次发酵法　一次发酵法是指将所有的配料按顺序放在搅拌机里，一次搅拌完成，然后将面团进行发酵。当面团的体积增大一倍左右时，进行翻面。翻面后重新进行短时间发酵，即可进行分割、成形等制作工序。一次发酵法需要的面团温度为24℃左右，发酵室的温度为28～30℃，相对湿度为75%～80%。

（2）二次发酵法　二次发酵法是指两次搅拌面团、两次发酵的生产方法。第一次搅拌面团时，将配料中2/3的面粉和相应的水及全部的酵母、改良剂等放入搅拌机内进行第一次搅拌，使面粉充分吸水，酵母均匀地分布在面团之中，然后放入发酵箱内进行第一次发酵。当发酵面团的体积膨胀到2～3倍时，重新放进搅拌机内加入剩余的面粉、水和盐等配料，进行第二次搅拌。搅拌到面筋充分扩展后，经过短时间的二次发酵，即可进行分割、成形等制作工序。二次发酵法所需的面团温度为24℃，发酵室的温度在26℃左右，相对湿度为75%～80%。

（3）快速发酵法　快速发酵法是指将所有原料依次放入搅拌机内，酵母的用量比传统方法多，搅拌的时间也比正常搅拌时间多2～3min，发酵的时间一般为30～40min，其他操作步骤同一次发酵。快速发酵法的面团温度约为32℃，发酵的温度、湿度与一次发酵法基本相同。

3．面团成形

面团成形主要包括面团分割、揉圆、中间饧置、成形等工序。

（1）分割是根据制品需要，通过称量将发酵成熟的面团分切成小面团。分割面坯的重量一般是成品重的110%。

（2）揉圆又称搓圆，有手工揉圆和机器揉圆两种。面团揉圆是为了恢复面团的网状结构，使分割后的面团重新形成一层表皮，以包住面团内继续产生的二氧化碳气体。

（3）饧置又称静置，是面团成形阶段不可缺少的工序。通过饧置能恢复面团的柔软性，为制品成形奠定基础。

（4）成形是指将饧置后的面团做成产品需要的形状，成形的方法有手工成形和机械成形。

4．饧发

饧发是指将成形的面团，在一定温度、湿度的环境下恢复面团原有的形状，使制品体积重新膨胀的一道工序。这一工序的成败直接影响着成品的质量。因此，要正确选择饧发温度、湿度和饧发时间。饧发的温度一般在36℃左右，饧发的湿度一般掌握在80%左右，饧发的时间应根据制品的大小及要求而定，一般以30～60min为宜。

5．烘烤成熟

烘烤成熟是面包制作过程中最后的关键工序。它通过面团温度、水分、重量、体积的物理变化及微生物、生物化学等变化，使面团由生变熟，形成具有特殊风味的发酵制品。影响制品烘烤质量的因素主要有烘烤温度、湿度和烘烤时间三大因素。面包烘烤的温度一般在200℃左右。面包烘烤的时间，主要根据面团的大小、炉温的高低、构成面团的原料决定。一般讲，重量较重、体积较大的面团，烘烤温度要稍低，烘烤时间要稍长；重量较轻、体积较小的面团，烘烤温度要稍高，时间也要稍短。面包大多数采用烘烤成熟的方法，但根据需要也可采用炸制成熟的方法。

三、操作要点和注意事项

（1）制作面包的面粉宜用高筋粉，使用前要过罗，以便除去杂质，使面粉形成松散而细小的微粒，带入一定量的空气，有利于面团的成形及酵母菌的生长与繁殖，促进面团发酵。

（2）面团中需要添加油脂时，应在面团已经形成、面筋还未扩展时加入。

（3）正确控制水温和加水量。水的温度对酵母的繁殖有重要的作用。水温的控制要根据面包制作环境及气候的变化而变化，如冬季宜用温水，夏季则宜用凉水或冰水来调制面团。

(4) 正确掌握搅拌时间和搅拌速度。面团搅拌不足，面筋没有充分扩展，面筋网络就不会充分形成，从而会降低面团在发酵时保存气体的能力，使制成的面包体积小，两侧内陷，内部组织粗糙，结构不均匀。

(5) 严格掌握发酵时间和发酵温度。面团发酵温度过高、发酵时间过长，制品易产生塌架、表皮颜色浅、皮厚、内部组织粗糙等不良后果。温度过低、时间过短，则制品体积小，表皮易起泡。

(6) 面包成形时应少用干面粉，因为干面粉掺入面团会破坏面团的造形。造形时应尽量缩短操作时间，在中间饧置时尽量不使面包吹风，以免表面结皮，影响品质。

(7) 整形的面团放入烤盘时，要注意保持适当的距离和排列方式，有结头的面团应朝下放，以免烘烤时裂开。

(8) 面团经过最后饧发，内部含有大量气体，组织非常松软，在对表面进行加工时(刷蛋液、割口等) 必须格外小心，避免较大震动，否则会使制品内部组织及外观遭到破坏。

案例一、小甜面包 (Sweet bun)

原料配方：高筋面粉 1000g，糖 200g，盐 10g，鸡蛋 50g，奶粉 40g，油脂 80g，酵母 10g，改良剂 5g，水 500g。

制作步骤：

① 将所有原料放入搅拌容器中，先慢速搅拌，至形成粗糙、黏湿的面块，再逐渐提高搅拌速度，快速搅打，直至面团表面光滑、有弹性为止。

② 将面团放入饧发箱中发酵，待面团内部呈均匀丝状，且手感柔软、不粘手时，发酵即可终止。

③ 将发酵后的面团放于案台上，分割成 50g 一个的小面团，并揉圆、静置，然后搓圆成形，码于烤盘内。

④ 将烤盘放入饧发箱，进行最后饧发，直至面坯体积胀大 1 倍时即可。

⑤ 用蛋液轻轻涂刷在饧发后的面坯表面，然后入 200℃烤炉内，烘烤约 10min 左右，至表面呈金黄色即可。

质量标准：色泽金黄，有光泽，口味香甜，口感松软。

案例二、汉堡包 (Hamburger)

原料配方：面粉 5kg，酵母 100g，盐 100g，奶粉 500g，黄油 200g，鸡蛋 350g，改良剂 20g。

制作步骤：

① 将所有原料与面粉混合搅拌，直至面团表面光滑、有弹性为止，放入饧发箱内饧发。

② 将发酵好的面团分割为 80g 一个的小面团，揉圆，用布盖好，再饧发约 20min。

③ 将饧发后的面团再揉圆，并在面皮表面刷鸡蛋液，粘芝麻，放入饧发箱，饧发 30min。

④ 放入 220℃烤炉内，烘烤 10min 左右即可。

质量标准：色泽金黄，组织内部松软。

案例三、丹麦面包（Danish cheese bread）

原料配方：高筋面粉3500g，低筋面粉1500g，细砂糖600g，盐75g，鸡蛋500g，鲜酵母250g，奶粉150g，黄油250g，冰水2500g，改良剂适量。

制作步骤：

① 将原料依次放入搅拌机内，慢速搅拌3min，再改中速搅拌6min左右，至面团表面光滑、有弹性为止。

② 将面团放于案台上饧置15～20min，然后将其分割成150g重的小面团，并擀制成长方形。

③ 将面团盖上塑胶膜或纱布，放入冰箱冷冻2～3h。

④ 将面团取出，擀制成四周薄、中间稍厚的形状。

⑤ 将黄油软化成与面团相仿的软硬度，放置于面团中央，用面团将黄油包严实。

⑥ 将包有黄油的面团擀制成长方形的薄片，折成三折，放入冰箱冷冻，再如此反复两次，制成丹麦面包面团。

⑦ 将丹麦面包面团擀制成薄片，切成长5～6cm，宽3～4cm的小块。

⑧ 将小块的丹麦面包面片从两端对折，中间切开，将一端从中间切口穿出。

⑨ 刷上蛋液，放上一片奶酪，放入饧发箱进行饧发。

⑩ 放入200℃烤箱内，烘烤8～10min。

质量标准：色泽金黄，层次分明，松香适口。

案例四、法式面包棍（French bread）

原料配方：高筋面粉1000g，干酵母50g，盐20g，水560g，改良剂5g。

制作步骤：

① 将面粉、酵母、改良剂、水加入搅拌机中慢速搅拌2min，然后改中速搅拌8min，加入盐，继续搅拌5min，至面团表面光滑、有弹性为止。

② 将面团放入饧发箱中，饧发约45min即可。

③ 将饧发后的面团放于案台上，分割成250g重的小面团。

④ 将小面团揉成长约60cm的长条，置烤盘中，放入饧发箱进行最后饧发。

⑤ 用锋利的刀在饧发好的面团表面斜割4道裂口。

⑥ 放入200℃烤箱，烘烤20～25min（面包进入烤箱后，必须打入少量蒸汽）。

质量标准：色泽金黄，外皮脆，内部组织松软。

案例五、黄油软包（Butter soft bread）

原料配方：面粉500g，糖50g，改良剂100g，黄油100g，蛋黄6只，发酵粉20g，牛奶25g，盐适量。

制作步骤：

① 将面粉、糖、添加剂、黄油、发酵粉、蛋黄和牛奶放入搅拌机内，中速搅拌。

② 搅制成面团后，放入盐，再搅拌10～15min。

③ 将面团分割成小面团，并分别揉圆，盖好，放入饧发箱饧发20～30min。

④ 将饧发好的面团揉圆，再次放入饧发箱饧发10～15min。

⑤ 将饧发后的小面团顶部撮出一个小圆球，将所有需用的模具刷上一层熔化的黄油，然后将小面团放到模具内，再放入饧发箱，饧发20～30min。

⑥ 饧发完成后，表面刷上蛋液，放入炉温210℃的烤箱内，烘烤15min左右。

质量标准：色泽金黄，软硬适中，具有浓郁的黄油香味。

案例六、牛奶鸡蛋面包

原料配方：高筋面粉550g，奶粉35g，鸡蛋2个，盐5g，干酵母10g，温水175g，糖25g，黄油40g，牛奶35g。

制作工具或设备：搅拌桶、笔式测温计、西餐刀、饧发箱、擀面杖、烤盘、烤箱。

制作过程：

① 将糖放入温水融化开来，再把酵母倒入温水中搅拌后静置5min左右。

② 将高筋面粉等原料，放入搅拌桶，加入酵母液，中速和成面团，搅拌至表面光滑。

③ 分割成16份，滚圆，放入抹了黄油的烤盘里。

④ 放入28℃相对湿度为85%的环境中，发酵20min。

⑤ 在面团表面刷牛奶和蛋液。

⑥ 烤箱预热至175℃，放入面团烘烤20min

⑦ 面包出炉，自然晾干即可。

质量标准：色泽金黄，口感松软。

案例七、白土司面包

原料配方：高筋面粉500g，酵母6g，水220mL，糖15g，牛奶50mL，盐10g，改良剂5g，黄油30g。

制作工具或设备：搅拌桶、笔式测温计、西餐刀、饧发箱、擀面杖、土司模、烤盘、烤箱。

制作过程：

① 除黄油之外的原料放入搅拌桶中慢速搅拌至均匀，理想面团温度26℃，发酵时间3h。

② 在发好酵的面团中加入黄油，最后搅拌至面筋舒展，理想面团温度26℃，进行基本发酵。

③ 将面团分割成小块，揉搓成形，放入土司模，置入醒发箱最后发酵，刷上蛋液。

④ 放入烤箱，以210℃烘烤25min。

⑤ 面包出炉后晾凉即可。

质量标准：色泽金黄，暄软味咸。

任务2　蛋　　糕

【任务驱动】

1. 了解蛋糕的特点及基本分类。
2. 掌握海绵蛋糕的制作工艺及操作要点。
3. 掌握黄油蛋糕的制作工艺及操作要点。
4. 掌握蛋糕制作的基本案例。

【知识链接】

蛋糕（cake）是西式面点中最常见的品种。蛋糕类制品质感松软，口味芳香，色泽艳丽，含有丰富的营养成分。蛋糕类制品种类很多，最常见的品种主要有海绵蛋糕和黄油蛋糕两类。

一、海绵蛋糕（Plain cake）

海绵蛋糕又称清蛋糕，因其制品的结构类似海绵而得名。海绵蛋糕是西式蛋糕中最基本的一种类型，常用于制作其他西点的坯料。

（一）制作工艺

海绵蛋糕的制作流程主要为：原料准备→调制蛋糕糊→模具成形→烘烤成熟

1. 原料准备

海绵蛋糕的基本用料主要有低筋面粉、糖和鸡蛋。根据配方的不同，有的还加入适量的牛奶、油脂或蛋糕油等。

2. 调制蛋糕糊

调制蛋糕糊主要是利用打蛋机将蛋液、糖、油脂等不停地快速搅打，搅拌均匀，同时使其产生大量的气泡，以达到膨胀的目的。蛋糕成品质量和蛋糕的配料、温度、搅拌时间有密切的关系。不同的配料，采用不同的搅打方法，制作的蛋糕质量也不尽相同。蛋糕面糊的搅打方法主要有混打法和清打法两种。

（1）混打法　混打法即全蛋搅拌法，是指将糖与全蛋液在搅拌机内一起抽打至蛋液体积膨胀 3 倍左右，成为乳白色稠糊状后，加入过筛面粉调拌均匀的方法。

全蛋搅拌法制作出的清蛋糕坯，广泛用于制作西式面点各种蛋糕类的坯料，如普通的生日蛋糕、黑森林蛋糕、爱尔兰咖啡蛋糕、意大利奶油蛋糕、木司蛋糕等。

（2）清打法　清打法即蛋清、蛋黄分开搅拌法。将蛋清、蛋黄分别置于两个容器内，首先将蛋清加入少量的糖，搅打起泡沫后，再加入总糖量的 1/2 继续抽打均匀，当将蛋清糊挑起，能够呈尖峰状垂立时即可。然后在装有蛋黄的容器中，加入剩余的糖进行快速搅打，使其成为乳黄色蛋黄糊。将过筛的蛋黄面糊倒入蛋清糊内搅拌均匀。

3. 模具成形

海绵蛋糕的成形一般要借助模具。模具的形状和蛋糕的填充量是决定蛋糕外形的主要因素。要使制品外形美观，除须选择适宜的模具外，还必须考虑蛋糕在成熟过程中的膨胀因素。所以，一般来说，以蛋糕糊填入模具的七八成满为宜。过满，则制品会溢出模具而影响外形美观，并造成浪费；蛋糕糊过少，坯内水分蒸发过多，则会影响制品松软度。

4. 烘烤成熟

海绵蛋糕的烘烤是利用烤箱内的热量，通过辐射热、传导热和对流热的作用，使制品成熟。烘烤蛋糕的温度、时间，与制品的大小、薄厚有关，操作者要视制品情况灵活掌握。海绵蛋糕的烘烤温度一般在 180 ~ 200℃，蛋糕卷的烘烤温度一般在 200 ~ 220℃。

（二）操作要点及注意事项

（1）搅拌容器要干净，严防粘有油、碱等物质。

（2）正确掌握打蛋方法及打蛋时间。倒入面粉搅拌时，要搅拌均匀，防止有面疙瘩。

（3）调匀的蛋糕糊要迅速入炉，防止面粉颗粒下沉，而影响其松软度。

（4）制品进炉后，在未完全定形前，不要过多移动，防止面坯下陷。

（5）灵活掌握炉温和烘烤时间。

（6）蛋糕糊以装入模具的七八成满为宜。

（7）成熟制品要冷却后食用。

（三）蛋糕制品成熟的检验

蛋糕类制品在烘烤至所需的基本时间后，应检验蛋糕是否成熟，其检验的方法主要有两种。

（1）将手指放于蛋糕中央轻轻按压，如果感觉硬实且有一定弹性，则表明蛋糕已成熟。

（2）用牙签插入蛋糕中央，拔出后，牙签上没有黏附面糊，则表明蛋糕已成熟。反之，如牙签上黏附面糊，则表明蛋糕尚未成熟。

二、黄油蛋糕（Butter cake/muffin）

黄油蛋糕又称油脂蛋糕，因其制品含有较高的油脂，故制品质地松散、滋润，油脂香味浓郁。

（一）制作工艺

油脂蛋糕的制作流程为：原料准备→调制蛋糕糊→模具成形→烘烤成熟

1. 原料准备

油脂蛋糕的主要原料有油脂、面粉、鸡蛋、糖等。根据配方的不同，用料有差异，有的配方用膨松剂，而有的则加大配方中油脂、蛋液的使用量，使制品膨松。

2. 调制蛋糕糊

调制油脂蛋糕糊主要采用油、糖搅拌法和面粉、油脂搅拌法两种方法。

（1）油、糖搅拌法　油、糖搅拌法是先将油和糖放在容器中充分搅拌，使油和糖融合大量的空气，待体积膨胀后，再将其他配料依次放入搅拌均匀。采用此方法制作的蛋糕，体积大、组织松软。

（2）面粉、油脂搅拌法　面粉、油脂搅拌法是先将面粉、油脂搅拌均匀，然后再依次放入其他原料。这种方法制作的蛋糕与用油、糖搅拌法制作的蛋糕相比。

（二）操作要点及注意事项

（1）主、辅料配比要根据需要搭配得当。

（2）油脂要融化至使用温度，搅拌均匀后，再加入鸡蛋液。

（3）鸡蛋加入油、糖糊时，要逐渐由少至多地分次加入，而且每一次都要求与油、糖重新搅起后，再加入鸡蛋。

（4）面粉等原料加入油蛋糊时，搅拌均匀即应停止，不要反复搅拌。

（5）若使用膨松剂，一定要注意使用量。

（6）烘烤时间、温度要根据蛋糕的大小、厚薄而定，要防止制品未熟或制品焦煳现象。

案例一、普通海绵蛋糕

原料配方：鸡蛋500g，白糖250g，低筋粉250g，色拉油50g，脱脂牛奶50g

制作工具或设备：搅拌机、面筛、烘培纸、烤馍、烤盘、烤箱、案板。

制作步骤：

① 预热烤箱至180℃（或上火180℃，下火165℃）备用。

② 将鸡蛋打入搅拌桶内，加入白糖，上搅拌机搅打至泛白并成稠厚乳沫状。

③ 将低筋粉用筛子筛过，轻轻地倒入搅拌桶内，并加入融化且冷却的色拉油和脱脂牛奶，搅和均匀成蛋糕糊。

④ 将蛋糕糊装入垫好烘培纸，放入烤盘里的烤模内，并用手顺势抹平，进烤箱烘烤。

⑤ 约烤 30min，待蛋糕完全熟透取出，趁热覆在案板上，冷却后即可。

质量标准：色泽金黄，口感松软。

案例二、瑞士卷

原料配方：鸡蛋 8 个，砂糖 100g，色拉油 50g，橘汁 70g，香精 2 滴，低筋面粉 120g，泡打粉 2g，盐 1g，塔塔粉 2g，蓝莓果酱 250g。

制作工具或设备：搅拌机、面筛、烘培纸、烤盘、烤箱、案板。

制作步骤：

① 预热烤箱至 180℃（或上火 180℃，下火 165℃）备用。

② 分开蛋清与蛋黄备用。

③ 橘汁加上色拉油搅拌，打到水和油融合，分两次加入蛋黄，加入过筛的低筋面粉，泡打粉，香精。

④ 搅拌桶中放蛋清，塔塔粉，盐分次加入细砂糖，中速打到中性发泡（所谓中性发泡就是把蛋白用刮刀挑起来，有个尖，并且有点颤动的感觉）。

⑤ 将蛋清糊分次放蛋黄糊中，轻轻混合均匀。

⑥ 烤盘里垫好烘培纸，将蛋糊倒入盘中，快速抹平。

⑦ 放烤箱前轻轻磕一下烤盘，消除里面的空气。

⑧ 用 180℃烤 15min。

⑨ 出炉稍凉，然后从烤盘上倒出。放在一张烘培用的烘焙纸上，蛋糕表皮冲下，底冲上，撕去烤制时粘在蛋糕底部的烘培纸，再放上一张烘培纸，然后把蛋糕反过来，这时表皮应该朝上。

⑩ 放凉一点后，可把表层烘烤的蛋糕皮用刀削去，这样卷起后的效果会更漂亮。

⑪ 涂果酱。最好在涂果酱前涂一层打发的黄油。如果直接涂果酱，果酱会浸染蛋卷，外表看起来不够漂亮。涂一层打发黄油，起到一个保护层的作用（当然，这步不是必须的，可以省略）。涂完果酱后，可以用刀在蛋卷上轻轻划几道痕迹，比较有利于卷起。放擀面杖于纸后，协助卷蛋糕卷。

⑫ 卷成卷，切成片状食用。

质量标准：线条美观，口感柔软。

案例三、巧克力海绵蛋糕

原料配方：鸡蛋 250g，白糖 120g，低筋粉 120g，可可粉 25g，黄油 25g，脱脂牛奶 25g。

制作工具或设备：搅拌机、面筛、烘培纸、蛋糕模、烤盘、烤箱。

制作步骤：

① 预热烤箱至 180℃（或上火 180℃，下火 165℃）备用。

② 将鸡蛋打入搅拌桶内，加入白糖，上搅拌机搅打至干性发泡。

③ 将低筋粉，可可粉用筛子筛过，轻轻倒入搅拌桶中，并加入熔化的黄油和脱脂牛奶，搅和均匀成蛋糕糊。

④ 将蛋糕糊装入垫好烘培纸，放在烤盘里的蛋糕模内，并用抹刀顺势抹平。

⑤ 进烤箱烘烤 30min，待蛋糕完全熟透取出，趁热覆在案板上，冷却即可。

质量标准：色泽棕褐，口感松软。

案例四、海绵卷

原料配方：低筋面粉100g，鸡蛋250g，白砂糖100g，巧克力香精2滴。

制作工具或设备：搅拌机、面筛、烘培纸、蛋糕模、烤盘、烤箱。

制作步骤：

① 预热烤箱至180℃备用。

② 搅拌桶中放鸡蛋，加入细砂糖，中速打到中性发泡。

③ 加入过筛的低筋面粉、香精，切拌均匀。

④ 烤盘里垫好烘培纸，倒入盘中，快速抹平。

⑤ 放烤箱前轻轻磕一下烤盘，消除里面的空气。

⑥ 放入烤箱中，烤15min。

⑦ 出炉稍凉，然后从烤盘上倒出。放在一张烘培纸上，蛋糕表皮冲下，底冲上，撕去烤制时粘在蛋糕底部的烘培纸，再放入一张烘培纸，然后把蛋糕反转过来，这时表皮应该朝上。

⑧ 卷成卷，切成片状食用。

质量标准：口感柔软，线条优美。

案例五、香草海绵蛋糕

原料配方：鸡蛋250g，白糖125g，香兰素或香草粉2g，低筋粉125g，色拉油100g，脱脂淡奶25g。

制作工具或设备：刮刀、搅拌机、面筛、烘培纸、蛋糕模、蛋糕板。

制作步骤：

① 将鸡蛋加入白糖和香兰素或香草粉，放在搅拌机上搅打至稠厚并干性发泡。

② 轻轻地向搅拌桶内拌入筛过的面粉，稍加搅拌后，加入色拉油及脱脂淡奶，继续搅拌均匀形成蛋糕糊。

③ 将蛋糕模铺好烘培纸，倒入蛋糕糊，放在烤盘里，并用刮刀抹平，入烤箱180℃烘烤，约烤30min。

④ 蛋糕完全熟透取出，趁热覆在蛋糕板上，冷却后即可。

质量标准：蛋糕松软，具有香草香味。

案例六、提拉米苏蛋糕

原料配方：奶油200g，马斯卡波尼软芝士50g，咖啡酒15g，蛋黄3g，鱼胶粉5g，砂糖25g，青柠檬汁10g，饼底（手指饼干或者蛋糕）1块，黄油50g。

制作工具或设备：打蛋器、抹刀、烘培纸、冰箱。

制作步骤：

① 先在蛋糕模上用烘培纸封好底部，均匀铺好饼底，将咖啡酒均匀的洒在饼底上，充分入味约半小时。

② 在奶油里加入蛋黄，然后加糖、青柠檬汁和盐打匀。

③ 用水将鱼胶粉化开，再以热水溶开，倒进打发好的芝士里。

④ 混合后在芝士浆里加入打起的奶油，打均匀。

⑤ 将已经混合的芝士馅料加进预先做好的饼底上，最好中间隔层，再放入冰箱约6h。

⑥ 表面撒上可可粉。

质量标准：口感松软，奶香浓郁。

案例七、天使蛋糕

原料配方：蛋白200g，塔塔粉2g，盐1g，细砂糖150g，低筋面粉100g。

制作工具或设备：搅拌桶、筛子、烤箱、烘培纸、烤模。

制作步骤：

① 蛋白加入塔塔粉。

② 使用电动打蛋器以中速拌打至起细泡。

③ 在步骤②的材料中加入三分之二的细砂糖和盐拌打至糖溶解。

④ 再把剩下三分之一的细砂糖加入步骤③的材料中，拌打至湿性发泡即可。

⑤ 把过筛后的低粉轻轻拌入步骤④的材料中搅拌。

⑥ 将面糊倒入中空圆形烤模中，在用刮刀将表面抹平，放入烤箱下层以190℃烤约25min。

⑦ 将烘焙好的蛋糕体倒扣在晾架上等待放凉，用抹刀沿着烤模边缘划绕一圈，让蛋糕体离模。将烤模整个倒扣在晾架上面，并取出蛋糕即可。

质量标准：口感松软，湿润爽口。

案例八、威士忌黄油蛋糕

原料配方：低筋面粉180g，黄油120g，白糖140g，鸡蛋2个，酸奶75g，泡打粉10g，威士忌15g。

制作工具或设备：搅拌机、面筛、烘培纸、蛋糕模。

制作步骤：

① 烤箱预热180℃，烤盘刷油备用。

② 将黄油放入搅拌桶，用搅拌机打发呈羽毛状，分次加入白糖，最后加入鸡蛋打匀。

③ 筛入低筋面粉和泡打粉低速搅拌均匀，然后加入酸奶和威士忌酒拌匀。

④ 用橡皮刀将面糊拌匀，倒入蛋糕模至七分满。

⑤ 放入烤箱，以180℃，烤制35min。

质量标准：蛋糕油润，具有威士忌酒香味。

案例九、黄油麦芬蛋糕

原料配方：黄油100g，低筋粉150g，鸡蛋2个，牛奶100g，泡打粉1g，盐1g，糖150g。

制作工具或设备：搅拌机、面筛、蛋糕模。

制作步骤：

① 将黄油切成小块，置于室温软化，加糖，盐打发。

② 两个鸡蛋打散成蛋液后，分次加入黄油中，慢慢搅匀，要让蛋液完全吸收。

③ 慢慢倒入一半牛奶，搅拌均匀。

④ 将面粉，泡打粉混合过筛，倒入黄油鸡蛋液中，并轻轻以切拌方式混合。

⑤ 再倒入另一半牛奶，混合均匀。装入事先涂好油的模具，抹平。

⑥ 放入预热好的烤箱中，至180℃时，烤25min，取出后，稍微放凉即可倒扣出来。

质量标准：口感松软，具有小麦粉的芬芳。

案例十、纸杯蛋糕

原料配方：鸡蛋200g，白糖100g，低筋面粉100g，蛋糕油10g，牛奶50mL，色拉油35g，香草粉2g。

制作工具或设备：刮刀、面筛、电动搅拌机、烤箱、蛋糕模具、纸杯10只。

制作步骤：

① 烤箱预热180℃，备用。

② 将鸡蛋和白糖和蛋糕油放入电动搅拌机中，搅打的时候先用慢速将鸡蛋和白糖搅溶，2～3min后改用快速搅打，鸡蛋和蛋糕速发油开始发泡，盛器中的鸡蛋液开始膨胀，当用手指挑起蛋泡有塑性的时候就差不多了（塑性就是挑在手指上不落表面光滑，成尖状）。

③ 依次加入过筛面粉和香草粉搅拌均匀，然后加入牛奶和色拉油切拌均匀。

④ 蛋糕糊注入纸杯，装六分满，入烤箱以180℃，烤制20min。

质量标准：质感蓬松，口感柔滑。

任务3　混酥类制品

【任务驱动】

1. 了解混酥类制品的概念、分类及适用范围。
2. 掌握混酥类制品的制作流程。
3. 掌握混酥类制品的制作工艺及操作要点。
4. 掌握混酥类制品的基本案例。

【知识链接】

混酥类制品（sweet/short pastry）主要是用面粉、油脂、糖、鸡蛋等原料，调制成面团，配以各种辅料，通过成形、烘烤、装饰等工艺制成的。混酥面坯无层次，但具有酥松性。

混酥面坯的酥松性，主要是由面团中油脂的性质所决定的。面坯油脂比例越高，酥松性越强。混酥面坯是西式面点制作中最常见的基础面坯之一，分为咸混酥面坯和甜混酥面坯两类，其制品多用于制作各种排类、塔类、饼干类以及各式蛋糕的底部装饰和甜点的装饰等。

一、制作工艺

混酥类制品的制作流程为：原料准备→调制混酥面团→成形冷却→烘烤成熟→装饰

1. 原料准备

调制咸混酥面坯的基本用料有面粉、黄油、盐等；调制甜混酥面坯的基本用料有面粉、黄油、糖、鸡蛋等。在实际生产中，为了增加混酥面坯的口味和成品的质量，往往要加入其他辅料或调味品，以增加成品的风味和酥松性。如为了突出混酥面坯的香味，可在调制混酥面坯时加入适量的香兰素或香草精；为了增加混酥面坯的独特口味，可在调制面坯时加入适量的柠檬皮、杏仁粉等。

2. 面团调制

调制混酥面团主要有两种方法：油、面调制法和油、糖调制法。

（1）油、面调制法　油面调制法是先将油脂和过筛的面粉一同放入搅拌机内，慢速或中速搅拌，当面粉与油脂充分混合后，再逐渐加入鸡蛋、盐等原料，调制成面团。此方法多用于咸混酥面团的调制。

（2）油、糖调制法　油糖调制法是先将油脂和糖混合，一起搅拌，然后再加入鸡蛋、面粉等原料，调制成面团。此方法多用于甜混酥面团的调制。将调制好的混酥面团放在撒有面粉的盘内，入冰箱冷藏备用，目的是使上劲的面团得到松弛，并使油脂凝固，易于成形。

3. 成形

混酥面坯的成形方法很多，但一般是借助模具完成的。其方法是根据制品的需要取出适量面团，放于撒有面粉的工作台上，擀制成薄厚一致的片，然后放在模具里或借助模具印模成形。

4. 烘烤成熟

混酥类制品大多采用烘烤成熟的方法，烤箱温度以180℃左右为宜。烘烤时间要根据品种灵活掌握，如烘烤有馅料的双层皮排时，因其含水分较多，烘烤的时间相对要长一些。烘烤小酥饼时，因面坯薄，易成熟，烘烤时间应短一些。

5. 装饰

混酥类制品装饰的目的，是通过装饰增加制品的风味特点，提高制品的造型艺术，给人以美的享受。制品的品种不同，装饰的方法也不同，如有码放鲜水果、挂巧克力、挂翻砂糖、撒糖粉、拼挤各种图案等。但无论怎样装饰，其效果要淡雅、清新、自然。

二、操作要点及注意事项

（1）在调制混酥面团时应使用筋力较小的中、低筋面粉，如果面粉筋力太大，会使面团产生筋力，烤制时会有抽缩现象。

（2）油脂应选用熔点较高的油脂。熔点低的液体油脂，因吸湿（面粉）能力强，擀制时容易发黏，整形困难。

（3）调制混酥面团，以采用糖粉或易融化的砂糖为宜，不然会使面团擀制困难，制品成熟后表皮会呈现一些斑点，影响产品的质量。

（4）面团擀制成形时，不要反复擀制揉搓，要防止面团出油、上劲，以免产生成品收缩、口感发硬、酥松性差的不良后果。

（5）要根据成品的要求和特点，灵活掌握烘烤的温度和时间。

（6）烘烤成熟的制品，应立即从模具中取出，以免色泽加深。

（7）烘烤有馅心的双层面皮排时，出炉前要检查排底是否成熟，必要时可在排的表面盖一层锡纸或关掉面火。

案例一、混酥蛋挞（Mixed egg tart）

原料配方：

挞皮材料：低筋面粉100g，糖粉30g，黄油65g，蛋清0.5个，吉士粉5g。

挞水材料：牛奶50g，糖粉10g，蛋黄1个，黄油40g，吉士粉5g。

制作工具或设备：面筛、挞模、烤盘、烤箱、案板。

制作步骤：

① 将面粉、糖粉、黄油、吉士粉搓成屑。

② 分次加入鸡蛋清面团。

③ 黄油、牛奶微波炉里化开，加入糖分、蛋黄搅匀即成蛋挞水。

④ 面团擀成 0.3cm 厚的面皮，用挞模刻成 10 张挞皮。

⑤ 入焗炉，以 220℃焗 20min 便成。

质量标准：色泽金黄，口感酥嫩。

案例二、洋葱挞（Onion tart）

原料配方：咸混酥面 550g，洋葱 300g，黄油 50g，牛奶 500g，鸡蛋液 180g，培根 100g，鲜牛奶 250g，奶酪丝 50g，香叶 3 片，百里香 2g，盐 2g，胡椒粉 1g。

制作工具或设备：面纱、挞模、烤盘、烤箱、案板。

制作步骤：

① 咸混酥面擀成 3cm 厚的片，铺在挞模具内，整理多余的面片后，放入 200℃左右的烤箱，烤到七八成熟时取出备用。

② 葱头去丝，洗净切丝。

③ 黄油放锅里上火加热至熔化后放培根与葱头丝煸炒，待葱头软烂呈金黄色时，加入百里香、胡椒粉、香叶（碾碎）和盐，继续煸炒均匀。

④ 将牛奶、鸡蛋液、鲜奶油、盐和胡椒粉搅拌成鸡蛋混合液。

⑤ 将煸好的葱头放入烤好的挞坯中，浇上蛋奶混合液，撒上奶酪丝。

⑥ 入 200℃左右的烤箱内烘烤 20min 即可。

质量标准：色泽金黄，葱香浓郁，口感酥软。

案例三、苹果派（Apple pie）

原料配方：

派皮材料：高筋粉 400g，低筋粉 600g，黄油 650g，冰水 300g，细砂糖 30g，食盐 20g。

派馅材料：果汁或清水 100g，细砂糖 25g，玉米淀粉 4g，苹果罐头 100g，肉桂粉 0.5g。

制作工具或设备：搅拌机、面纱、派模、烤盘、烤箱、案板。

制作步骤：

① 派皮制作：将高筋面粉、低筋面粉一起过筛后与黄油一起入搅拌器内，慢速搅拌至油的颗粒像黄豆般大小。

② 糖、盐溶于冰水中，再加入搅拌均匀的面粉与混合物搅拌均匀即可，不可搅拌过久。

③ 将搅拌后的面团用手压成直径为 10cm 的圆柱体，用牛皮纸包好放入冰箱 2h 后使用。

④ 可作单皮水果派皮，也可做双水果派。

⑤ 苹果馅制作：先过滤苹果罐头，滤液用来作为果汁用。

⑥ 将 30% 的果汁与 10% 的细砂糖一起煮沸。

⑦ 将玉米淀粉溶于 10% 的果汁中，慢慢加入煮沸的糖水中，不断搅动，煮至胶凝光亮。

⑧ 胶冻煮好后，加入 15% 的砂糖煮至溶化。苹果与肉桂粉拌匀后，再加入胶冻内拌匀，停止加热并冷却。

⑨ 派的制法：把苹果馅倒入底层生派皮中，边缘刷蛋液，表面放三片奶油，上层皮开一小口，铺在馅料上，把边缘结合处粘紧，在上层派皮表面刷蛋液，进炉用 210℃的下火烤约 30min。为了使底层派皮确能熟透，可先把边缘派皮进烤炉烤约 10min，使半熟后再加入馅料铺上上层派皮再进炉烘烤。

⑩ 出炉后表面刷上光亮油或奶油。

质量标准：色泽金黄，口感酥脆。

案例四、蓝莓起酥派（Blueberry layer pie）

原料配方：黄油360g，盐20g，面包粉300g，蛋糕粉600g，水360g，夹心起酥油100g，蓝莓酱150g。

制作工具或设备：搅拌机、面筛、派模、烤盘、烤箱、案板。

制作步 骤

① 把黄油、盐、面包粉、蛋糕粉、水放在一起搅匀，然后分成300g一块，在冰箱里冷藏3～4h。

② 冷藏后赶开把起酥油放在中间包好，然后压开叠成三折，反复四次即可。

③ 把压好的面皮擀开，用模具可两个大小一致的面片，一片铺在派模底部入180℃烤箱烤酥。

④ 晾凉后，放入蓝莓酱铺刮均匀，最后再把另一面片盖在上面，四周用蛋液粘合，表面刷蛋水后用刀打花纹。

⑤ 以180℃炉温烘烤，40min即可。

质量标准：色泽金黄，口感酥脆。

案例五、榴莲派（Durian pia）

原料配方：榴莲肉1000g，混酥面350g，鸡蛋黄20g，香草精1g，黄油50g。白砂糖75g。

制作工具或设备：派模、烤盘、烤箱、案板。

制作步骤：

① 将混酥面250g放在案板上，擀成比排底大一些的薄片铺在排底。

② 去掉边缘放入烤炉内烤熟。

③ 榴莲肉撕成小片放入锅内。

④ 加入白糖和香草精炒熟，倒入排底里。

⑤ 将剩余的面擀成薄片，盖在排上面，压紧边，倒上蛋黄。

⑥ 用叉子划上花纹，入烤炉烤上色取出晾凉，切成块即可食用。

质量标准：色泽金黄，口味浓郁。

案例六、柠檬派（Lemon pie）

原料配方：混酥面300g，鸡蛋黄40g，玉米面40g，奶油150g，白砂糖160g，盐1g，黄油10g，香草精1g，柠檬汁15g，柠檬皮25g，水300mL。

制作工具或设备：派模、烤盘、烤箱、案板。

制作步骤：

① 将混酥面擀开成0.4cm厚，放入模内整形并用叉子插孔后，饧15min，放入烤箱以200～220℃，烤焙15～20min，取出放凉备用。

② 将水（300mL）煮至滚开时，放入细砂糖、盐一起搅拌溶解。

③ 将玉米粉与水（80mL）、蛋黄一起拌匀。

④ 加入糖水搅拌均匀，再以小火煮至光亮呈凝胶状时离火。

⑤ 稍晾凉后加入无盐黄油，快速搅拌均匀。

⑥ 再倒入柠檬汁、柠檬皮及香草精一起拌匀即为柠檬蛋糊。

⑦ 将还热的柠檬蛋黄倒入派皮中，以抹刀抹平整形，放入冰箱冷藏2h以上备用。

⑧ 鲜奶油加细砂糖打发，铺在派皮表层。

⑨ 再用抹刀或汤匙背轻拍表层的奶油以形成一个一个的尖角，撒上柠檬皮屑装饰即可。

质量标准：色泽金黄，口感细腻，具有清香的柠檬味。

任务4　清酥类制品

【任务驱动】

1. 了解清酥制品的概念、分类及适用范围。
2. 掌握清酥制品的制作流程。
3. 掌握清酥制品的制作工艺及操作要点。
4. 掌握清酥制品的基本案例。

【知识链接】

清酥制品（puff pastry）又称起酥制品。它是以清酥面坯为基础料，配各种辅料，经不同工艺方法而制成的制品。

清酥面坯是由两种不同性质的面团制成的。一种是用面粉、水及少量油脂调制成的水面团，另一种是用油脂和少量面粉调制成的油面团。水面团与油面团互为表里，经反复擀叠、冷冻等工艺而制成清酥面坯。用清酥面坯制作的制品具有层次清晰、入口香酥的特点。

一、制作工艺

清酥类制品的制作流程为：原料准备→调制清酥面坯→成形→烘烤成熟

1. 原料准备

清酥面坯的主要用料是高筋面粉、油脂、水、盐等。它们在面坯中发挥着各自的作用。

2. 调制清酥面坯

清酥面坯的调制方法主要有两种：水面包油面调制法、油面包水面调制法。

（1）水面包油面调制法

① 调制水面团：先将过罗的面粉与盐、油脂一同放入搅拌机中，搅拌至面团均匀有光泽。取出面坯，放于工作台上，将面团分割、揉圆、并在揉圆的面坯顶部用刀割十字裂口（其深度为面坯高度的1/3～1/2），然后将加工好的面团盖上湿布饧置。

② 调制油面团：将油脂软化，根据原料配比加入适量面粉搓匀，制成长方形或正方形，放冰箱中冷却。

③ 包油：将饧置好的水面团擀成四边薄、中间厚的正方形，将软硬程度与水面团相仿的油面团放在水面团中央，然后分别把水面团四角的面皮包盖在中间的油面团上，将包好油的面团稍饧置后，即可折叠擀制。

④ 擀叠：将饧置后的面团，用走槌或压片机从面团中间向前、向后擀展开，当将面团擀至长度与宽度比例为3∶2时，将包油的面团从两边叠成三折，然后将折叠成三折的长方形面团横过来，进行第二次擀制，方法同第一次。擀叠完成后放入冰箱冷却，冷却后，用手按压，稍有硬感时，就可进行第三次和第四次擀制。待面团全部擀完后，将面团放在托盘内，用湿布盖好放入冰箱备用。

（2）油面包水面调制法　油面包水面与水面包油面的工艺方法相比，两者的原料、工艺过程基本相同，只是用料配比及制作方法有差异。

制作油面包水面的方法是：根据原料配比，分别调制油面团和水面团。取出放入冰箱冷却的油面团，将油面团擀成长方形，把水面放在擀开的油面一端，对折，然后用走槌或压片机进行反复擀叠、冷冻（同水面包油面），最后将面坯用湿布盖好，放入冰箱备用。

（3）成形　清酥类制品的成形方法多种多样。常用的方法是将折叠、冷却的清酥面坯，放于工作台上擀薄、擀平，或用压面机压薄、压平，然后将面坯切割成形，运用卷、包、码、捏等手法或借助模具成形等方法，制成所需产品的形状。

（4）烘烤　清酥制品大多采用烘烤成熟的方法，部分制品也可根据需要采用炸制成熟的方法。其常用的成熟方法是：将成形的清酥面坯码放在烤盘内，放入提前预热的烤箱中烘烤成熟。烘烤的温度和时间，应视制品要求而定。大多数清酥制品烘烤的温度一般在220℃左右。

在烘烤过程中，应先用高温，使清酥面坯充分膨胀，如果此时清酥面坯表面色泽过深而面坯尚未成熟，则可在面坯上面覆盖锡纸或油纸，以便保持面坯在炉内能均匀膨胀。当面坯不再继续膨胀时，即可将锡纸或油纸取出，改用中温，将面坯烘烤成熟。

二、操作要点及注意事项

（1）调制水面团的面粉应选用高筋面粉，筋性低的面粉不易使面团产生筋力，烤制的制品层次不清，起发不大。

（2）宜用熔点较高的油脂。在折叠过程中，熔点低的油脂容易软化，易从面皮的隔层间渗出，影响成品的起酥效果。

（3）面粉与油脂要充分混合均匀，不能有黄油疙瘩。

（4）包入的油脂应与面团的软硬一致，油脂过软过硬，都会出现油脂分布不均匀或跑油现象，降低成品的质量。

（5）擀制面坯时，用力要均匀，不要过猛，避免油脂挤出。

（6）在切割面坯时，应使用较为锋利的刀具，以免破坏面团的层次。

（7）面团成形的动作要迅速、利落，否则面皮在工作台上放置过久，面团内的油脂变软，会使油脂渗入到面皮内，造成揉制困难，影响产品的品质。

（8）制品表面如果需要刷蛋液，应避免将蛋液滴洒在制品的边沿部分，防止制品粘连。

（9）整好形的面团放入烤盘时，要留有一定的距离，以避免制品相互粘连，影响外形美观。

（10）制品在烘烤过程中，不要随意打开烤箱，以免蒸汽散失，影响制品膨胀。

（11）整好形的面坯，烘烤前应松弛 20min，以免烘烤时收缩。

（12）根据制品大小及质量要求，灵活控制炉温及烘烤时间。

案例一、风车酥（Windmill pastries）

原料配方：清酥面 1000g，奶油膏 200g，红樱桃 10 粒。

制作工具或设备：冰箱、面筛、烘培纸、烤盘、烤箱、案板。

制作步骤：

① 将清酥面擀成 2mm 厚的面片，然后切成边长 6cm 的正方形。

② 用刀沿正方块的对角线从 4 个顶点往中心分别切 4 条直线口子，每条口子离中心应有 1cm 的距离。

③ 将表面刷少许蛋液，然后把 4 条直线的一个角顶点依次间隔一个角地往中心折叠，

并在中心处按紧，形成风车状。

④ 将生坯放烤盘中的烘培纸上，醒制片刻，刷蛋液。

⑤ 放入220℃烤箱烤成金黄色。

⑥ 待制品晾凉后，将奶油膏挤在中心凹陷处，点缀樱桃即成。

质量标准：色泽金黄，层次分明，香酥可口。

案例二、拿破仑酥（Napoleon pastries）

原料配方：清酥面1500g，蛋黄220g，白糖300g，玉米粉40g，面粉40g，牛奶1kg，杏仁碎10g，翻砂糖500g，纯巧克力100g。

制作工具或设备：冰箱、面筛、烘培纸、烤盘、烤箱、案板。

制作步骤：

① 将冷却后的清酥面擀成0.3cm的面片，放入垫有烘培纸的烤盘上，然后放入220℃的烤箱烤成金黄色。

② 调黄酱汁：将220g蛋黄放容器中，加300g白糖，40g玉米粉，40g面粉调匀，然后取1kg牛奶煮开倒入调匀的蛋黄混合物中，边倒边搅，直至成为稠糊状，稍晾后放入朗姆酒搅拌均匀即成黄酱汁。

③ 成形：将烤熟的面坯，用刀分成3块，并将四边切齐。用黄酱汁均匀地抹在两块坯料上，依次黏合，形成三层整齐的长方块，然后，再用黄酱汁抹在长方形四周，沾上烤熟的杏仁碎即可。

④ 将翻砂糖放容器中，用“双煮法”化软，烧淋在制品的表面上，然后，用软化的巧克力挤成间隔均匀，流畅的细线条并随即用小刀划成麦穗花纹。

⑤ 入冰箱冷却片刻，切成小长方块即为成品。

质量标准：外形整齐，表面光滑，花纹流畅，口感香酥。

案例三、清酥三角（Triangular pastries）

原料配方：高筋粉500g，普通粉200g，盐2g，蛋清（1/2只鸡蛋）水250mL，醋精3g，人造黄油200g，豆沙馅200g。

制作工具设备：面筛、烘焙纸、烤盘、烤箱、案板。

制作步骤：

① 将面粉过面筛，放入盐、打散的鸡蛋和凉水，和成面团。放入冰箱30min。

② 把黄油化软，撒上少许面粉，做成方形，入冰箱冷冻10min。

③ 把面粉，黄油取出。

④ 将面擀成长方形，把黄油包起来擀开，叠三折，擀开；再叠三折再擀开；叠四折擀开，然后放入冰箱冷冻0.5h。

⑤ 把最后的面擀成长方形，撒上白糖、葡萄干等。

⑥ 接下来就是卷起来，切成段，放入烤盘，送入烤箱，上下火200℃，烤20min左右。

质量标准：色泽金黄，口感酥脆。

案例四、清酥苹果包（Apple pastries）

原料配方：清酥面1400g，鸡蛋150g，苹果1700g，面粉50g，砂糖100g，桂皮粉5g。

制作工具或设备：走槌、面筛、烘焙纸、烤盘、烤箱、案板。

制作步骤：

① 把苹果皮、核去掉，切成两半。

② 用走槌将清酥面擀成厚薄适当的片，分切成小方块。

③ 在每块面片上放砂糖和桂皮粉，四周刷上蛋液。

④ 将苹果块放在中间，周围包起，上面再刷上蛋液。

⑤ 用花锥子划上花纹，入炉烤熟即成。

质量标准：色泽金黄，外脆里嫩，味道清香。

案例五、清酥素咖喱饺（Curry pastries）

原料配方：清酥面1000g，熟鸡蛋1个，面粉50g，圆白菜500g，洋葱250g，鸡蛋25g，鸡蛋黄2个，咖喱粉10g，黄油30g，鸡油10g，奶油50g，鸡蛋汤150g，味精3g，胡椒粉1g，辣椒油15g。

制作工具或设备：煎盘、面筛、烘焙纸、烤模、烤盘、烤箱、案板。

制作步骤：

① 将圆白菜去掉老叶和根，洗净，上火煮到八成熟捞出，控去水，用刀剁成末；洋葱切末，煮鸡蛋切小丁。

② 在煎盘注入鸡油烧热，下入洋葱末炒黄，下入圆白菜末煸炒去掉水分，下入黄油炒出香味，下入面粉、咖喱粉炒熟，放入鸡蛋丁、胡椒粉、精盐、奶油、鸡蛋汤、味精、辣椒油，调味，上火烧开，倒入盆内晾凉，做成馅。

质量标准：色泽金黄，外脆里鲜。

案例六、草莓果酱酥（Strawberry jam pastries）

原料配方：清酥面750g，草莓果酱150g。

制作工具或设备：面筛、烘焙纸、烤模、烤盘、烤箱、案板。

制作步骤：

① 把松弛好的清酥面坯擀至3～4mm厚，用菊花盏模刻成圆形面皮。

② 面皮边缘刷上蛋液，中间加入果酱。

③ 对折将馅包严，码入烤盘，表面刷上蛋液，用刀划开口，上火200℃，下火180℃，烤25min。

质量标准：色泽金黄，口味香甜。

任务5　泡芙类制品

【任务驱动】

1. 了解泡芙的概念、分类及适用范围。
2. 掌握泡芙的制作流程。
3. 掌握泡芙的制作工艺及操作要点。
4. 掌握泡芙的基本案例。

【知识链接】

泡芙是英文“puff”的译音，是常见的西式甜点之一，中文习惯称为“气鼓”。它是利用烫制的面团制成的一类点心，具有外表松脆、色泽金黄、形状美观、食用方便、可口的特点。其常见的品种主要有奶油泡芙和长条气鼓两类。

一、制作工艺

泡芙的制作流程为：原料准备→调制泡芙面糊→成形→成熟

1. 原料准备

泡芙的主要用料是油脂、面粉、鸡蛋、水等。

2. 调制泡芙面糊

泡芙面糊的调制一般经过烫面和搅糊两个过程。

（1）烫面　将水、油、盐等原料放入容器中，上火煮沸，待黄油完全熔化后倒入过罗的面粉，用木勺快速搅拌，直至将面团烫熟。

（2）搅糊　将鸡蛋分数次逐渐加入烫过并晾凉的面团内，搅打成糊，达到所需的质量要求为止。

检验泡芙面糊稠度的方法是：用木勺将面糊挑起，当面糊能均匀、缓慢地向下流时，即达到质量要求。若流得过快，说明糊稀；相反，说明鸡蛋量不够。

3. 成形

泡芙面糊的成形一般用挤制法，具体工艺过程如下：

（1）准备好干净的烤盘，上面刷上一层薄薄的油脂。

（2）将调制好的泡芙面糊装入带有花嘴的挤袋中，根据所需要的形状和大小，将泡芙面糊挤在烤盘上。一般形状有圆形、长条形、圆圈形、椭圆形等。

4. 成熟

泡芙的成熟方法主要有两种，一种是烘烤成熟，另一种为炸制成熟。

（1）烘烤成熟　泡芙成形后，放入200℃左右烘烤箱内烘烤，直至呈金黄色、内部成熟为止。

（2）油炸成熟　炸制成熟的一般方法是将调好的泡芙糊，用挤袋挤在油纸上，加工成圆形或长条形，放入热的油锅里，慢慢地炸制，待制品炸成金黄色后捞出，沥干油分，趁热撒上或蘸上所需调味、装饰料，如撒糖粉、玉桂粉、蘸巧克力等。

二、操作要点及注意事项

（1）面粉要过筛，以免出现面疙瘩。

（2）面团要烫熟、烫透，防止出现糊底的现象。

（3）每次加入鸡蛋后，必须要将面糊搅拌均匀、上劲，以免起砂，影响质量。

（4）面糊的稠稀要适当，否则影响制品的起发度及外形美观。

（5）烤盘刷油要适当。油脂过多，面糊挤制困难；油脂过少，制品成熟后会与烤盘粘连，影响制品的完整。

（6）挤在烤盘中的泡芙之间要留有一定距离，以防烘烤后粘连在一起。

（7）刷蛋液时动作要轻，以免损坏制品的美观。

（8）在烘烤过程中，不要中途打开烤箱或过早出炉，以免制品塌陷、回缩。

（9）烤箱的温度一定要适当，炉温过高，表面色泽深而内部不熟；温度过低，制品不易起发，而且不易上色。

（10）炸制成熟的泡芙，油温要适当，油温过低起发不好；油温过高，表面颜色深而内部不熟。

（11）在使用翻砂糖、巧克力作为装饰原料时，要掌握好溶解的温度，装饰时不能多次反复，以免影响制品的光亮度。

案例一、巧克力奶油泡芙（Chocolate & cream puff）

原料配方：黄油 50g，水 60g，牛奶 40g，盐 1.5g，砂糖 5g，高筋面粉 50g，鸡蛋 2 个，装饰用黑巧克力 20g，糖霜 10g，鲜奶油 200g。

制作工具或设备：面筛、烤盘、烤箱、案板。

制作步骤：

① 将牛奶、水、盐、砂糖和黄油放入锅中，放在火上加热至沸腾，搅拌均匀。

② 将面粉过筛后一次性加入，搅拌均匀。

③ 转小火，继续搅拌，当锅底出现白色膜时，离火搅拌。

④ 等面糊温度降至 60℃左右时，将打散的鸡蛋分次加入，搅打均匀。

⑤ 烤盘上放烘焙纸，将面糊放入裱花袋中，在烤盘中挤出一个个圆球。

⑥ 放入烤箱 200℃，烤 20 ~ 25min，注意观察，变色后关火，再放置 5min 取出。

⑦ 鲜奶油打发，用细长金属管的裱花嘴将鲜牛奶从泡芙的底部挤入泡芙内。

⑧ 黑巧克力隔水加热溶化，用烘焙纸做成漏斗状，将巧克力液装入漏斗，挤在泡芙上装饰，再撒上糖霜即可。

质量标准：色泽鲜艳，口感松软，口味香甜。

案例二、巧克力泡芙（Chocolate puff）

原料配方：泡芙面糊 600g，巧克力 750g，蛋黄 130g，砂糖 150g，玉米粉 20g，面粉 20g，牛奶 500g。

制作工具或设备：晒面、烤盘、烤箱、案板。

制作步骤：

① 调泡芙糊：同鸭形泡芙制法。

② 挤形烘烤：将泡芙糊装入花嘴的布袋中，在擦油的烤盘上挤长约 5cm，直径 1.5cm 的圆柱形。入 200℃烤箱烤熟。待成品冷却，从制品侧面片一长口备用。

③ 调巧克力酱：a. 将蛋黄和与砂糖、玉米粉、面粉调匀，b. 牛奶与 500g 巧克力加热煮沸，倒入 a 中，边倒入边搅拌，直至搅拌成稠糊状，即成巧克力酱。

④ 将③装布袋挤入②中。

⑤ 剩余 250g 巧克力用“双煮法”溶化后黏在④的制品表面（此制品也可黏可可粉与翻砂糖调制的巧克力翻砂糖酱）。

质量标准：表面有光泽，外形整齐，有浓郁的巧克力味。

案例三、脆皮抹茶泡芙（Minced green tea puff）

原料配方：高筋面粉 100g，细砂糖 60g，奶油 50g，泡芙面糊 600g，抹茶蛋奶馅 250g。

制作工具或设备：面筛、烤盘、烤箱、裱花袋、案板。

制作步骤：

① 调泡芙糊：同鸭形泡芙制法。

② 将高筋面粉、细砂糖、奶油等拌匀成团后放入冰箱冷藏，冰硬备用。

③ 将②中面团从冰箱取出，用切刀切碎即为脆皮。

④ 将泡芙面糊装入裱花带中，把裱花带捏紧，挤掉面糊中的空气，再将袋口绕圈般绕在右手食指上。

⑤ 在烤盘上每距离相等间隔，一口气挤出一团面糊。

⑥ 将作法③的脆皮撒在做法④的每个面糊上，再在表面喷洒水汽。

⑦ 以180～220℃炉温，烤25～35min，即可取出放凉备用。

⑧ 将冷却后的泡芙从顶部用裱花袋填入抹茶蛋奶馅即可。

质量标准：色泽金黄，口味松软。

案例四、砂糖泡芙（Sugar puff）

原料配方：鸡蛋50g，富强面粉50g，黄油25g，水60g，砂糖50g，柠檬香精0.5g。

制作工具或设备：面筛、烤盘、烤箱、案板。

制作步骤：

① 制作中先把水和黄油烧开，接着下面粉搅拌，然后与火隔开，不需继续加温，陆续放鸡蛋、柠檬香精成浆糊状即可。

② 用裱花袋装上嘴子挤各种形状，然后表面撒满砂糖。

③ 用炉温280℃左右。产品呈金黄色，表面有裂纹，烤出后体积膨胀3倍。

质量标准：表面乳白色，底部呈金黄色，酥脆香甜，内部呈小蜂窝状。

任务6　饼　　干

【任务驱动】

1. 了解饼干的概念、分类及适用范围。
2. 掌握饼干的制作流程。
3. 掌握饼干的制作工艺及操作要点。
4. 掌握饼干的基本案例。

【知识链接】

饼干（cookie）是西式面点中最常见的品种之一。饼干是由面粉、油脂、鸡蛋、砂糖及调味品等，经烘烤制成的各式小点心。饼干的种类繁多，形状多样，口味各异。从口味上分有甜饼干和咸饼干两类。甜饼干按原料的应用和制作工艺的不同又可分为混酥类饼干、清蛋糕类饼干、蛋清类饼干和圣诞饼干等；咸饼干又称苏打饼干，以咸味为主，品种较少。

一、饼干面团的调制

根据饼干的种类和性质的不同，饼干面团调制的方法也各不相同。常见的饼干面团主要有以下几类。

1. 混酥类饼干

混酥类饼干的面坯调制工艺和混酥面坯的调制工艺基本相同。常见的有两种方法，一种是将面坯直接成形。另一种是将调制好的面坯放入冰箱冷冻数小时后，再加工成所需的形状及大小，这种方法用途极为广泛。

2. 清蛋糕类饼干

清蛋糕类饼干面糊的调制工艺与清蛋糕面糊的调制工艺类似，只是在原料的用量比例上和清蛋糕略有不同。有些清蛋糕类的饼干仅用蛋黄，用这种配比制作出的饼干的口味，与加入蛋清的饼干有明显不同。

3. 蛋清类饼干

蛋清类饼干又称蛋白饼干，一般以蛋清、糖作为主料调成糊，经过低温烘烤，使之成熟，具有酥脆香甜、入口易化、营养丰富、成本低廉的特点。

4. 圣诞饼干

圣诞饼干是西餐圣诞节期间制作的饼干，由于圣诞饼干具有季节性及工艺上的特殊性，因此，无论圣诞饼干采用哪种调制方法，都可归类于圣诞饼干。圣诞饼干品种繁多，有相当一部分产品，无论是原料的使用搭配、原料配比，还是调制工艺，都和其他的饼干类有着十分明显的区别。

二、饼干的成形

饼干面糊、面坯调制后，即可根据需要，利用各种不同的工艺方法将饼干面糊、面坯制成各种形状。饼干成形的方法多种多样，在西式面点工艺中，常用的成形方法有以下几种。

1. 挤制法

挤制法又称为一次成形法，就是把调制好的饼干面糊装入有花嘴的挤袋中，直接挤到烤盘上，然后放入烤炉中，烘烤成熟。

2. 切割法

切割法是将调制好的饼干面坯，放入长方盘或其他容器中，然后再放入冰箱冷冻数小时，待面坯冷却后，用刀切割成所需要的形状和大小。如双色饼干、三色饼干、果仁饼干等均属用此种方法制作的饼干。采用此方法制作的饼干大多在面坯中加入果仁或果料等。

3. 花戳法

花戳法是将冷却了的面坯擀制成一定厚度的面片后，再利用花戳戳制成各种形状的方法。如混酥类的饼干除使用切割法外，还经常使用花戳法。

4. 复合法

复合法就是采用多种成形工艺，利用不同的成形方法使饼干成形。利用复合加工成形的方法制作的饼干，较其他成形方法制作工艺复杂。

运用复合法制作出的饼干制品，既可归入饼干类，也可归入甜点类，均为较高级的甜点饼干，如果仁巧克力饼干、杏仁糖巧克力饼干等。

除此之外，饼干的成形手法还有许多，如运用卷、写、画的方法制作的蛋卷饼干、字母饼干、动物饼干等。

三、饼干的成熟

饼干加工成形后，应放入烤箱内烘烤成熟。一般情况下，烘烤饼干的温度在200℃左右。在烘烤时，要根据饼干的性质和特点，以及放入烤箱中饼干的数量，合理地控制烘烤的温度和时间，以达到最合适的烘烤条件。

案例一、香浓燕麦饼干（Oatmeal biscuits）

原料配方：低筋面粉100g，高乐高100g，燕麦100g，牛奶65mL，苏打粉1g，黄油65g。

制作工具或设备：面筛、烤盘、烤箱、案板。

制作步骤：

① 低筋面粉和高乐高、苏打粉装在一个保鲜袋里，混合均匀。

② 黄油提前放室温软化、用电动打蛋器中低速搅打3min左右。

③ 将燕麦和混合好的低筋面粉、高乐高、苏打粉加入打发好的黄油中，用勺子略微

拌匀。

④ 将牛奶加入，用手抓捏成饼干糊。

⑤ 取适量饼干糊，用手搓成小圆球，排在烤盘上。

⑥ 食指和中指并拢，蘸少许牛奶或者清水，把小圆球压成0.3~0.5cm厚的圆饼。

⑦ 烤箱预热至180℃，烤制20min即可。

质量标准：色泽浅褐，酥脆香甜。

案例二、牛奶饼干（Milk biscuits）

原料配方：黄油500g，糖500g，牛奶375g，面粉750g，玉米粉250g。

制作工具或设备：面筛、裱花袋、烤盘、烤箱、案板。

制作步骤：

① 黄油与糖打起，逐渐加入牛奶，继续搅打均匀。

② 面粉，玉米粉过筛后，加入①中调匀。

③ 将②装入裱花袋中，用花嘴挤成大小适中的形状于烤盘上。

④ 将烤盘装入180℃烤箱，约10min即为成品。

质量标准：色泽乳白，奶味浓厚，质感香酥。

案例三、葱香饼干（Chive biscuits）

原料配方：低筋面粉150g，脱脂牛奶90mL，干酵母3g，葱姜蒜粉3g，盐3g，苏打粉1g，香葱碎5g，无盐黄油30g。

制作工具或设备：面筛、烤盘、烤箱、案板。

制作步骤：

① 将脱脂牛奶放入小汤锅中煮至微热，随后加入干酵母混合均匀。把香葱叶洗净，剁成碎末，将厨房纸巾吸干水分待用。

② 在低筋面粉中加入盐、苏打粉、干香葱碎和葱姜蒜粉混合均匀，接着将混合好的酵母牛奶慢慢地加入其中并不断搅拌，和成一个完整的面团。

③ 将黄油加入面团中不断的揉搓，直至面团变得光洁而滑腻。

④ 将和好的面团放在案板上，用擀面杖擀成薄厚均匀的面片（约0.5cm厚），用饼干模具将面片刻成各种形状。

⑤ 把多余的面片边角取下，再次揉搓并重复步骤④，直至将所有面团都制成饼干坯，再用叉子在饼干坯的表面叉出小孔。

⑥ 最后将饼干坯整齐地放入烤盘中，互相之间要留有少许间隔，再放入预热至190℃的烤箱中部，烤制10min即可。

质量标准：色泽金黄，口感爽脆，葱香浓郁。

案例四、芝麻饼干（Sesame biscuits）

原料配方：黄油150g，细砂糖100g，鸡蛋50g，蛋粉40g，低筋面粉300g，泡打粉1g，黑芝麻50g，白芝麻30g。

制作工具或设备：面筛、烤盘、烤箱、案板。

制作步骤：

① 黄油室温软化，加入砂糖搅打松发。

② 分次加入蛋液打匀。

③ 加入乳粉，过筛的低筋面粉和泡打粉用手抓均成团，再加入芝麻抓匀。

④ 面团分成15g的小团，搓圆压扁，排入烤盘。

⑤ 烤箱160℃预热，上层烤20～22min到表面略上色，即可。

质量标准：色泽微黄，芝麻味香，口感酥脆。

案例五、黄油饼干（Butter biscuits）

原料配方：低筋面粉200g，盐3g，黄油120g，细砂糖40g，糖粉50g，鸡蛋1个，香草粉10g。

制作工具或设备：面筛、烤盘、烤箱、案板。

制作步骤：

① 低筋面粉、盐、香草粉过筛，放入盆中拌匀。

② 鸡蛋打成蛋液，将糖和糖粉过筛放入蛋液中拌匀，直至糖完全融入蛋中。

③ 黄油放入微波炉烤10s后，用手搓碎黄油，和面粉混合一起揉搓均匀。

④ 把蛋黄混合液倒入面粉和黄油的混合物中。

⑤ 动作要轻但要快速揉成一个面团。

⑥ 把面团擀成2～3cm的面片，用模具刻出形状。

⑦ 烤盘刷上油，把做好造型的饼干放在上面，烤箱预热至180℃，中层上下火烤15min。

质量标准：色泽金黄，酥脆爽口。

案例六、杏仁饼干（Almond biscuits）

原料配方：黄油120g，白糖50g，鸡蛋1个；低筋面粉220g，泡打粉3g，小苏打2g，大杏仁50个。

制作工具或设备：面筛、烤盘、烤箱、案板。

制作步骤：

① 低筋面粉、小苏打和泡打粉混合过筛备用。

② 烤箱预热至180℃。

③ 黄油和白糖放入盆里，用打蛋器打成奶油状，再加入打散的鸡蛋拌匀。

④ 将①放入③，搓成不粘手的面团。如果觉得面团粘手，可再补一些面粉。

⑤ 把④分成若干份，分别揉成小圆球，间隔2cm摆在烤盘上，按扁，表面刷蛋液，装饰杏仁。

⑥ 放入预热好的烤箱烤20min至饼干底便成浅棕色即可。

质量标准：色泽浅棕，造型美观，营养丰富。

案例七、朱古力曲奇（Chocolate cookie）

原料配方：黄油200g，鸡蛋2只，糖粉150g，低筋面粉330g，可可粉20g。

制作工具或设备：面筛、烤盘、烤箱、案板。

制作步骤：

① 将黄油在室温下化软，加入糖粉用打蛋器打至微黄色。

② 加入鸡蛋（每次放一只，混合后再放入另一只）。

③ 加入已筛好的面粉及可可粉，轻轻搅拌均匀。

④ 将面团放入冰箱冻硬，切片后放入烤盘。

⑤ 用200℃，烤15min。

质量标准：色泽浅褐色，口感香甜酥脆。

案例八、丹麦曲奇（Danish cookie）

原料配方：黄油100g，糖粉40g，细砂糖30g，鸡蛋35g，牛奶20g，盐1g，奶粉15g，低筋面粉125g。

制作工具或设备：面筛、烤盘、烤箱、案板。

制作步骤：

① 将室温软化的黄油打发，表面为颜色变浅，体积稍变大，呈羽毛状，分次加入细砂糖、糖粉、盐等材料，继续打至糖溶解。

② 分次加入蛋液和牛奶，用打蛋器搅拌均匀。

③ 面粉与奶粉过筛后，分次加入，用橡皮刀切拌均匀，注意不要划圈搅拌。

④ 烤盘事先铺上烤焙纸。将面糊用裱花袋装入，挤注成形。注意每个饼干坯子之间要留出间距。

⑤ 放烤箱上层（或中层），以180℃烤至边缘着色即可，大约需要15min。

质量标准：色泽金黄，酥脆香甜。

任务7　餐 后 甜 点

【任务驱动】

1. 了解餐后甜点的概念、分类及适用范围。
2. 掌握甜点的基本案例。

【知识链接】

一、甜点的概念

“Dessert”是法语，原意是“从餐桌撤去餐具”，准备上甜点和水果，后来渐渐变成“（餐后）甜点”，英语也照搬不误。同样是甜点，意大利语是Dolce，原意是“甜”，西班牙语则是postre，原意是“最后”，强调了甜点为每一餐画上句号的作用。

二、甜点的分类

甜点的种类很多，主要有蛋糕类、派类、蛋类布丁类、冷冻类等。在意大利常见的甜点有gelato和Tiramisu，前者原意是“冰冻、结冰”，现在指“雪糕”，有多种不同口味，后者字面意思是“引领我上天堂”，是一种海绵状的咖啡蛋糕，在世界各地广受欢迎，而且非得选用意大利特产Mascarpone奶酪不可，否则制不出那种海绵状的奇特效果。

在法国，常见的甜点有布丁（Pudding）、蛋奶酥（Souffle）和雪泥（Sherbet），布丁形态多样，冷的、热的、干的和湿的，Souffle原意是“蓬松的”，将鸡蛋、砂糖、面粉搅拌均匀，放进专门用于制作蛋奶酥的盅里，按照个人口味加入水果、干果和香料，再将蛋白打成泡沫，放在上面，高温烘烤，变成松软的蛋糕，但一定要趁热吃，否则，原本蓬松漂亮的蛋糕就会冷却、塌陷，直到变成一摊面糊让人大倒胃口。Sherbet来自阿拉伯语，意思是“冰冻果汁或牛奶”，中世纪流传到意大利，变成意大利语就是Sorbetto，再传到法国。

至于西班牙，相比之下在烹饪方面显得逊色一些，比较出名的是Arroz con－leche（甜牛奶米饭），从名称就可以看出制作方法，不过，这道甜点虽然看来简单，却同样很受欢迎，在意大利、奥地利等国家相当流行。

三、甜点制作案例

案例一、吉拉多（Gelato）

吉拉多为一种意大利冰淇淋，也就是美国人所谓的lce Cream。以新鲜牛奶为原料，经过巴氏消毒杀菌，然后搭配最浓厚的新鲜天然果酱，搅拌冷冻而成，入口香滑绵密，如“丝绸”一般的柔顺浓郁，是意大利冰淇淋中最传统的一种。

不论哪一款冰淇淋，gelato的配方中永远没有任何添加剂。因此，Gelato比起lce Cream少了许多热量和脂肪，新鲜、健康、低脂（4%～6%）、低糖，美味可口，新鲜实在。

原料配方：玉米粉1杯，厚奶油1杯，柠檬3个，糖3/4杯，蛋黄6个，鲜奶油1杯。

工具：沙司锅、打蛋器。

制作步骤：

① 在沙司锅中将玉米粉与奶油混合起来，加入1个柠檬的汁液，置于中火上加热。

② 同时，将另两个柠檬榨汁，加入糖使之均匀混合，然后加入蛋黄，用打蛋器打至又白又光滑，慢慢加入热的奶油，最后加入步骤①中，置于小火上，不时用木勺搅拌（保持4min左右），直至能裹住木匙，保持微热，否则它会凝结。

③ 熄火，继续搅拌1min，让它慢慢变冷（大概15min），然后加入鲜奶油搅拌，盖住冷冻，至少保持8h。

④ 根据生产条件，可以在冰淇淋机里进行制作。

特点：香滑味浓，口味清凉。

案例二、提拉米苏（Tiramisu）

关于提拉米苏的起源其实也有好几个不同的版本，但流传最广的一个说法和爱情有关。第二次世界大战期间，意大利一位刚刚结婚的新郎突然被应征入伍，临行前，新娘将手指饼、咖啡粉、朗姆酒以及奶酪等一股脑儿混合一起，做成了一个点心给新郎吃。提拉米苏在意大利语中的原意就是“请带我走”“至少请你把我的爱带在身边”。

原料配方：奶油200g，马斯卡伯尼软奶酪50g，咖啡酒15g，蛋黄3个，鱼胶粉5g，砂糖25g，青柠檬10g，手指饼干或蛋糕1块，黄油50g，盐、可可粉各适量。

工具：打蛋器、抹刀。

制作步骤：

① 先在蛋糕上用牛油纸封好底部，均匀铺好蛋糕饼底；将咖啡就均匀的洒在饼底上，充分入味约0.5h。

② 在奶油里加入蛋黄，然后加糖、青柠汁、盐打匀。

③ 用水将鱼胶粉化开，再以热水溶开，倒进打发好的芝士里。

④ 混合后在奶酪浆里加入打起的黄油，打均匀。

⑤ 将已经混合的奶酪馅料加进预先做好的饼底上，最好中间隔层，再放进冰箱约6h。

⑥ 表面撒上可可粉。

特点：口感松软、奶香浓郁。

案例三、焦糖布丁（Podding）

布丁是用面粉、牛奶、鸡蛋、水果等制成的西点。有巧克力牛奶鸡蛋焦糖布丁、鸡蛋布丁、面包布丁、杧果布丁等。

原料配方：巧克力牛奶400mL，砂糖3大匙，鸡蛋3个，焦糖浆50mL。

工具：沙司锅、杯子。

制作步骤：

① 将巧克力牛奶加热加入砂糖，砂糖溶化后马上熄火散热（注意不要让牛奶沸腾）。

② 将鸡蛋搅拌充分。

③ 巧克力奶倒入鸡蛋中，过滤。

④ 把焦糖倒入4个杯子内，待凝结后，倒入鸡蛋液。

⑤ 蒸锅下层水沸腾，放入用强火蒸2～3min，弱火13～15min，最后冷却放入冰箱2h后即可。

特点：层次分明，口感鲜嫩。

案例四、沙勿来（Souffles）

沙勿来又称苏夫利、梳乎厘，都是法语Souffles的音译，由打发蛋白膨化、烘培而成，也叫蛋奶酥。Souffler在法语中有鼓起膨胀的意思，制作时需打发蛋白，蛋白中的空气受热膨胀，在烘培后像蛋糕般膨起。它的质地轻松绵软，不像蛋糕那样稳定，出炉后在极短的时间内就会塌陷，因此必须在烘培完成后尽快食用，吃起来入口即化。

原料配方：黄油60g，牛奶250mL，面粉30g，鸡蛋4个，糖粉60g，朗姆酒香精油6滴。

工具：茶杯、搅拌机。

制作步骤：

① 在茶杯内涂匀黄油。

② 小火加热黄油，下面粉和牛奶搅拌成糊状，加入香精油和2大匙糖。

③ 离火，打入蛋黄拌匀。

④ 蛋白打起泡后分次加糖粉打至干性发泡。

⑤ 蛋黄糊和蛋白糖霜轻轻拌匀，入涂过黄油的茶杯，放入烤箱以190℃烤5～10min即可。

特点：香甜松软，入口即化。

案例五、芒果雪泥（Mango Sherbet）

Sherbet，是土耳其语演变过来的，意思是以水果果汁冰凝后打松的冷冻甜点。因质感接近，也被归为冰淇淋的一种。现代的冰淇淋机，也可用果汁制作出Sherbet，一般来说，中文译为雪酪、雪泥、冰沙等，也就是说，它的质感和冰淇淋稍有不同，呈现水状冰凝后的感觉，有沙沙口感。根据添加的原料不同有杧果雪泥、奇异果雪泥、香蕉雪泥等。

原料配方：芒果果肉4个，莱姆汁10mL，糖1汤匙，碎冰4杯。

制作步骤：将原料放在搅拌机桶内中搅打均匀即可。

特点：口味清凉，口感沙甜。

案例六、甜牛奶米饭（Arroz con Lech）

西班牙风味，制作简单实用，其制法现已传到欧洲各国。

原料配方：牛油50g，大米50g，糖20g，牛奶900mL，豆蔻粉1g，柠檬皮丝半个。

制作步骤：

① 准备一个烤盅，在烤盅四周先涂抹一层牛油备用。

② 把米洗净后沥干水分，牛油切成小丁备用。

③ 把米、牛油、糖、牛奶与柠檬皮放进烤盅中，撒上豆蔻粉。

④ 预热烤箱至 150℃，将烤盅放入烤 40min 后，用汤匙拌匀，在烤 2h 后即可盛出食用。

特点：色泽洁白，口感甜糯。

案例七、朱古力慕司（Mousse）

Mousse 常译为木斯、慕思等，是一种用模具制成的冻类甜食。常见的有奶油慕司、巧克力慕司及各种水果慕司等。

原料配方：纯朱古力 75g，水 4 汤匙，咖啡粉 1 茶匙，蛋 3 个（蛋清、蛋黄分开），鱼胶粉半茶匙，杏仁碎 1 汤匙。

制作步骤：

① 把朱古力分成小块，放入碗内。

② 把装有朱古力的碗放在一煲热水上，加入 3 汤匙水，隔水搅拌朱古力至溶解。

③ 把咖啡粉、蛋黄一起搅拌至浓厚，加入已溶朱古力，拌匀。

④ 用半茶匙水溶开鱼胶粉，加入朱古力溶液里。

⑤ 蛋白打至膨松拌入朱古力溶液。

⑥ 倒入玻璃杯，放进冰箱冷藏 1h。

⑦ 撒上杏仁即可。

特点：口味甘甜，口感酥软。

案例八、松饼（Muffin）

松饼，又译玛芬面包或英式小松糕，主要指两种以面包为原料的食品，一种用酵母发酵而成；另一种更为“快速”的方法是用烘烤粉或者烘烤苏打对面包进行处理而制成。

原料配方：面粉 300g，泡打粉 3 茶匙，黄油 50g，糖 180g，鸡蛋 2 个，香兰素 2 茶匙，牛奶 10 汤匙。

制作步骤：

① 烤箱预热 175℃，准备好松饼盘。

② 面粉和泡打粉混合均匀，放在一边。

③ 把混合均匀的面粉慢慢搅拌，加入黄油、糖、鸡蛋、香兰素，同时慢慢倒入准备好的牛奶。

④ 把搅拌好的面糊倒入准备好的松饼盘，只倒 2/3 满。

⑤ 放入烤箱烤到松饼金黄即可。

特点：口感松软，色泽金黄。

思 考 题

1. 简述面包的概念及用途。
2. 简述面包的分类及各种面包的使用范围。
3. 简述面包面团的调制工艺。

4. 简述面包面团的成形工艺。
5. 简述面包制作的操作要点和注意事项。
6. 简述蛋糕的特点及基本分类。
7. 简述海绵蛋糕的制作流程。
8. 简述蛋糕制品成熟的检验。
9. 简述黄油蛋糕的制作工艺及操作要点。
10. 简述混酥类制品的概念、分类及适用范围。
11. 简述混酥类制品的制作流程。
12. 简述混酥类制品的制作工艺及操作要点。
13. 简述清酥制品的概念、适用范围。
14. 简述清酥制品的制作流程。
15. 简述泡芙的概念、适用范围。
16. 简述泡芙的制作流程。
17. 简述饼干的概念、适用范围。
18. 简述饼干的制作流程。
19. 简述饼干的制作工艺及操作要点。
20. 简述餐后甜点的概念、适用范围。
21. 简述法国甜点的内容和特点。
22. 简述提拉米苏的典故及其制作方法。

模块三　西餐烹调表演和菜单设计

【模块导读】

本模块内容主要包括：西餐烹调表演和西餐菜单设计和筹划。通过学习，掌握西餐烹调表演的概念及表现形式，熟悉西餐表演的要素，熟悉西餐烹调表演的种类。了解西餐烹调表演常用的工具、设备，熟悉西餐烹调表演常用的调料，掌握西餐烹调表演的标准和技法。掌握西餐菜单的概念，熟悉菜单形式与功能。了解菜单的种类，掌握各类菜单的内涵。掌握现代菜单的品种顺序及搭配，熟悉设计菜单应该注意的事项。了解西餐菜单筹划的含义，熟悉菜单筹划的原则，熟悉菜单筹划的项目，掌握菜单筹划的步骤。

【模块目标】

1. 掌握西餐烹调表演的概念及表现形式。
2. 熟悉西餐表演的要素，熟悉西餐烹调表演的种类。
3. 了解西餐烹调表演常用的工具、设备。
4. 熟悉西餐烹调表演常用的调料，掌握西餐烹调表演的标准和技法。
5. 掌握西餐菜单的概念，熟悉菜单形式与功能。
6. 了解菜单的种类，掌握各类菜单的内涵。
7. 掌握现代菜单的品种顺序及搭配，熟悉设计菜单应该注意的事项。
8. 了解西餐菜单筹划的含义，熟悉菜单筹划的原则，熟悉菜单筹划的项目，掌握菜单筹划的步骤。

项目一　西餐烹调表演

【学习目标】

1. 掌握西餐烹调表演的概念及表现形式。
2. 熟悉西餐表演的要素，熟悉西餐烹调表演的种类。
3. 了解西餐烹调表演常用的工具、设备。
4. 熟悉西餐烹调表演常用的调料，掌握西餐烹调表演的标准和技法。

任务1　西餐烹调表演概述

【任务驱动】

1. 掌握西餐烹调表演的概念及表现形式。
2. 熟悉西餐表演的要素。
3. 熟悉西餐烹调表演的种类。

【知识链接】

当今视觉效应在西餐中愈加受到重视，西餐烹调表演工艺正符合人们的这种消费需求心理。通过现场表演，让客人看到食物加工、烹调的全过程，闻其香、观其色、看其形、听其声，增加就餐的情趣性和观赏性，使顾客产生浓厚的购买兴趣和消费冲动，大大提高了酒店的知名度，产生较好的经济效益和社会效益。

所谓西餐烹调表演，包括切割、烹制、燃焰等，是在就餐客人面前进行的一种烹调表演，是一种能够增加就餐气氛，提高宴会档次的服务方式，也是把餐饮管理者与顾客之间沟通的距离快速拉进的一种交际方式，也是餐饮营销的一种快速制胜的法宝。一次成功的美食表演，会成为客人本次就餐时的谈资和关注焦点，会使客人对餐厅的服务档次刮目相看，也会成为客人再一次光顾的重要因素。

西餐烹调表演主要来源于西餐中的法式服务。西餐服务员面对顾客，在餐厅里利用烹调车和轻便的小服务桌制作一些有观赏价值的菜肴和运用艺术切割法加工水果，奶酪和一些已经烹调成熟的菜肴及一些菜肴调味汁等，以创造餐厅的气氛，增加餐厅的知名度及提高餐厅营业额的一系列服务活动。基于此，西餐烹调表演过去一直在法国餐厅进行，主要有烹调、燃焰和切割服务表演等形式。瑞士餐饮管理专家沃尔特·班士曼在评估西餐烹调表演时说：“我相信在顾客面前做一些烹调、燃焰和切割表演已经成为高级西餐厅中最吸引人的服务项目。”许多优秀的西餐厅经理认为，如果西餐厅服务员或承担烹调表演的厨师技术优秀，表演认真，顾客会非常喜欢和欣赏。餐厅烹调表演已经被业内人士认为是个有效的营销方法。

一、西餐烹调表演的要素

不是任何西餐厅都适合采用西餐烹调表演这种形式，经营西餐的企业必须根据市场与目标顾客的需求、自身的条件及其他的一些因素进行评估后才能决定是否需用餐厅烹调表演及采用哪种具体形式。评估烹调表演的因素主要包括十个方面，只有当这十个方面都达到理想的效果时，才真正需要餐厅烹调表演。

（一）顾客方面因素

包括顾客对餐厅烹调与切割表演的接受能力和欣赏能力，对餐厅烹调与切割服务价格接受能力，餐桌翻台率，服务速度等。

（二）服务方面因素

进行西餐烹调表演时，服务工作也要与一般的宴会有所区别，对于客前操作的美食，一定要给客人做详细的介绍，并且操作人员和服务人员要注意运用自己的服务技巧调节现场的气氛，使整个就餐过程因为进行了客前操作而使人感到热烈和愉悦。客人享受的服务也是五星级的，每上一道不同的菜式都会换一次瓷碟，让客人眼前永远清清爽爽的，菜量也都恰到好处，既让人品尝到真味，又不会让人发腻。

（三）成本方面因素

餐厅烹调与切割表演需要更多的时间，更多的服务员，更多的空间，更多的设备和用具，因此，服务成本高。

（四）安全方面因素

餐厅烹调和切割表演必须在严格的安全条件下，在十分卫生的前提下才能进行。在西餐烹调表演过程中，安全因素很重要。如表演铁板烧时，技术高超的大厨会把握距离，虽然铁板的核心部位有300℃的高温，但客人不必担心有烟熏火燎不舒服的感觉。再如，在制作“燃焰”时，由于加入了烈性酒烹制，淡蓝色火焰腾空而起，顺着锅边旋转，平添了许多热烈气氛，空气中也弥漫着淡淡的酒香。由于在表演过程中出现了明火，所以安全要求格外重要。平时定期检查煤气炉及煤气罐，灶具与客人之间要保持一定距离，而且要做好消防安全措施。

（五）人员方面因素

西餐烹调表演效果的好坏，与烹制操作者表演水平的高低有着直接的关系，杰出的餐厅烹调表演需要技术熟练和充满自信的操作人员，一般由厨师长进行操作，但如果由餐饮部经理、餐厅经理或服务主管来操作，往往效果会更好，因为这样可以拉近餐饮管理者与顾客之间的距离，便于双方沟通。

（六）技术方面因素

熟练的技巧，专业的标准以及表演的天赋等都是客前美食表演成功的基础。其中操作技能在其中处在一个相当重要的地位。在烹调表演过程中，敏捷的动作、有目的性的操作表演行为，往往给人以自信的感觉，再加上所烹制出来的美食在色、香、味、形、器等风味特征上都让人赏心悦目，那么，这次客前美食表演必定成功无疑。如在西餐中铁板烧是一类比较受欢迎的菜肴，一般6～8位客人围在一个烧烤台前，烧烤台上放置一块厚度约2cm的铁板，用煤气加热升温，铁板就是厨师的舞台，在烹制菜肴过程中，他能将盐罐、胡椒罐随一双巧手上下左右翻飞，能将利刀在空中抛舞，而且准确到位，得心应手。精湛的绝技往往让在场的客人拍手称赞。

再如“印度飞饼”，是来自印度首都新德里的独特风味食品，是用调和好的面饼在空中用“飞”的绝技做成，制作时厨师捏紧面饼一段按顺时针方向转动，手里的面饼越转越大，越转越薄，几近透明。接着就是放馅料，稍作切割，装盘。制作飞饼的厨师在餐厅现场表演制作，潇洒大方，技术精湛，会为用餐增添无限情趣。

（七）原料方面因素

原料质量优劣是保证客前美食表演成功与否的首要保证，除了烹调表演的专业技术要求之外，原料一定要新鲜、卫生、美观、不易变色或破损，而且都经过适当的加工，以免表演的时间拉得太长。如在表演沙拉的拌制与装盘时，精选的蔬菜，瓜果等原料必须在厨房内清洗干净并滤干冷藏，甚至沙拉酱也可以在厨房预备好。而在西餐中表演制作肉类菜肴时，原料选择顶级的，而且事前加工时已去掉肥油及筋，并且按量平均分开，每份以一分钟的制作时间为好。

（八）用具设备方面因素

西餐烹调表演使用的设施设备要质地优良，造型美观，功能齐全，要给人以高档华贵的感觉。如果烹调车陈旧简陋，功能不全，进行操作时设施不能配套，使用工具跟不上，都会影响客人欣赏表演的兴趣，从而破坏烹调表演的整体效果。

（九）环境方面因素

进行烹调表演前要充分考虑顾客的感受，保证客人不受干扰，不能使客人有不适的感觉。所以，在烹制过程中不可声音太响，刺鼻味太重，油烟味太大，而且，烹调时间过长的菜肴或点心都不宜进行客前操作。一般情况下，一桌高档西餐最多只能安排 1 ~ 2 道客前烹调表演，以免引起顾客视觉疲劳，而且延长就餐时间。

（十）菜肴品质方面因素

进行西餐烹调表演，一定要保证菜肴色、香、味、形、器等各方面的质量。顾客来餐厅用餐，主要是来享受美味佳肴，而不是专门为了欣赏烹饪表演。所以，在酒店经营中，如果只注重渲染气氛，哗众取宠而不能保证菜品质量，其结果只能是导致客人的不满和反感。对于其他美食内容，品质要求也同样如此。

二、 西餐烹调表演的种类

西餐烹调表演时在顾客面前，利用烹调车制作一些有观赏价值的菜肴的表演。因此，西餐烹调表演的菜肴必须有观赏性，可以快速制熟，而且没有特殊气味。餐厅烹调表演有许多种类和分类方法。

（一）按照表演形式分类

1. 全过程烹调表演

将加工过而没有熟制的原料送至餐厅进行全过程的烹调表演。

2. 部分烹调表演

将厨房烹调好的菜肴送至餐厅做最后阶段的烹调，即组装或调味表演。

（二）按照西餐菜肴的种类分类

1. 开胃菜表演

开胃菜烹调表演包括冷汤、水果、沙拉和鸡尾菜制作表演，方法主要是切割和组装方面的表演。

2. 意大利面条表演

将厨房煮熟的面条运送至餐厅做最后阶段的烹调，组装或调味表演。

3. 海鲜、禽肉和畜肉的表演

将小块并容易制熟的海鲜、禽肉和畜肉原料，通过在服务桌的酒精炉或烹调车上的烹调表演将菜肴制熟。

4. 甜点制作表演

在餐厅服务桌上或烹调车上制作一些可以快速成熟，又有观赏价值的甜点，或者将一些已经制熟的甜点和水果等原料组装在一起的表演。

（三）按照烹调手段分类

1. 燃焰烹调表演

燃焰烹调表演是在菜肴最后的烹调阶段放入少许烈性酒，使酒液与烹调的锅边接触产生火焰的表演。这种烹调方法使用酒精度高的白兰地酒或朗姆酒，通过将酒洒在成熟的热菜上，倾斜热锅的边缘，使它与烹调炉上的火焰接触而产生火焰。燃焰烹调不仅有观赏价值，还能使餐厅和菜肴本身充满了香味，同时活跃了餐厅气氛。

2. 非燃焰烹调表演

非燃焰烹调表演是在顾客面前烹调一些有观赏价值又简单易制的菜肴，包括某些菜肴的全部烹调过程，部分烹调过程或最后的组装等。

任务2　西餐烹调表演

【任务驱动】

1. 了解西餐烹调表演常用的工具、设备。
2. 熟悉西餐烹调表演常用的调料。
3. 掌握西餐烹调表演的标准。
4. 掌握基本西餐烹调表演技法。

【知识链接】

一、西餐烹调表演常用的工具，设备及调料

1. 西餐烹调表演设备

（1）餐厅烹调车　烹调车也称为燃焰车，通常是带有45cm×90cm长方形的操作台，双层，有一个或两个炉头，带有煤气炉，带有4个脚轮的小车。

（2）餐厅烹调炉　许多餐厅在烹调表演时不使用烹调车，只使用餐厅烹调炉，这样可以简化服务程序。餐厅烹调炉也称为台式烹调灯，这是因为有些烹调炉的外观和构造像一个汽灯，它以酒精或气体为燃料。炉子上端有个燃烧器，燃烧器上面可放平底锅进行烹调表演。

（3）餐厅表演桌　表演桌是长方形的轻便小桌，常带有脚轮，一些表演桌不带脚轮，高度与餐桌相等，它的面积有各种尺寸，但是至少不得低于46cm×61cm。

（4）切割车　切割车又称为烤牛肉切割车，是用来切割大块肉类菜肴的专用服务车，如烤牛肉、烤猪腿、烤羊腿、烤火鸡等，服务时都可以用此类切割车进行现场服务，营造气氛。切割车外观像一只半圆形的自助餐保温炉，打开翻盖，就可以看到切割砧板和相应的菜肴，旁边是盛装调味汁的汁船，切割车下部的小托盘是摆放刀叉和服务刀叉的，车身的右侧有一圆形托盘与车身连接，这是摆放空餐盘的餐盘架，若是用于自助餐菜肴的切割，切割车底部还可以根据用餐人数，适当贮放一些餐盘供服务时使用。

（5）甜品车　甜品车是餐厅用于展示和销售蛋糕等各类甜品的服务用车，各种甜品有

序而整齐地摆放在带有玻璃罩的甜品车上，服务时将甜品车推进餐厅，让客人自由选择，然后根据客人需要切出相应数量的甜品提供给客人，所有的甜品碟都摆放在甜品车下层的托盘内。也有一些餐厅，各类甜品都事先按分量切好放入车中，客人点后直接从车中取出递给客人。

（6）酒水车　酒水车是餐厅专门用于陈列和服务各种酒水的服务用车，其形状根据所陈列的酒水品种不同而又所不同。普通酒水车一般分上下两层或多层，上层摆放杯具，冰箱及相应的调酒用具，下层陈列酒水，服务时直接将酒水车推进餐厅，根据客人的选择现场斟倒，配置或调酒。

2. 西餐烹调表演用具

（1）餐厅切割用具

① 刀具：主要有切割叉、削皮刀、片鱼刀、厨师用刀、剔骨刀、切割刀、片火腿刀等。

② 砧板：任何一种用于餐厅现场切割的砧板都有一个共同的特征，即在砧板的西周都会有一圈凹槽，用来接各类菜肴切割时流出的汁液。这种凹槽既增加了砧板的美观性，同时又使得操作更卫生。

普通方形砧板，可以用于各类菜肴的切割，尺寸可大可小，根据服务的需要可以自由选择使用。

羊腿形砧板，制作十分考究，“羊腿”部分采用镀银装饰，十分美观。主要用于烤羊腿，烤猪腿等一类菜肴的切割。

（2）餐厅烹调用具　根据需要餐厅烹调用具各有不同，主要包括大小金属盘各 1 个，大餐匙，大叉各 3 个，大餐刀 1 个，盐盅和胡椒盅各 1 个，沙拉碗 1 个，餐盘数个，杂物盘 1 个等。

3. 西餐烹调表演常用的调料

（1）根据需要，准备沙司，辣椒油，酱油和番茄酱等。

（2）根据需要，准备糖、鲜奶油，1 个柠檬，少许青葱末、洋葱末、香料末、香菜末、芥末酱等。

（3）根据菜单准备烹调酒 1 瓶（可以是有颜色的），调味或干味葡萄酒、味美思、雪莉、马德拉、利口酒或烈性酒、各种橘子甜酒、白兰地酒和朗姆酒。

二、西餐烹调表演的程序与标准

1. 西餐烹调表演的程序

（1）准备烹调车或表演桌与烹调炉，根据菜单需要提前准备各种用具和调料。

（2）严格按照每道菜肴的制作规程进行烹调，充分使用标准菜谱。

（3）检查要烹调主料的温度，主料温度必须是热的，它的沙司也是热的。

（4）不同菜肴烹调程序不同，应根据菜谱的要求操作。通常的程序是将平底锅加热后，放植物油或黄油、洋葱末、主料、调味品和放烈性酒燃焰。

（5）用一种以上的调味酒时，应当把酒精度最高的放在最后使用。烹调菜肴时，不要使菜肴出现燃焰现象，应在最后放入烈性酒，出现燃焰。放入烈性酒，倾斜平底锅，让锅边与炉中的火焰接触，使炉中的火焰立即点燃烈性酒，不要用火柴点燃。

（6）用烹调勺的大餐匙将燃焰的液体重复浇在锅中的菜肴上，火焰的效果会更理想。制作甜点时，将少许糖撒在火焰上会出现蓝色火焰。

2．西餐烹调表演的标准

（1）在顾客面前做燃焰表演时，菜肴必须是热的，达到理想的成熟度，烹调锅必须是热的，否则，燃焰表演会失败。

（2）使用烈性酒要适量才能达到理想的效果，使用过多的酒既不安全又浪费成本。

（3）餐厅烹调表演时，烹调艺术表演和营销活动，应当选择有观赏价值和有特色的设备，器皿和工具。

（4）讲究卫生，操作前必须洗手，不要用手直接接触食物，应使用工具拿取原料。

（5）操作前检查炉具和设备，掌握烹调的流程。不要移动已经点燃的烹调车和烹调炉，与顾客保持一定的距离，并与窗帘和其他易燃物品保持一定距离。此外，还应切记烹调锅中有少量的液体和调味汁时，烈性酒会溅出汤汁，而且火焰较大。

（6）注意仪表仪容，举止行为和礼节礼貌。在这些方面出现问题的餐厅烹调表演不仅不能增加收入，还会损坏企业的声誉。

三、西餐烹调表演案例

（一）开胃菜烹调表演

鱼子酱

鱼子酱采用腌制过的鲟鱼卵，颗粒的大小和颜色由鲟鱼的种类不同而各异。其中颗粒最大，质量最高的品种是白鲟鱼的比鲁格。颗粒最小的品种是塞录加和欧塞塔。前者颜色灰色，后者为酱色或金黄色。

烹调用具：小茶匙 2 个。

原料配方：鱼子酱、烤面包片、柠檬、青菜末、洋葱末、酸干酪片各适量。

表演程序：

① 用小匙取出鱼子酱，堆成一堆，盘内放两片烤面包和一块柠檬。

② 根据需要放调味品。

鱼子酱的其他表演方法，将鱼子酱放在一个小容器内，将该容器放在装有碎冰块的专用杯子中，下面放一个垫盘。

（二）海鲜烹调表演

煮龙虾荷兰沙司

烹调用具：砧板 1 块，厨刀 1 把，酒精炉 1 个，主菜匙，主菜叉，洗手盅 1 个，餐盘 1 个，杂物盘 1 个，铺好餐巾的椭圆形盘 1 个。

原料配方：烹制好的龙虾 1 只，荷兰沙司适量，香菜嫩茎 4 根。

厨房准备：将龙虾烹调熟，连带锅中的调味汁一起放入一个可以加热的圆形无柄平底锅内。将荷兰沙司倒入沙司盅内，待用。

表演程序：

① 用服务匙和服务叉将龙虾从锅中取出，放在铺好餐巾的椭圆形餐盘上，使龙虾的汁浸在餐巾上，然后放到切菜板上，左手用口布按住龙虾，右手用厨刀切下龙虾腿，把切下的龙虾腿与虾身分开。

② 用餐巾把虾头包住，从头下部把虾纵向切成两半，再把虾头纵向切成两半，用服务叉和服务匙取出龙虾头中部和背部的黑体与黑线。

③ 用服务叉和服务匙从龙虾尾部将虾肉取出。用服务匙压住虾壳，用叉子取肉，并

用厨刀切下头部的触角。

④ 左手用餐巾握住龙虾大爪，右手用厨刀背将大爪劈开，并用服务叉取出虾肉。

⑤ 用厨刀将龙虾头部的肉切整齐。

⑥ 把龙虾肉整齐地放在餐盘上，虾肉浇上荷兰沙司，盘中摆放些虾壳，小爪和香菜茎作装饰。

（三）意大利面条烹调表演

海鲜意大利面条

烹调用具：酒精炉 1 个，平底锅 1 个，服务匙 1 个，服务叉 1 把，温碟盘 1 个，餐盘 1 个。

原料配方：意大利面条 40 根，虾仁 6 个，鲜鱿鱼丝 50g，小海蚌 10 个，小海蛤 10 个，大蒜末 8g，辣椒丁 20g，橄榄油 40mL，番茄酱 100g，煮蛤原汤、香菜、盐、胡椒各少许。

厨房准备：将意大利面条煮熟，将各种海鲜煮熟，去皮，切成条。将番茄酱配置好，将煮蛤汤过滤后，放到一个容器内备用。

表演程序：

① 橄榄油倒入平底锅，加热，煸炒大蒜末和辣椒丁至金黄色，放蛤肉、蚌肉、虾仁和鱿鱼丝煸炒，倒入番茄酱。用服务匙和服务叉搅拌，倒入蛤原汤，制成沙司。

② 把煮过的意大利面条用服务叉卷起，放到沙司中。

③ 把意大利面条和沙司一起搅拌，如果沙司太稠，可添加一些热水。放盐和胡椒调味，撒入香菜末。

④ 用服务叉将面条缠在叉齿上，放入餐盘中堆成堆，将锅中的沙司倒在面条上，使面条上有各种海鲜，再撒上少许香菜末。

（四）鱼类烹调表演

水波鳟鱼

烹调用具：酒精炉 1 个，小煮锅 1 个，鱼刀 1 把，服务匙 1 个，鱼盘 1 个，服务叉 1 把，杂物盘 1 个。

原料配方：鳟鱼 1 条，土豆块、洋葱块、西芹块各 20g，盐少许，黄油与柠檬汁制成的沙司适量。

厨房准备：鳟鱼宰杀，去鳞，剖腹掏内脏，洗净。

表演程序：

① 将煮锅放入开水，放少许盐、土豆块、洋葱块、西芹块，并在酒精炉上煮开，放鳟鱼，快速地煮一下。用服务匙和服务叉将鱼从煮锅中托起，把鱼放在鱼盘上，然后将鱼的腹部面对自己，鱼头朝右手方向。用鱼刀剥去鱼皮，从鱼头往下剥，将鱼翻过去，用同样方法剥去皮。

② 左手用服务叉压住鱼头，右手用鱼刀从鱼的尾部向鱼头方向将鱼肉切下，放在餐盘的上部，用鱼刀切下尾部，再切下脊骨。然后将上片鱼肉放在下片鱼肉上，尾部也摆在原来的位置，形成一条完整鱼形状。

③ 用煮鱼汤中的蔬菜摆在鱼肉上作装饰，然后，浇上用黄油和柠檬汁混合成的沙司。

（五）牛排烹调表演

黑椒牛排配玛德拉沙司

原料配方：黑椒牛排2块，玛德拉沙司150mL，黄油10g，白兰地15g，盐2g，煮土豆50g，炖苦荬菜50g。

烹调用具：保温炉、餐盘、汤盅、主餐刀、服务叉、服务匙。

厨房准备：根据客人的要求将牛排煎熟，并放在平底锅内，加少量黄油，放保温炉上保温。

操作程序：

① 先将牛排加热，然后从炉头将平底锅移开，在牛排上倒上白兰地并点燃。

② 用服务匙和服务叉将牛排从平底锅中取出，放进餐盘内，将汤盅倒扣在牛排上，使其保温。

③ 将玛德拉沙司倒进平底锅内，一边晃动平底锅，一边用服务匙铲刮锅底。

④ 在沙司中加入黄油，慢慢搅拌，使其融化。如果需要的话，适当加少许盐调味。

⑤ 用服务匙和服务叉将牛排放进另一只餐盘，注意要将牛排放在餐盘的一边。用煮土豆和炖苦荬菜装饰，并将玛德拉沙司浇在牛排上。

（六）菜肴切配表演

烤羊腿

烹调用具：保温炉1个，砧板1块，羊腿抓手1把，剔骨刀1把，切割刀1把，服务匙1把，服务叉1把。

原料配方：烤羊腿1只，炸土豆500g，蒜丸子200g，水芹50g，薄荷调味汁适量。

厨房准备：将烤羊腿及其装饰物放入展示盆内放在保温炉上，配好调味汁。

表演程序：

① 将羊腿骨放进羊腿抓手内，拧紧抓手上的螺丝，固定好。提起羊腿，使肉多的一侧朝下，用切割刀将羊腿上的软骨切除。

② 翻转羊腿，使肉多的一侧朝上，切除腿关节上的一块小肉。

③ 再将羊腿翻转180°，开始切割羊腿的外侧，这里肉较少。

④ 抓紧羊腿，将切割刀从下面插进羊腿，与腿骨平行，由下而上切割肉片。

⑤ 如果腿骨露出，用剔骨刀在腿骨两侧分别切开一口子，这样下一步切割腿肉时就更容易些。

⑥ 将羊腿翻转身，使肉多的一侧朝上，抓紧羊腿，按腿骨垂直方向切割腿肉。

⑦ 沿着腿骨移动切割刀，并且切割出尽可能宽的肉片。

⑧ 当腿肉全部切完，用剔骨刀剔下腿骨上剩余的腿肉并切成片。将膝关节肉切成适当形状。

⑨ 将羊腿前后腿的肉及膝盖骨肉装进餐盘，浇上调味汁，用炸土豆和蒜丸子、水芹装饰。

（七）燃焰表演

火焰香蕉

烹调用具：保温炉1只，平底锅1把，服务匙1把，服务叉1把。

原料配方：香蕉6片，黄油25g，糖20g，焦糖10g，朗姆酒35g，杏仁片15g。

厨房准备：香蕉去皮，纵向切片；提前熬好焦糖。

表演程序：

① 将平底锅预热，放入黄油使其熔化，然后加入糖及焦糖混合成糖浆。

② 将香蕉片依次排列在平底锅内，香蕉中心部分朝上，煎制香蕉使其成棕色。

③ 当香蕉表面变成棕色时，用服务匙和服务叉将香蕉翻身，继续煎另一侧。

④ 当另一侧也变成棕色后，加入朗姆酒。

⑤ 点火燃焰，将煎好的香蕉放入餐盘，切面朝下，浇上糖浆，加入杏仁片。

(八) 奶酪切割表演

奶酪是西餐中的一种特色食品。奶酪通常在甜品前食用，食用时最好与葡萄酒和面包相配。法国奶酪根据其生产方式、成熟程度、坚硬度和其他特征可以分为很多种。下面按照其坚硬度分类进行简单介绍。

① 新鲜软奶酪：这类奶酪在生产过程中既不会过分成熟，也不会脱水太多，因此，它们不能长时间存放，必须在生产出来后短时间内食用。这类奶酪口味清淡，名品有 Fromage Blanc，Petit - suisse，Boursault，Ricotta.

② 软奶酪：软奶酪的凝乳被自然风干，而且成熟时间较短，这类奶酪又分三种。

③ 白霉软奶酪：这类奶酪表面附着一层白霉菌，呈白金色，奶酪内层呈奶油状，十分松软易切。品种有 Camembert，Brie，Saint - marcellin。

④ 镀金面奶酪：这类奶酪在盐水中冲刷过，其表面为橙色，而且十分光亮，但触摸起来很潮湿，它的味道十分强烈和浓郁。品种有 Munster，Livarot，Maroilles。

⑤ 山羊奶酪：这类奶酪是用山羊奶制作而成，品种有 Banon，Saonte - maure。

⑥ 半硬奶酪的生产是将凝乳在乳清中熬煮，压榨和老熟而成的，名品有 Cantal，Saint - nectaire，Reblochon，Tomme de Savoie。

⑦ 硬奶酪：硬奶酪是凝乳在乳清中熬煮和压榨而成，生产中当乳清凝结后，乳清程度会焯过凝结程度。硬奶酪成熟时间长，口味温和甜美。名品有 Beaufort，Emmental，Cruyere，Parmesan.

⑧ 精致奶酪：又称为精制干酪，混合奶酪，它是用加热，融化和无菌的自然奶酪制成，精制过程中，自然奶酪中的微生物被杀死，使得奶酪的原味丧失不少，但是，其他一些原材料如香料等经常被混合到奶酪中去。精制奶酪可以较好的贮存，价格也比较便宜。名品有 Fromage Aux Fines Herbs 或香料奶酪。

什锦奶酪

烹调用具：切割刀 2 把。

食品原料配方：各种形状的奶酪各 1 小块。

厨房准备：准备 2 把切割刀，1 把切淡味的奶酪，1 把切浓味的奶酪；将奶酪根据味道排成一圈，从淡味的开始到浓味的结束。

不同形状，不同软硬度的奶酪又不同的切割形式，常见的切割形式如下。

1. 蛋糕形。圆形和方形，质地较软的奶酪采用蛋糕形切割法，即以奶酪的中心为基准，呈放射状切割。

2. 半圆形。小块状圆形奶酪如山羊奶酪等，宜采用半圆形切割法切割，即将圆形奶酪从中间一切为二。

3. 等分形。对于正方体、圆柱体、梯形等形状的奶酪可以采用等分体切割法切割。等分体切割要求所切每一份要基本相等，尽量减少大小不均的现象。

4. 薄片形。薄片形切割法适用于各种形状的奶酪的切割，其切割方法也多种多样，既可以横切、竖切，也可以斜切。

5. 锥形。锥形切法使用于软奶酪和半软奶酪的切割，特别是扇形的薄奶酪，采用锥形切法更合适。

（九）甜品烹调表演

苏珊薄饼

烹调用具：酒精炉1个，热碟器1个，平底锅1个，服务匙1个，服务叉1把，餐盘1个。

原料配方：4张脆煎饼，白砂糖30g，黄油20g，橘子汁100mL，橘子利口酒，白兰地酒各少许，橘子皮切成的丝与橘子瓣各适量。

表演程序：

① 将平底锅放在酒精炉上稍加热，将白砂糖放入平底锅炒成金黄色，加黄油使它充分溶解，加少量橘子汁搅拌，再加入少量白兰地酒，煮几分钟后，倒入适量橘子利口酒。

② 用服务叉的叉尖挑起薄饼，并卷在齿尖，放入平底锅内，均匀沾上调味汁后，将其对折，移至锅边，其他三张薄饼依次做完。

③ 将两张薄饼放在一个餐盘中，撒上橘子皮切成的丝与橘子瓣，浇上锅中的糖汁即成。

思　考　题

1. 简述西餐烹调表演的概念。
2. 简述西餐烹调表演的要素。
3. 简述西餐烹调表演按照表演形式如何分类。
4. 简述燃焰烹调表演。
5. 试述燃焰和切割表演已经成为高级西餐厅中最吸引人的服务项目。
6. 简述常用的西餐烹调表演的设备及工具。
7. 简述西餐烹调表演的程序。
8. 简述西餐烹调表演的标准。

项目二　西餐菜单设计和筹划

【学习目标】

1. 掌握西餐菜单的概念，熟悉菜单形式与功能。
2. 了解菜单的种类，掌握各类菜单的内涵。
3. 熟悉西餐菜单成为顾客购买西菜和西点的主要工具所发挥的作用。
4. 了解传统菜单的设计，熟悉传统典型的宴会菜单的例子。
5. 掌握现代菜单的品种顺序及搭配，熟悉设计菜单应该注意的事项。
6. 了解西餐菜单筹划的含义，熟悉菜单筹划的原则，熟悉菜单筹划的项目，掌握菜单筹划的步骤。

任务 1　西餐菜单概述

【任务驱动】

1. 掌握西餐菜单的概念，熟悉菜单形式与功能。
2. 了解菜单的种类，掌握各类菜单的内涵。
3. 熟悉西餐菜单成为顾客购买西菜和西点的主要工具所发挥的作用。

【知识链接】

一、西餐菜单的含义

人类饮食历史可以追溯到远古时代，在西方国家，以文字形式表现的菜单出现在中世纪，第一份详细记载并列有菜肴细目的菜单出现在 1571 年一名法国贵族的婚宴上。此后由于法国国王路易十五不但讲究菜色的结构，而且尤其注重菜单的制作，各种典雅的菜单纷纷出现，成为王公贵族及富豪宴请宾客时不可缺少的物品。

欧洲早期的菜单基本上都是被王公贵族们用作向宾客炫耀其奢华和地位的一种宣传品。至于被民间饮食行业广泛采用，则要推迟到 19 世纪末，法国一家名为巴黎逊的餐厅把制作精良的商业菜单第一次介绍给世人，之后开始广泛流传开来。

因此，从概念上讲，西餐菜单是指经营西餐的企业如西餐厅、咖啡厅和快餐厅为顾客提供的菜肴种类、菜肴解释和菜肴价格的说明书。菜单是沟通顾客与餐厅的桥梁，是西餐企业的无声推销员。

二、菜单形式与功能

菜单的设计必须适合就餐人的口味和需要，这一点看似简单，却常常被遗忘，在此提醒大家真正把顾客当作上帝，时时想到顾客，此乃生意之本。这一点意味着设计菜单时，厨师的个人口味，个人爱好是无关紧要的。因此要使生意成功，其首要的着眼点就是顾客的口味与喜好，顾客的类型决定了菜单的格式。

（一）顾客的类型

1. 就餐场所的类型

各个不同的餐饮企业会有不同形式的菜单，这是因为它们所服务的对象不同。

饭店必须提供形式不同的餐饮服务，以满足不同顾客的需要，从经济节俭的旅游者到拿支票消费的生意人，从便捷的早餐三明治柜台到优雅的餐厅、宴会厅等。医院餐厅必须提供适合患者饮食要求的餐饮服务；学校餐厅则必须考虑学生的年龄、营养因素，同时还要适合他们的口味；厂矿企业内的餐饮服务部门提供的菜单菜量必须便于快速烹调，以适应工人们的需要，提供娱乐宴会服务的部门提供的菜单要适于一次性消费人数多的需要，易于大量制作，而且品种丰富适合酒宴、节日等特殊场合消费，快餐和外卖要求食物便宜，而且能够快速地完成顾客的点菜。

多种类的餐馆包括小到居民区附近的小吃店大到豪华优雅的法式餐厅，其菜单设计当然还是遵循适合顾客需要这一原则，若在顾客以上班族为主的酒吧内提供价格昂贵奢华的法式大餐一类的菜单，显然是不合时宜的，其结果只能是歇业倒闭。

2. 顾客偏好

即使是像学校食堂、医院餐厅这类顾客稳定的餐饮服务部门，也要注意保持食物品种的多样以吸引顾客，以免使就餐者产生厌倦情绪。学生们最喜欢对食物挑三拣四，抱怨多多，但我们仍然有办法使这种抱怨降到最低限度。

若顾客不喜欢的话，他们不只是抱怨一下，而是不踏进餐厅大门半步，这就意味着销售量的下降，那么餐厅或餐馆的发展则是举步维艰，而像美国这样的地方更是众口难调。虽然如今人们都喜欢尝试那些不太熟悉的菜肴，尤其是地方特色菜、传统菜，但各地的喜好却大不相同，不同年龄段、不同社会文化背景的人的喜好又各不相同，在某些地区某些人群喜好的菜肴，很可能在另一地区被另外一群人拒之门外。

3. 顾客的经济能力

在设计菜单时还需考虑到价格因素，其价格必须适合顾客的经济能力和承受能力。

（二）就餐类别

不仅不同餐饮部门的菜单不同，而且，同一部门不同类型的餐别，菜单也会不同。下面以美国为例说明。

1. 早餐

一般来说，美国各地的早餐菜单都是一样的。各式餐馆都会提供水果、果汁、麦片、薄烤饼、早餐肉，再加上一些地方特色餐点，如南方的粗面粉，因为这样更能体现出地方性和特色，也适合顾客的口味和需求，另外加上一两样餐馆的特色餐点，如英式松饼配奶油蟹肉和煮鸡蛋，一种特殊的乡村火腿，薄烤饼和华夫配水果沙司或糖浆等，还可以吸引更多的顾客，早餐菜单上的菜点必须有快捷、方便、易做的特点。

2. 午餐

设计午餐菜单时需结合以下因素：

（1）速度快　同早餐一样，吃午餐的人也常常是匆匆忙忙地赶时间，通常为上班族，午餐时间有限，因此菜点也要快捷、易做、易吃，三明治、色拉是主要的午餐餐点。

（2）简单　菜单上可选择的品种少，多数情况下，顾客只选一道菜。两三样菜点合二为一，价格统一的特色午餐，最适合简便的要求，如一份汤，一份三明治或蛋卷和色拉。

（3）种类多变　尽管午餐菜单要求简短，但种类多样却不容忽视。因为一般来讲顾客要多次，甚至天天到餐馆吃午餐，为了保持对顾客的吸引力，许多餐馆每天午餐菜单上会列出好多个不同的特殊午餐，这样餐馆每天都会有新菜点。

3. 晚餐

晚餐一般是一天的正餐，多数人比较从容悠闲，不像早、午餐那么着急，人们主要是为了放松一下，吃上一顿比较丰盛的晚餐。晚餐菜单要为人们提供更多的可选择品种，当然价钱也要比午餐高些。

（三）菜单种类

1. 固定菜单和循环菜单

固定菜单，每天都提供相同菜点的菜单。这样菜单主要用于每日就餐人员流动性强的餐馆或餐厅，或者是菜单上所列菜点的品种比较多。

循环菜单，指在一段时期内，每天更换并在此之后按同样顺序每日更换的菜单，如一个以 7 天为周期的循环菜单，在一周之内每天更换一个菜单，之后如此反复更替。这种菜单多用于学校、医院等单位，循环菜单可供选择的菜点不很多，另外循环菜单也是保持品种多样的一种方法。

有些餐馆使用半循环、半固定菜单，即每日提供一些相同的菜点，再加上特色菜肴，每天提供一两样，周期性循环，这样既能保持品种不单一，又不会给厨师们增加过多的负担。

2. 自点菜单和套菜菜单

自点菜单，指每种菜点菜价都单列的菜单，顾客从各道菜中自己选择。

套菜菜单，原指固定菜点，菜点毫无选择余地，像宴会菜单就是常见的套菜菜单。

现用套菜菜单，指按一定价格出售的可供一餐消费的菜点，换言之，顾客可从一些供选择的菜品中选出一套餐点，包括主菜、配菜外加其他菜点如开胃品、色拉、甜点。每套菜只制定一个统一的价格。

许多餐馆同时使用自点菜单和套菜菜单，如牛排屋可能会提供色拉、土豆、蔬菜和饮料作为主菜选择，而开胃菜和饭后甜点则需另外加钱购买。

固定价格菜单与套菜菜单密切相关，在纯正固定价格菜单上只有一个标价。顾客可从每道菜点中选出一部分，无论选择什么，这一餐的价格都相同，即所标示的价格。通常在这类菜单上会列出几样原料昂贵的菜点，并对此另行收费，这些菜点作为补充列在菜单后边。在固定价格菜单上最好尽量少列补充的菜品，否则过多的额外收费会激怒顾客，反而弄巧成拙。

不仅不同餐饮部门的菜单不同，而且，同一部门不同类型的餐别、菜单也会不同。西餐菜单是西餐企业经营的关键和基础。西餐经营的一切活动，都应围绕着菜单进行。一份优秀的西餐菜单，要能反映出餐厅的经营方针和特色。餐饮业的发展实践证明，“餐饮经营成功与失败的关键在于菜单”。

（四）菜单的主要功能

菜单是顾客餐饮消费的主要参考依据。餐厅的主要产品是菜肴和食品，产品不宜贮存或久存，许多菜肴在客人点菜之前不能事先制作。因此，用餐顾客不大可能在点菜之前看到实物产品，唯有通过菜单的具体介绍来了解产品的颜色、味道和特色。因此，西餐菜单成为顾客购买西菜和西点的主要工具，发挥着重要的参考作用。

1. 菜单是餐厅销售菜肴的主要工具

餐厅主要通过菜单把自己的产品介绍给顾客，通过菜单与顾客沟通，通过菜单了解顾客对菜肴的需求并及时改进菜肴以满足顾客的需求。定期有效的菜单分析能够帮助管理者及时发现餐厅各类菜肴的销售情况，对菜品进行“优胜劣汰”。因而，菜单成为餐厅销售菜肴的主要工具。

2. 菜单是餐厅经营管理的重要工具

西餐菜单在西餐经营和管理中发挥着非常重要的作用。不论是西餐原料的采购，西餐成本控制，西餐的生产和服务，西餐厨师和服务人员的招聘，还是西餐厅和厨房的设计与布局等，都要根据菜单上的产品风格和特色而定，违背这一原则西餐经营就很难获得成功。

任务2　菜单设计

【任务驱动】

1. 了解传统菜单的设计，熟悉传统典型的宴会菜单的例子。
2. 掌握现代菜单的品种顺序及搭配。
3. 熟悉设计菜单应该注意的事项。

【知识链接】

一道菜是指在同一时间上桌，或准备在同一时间进餐的一种或一组食物。餐馆中，一般各道菜都间隔一段时间按顺序上桌，这样顾客就有足够的时间用完每道菜。在自助餐厅中，顾客一般同时把各道菜选完，然后再按顺序慢慢享用。

在以下部分中，我们将讨论设计菜品和制定菜单中应遵循的原则，这种原则的目的就是保持菜单中菜点品种多样，增添顾客对餐点的兴趣，它们可不是毫无根据，随意捏造出来的，而是有着渊远的历史根源。

一、传统菜单的设计

今天我们所使用的菜单源自于19世纪和20世纪初期所使用的豪华精美的宴会菜单。这些菜单一般有12道菜或更多，各道菜有不同的顺序和上法，这些顺序和上法都是历代传承下来的。

下面就是一个典型的宴会菜单的例子，按上菜先后顺序排列如下：

（1）少量冷的开胃品。

（2）汤、清汤或肉汤。

（3）热的开胃品，少量热的开胃品。

（4）鱼，各类海味菜肴主菜。

（5）一大块烤肉或焖肉，通常为牛肉、羊肉或鹿肉，加上蔬菜来装饰，很是精美华丽。

（6）热的主菜。每人一份炙烧的、文火炖的、煎的肉类或禽类菜。

（7）冷的主菜。畜肉、禽肉、鱼等。

（8）加果汁的冰水。冰水有时是葡萄酒做的，这道菜的目的仍是开胃，以进食下道菜。

（9）烤肉。通常为烤禽肉，之后紧跟沙拉。

（10）蔬菜。通常为一道特殊的蔬菜类菜肴，如朝鲜蓟、芦笋。

（11）甜品。即我们现在的饭后甜点和蛋糕、派、布丁等。

（12）饭后甜点。水果、奶酪、小饼干等。

二、现代菜单的品种顺序及搭配

今天，长的传统菜单已十分罕见，即使大型宴会上使用的菜单也较短，但仔细研究后会发现现代菜单的基本形式与传统菜单一脉相承。

主菜是现代餐的中心，若一餐只有一个菜，那么这个菜就是主菜，不管是色拉也好，一碗汤也好。通常现代餐中只有一道主菜，有时大的宴会有两道主菜，如上一般禽肉类菜品后，再上一道畜肉类菜品。主菜前可上一两个菜，通常比较清爽，以使顾客留些肚子进食主菜。

用餐者在对菜式质与量的改变和选择，使得西餐菜单的内容不断趋于简化，从而将传统西餐菜单重新归类为7个项目，分别为前菜类、汤类、鱼类、主菜类或肉类、冷菜或沙拉、点心类及饮料。

1. 前菜类

前菜类也称开胃菜、开胃品或头盘，是西餐中的第一道菜肴。一般分量较少，味道清新，色泽鲜艳。前菜具有开胃、刺激食欲的作用。现代欧美常见的开胃菜有鸡尾酒开胃品、法国鹅肝酱、俄国鱼子酱、苏格兰蛙鱼片、各式肉冻、冷盘等。

2. 汤类

汤与其他菜的特性不同，故一直予以保留。汤具有增进食欲的作用，不吃开胃菜的客人往往都要先来一碗汤。

3. 鱼类

鱼类可视为汤类与肉类的中间菜，味道鲜美可口，新式西餐菜单一直保留。

4. 主菜类或肉类

主菜类或肉类是西餐中的重头戏，烹饪方法较为复杂，口味也最独特。制作材料通常为大块肉、鱼、家禽或野味。同时，以肉食为主的主菜必须搭配蔬菜，有两方面原因，一是减少油腻，二是增加盘中色彩。常用的配菜为各色蔬菜、土豆等。

5. 冷菜或沙拉

生菜可补充身体所需的植物纤维素和维生素，因此将生菜做成各式沙拉，符合节食及素食者的需要。冷菜或沙拉同时可当作主菜的装饰菜。

6. 餐后点心

美味香醇的甜点可进一步满足食欲，餐后点心的主要项目包含各色蛋糕、西饼、水果及冰淇淋等。

7. 饮料

饮料主要以咖啡、果汁或茶品为主。需要说明的是，以前饮料供应多以热饮为主，随着人们消费习惯的变化，现如今不少西餐厅同时供应热饮、冷饮两种。

三、设计菜单应该注意的事项

（一）品种的搭配平衡

所谓菜单的搭配平衡就是指提供的菜点品种多样，相互对照映衬，以便每道菜都能吸引顾客的注意力。要做到这一点，必须要懂得哪些食物能够相互补充，形成对照，并要尽量避免色、香、味、形的重复。这些原则既适用于制定毫无选择余地的宴会菜单，也适用于选择性极大的点菜菜单。

当然，使用点菜菜单，顾客可以自己决定其菜品是否平衡。既在开胃品中列入奶油类菜点，又在主菜中列入奶油类菜点，这种做法本身并没有什么不妥之处，问题是菜单必须为顾客提供足够的品种供其选择，若开胃品和主菜中有半数以上的菜点带奶油沙司，就说明这份菜单中的品种不够多样化。

制定搭配平衡的菜单时，需考虑下列各因素：

（1）口味。各种口味的菜点要搭配开，不要放在一起，这一条适用于任何带味的食物，不管是主原料也好，调味料或是沙司也好。

（2）若开胃品种有番茄沙司，在主菜中就不要上炙烧番茄块。

（3）不要既上蒜味的开胃品，又上蒜味的主菜，另外也不要两样都是清淡无味的。

（4）要将肉、禽、鱼搭配开来，牛排屋或海味餐厅等专门餐馆除外。

（5）搭配。酸的或果馅常与油腻搭配，所以苹果酱和猪肉、薄荷沙司和羊肉、橙汁沙司和鸭肉常一起搭配。

（6）质地。主要指食物的软硬程度、口感、是否与沙司一起上等方面，不要将质地相似或相同的食物搭配在一起。如：

① 在主菜中有奶油沙司，汤菜要上清汤；主菜为炒或烤菜时，上浓汤比较好。

② 不要有太多过碎的或过熟的食物，但婴幼儿食品除外。

③ 不要太多淀粉含量的菜点。

（7）形状。菜点的形状、颜色要多姿多彩，富于变化。用色彩鲜艳的蔬菜来修饰色彩单调的禽类菜点，可使整道菜充满生机，更具吸引力。

由于食物搭配种类繁多，无法将其中的规则一一列出，而且具有创新精神的厨师们会经常根据多年的实践，来创造出各种新式搭配，当然这需要懂得哪些食物搭配在一起才更合理。就目前而言，我们还应将注意力集中到上述这些原则上。

（二）设备条件的限制

制定设计菜单先要了解可供使用的厨房设备的情况，因地制宜。假设烤箱能够每小时做200个牛排，要准备供400人就餐的宴会，菜单上主菜为烤牛排，开胃品为烤虾，那么就容易出现问题。

另外，还要注意保持各种设备的工作量均衡。假设现有设备为烤箱1个，烤炉1个，炸炉1个，要将烤菜点和炖菜点、炙烧菜点和炸菜点搭配均衡开来。不要出现一边烤炉处于闲置不用的状态，而另一边的炸炉频繁占用。此外，注意使用各种不同的烹调方法，增加菜单上口感和质地的多样性。

（三）人力限制

首先要保证每个人的工作量力求均衡。同上述谈到的设备问题一样，不要一边是炸菜厨师忙得焦头烂额，另一边烤菜厨师却无所事事。

其次要保证全天工作量的均衡。将菜点的准备工作与提前做好的菜点搭配开来进行，以免到最后时刻弄得手忙脚乱。

要保证菜单上的菜点都是厨师们力所能及的，不要出现厨师无法做出的菜点。

（四）食物的可供性

使用时令食物，非时令食物价格昂贵，质地低下，供应情况也不稳定。例如，若无法买到品质优良的芦笋，菜单上就不要有芦笋的菜点。使用本地能购买到的食物，如新鲜的海产品在内陆地区很难买到，除非顾客愿意支付额外费用，否则不要将其写在菜单上。

（五）菜单准确性

在确定了菜单上各类菜点后要将其准确命名，菜点名称模棱两可，不仅是不诚实的表现，也是对顾客不公平的道德体现。

如把用火鸡叫鸡肉色拉或把用猪肉做的菜叫小牛肉菜。当然像这样明知故犯欺骗行为并不多见，通常是由于理解失误等原因而造成命名不准确。下面是菜单命名中常见的不准确之处。

1. 原材料产地

若菜单上菜名为缅甸龙虾，那么龙虾必须产于缅甸；羊乳奶酪色拉汁中的奶酪必须是产于法国的奶酪；爱德华土豆必须是产于爱德华的土豆。但有些众所周知的名称并不是产地而是种类，如瑞典奶酪、法式炸薯条、瑞典肉丸等。

2. 等级或质量

美国 US choice 和 UC fancy 是食物等级名称，若产品质量符合这些等级标准则最好标明。

3. 烹调方法

菜单上标明烧或烤时，就应该以注明方式进行烹调，由于菜单失误用煎来代替烤，会使顾客扫兴。

4. 新鲜

若在您的菜单上使用了新鲜一词，就意味着未经冷冻、冷藏、晾干、烘干等处理。

5. 进口

标明为进口的产品，其必须来源于外国。

6. 自产/家产

自产或家产一词指的是在自家的房屋里制作的菜点，只在罐装的菜汤里加鲜胡萝卜算不上是家产/自产。

7. 大小及份额

若菜单上标明一份量的大小，就要保证足量提供给顾客。

另外还有其他一些错误，比如：菜单上写为某一品牌名称的饮料实际给顾客的是另一品牌的饮料；菜单上为黄油，实际给顾客人造黄油；菜单上是咖啡或奶油早餐麦片，实际给顾客上的却是牛奶;菜单上是牛腿肉丁，实际给顾客上的是其他牛肉丁。

（六）营养及营养平衡

菜单的设计者必须具备基本营养知识，因为人体需要不同种类的食物，才能保证人体正常生理功能和健康状况。

从事餐饮服务的人员能否提供营养食品和制定出搭配均衡的菜单，在一定程度上取决于所在的工作单位、学校、医院一类的餐饮部门必须要格外注意食物营养问题，通常有专职的营养师负责。

一般餐馆饭店对此问题的义务性不强，因为它们属商业部门，其主要任务是销售食物。只要顾客喜欢就可以，但设计菜单则必须两者兼顾，既要保持食物鲜美具有吸引力又要注意保持食物中营养成分和均衡。当然，点菜菜单则无法保证顾客点的菜能保持营养均衡。

尽管如此，餐厅却有义务为顾客提供足够的选择可能，即菜单设计本身要合理，若顾客愿意的话，他们可从中选出营养均衡的菜。如今人们越来越注重身体健康情况，能够为顾客提供营养均衡的菜单，这一做法本身就是一种义务的促销手段。

任务3　西餐菜单筹划

【任务驱动】

1. 了解西餐菜单筹划的含义，熟悉菜单筹划的原则。
2. 熟悉菜单筹划的项目，掌握菜单筹划的步骤。
3. 熟悉西餐菜单定价机制。

【知识链接】

一、西餐菜单筹划概述

西餐菜单是西餐企业主要的营销工具，制作严谨的菜单是餐饮经营制胜的先决条件。因此，筹划一份有营销力的西餐菜单，并非简单地把一些菜名罗列在几张纸上，而是要餐厅和厨房管理人员集思广益、群策群力，综合考虑本身的条件、环境等因素，并配合其特有的风格，以循序渐进的方式逐步制定最合适该餐厅经营形态的菜单。不仅如此，菜单筹划还应将餐厅所有的菜肴信息，包括菜肴的原料、制作方法、风味特点、重量和数量、营养成分和价格及饭店有关的其他餐饮信息等反映在菜单上，以方便顾客。同时，西餐菜单必须要重视外观设计上的视觉效果，引导顾客消费，才能充分发挥营销尖兵的功能。

一份菜单在使用一些时日之后，处于顾客结构的改变，口味流行的不同，材料采购上的问题等原因，经营者必须对菜单予以部分修正或重新更换。这项事后评估、修正的工作与新拟菜单同等重要，一样要以审慎的态度来完成。

二、菜单筹划的原则

从吸引客源的角度看，一些星级酒店和西餐厅早期在筹划菜单时，往往采取扩大营业范围的做法吸引各种类型的顾客。这种贪大求全的做法也给经营者带来很大的负担。在现代西餐经营中，为了避免食品和人工成本的浪费，降低经营管理费用，人们已经改变了过去的筹划原则，把菜单的内容限制在一定的范围，从而可最大限度地满足本企业的目标顾客。现代西餐与传统西餐相比，已经有了很大的变化。随着人们饮食消费行为的不断成熟，现代西餐菜肴正朝着口味清淡、制作程序简化、富有营养的方向发展。因此，菜单筹划人员在筹划前，一定要了解目标顾客的需求，了解饭店的设备和技术情况，设计出容易被顾客接受而又能为企业获得理想利润的菜单。

菜单筹划要遵循以下几方面原则：

（1）菜单要能反映和适应目标市场需求。对市场需求进行针对性分析，找准目标市场。同时，一份成功的菜单要能反映饮食口味的变化和潮流，这样才能完全符合消费者的需求。

（2）菜单必须反映酒店与西餐厅的形象和特色。菜单要成为西餐厅经营企业的形象代言。

（3）菜单设计思路应简单化。这样才会给人一种干净利落、一目了然的印象，最大限度地方便顾客选择。

（4）菜单内容标准化。西餐菜单尤其要将菜色的内容和分量维持在一定的标准。

（5）菜单必须为西餐企业带来最佳经济效益。菜单对菜品的选择要将盈利能力作为一项重要的考察指标。

三、制作菜单前考虑的要素

菜单制作的好坏直接关系到餐厅的经营效果，因此，在菜单制作之前要充分考虑到餐厅自身所拥有的资源。只有经过慎重详细的调研论证，才能筹划出一个有很强获利能力、营销功能强大的菜单。在菜单形成之前，必须要认真考虑以下几个方面的要素。

（一）顾客的需求

顾客对菜肴的口味有不同的偏好，在不同地区、城市的不同区域有不同的饮食消费趋势。企业在了解顾客的实际需求时，必须要通过较为详细的调查、统计分类等方法把餐厅所在的社会、文化和经济状况了解清楚。当然，了解顾客的需求还有许多其他的简单方法，如仔细研究附近餐厅的菜单，也可以对市场需求有一个大致的了解。

（二）餐厅服务方式

餐厅选择不同的服务方式会对菜单筹划产生直接影响，餐厅是选择传统式服务还是自助式服务，都将影响菜单菜式的选择以及菜单的制作结构。

（三）厨房设备状况和员工业务能力

设备最能评估餐厅在菜肴制作上的能力和潜力。通常一家新开的餐厅要先设计好菜单，然后才能采购设备、器具。这样，菜单和器具才能互相配合创造出最高的效率与利润。

训练有素、能力强的员工能保证食物的品质，因此，随时储备人员可将劳工短缺造成的影响降至最低。

（四）市场的需求与利益

市场与营销是决定利润的关键。因此通过选择有卖点、利润高的菜品来吸引顾客，就靠菜单设计对消费市场及顾客需求的敏锐掌握。

四、菜单筹划的步骤

在对菜单筹划的前期要素有了全面的了解后，为保证菜单筹划的质量，菜单筹划人员还应当制定一个合理的筹划步骤，并且严格按照计划和步骤策划菜单。菜单的筹划步骤通常包括以下几个方面内容：

（1）确定酒店和餐厅的经营策略和经营方针，采取什么样的西餐经营方式，是零点、套餐还是自助餐；制定具体的菜肴品种和规格，是否使用半成品原料和方便型原料；明确菜肴的生产设施、生产设备和生产时间要求。

（2）菜单筹划人员要能全面把握食品原料和燃料的加工及经营成本与相关费用，计算出所经营菜肴的成本。

（3）根据市场需求、企业的经营策略、食品原料和设施情况、菜肴的成本和规格及顾客对价格的承受能力等因素设计出菜单，要确保这些菜单上菜品制作和成品质量的标准化。

（4）依照菜肴的销售记录、成本费用以及企业的盈利情况，对执行的菜单进行进一步的评估和改进。同时，还要征求顾客和员工对菜单的意见，然后进行有针对性的修改、完善。

五、菜单筹划的项目

菜单筹划的项目，一般包括菜肴品种、菜肴名称、制作菜肴的食品原料结构、菜肴的味道、菜肴的价格以及其他的内容。一个优秀的菜单，它的菜肴品种是紧跟市场需求的，它的菜肴名称是人们喜爱的，菜肴中的原料结构符合人们对营养成分的需求，菜肴的味道是有特色并容易被人们接受的，菜肴的价格是符合餐厅特色和目标顾客消费水平的。综合上述，菜单筹划的内容必须包括以下几点：

（1）酒店或西餐厅的名称。

（2）餐厅的经营方式或菜肴的类别。

（3）菜肴的名称。

（4）对部分菜肴的解释。

（5）菜肴的价格。

（6）服务的费用。

（7）其他方面的经营信息等。

六、西餐菜单定价

菜单的定价是菜单设计的重要环节。价格是否适当往往影响市场的需求变化，影响整个餐厅的竞争地位和能力，对餐厅盈利效益影响极大。合理确定西餐菜品价格是在定价之前要做到的。因为一些消费如餐厅日常费用等，是无法化为每一种菜肴来估计的。有时各项成本的数据也是很难得到的。因此，西餐管理人员必须要重视菜单的定价，掌握一些基本的定价策略和方法。

（一）菜单价格应能够反映产品的价值

菜单上食品的价格是以其价值为依据制定的。其价值包括：一是餐饮食品原料消耗的价值、生产设备、服务设施和易耗用品等消耗的价值；二是以工资、奖金等形式支付给员工的报酬；三是以税金和利润的形式向国家和企业提供累积。

（二）菜单价格必须符合市场定位，适应市场需求

菜单定价，既要反映产品的价值，还应综合考虑饭店或餐厅的地理位置、品牌效应、餐厅档次、旺季淡季、客源市场的消费能力、地区经济发展状况、物价水平等因素。档次高的餐厅，其定价可适当高些，因为该餐厅不仅要满足客人对饮食的需要，还要给客人饮食之外的舒适感。旺季价格可比平时淡季高一点，位置好的餐厅可比位置差的高些。老牌、声誉好的餐厅价格自然比一般餐厅要高些。但价格的制定必须适应市场的需求能力，价格体系应有较大的选择范围，使餐厅消费呈现高中低并存的局面，让每一位客人能找到属于自己的菜单。

（三）制定价格既要相对灵活，又要相对稳定

菜单定价应根据供求关系的变化采用适当的灵活价，如优惠价、季节价、浮动价等。要根据市场需求的变化有升有降，调节市场需求以增加销售，提高经济效益。但是，菜单价格过于频繁地变动，尤其是价格经常大幅上涨，会给潜在的消费者带来心理上的压力和不稳定感觉，挫伤消费者的购买积极性，甚至会失去客源。因此，菜单定价要有相对的稳定性。这并不是说在三五年内冻结价格，而是要注意以下几点。

（1）菜单价格不宜变化太频繁，更不能随意调价。

（2）调整菜单价格，必须事先进行市场论证。

（3）每次调价不能幅度过大，最好不超过10%。

（4）菜单价格的调整可以与餐饮促销活动同时展开。

（5）为了避免价格调整对客人消费心理的直接作用，菜单的价格调整可同时用其他促销方式平衡，如优惠卡、积分折扣、VIP卡、赠送奖励消费等。

（6）降低质量的低价出售以维持销量的方法是不足取的，要反对低层次的价格战和低价倾销。

（7）制定价格要服从国家政策、接受物价部门检查和监督。

要根据国家的物价政策制定菜单价格，在规定的范围内确定本餐厅的毛利率。定价人员要贯彻按质论价、分析论价、时菜时价的原则，以合理成本、费用和税金加合理利润的原则来制定菜单价格（即价格=成本+费用+税金+利润），反对牟取暴利、坑害消费者的行为。在制定菜单价格时，定价人员要接受当地物价部门的检查和监督。

思　考　题

1. 简述西餐菜单的含义。
2. 简述餐馆午餐菜单设计应考虑的因素。
3. 简述菜单是餐厅销售菜肴的主要工具。
4. 试述顾客类型对西式菜单设计的影响。
5. 简述传统西式菜单的特点。
6. 简述现代菜单的品种顺序及搭配。
7. 简述设计菜单应该注意的事项。
8. 简述制定搭配平衡的菜单时，需考虑哪些因素。
9. 试述如何做到菜单准确性。
10. 简述菜单筹划的原则。
11. 简述制作菜单前考虑的要素。
12. 简述菜单筹划的步骤。
13. 简述菜单定价原则。
14. 试述如何做到菜单制定价格既要相对灵活，又要相对稳定。

参考文献

1. 高海薇. 西餐工艺（第二版）[M]. 北京：中国轻工业出版社，2011.
2. 闫文胜. 西餐烹调技术 [M]. 北京：高等教育出版社. 2004.
3. 郭亚东. 西餐工艺 [M]. 北京：中国轻工业出版社，2000.
4. 李祥睿. 西餐工艺 [M]. 北京：中国纺织出版社，2010.
5. 陈洪华，李祥睿. 面点制作教程 [M]. 北京：中国轻工业出版社，2012.
6. 闫文胜. 西餐烹调技术（烹饪专业）[M]. 北京：高等教育出版社，2004.
7. 韦恩·吉斯伦. 专业烹饪（第四版）[M]. 大连：大连理工大学出版社，2005.